Grundriß der Wildbach- und Lawinenverbauun

Von

Dr. h. c. Ing. **Georg Strele**
Innsbruck

Zweite, vermehrte Auflage

Mit 203 Textabbildungen

Springer-Verlag Wien GmbH
1950

ISBN 978-3-662-23596-6 ISBN 978-3-662-25675-6 (eBook)
DOI 10.1007/978-3-662-25675-6

Ursprünglich erschienen bei Springer-Verlag in Vienna 1950.
Softcover reprint of the hardcover 2nd edition 1950

DER HOCHSCHULE
FÜR BODENKULTUR IN WIEN
ALS ZEICHEN DES DANKES FÜR DIE
VERLEIHUNG DER WÜRDE EINES
EHRENDOKTORS GEWIDMET
VOM VERFASSER

Vorwort.

Gegenüber der ersten Auflage dieses Buches hat die nunmehr vorliegende zweite eine wesentliche Erweiterung erfahren durch Aufnahme eines eigenen Teiles über die Lawinenverbauung, die mit der Wildbachverbauung in engem Zusammenhange steht. In den Werken über diese letztere ist die Lawinenabwehr — wenn überhaupt — nur sehr stiefmütterlich behandelt worden. Wegen der großen Schäden, welche die Lawinen in schneereichen Wintern anrichten, und wegen der vielen Menschenleben aus den Kreisen der Gebirgsbevölkerung, der Bergsteiger und Skifahrer, die ihnen alljährlich zum Opfer fallen, wendet sich nun die Aufmerksamkeit namentlich der letzteren und auch der Öffentlichkeit in erhöhtem Maße dem Schutze vor Lawinengefahren zu. Dieser setzt die Kenntnis der Eigenschaften des Schnees und der Veränderungen und Bewegungen der Schneedecke voraus, die daher als Grundlage für die zu treffenden Maßnahmen kurz besprochen werden.

Die freundliche Aufnahme, welche die erste Auflage dieses Buches gefunden hat, rechtfertigt es, an den bei deren Verfassung beachteten Grundsätzen auch weiterhin festzuhalten und das Hauptgewicht auf die praktische Seite des Verbauungswesens zu legen, hingegen jene Fragen, die in grundlegenden technischen theoretischen Werken eingehend behandelt werden, wie die Statik, die Theorie der Wasser- und Geschiebebewegung und des Schneedruckes, nur zu streifen. Doch werden die dabei auftretenden Erscheinungen und die gewonnenen Erkenntnisse kurz besprochen und die wichtigsten einschlägigen Formeln angeführt.

Ein großer Teil der seit der Gründung des staatlichen Verbauungsdienstes in Österreich ausgeführten Bauten besteht nun seit mehreren Jahrzehnten und es konnten an ihnen wertvolle Beobachtungen gemacht und Erfahrungen gesammelt werden, welche dank dem Entgegenkommen der mit diesem Dienste betrauten Ingenieure verwertet werden konnten.

Es gereicht dem Verfasser zur angenehmen Pflicht, ihnen hiefür auch an dieser Stelle den wärmsten Dank auszusprechen. Dieser gilt auch jenen Forstmännern und Ingenieuren der Schweiz, welche den Verfasser durch Angaben über gemachte Beobachtungen und Erfahrungen unterstützt haben; von ihnen sind besonders zu nennen die Herren Oberforstinspektoren M. Petitmermet und E. Hess und die inzwischen verstorbenen Herren Oberbauinspektor A. von Steiger und Ing. O. Seiler.

Seit dem Erscheinen der ersten Auflage ist eine große Zahl einschlägiger Veröffentlichungen erschienen, welche, soweit sie dem Verfasser zugänglich waren und Bemerkenswertes brachten, nun berücksichtigt wurden: doch erhebt der Quellennachweis keinen Anspruch auf Vollständigkeit.

Die photographischen Vorlagen zu den Abbildungen stammen, soweit nicht bei einzelnen etwas anderes angegeben ist, von den verschiedenen Amtsstellen des Wildbachverbauungsdienstes.

Möge es diesem Buche beschieden sein, einen kleinen Beitrag zur Weiterentwicklung dieses Dienstes zu liefern.

Innsbruck, im Sommer 1948.

Der Verfasser.

Inhaltsverzeichnis.

Erster Teil.

Wildbachverbauung.

Zweiter Teil.

Lawinenverbauung.

Erster Teil.

Wildbachverbauung.

Erster Abschnitt.

Charakteristik der Wildbäche.

Begriff und Tätigkeit.

Unter einem Wildbache verstehen wir einen Bach, der durch rasch eintretende Anschwellungen ausgezeichnet ist. bei denen er große Geschiebemengen in Bewegung setzt und entweder an seinem Unterlaufe wieder ablagert oder einem anderen Gewässer zuführt. Nach dem etwas langsamer verlaufenden Abschwellen bleibt der Bach geschiebefrei und meist wasserarm oder er versiegt auch gänzlich.

Der Lauf der Wildbäche ist in der Regel nur kurz, im Oberlaufe steil, im Unterlaufe viel flacher.

Wenn auch die starken Schwankungen der Wasserführung sehr nachteilig und gefährlich sind, so beruht die Schädlichkeit der Wildbäche doch in der Hauptsache nicht auf diesen Schwankungen und überhaupt der Wasserführung, sondern auf der Geschiebeführung. Jene Bäche, deren Anschwellungen zwar in der geschilderten Weise verlaufen, die aber kein oder nur wenig Geschiebe führen, werden in der Regel nicht als Wildbäche, sondern als Gießbäche bezeichnet (282). Sie sind weit weniger gefährlich als jene.

Die Größe der Wasserstandsschwankungen bildet weder ein Kennzeichen für den Wildbachcharakter, noch kann sie, entgegen den in dieser Hinsicht zum Ausdruck gebrachten Anschauungen, einen Maßstab für die Gefährlichkeit eines Baches abgeben, und auch der in italienischen Schriften hiefür aufgestellte „indice della torrenzialità“, d. i. das Verhältnis der Geschiebe- zur Wassermenge, ist schon deshalb unanwendbar, weil es nicht nur bei jedem Elementarereignis wechselt, sondern sogar die Mittelwerte von einem zum anderen Jahr in weiten Grenzen schwanken.

Das von den Bächen abgeführte Geschiebe rührt entweder von der Verwitterung der Felswände her oder die Wildbäche entnehmen es unmittelbar ihrem Bette, vertiefen und verbreitern dasselbe, zerstören das Seitengelände mit allem, was darauf steht, und versetzen mitunter ausgedehnte Flächen in Abbruch.

Das aufgenommene Geschiebe führen die Wildbäche, solange ihre Schleppkraft dazu ausreicht, weiter. Diese nimmt aber mit dem sinkenden Gefälle ab und infolgedessen lagert sich das Geschiebe oder ein Teil desselben zunächst im Bachbette ab. Wenn dieses die Wasser- und Geschiebemengen nicht mehr zu fassen vermag, bricht der Wildbach aus, verwüstet das benachbarte Gelände, zerstört, was ihm im Wege liegt, und verschüttet und vermurt die Grundstücke (Abb. 1).

So erhöhte z. B. der Rellsbach in Vorarlberg im Jahre 1910 sein früher tief eingeschnittenes Bett, brach aus demselben nach

Abb. 1. Hochwasserverheerungen in Ebensee, Oberösterreich, im September 1899.

beiden Seiten hin aus und übermurte den ganzen Schwemmkegel. An dessen Spitze erreichten die Schuttablagerungen eine Mächtigkeit bis zu 12 m über der alten Bachrinne; zahlreiche Wohn- und Wirtschaftsgebäude des Dorfes Vandans wurden zerstört, andere mehr oder minder beschädigt oder verschüttet und ausgedehnte Kulturgründe verwüstet. Reicht die Schleppkraft des Wildbaches hin, um das Geschiebe dem Vorfluter zuzuführen, so wird dieser belastet und hier Anlaß zu Sohlenhebungen u. dgl. gegeben. Es wiederholt sich hier dasselbe Spiel: solange das Wasser durch entsprechende Bauten zusammengehalten wird, hebt sich nur das Flußbett und wächst allmählich über die benachbarten Grundstücke empor; kann sich der Fluß hingegen ausbreiten, so entstehen Verwilderungen des Laufes, Überflutungen, Versumpfungen. Versandungen und Verschotterungen des Geländes.

Abb. 2 zeigt z. B. das Querprofil des Rheintales zwischen der Eisenbahnstation Buchs und Vaduz. woselbst das Hochwasser im September 1927 den rechtsseitigen Damm überflutete und durchbrach, so daß der ganze Fluß sein hochgelegenes Bett verließ, sich über die angrenzenden, tiefer liegenden Liechtensteinschen Grundstücke ergoß und sie übermurte (306).

Daß eine solche Hochlage des Flußbettes — auch abgesehen von der Ausbruchsgefahr — für die Talsohle äußerst nachteilig und gefährlich ist, erhellt ohne weiteres, wenn man an die Einführung der Zuflüsse und an die Entwässerung des Talbodens denkt.

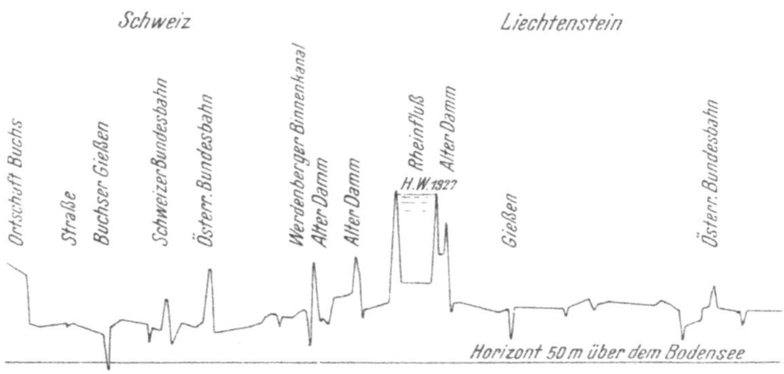

Abb. 2. Querprofil des Rheintales bei Buchs. Maßstab: Längen 1 : 25 000. Höhen 1 : 500.

die um so schwieriger werden, je höher sich die Flußsohle hebt. So mußte z. B. der Kalterer Abzugsgraben, der auch den Abfluß des dortigen Sees aufnimmt, infolge der fortschreitenden Sohlenhebung der Etsch bis auf 24 km verlängert werden, um die Talsohle nicht der Versumpfung anheimfallen zu lassen. Die Feststofführung beeinträchtigt und erschwert ferner die Ausnützung des Wassers zur Kraftgewinnung und bewirkt eine oft unvermutet rasch vor sich gehende Verlandung der Wasserspeicher großer Kraftwerke, und die Schwebstofführung schmälert weiter die Eignung des Wassers für gewerbliche und landwirtschaftliche Zwecke.

Gliederung des Gebietes.

Entsprechend der in den einzelnen Teilen ihres Laufes verschiedenen Tätigkeit der Wildbäche lassen sich in deren Gebiet verschiedene Teile unterscheiden: 1. das Sammelgebiet oder Aufnahmebecken, d. i. der obere Teil, woselbst die Geschiebeerzeugung, der Materialabtrag, stattfindet, 2. das Ablagerungsgebiet oder Ausgußbett, das jene Örtlichkeiten umfaßt, woselbst das mitgeführte Geschiebe zur Ablagerung kommt, und 3. die zwischen beiden Gebieten liegende Strecke, in der die Kraft des Wassers gerade ausreicht, um das mitgerissene Geschiebe weiter zu befördern, wo also in der Regel weder Materialauftrag noch -abtrag stattfindet. Dieser Teil heißt Tobel, Schlucht, Klamm, Hals oder Abzugskanal (Abb. 3). Talseits des Schwemmkegels schließt sich bei größeren Bächen mitunter noch eine 4., die Strecke des Tallaufs, an.

Als Sammelgebiet wird manchmal die ganze Niederschlagsfläche, richtiger aber nur jener Teil derselben bezeichnet, aus

Abb. 3. Gesamtansicht des Schesatobels bei Bludenz, Vorarlberg.

der die Geschiebemengen hauptsächlich stammen. Landolt nennt diesen Teil Erosions- oder Auswaschungsgebiet (182).

Bei manchen Wildbächen ist die Schlucht kaum entwickelt, ja sie fehlt ganz, wenn Abtrags- und Ablagerungsgebiet unmittelbar aneinander stoßen. Bei jenen Wildbächen, deren Schlucht unmittelbar in den Vorfluter mündet, fehlt auch das Ablagerungsgebiet. Bei ihnen übernimmt der Vorfluter das Geschiebe und befördert es weiter. Bei den übrigen lagert sich dieses im Unterlaufe ab, wo infolge der Gefällsverminderung und der Möglichkeit der Ausbreitung die Schleppkraft erlahmt. Dies ist hauptsächlich unterhalb der Ausmündung der Wildbachschlucht in das Haupttal der Fall, wo bei genügender Talbreite der Aufbau eines den Namen von seiner ziemlich regelmäßigen Gestalt führenden Schutt- oder Schwemmkegels vor sich geht.

Diese Schwemmkegel erreichen bei manchen Wildbächen eine bedeutende Größe. So trägt jener der Schleinitz bei Lienz in Osttirol fünf Ortschaften, und jener des Naifbaches bei Meran, dessen Niederschlagsgebiet nur 925 ha umfaßt, mißt 490 ha. Der Schwemmkegel der berüchtigten Gadriamure in Vinschgau hat die Etsch abgedämmt und Anlaß zur Bildung einer 150 m hohen Talstufe gegeben, die sich sogar in der Vegetation als Grenze der Verbreitung des Weinstockes und der Edelkastanie bemerkbar macht; der größte Höhenunterschied von der Kegelspitze bis zur Etsch beträgt rund 700 m.

Abtrag und Ablagerung halten keine unverrückbar festen Grenzen ein, und es kann bei einem Elementarereignis ein bestimmter Teil des Wildbachlaufes Abtragsgebiet sein, bei einem anderen aber zum Ablagerungsgebiet werden oder umgekehrt. Wang hat es deshalb für angezeigter erachtet, das Wildbachgebiet überhaupt nur zu trennen in die Gebiete des vorherrschenden Abtrages und der vorherrschenden Ablagerung (325).

Einteilung der Wildbäche.

Auf Grund ihrer Eigenschaften lassen sich die Wildbäche, je nach den Gesichtspunkten, von denen man ausgeht, in verschiedene Gruppen einteilen. Von den vorgeschlagenen Einteilungen sind für die Verbauung die zwei wichtigsten jene nach der Herkunft des Geschiebes in unterwühlende Wildbäche und solche, die hauptsächlich Witterschutt führen, ferner in Wildbäche des Hochgebirges und in solche des Berg- und Hügellandes. Die ersteren zeichnen sich durch Steilheit und einen meist großen Höhenunterschied zwischen den Geschiebeherden und den Ablagerungsgebieten aus und bauen zumeist Schwemmkegel auf; die letzteren entwässern im allgemeinen größere Gebiete als die ersteren, haben einen längeren Lauf, der nur im Quellgebiete starkes Gefälle und dort die ergiebigsten Geschiebeherde aufweist, während der serpentinierende Bach im Mittel- und Unterlauf einzelnen Prallstellen und den Schotterbänken Geschiebe entnimmt und dieses an anderen Stellen wieder ablagert. Zur Bildung von Schwemmkegeln kommt es nicht.

Nach ihrer Größe und Gliederung unterscheidet man auch einfache und zusammengesetzte Wildbäche und wildbachartige Flüsse, die sich von den größeren Flüssen durch ihre rascher verlaufenden Anschwellungen und eine wesentlich stärkere, stoßweise ein- und aussetzende Geschiebeführung unterscheiden.

An die einfachen, ungegliederten Wildbäche schließen sich die kleinen Runsen, Wasserrisse, Regenschluchten und endlich die muschelförmigen Ausrisse (combes) an, die aber nicht mehr als selbständige Bäche, sondern nur als Zubringer zu bezeichnen sind.

Horatiis teilt die Wildbäche in unterwühlende (torrenti di scavo), verfrachtende (torrenti di trasporto) und Mischbäche (torrenti misti) ein, welch letztere beide Tätigkeiten vereinigen (138).

Eine scharfe Grenze zwischen den einzelnen Gruppen ist weder bei den obigen noch bei andern Einteilungen, über welche Wang eine gute Übersicht gibt, zu ziehen. Auch kann sich die Tätigkeit der Wildbäche durch Eröffnung neuer Geschiebeherde oder die Beruhigung solcher ändern.

Ein Beispiel hiefür bildet die schon erwähnte Gadriamure. Sie umfaßt ausgedehnte, gefährliche Bruchflächen im Quellgebiete des Hauptbaches, in welchem, nahe der Spitze des Schwemmkegels, der wasserreiche Strimmbach einmündet; dieser war früher nahezu geschiebefrei und ermöglichte die Weiterführung der aus dem Hauptbache stammenden Muren bis in die Etsch. Seit etwa 1912 haben sich auch im Strimmbache Anbrüche entwickelt, und dieser führt nun ebenfalls Geschiebe. Es ermöglicht also auch diese letzterwähnte Einteilung keine scharfe und namentlich keine unveränderliche Abgrenzung der einzelnen Gruppen.

Bei den wildbachartigen Flüssen verteilt sich die Wühl- und Transportarbeit auf die einzelnen Quellbäche und den Hauptbach.

Zweiter Abschnitt.

Die Ursachen der Wasserverheerungen.

Der Kürze und besseren Vergleichbarkeit halber werden in der Folge einheitlich die nachstehenden Bezeichnungen angewendet:

Jahresregenhöhe	H in m
Tagesregenhöhe	h in mm
Regenergiebigkeit = Regenhöhe in einer bestimmten Zeit	R in mm
Regendichte = Regenhöhe in einer Stunde	d in mm
Regenintensität, Regenhöhe in einer Minute	i in mm
Wasserspende	S m^3/sek/km^2
Regendauer	t in Minuten
Gesamte Abflußmenge	Q m^3/sek
Spezifische Abflußmenge	q m^3/sek/km^2
Abflußbeiwert	α
Einzugsfläche	F in km^2
Einzugsfläche im Gebirge bzw. in der Ebene	F_g bzw. F_e in km^2

Regenzentrum = Stelle der größten Regendichte bzw. Intensität oder Gesamtregenmenge.

Jedes Gerinne ist imstande, eine gewisse Wassermenge unschädlich abzuführen. Steigt letztere über dieses Maß hinaus, so beginnt sie Schaden anzurichten, und dieser wächst in erster Linie mit der Höhe des Wasserstandes, in zweiter Linie mit der

Dauer der Hochflut. Der Schaden kann sich äußern in Angriffen des Wassers auf Sohle und Ufer, also einer Zerstörung des Geländes und einem Abtransporte von Geschiebe, oder in einem Austreten des Wassers aus seinem Bette, also einer Überflutung der benachbarten Grundstücke, auf denen unter Umständen auch Schlamm, Sand oder Geschiebe abgelagert wird. Der Schaden wird mithin einerseits durch das Wasser, anderseits durch das Geschiebe verursacht.

A. Die Hochwässer.

Die Hochwässer werden in der weitaus überwiegenden Mehrzahl der Fälle verursacht durch besonders heftige Niederschläge, Platzregen und Wolkenbrüche oder durch ein- bis mehrtägige Landregen und Regenperioden oder durch die raschverlaufende Schmelze großer Schneemengen. Letztere gibt namentlich in der Ebene oft Anlaß zu bedeutenden Hochwässern. Erfolgt sie nur unter dem Einflusse der Besonnung, so geht sie in den verschiedenen Lagen ungleich rasch vor sich und wird in den kühlen Nächten ganz unterbrochen oder wenigstens stark herabgesetzt, so daß sich der Abfluß einigermaßen ausgleicht. Wesentlich gefährlicher ist die durch Wind und Regen verursachte Schneeschmelze, die unglaublich rasch vor sich gehen kann. So gibt G. A. Koch (164) an, daß der Föhn innerhalb zwölf Stunden eine Schneedecke von 75 cm zum Schmelzen bringen könne, deren Wasserwert er mit 75 mm ansetzt. Diese Ziffer entspricht einer Wasserhöhe von 10 % der Schneehöhe, was für frisch gefallenen, lockeren Schnee zutrifft; der Wasserwert des zusammengesunkenen Altschnees kann sich hingegen bis auf 40 % der Schneehöhe und darüber steigern. Trotz ihrer Raschheit verursacht die Schneeschmelze allein im Gebirge mit Ausnahme der Gletscherbäche nur selten größere Hochwässer, wohl aber trägt sie häufig zur starken Erhöhung der durch Regen verursachten Hochwässer bei. Dies war z. B. der Fall bei den großen Hochwasserkatastrophen von 1868 im schweizerischen Rheingebiete, 1882 in Südtirol und Kärnten, 1910 in Vorarlberg und 1930 in Südfrankreich.

In Flüssen sind auch die Eisabgänge (Eisstöße) sehr häufig der Anlaß zur Entstehung großer Hochwässer; in den Wildbächen tritt diese Gefahr vollständig zurück, und auch in den wildbachartigen Flüssen und den Bächen des Hügellandes ist sie kaum zu fürchten.

In den Wildbächen können aber, unabhängig von den meteorischen Ereignissen, große Hochwässer entstehen infolge des Durchbruches natürlicher oder künstlicher Hindernisse, die den Abfluß des Wassers gehindert und dieses zu oft mächtigen Ansammlungen aufgestaut hatten, oder durch Seeausbrüche. Solche Hochwässer erreichen mitunter eine enorme Höhe und haben um so entsetzlichere Katastrophen zur Folge, als sie den ahnungslosen Menschen meist unvermutet überraschen.

Eine weitere Ursache von Hochwässern sind die Vulkanausbrüche unter dem Eise von Gletschern, wie solche in Island und in Zentralamerika wiederholt vorgekommen sind und gewaltige Schäden verursacht haben. Im europäischen Festlande kommt diese Ursache nicht in Betracht.

1. Durch meteorische Ereignisse bedingte Hochwässer.

Die Durchschnittsdichte der Niederschläge nimmt sowohl mit ihrer wachsenden Dauer als auch mit der zunehmenden Größe der überregneten Fläche ab. Die spezifische Hochwassermenge, d. i. die Abflußmenge pro km^2/sek wächst daher mit der abnehmenden Größe der Einzugsgebiete.

Wie aus Wasserstandsbeobachtungen bekannt ist, betragen die spezifischen Höchstwassermengen der mitteleuropäischen Ströme 0,10 — 0,15 m^3. So erreichte z. B. das Donauhochwasser bei Wien im Jahre 1787 das Maß von 0,11 m^3/sek/km^2; es wurde jedoch, wenn die bezüglichen Angaben zutreffen — was vielfach bestritten wird — noch von jenem des Jahres 1501 wesentlich übertroffen, dessen Menge sich auf 0,14 m^3/sek/km^2 berechnen würde (34).

Für alle größeren Flüsse liegen Wasserstandsbeobachtungen und Abflußmessungen bzw. -berechnungen vor, die sich auf eine mehr oder weniger lange Reihe von Jahren erstrecken und sorgfältig fortgesetzt und ergänzt werden. Bei Flußregulierungen weiß man daher erfahrungsgemäß, wenigstens mit größerer oder geringerer Annäherung, mit welchen Wassermengen man zu rechnen hat. Bei den Wildbächen trifft dies im allgemeinen nicht zu, es liegen vielmehr für diese kleinen Wasserläufe nur verhältnismäßig wenige verläßliche Messungen und Berechnungen vor, weil sie nur lokale Bedeutung haben und die Messungen und ihre Auswertung durch den unvermittelten Eintritt und raschen Verlauf der Hochwässer, die Geschiebeführung und die Veränderlichkeit der Profile ungemein erschwert werden.

Aus einigen vorliegenden Messungen und Berechnungen wissen wir aber, daß die spezifische Hochwassermenge in Wildbächen das Maß von 10 m^3 mitunter noch beträchtlich übersteigt.

a) Niederschlag.

Um sich ein annäherndes Bild von der Höchstwassermenge zu machen, die in einem Wildbache zum Abfluß gelangen kann, ist es von Wert, die Angaben über die Dichte, Dauer und Ausdehnung der ergiebigsten Regenfälle zu Rate zu ziehen.

Die Niederschlagsmenge eines Ortes ist in erster Linie abhängig von der Nähe des Meeres, großer Seen oder von Sümpfen, von der Richtung und Stärke der Winde und von der Höhe und dem

Streichen der sich ihnen entgegenstellenden Gebirgszüge, an denen sich der Wasserdampf kondensiert.

Im allgemeinen nimmt die Regenmenge mit zunehmender Entfernung von der Küste ab und der Gebirgsrand erhält mehr Niederschlag als die Täler im Inneren der Gebirgsländer. Die bezüglichen Verhältnisse hat Engler in seinem Vortrage „Zur Waldklimafrage“ eingehend besprochen (69).

Daß die Niederschlagsmenge im Gebirge mit der Höhe zunimmt, ist bekannt. Diese Zunahme beträgt in den Schweizer Alpen 50 — 90 mm auf je 100 m Erhebung und hält nicht — wie man früher glaubte — nur bis zum Höhengürtel von etwa 2000 m, sondern bis zu Höhen an, in welche die Gipfel und Kämme der Alpen nicht hinaufragen. Auf diesen erreicht der Niederschlag in der Schweiz ein durchschnittliches Maximum von 3800 mm, das ausnahmsweise bis auf 5500 mm ansteigt. Wenn auch das Maß dieser Zunahme wechselt, so trifft Ähnliches auch für die anderen Gebirge zu. Im Riesengebirge soll allerdings die Umkehrschicht in 1400 m Seehöhe liegen, und tiefziehende Gewitter überschütten mitunter auch in den Alpen die tieferen Lagen mit größeren Wassermassen als die höheren.

Tab. 1. Messungsergebnisse einiger Sturz- und Platzregen.

Tag	Ort	Regen-höhe mm	Regen-dauer Min.	Regen-intensität mm/min	Wasserspende m³/sek/km²	Quellennachweis
28. 7. 1896	Basel, Schweiz	22,3	5	4,46	74,33	237
23. 5. 1911	Sauerlach, Bayern	24,5	5	4,90	81,67	105
25. 5. 1920	Füssen, Bayern	126,0	8	15,75	262,50	159
25. 7. 1929	München, Osterwaldstraße	54,0[1]	10	5,40	90,00	107
26. 7. 1895	Heiden, Kanton St. Gallen	50,0	10	5,00	83,33	237
12. 6. 1913	Münsing, Bayern	45,6	15	3,04	50,67	105
7. 6. 1894	Wien (Schmelz)	37,3	15	2,49	41,50	184
2.—3. 7. 1899	Jerichow, Sachsen	77,8[2]	15	5,19	86,50	105
5. 7. 1899	Weferlingen, Sachsen	78,0	16	4,88	81,33	105
5. 7. 1883	Bordeaux, Frankreich	88,5	20	4,42	73,17	105
7. 6. 1894	Wien	40,0	20	2,00	33,33	232
20. 9. 1867	Paris	41,0	20	2,05	34,17	232
7. 7. 1889	Curtea de Arges, Rumänien	204,6	20	10,23	170,50	81
17. 11. 1908	Riposto, Sizilien	150,0	25	6,00	100,00	105
9. 5. 1927	Mistelbach, Umgebung, NÖ.	80,0	30	2,67	44,50	218
10. 6. 1898	Traunsteinfuß bei Gmunden	49,7	30	1,66	27,67	243
21. 7. 1902	Breitensee bei Wien	50,0	30	1,67	27,83	340
8. 5. 1919	Unterzollhaus, Bayern	63,0	35	1,80	30,00	105
10. 6. 1895	Uccle bei Brüssel	60,0	35	1,71	28,30	232
6. 8. 1897	Niedermarsberg, Westphalen	103,0	45	2,29	38,17	105
17. 5. 1911	Weilheim, Südbayern	72,0	45	1,60	26,67	105
28. 5. 1904	Kreuzen bei Villach	197,0	45	4,38	73,00	81
16. 8. 1897	Wartha, Preuß.-Schlesien	98,0[3]	45	2,18	35,10	105

Tag	Ort	Regen-höhe mm	Regen-dauer Min.	Regen-intensität mm/min	Wasserspende m³/sek/km²	Quellen-nachweis
9. 9. 1934	Rigi-Kulm, Schweiz	120,0	45	2,67	44,50	339
1. 8. 1896	Laaerberg bei Wien	82,0	60	1,37	22,83	184
7. 9. 1886	Neustadt a. Haardt, Rheinebene	98,0[4]	60	1,63	27,17	105
27. 8. 1914	Schnaitsee bei Wasserburg	82,0	60	1,37	22,83	107
29. 8. 1939	Gransee bei Potsdam	106,0	60	1,77	29,43	168
1. 9. 1913	Falleck, Saalach, Bayern	170,0	90	1,89	31,50	105
20. 5. 1868	Molity les Bains, Pyrenäen	313,0	90	3,48	58,00	81
13. 9. 1872	Marseille	240,0	120	2,00	33,33	81
10. 8. 1915	Schaueregg, Oststeiermark	650,0	120	5,42	90,33	82
3. 7. 1914	Agawang, Bayern	165,0	120	1,37	22,83	105
? ? 1921	Altvatergebirge, Mähr.-Schles.	180,0	120	1,50	25,00	191
7. 9. 1903	Eschenlohe, Bayern	126,0	180	0,70	11,67	105
16. 7. 1913	Stiftingtal bei Graz	600,0[5] bis 670,0	180	3,32 bis 3,72	55,33 bis 62,00	82
1. 6. 1921	Lilienfeld, Niederösterreich	260,0	300	0,87	14,44	268
9. 11. 1896	Cattaro, Dalmatien	136,3	330	0,41	6,83	185
9. 11. 1896	Budua, Dalmatien	204,0	360	0,57	9,50	185
? 10. 1862	Montpellier, Frankreich	233,0[6]	420	0,55	9,16	89
5. 6. 1947	Semmering	323,0	420	0,77	12,83	187
23. 8. 1935	Orbagebiet, Norditalien	500,0	480	1,04	17,33	248
8.—9. 11. 1896	Sutomore, Dalmatien	236,5	655	0,36	6,00	185
? ? 1925	Ampezzo, Italien	361,6	720	0,50	8,33	135
10.—11. 1827	Joyeuse, Frankreich	792,0	1260	0,63	10,50	81

[1] Gesamtregenhöhe in 80 Minuten 81 mm.
[2] 14 % der mittleren Jahresregenhöhe von 557 mm.
[3] 14 % der Jahresregenhöhe von 711 mm.
[4] 16 % der Jahresregenhöhe von 600 mm.
[5] Davon 240 bis 270 mm innerhalb einer Stunde.
[6] Nahezu 33 % der Jahresregenhöhe von 710 mm.

Eine ähnliche Wirkung wie die Gebirge übt auch eine von Norden vorstoßende Front kalter Luft: sie schiebt sich unter die von Süden kommenden warmen, feuchten Luftschichten ein, zwingt diese zum Aufsteigen und gibt unter Umständen Anlaß zu Niederschlägen von großer Stärke. Auch das anderweitige Zusammentreffen verschiedener Luftströmungen kann ausgiebige Niederschläge auslösen.

Die Niederschläge besitzen, je nach ihrer Dauer, ganz verschiedene Charaktere in Bezug auf ihr zeitliches und örtliches Auftreten, ihre Ergiebigkeit und Flächenausdehnung.

In den Tab. 1—3 sind einzelne Beispiele gemessener katastrophaler Niederschlagsmengen verzeichnet, und zwar in Tab. 1 solche von kurzen, heftigen Platz- und Sturzregen, in Tab. 2 und 3 solche von eintägigen Landregen bzw. längeren Regenperioden.

Tab. 2. Messungsergebnisse einiger eintägiger Landregen.

Tag	Ort	Regen- -höhe mm	Regen- -dichte im Mittel mm/h	Wasserspende m³/sek/km²	Quellen-nachweis
1. 9. 1881	St. Gallen, Schweiz	250,0	10,42	2,89	237
31. 7. 1874	Gäbris, Schweiz	260,0	10,83	3,01	71
24. 9. 1924	Val Maggia und Centovalli, Schweiz	254,0	10,54	2,94	9
14. 6. 1910	Vitznau, Schweiz	233,0	9,71	2,69	68
27. 9. 1868	St. Gotthard, Schweiz	280,0	11,67	3,24	237
28. 9. 1868	Bernhardinpaß, Schweiz	253,9	10,54	2,94	260
7. 11. 1906	Hinterrhein, Schweiz	152,0	6,35	1,76	223
14. 6. 1910	Bregenz, Vorarlberg	176,0	7,33	2,04	187
14. 6. 1910	Ebnit, Vorarlberg	229,3	9,55	2,66	146
13. 9. 1899	München, Sternwarte	125,3	5,21	1,45	106
14. 6. 1910	Neuschwanstein, Bayern	173,0	7,21	2,00	146
15. 6. 1910	Urfeld, Walchensee, Bayern	197,9	8,25	2,29	106
31. 7. 1924	Grattenbach, Bayern	234,0	9,75	2,71	106
12. 9. 1899	Reichenhall, Bayern	241,9	10,08	2,80	146
20. 5. 1906	Herrenwies, Baden	196,0	8,17	2,27	317
2. 7. 1855	Wernigerode am Harz	248,0	10,33	2,87	265
9. 7. 1903	Rotwasser, Schlesien	240,2	10,01	2,78	146
? 7. 1903	Reihwiesen, Schlesien	222,0	9,25	2,57	145
29. 7. 1897	Neuwiese, Böhmen	345,1	14,37	4,00	140
? 7. 1925	Becwagebiet	226,0	9,42	2,62	159
4. 8. 1880	Roznau, Marchgebiet	200,0	8,33	2,31	146
21. 6. 1886	Weissenhof bei Klosterneuburg, NÖ.	175,0	7,29	2,03	184
12. 5. 1885	Hadersdorf bei Wien	195,0	8,12	2,26	265
26. 5. 1928	Altaussee, Steiermark	216,0	9,00	2,50	187
3. 1. 1932	Feuerkogel bei Ebensee, Ob.-Öst.	190,0	7,92	2,20	187
12. 9. 1899	Vorderer Langbathsee, Ob.-Öst.	254,7	10,61	2,95	242
12. 9. 1899	Hallstätter Salzberg, Ob.-Öst.	224,8	9,37	2,60	124
12. 9. 1899	Mühlau bei Admont, Steiermark	287,5	11,98	3,33	146
13. 9. 1903	Waidegg, Kärnten	254,7	10,61	2,95	145
10. 2. 1915	Kornat, Kärnten	239,0	10,00	2,77	187
13. 9. 1930	Gailgebiet, Kärnten (1020 km²) durchschn.	210,0	8,75	2,43	278
23. 11. 1904	Feistritz, Savegebiet	247,2	10,30	2,86	146
? ? 1906	Crkvice, Dalmatien	440,0	18,33	5,09	81
15. 9. 1902	Metkovic, Dalmatien	264,8	11,03	3,06	146
1. 10. 1892	Fiume, Italien	268,0	11,17	3,10	81
24. 10. 1895	Dol, Isonzogebiet	316,5	13,19	3,66	146
13. 9. 1903	Tarvis, Italien	235,0	9,79	2,72	146
13. 9. 1903	Saifnitz, Italien	238,5	9,94	2,76	146
17. 10. 1907	Oberzarz, (Julische Alpen)	149,7	6,24	1,73	223
7. 11. 1906	Paneveggio, Italien	166,0	6,92	1,92	223
17. 10. 1907	Lavarone, Italien	141,0	5,88	1,63	223
15. 5. 1905	Folgaria, Italien	225,5	9,40	2,61	146
7. 11. 1906	Bezecca, Italien	204,5	8,52	2,37	223
7. 11. 1906	Borgnone, Gebiet des Lago Maggiore	241,0	10,05	2,79	223
16. 2. 1925	Stavalins, Livenzagebiet, Italien	500,0	20,83	5,79	135
16. 2. 1925	Barcis, Livenzagebiet, Italien	450,0	18,75	5,28	135
23. 10. 1822	Genua, Italien	812,0	33,83	9,40	81
22. 9. 1890	Montpezas, Südfrankreich	412,0	17,16	4,77	81
20. 9. 1900	Valleraugue, Frankreich	950,0	39,58	10,95	89

Tab. 3. Messungsergebnisse einiger Regenperioden.

Tag	Ort	Regen-höhe mm	Regen-dauer Tage	Regen-dichte im Mittel mm/h	Wasserspende m³/sek/km²	Quellen-nachweis
	Einzelmessungen:					
23.—24. 8. 1900	Borgnone, Kanton Tessin	408,0	2	8,50	2,36	75
27.—28. 9. 1868	Bernhardinberg, Schweiz	467,3	2	9,74	2,70	173
25.—27. 12. 1882	Höhenschwand, Schwarzwald ..	247,0[1]	3	3,43	0,95	74
25.—27. 12. 1882	Revier Barr, Elsaß	383,0[2]	3	5,30	1,47	318
26.—29. 10. 1882	Raibl, Italien	404,0	4	4,21	1,17	287
10.—13. 9. 1899	Altausseer Salzberg, Steiermark	553,7	4	5,77	1,60	241
25.—28. 9. 1885	Tröpolach, Kärnten	417,0	4	4,34	1,21	110
25.—28. 9. 1885	Raibl, Italien	426,0	4	4,44	1,23	110
7.—10. 11. 1896	Crkvice, Dalmatien	582,6	4	6,07	1,69	185
9.—13. 9. 1899	Vorderer Langbathsee, Ob.-Öst.	560,3	5	4,67	1,30	242
19.—23. 9. 1890	Montpezas, Frankreich	971,0	5	8,09	2,25	81
8.—13. 9. 1899	Altausseer Salzberg, Steiermark	656,5	6	4,56	1,27	124
Juli 1903	Rauschbach, Schlesien	367,5	6	2,55	0,71	145
Juli 1903	Rotwasser, Schlesien	374,5	6	2,60	0,72	145
Juli 1903	Reihwiese, Schlesien	401,6	6	2,79	0,77	145
7.—14. 2. 1915	Kornat, Kärnten	467,0	8	2,44	0,68	187
	Durchschnittswerte					
1.—4. 3. 1930	Agoûtgebiet, Frankreich	180,0[3]	3	2,50	0,69	89
1.—4. 3. 1930	Thorégebiet, Frankreich	250,0[4] bis 275	3	3,47 bis 3,82	0,96 bis 1,03	89
1.—4. 3. 1930	Orbgebiet, Frankreich	300,0[5]	3	4,17	1,16	89
1.—4. 3. 1930	Tarngebiet, Frankreich	155,0[6] bis 160,0	3	2,15 bis 2,22	0,59 bis 0,62	89
8.—13. 9. 1899	Einzugsgeb. d. Traunsees, Ob.-Öst.	350,4[7]	6	2,58	0,72	124

[1] 1/5 der mittleren Jahresregenhöhe.
[2] 1/4 der mittleren Jahresregenhöhe.
[3] Gebietsgröße 3500 km².
[4] Gebietsgröße 568 km².
[5] Gebietsgröße 1250 km².
[6] Gebietsgröße 9724 km².
[7] Mittelwert aus 26 Stationen, Gebietsgröße 1411 km².

Die Dauer der Platz- und Sturzregen übersteigt namentlich außerhalb des Gebirges selten die Zeit von drei Stunden, sehr starke Regen spielen sich meist innerhalb einer Stunde ab, doch gehen solche Sturzregen zuweilen in einen Landregen über.

Das überregnete Gebiet ist bei Platzregen in der Regel ein sehr beschränktes und die Regenintensität nimmt vom Zentrum gegen die Peripherie rasch ab. Häufig ist die Grenze des Niederschlages sehr scharf ausgeprägt, meist infolge horizontaler Begrenzung der Wind- und Wolkenzüge, bei tief ziehenden Gewittern auch infolge ihrer vertikalen Begrenzung.

Die Sturzregen bleiben selten an einer Stelle, sondern ziehen mit den Windströmungen weiter. Ihre Intensität bleibt bei kräftigen Regen selten gleich, sondern wechselt stark, doch nimmt die durchschnittliche mit der zunehmenden Dauer des Regens ab.

Die Ergiebigkeit und Intensität der Platzregen sind unabhängig von den allgemeinen Gelände- und Klimaverhältnissen und der mittleren Jahresregenhöhe der betreffenden Örtlichkeit, ja gerade in Trockengebieten stellen sich mitunter Sturzregen von größter Ergiebigkeit ein, und die größere Jahresregenmenge gestattet höchstens einen Rückschluß auf die größere Häufigkeit starker Niederschläge. C. Hellmann (105, 119) stellt für die durchschnittliche Regenintensität die Formel auf:

$$i = \frac{3{,}522}{\sqrt[3]{t}} - 0{,}311.$$

Die Regenergiebigkeit berechnet sich hieraus nach der Formel

$$R = 3{,}522\ t^{2/3} - 0{,}311\ t.$$

Sie gilt nach Haeuser nicht nur für Norddeutschland, sondern auch für Bayern einschließlich des Alpengebietes. Die aus ihr berechneten Werte, die vom Genannten angegebenen Werte der sehr hohen und selten auftretenden Regen und die wirklich gemessenen Höchstmengen sind in Abb. 4 durch Schaulinien dargestellt.

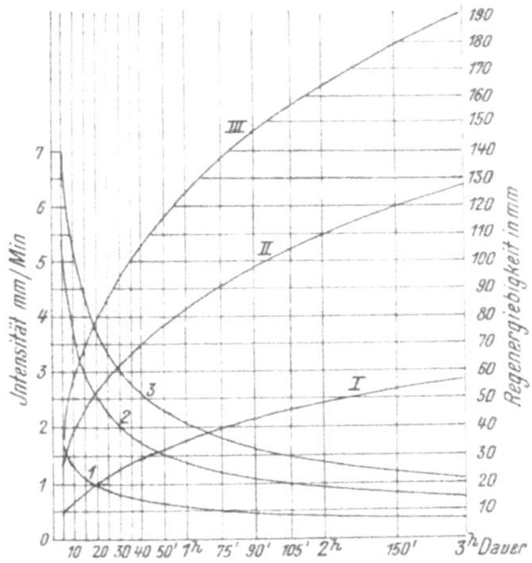

Abb. 4. Intensität und Ergiebigkeit der Platz- und Sturzregen.

I und 1 mittlere Werte nach Hellmann,
II und 2 starke und selten auftretende Werte nach Haeuser,
III und 3 größte in Deutschland beobachtete Werte nach Haeuser.

Wie sich aus den Tab. 1 bis 3 ergibt, kommen in vereinzelten Fällen in unseren Gegenden in den Niederschlagszentren noch Überschreitungen der in Deutschland gemessenen Höchstwerte vor. Es sei in dieser Hinsicht auf den am 28. Mai 1904 in Kreuzen bei Villach gemessenen Niederschlag von 197 mm innerhalb 45 Minuten und auf die katastrophalen Wolkenbrüche verwiesen, die sich am 10. August 1915 über Schaueregg und am 16. Juli 1913 über dem Stiftingtal in Oststeiermark entluden und die Gebiete mit geradezu unerhörten Wassermassen überschütteten (82, 270). Bei solchen Ereignissen übersteigt die Regenmenge einer oder weniger Stunden zuweilen wesentlich die eintägige Maximalregenmenge der Landregen und erreicht in Orten mit relativ geringer mittlerer Jahresregenmenge einen verhältnismäßig großen Bruchteil der letzteren. So sind z. B. in Neustadt am Haardt am 7. September 1886 16 % der mittleren Jahresregenmenge binnen einer Stunde und in Montpellier im Oktober 1862 33 % innerhalb 7 Stunden gefallen.

Bei den meisten Messungen ist es zudem unwahrscheinlich, daß die größte Regendichte gerade in der Beobachtungsstation auftrat, besonders im Gebirge, wo zweifellos auf den die Station überragenden Bergen größere Regenmengen gefallen sind, als in dieser gemessen wurden.

Einen wesentlich anderen Charakter als die vorerwähnten Sturz- und Platzregen haben die Landregen und längeren Regenperioden, die sich auf einen oder mehrere Tage erstrecken. Bei ihnen ist die Regendichte weit geringer als bei jenen, dafür aber die überregnete Fläche viel größer. Ihre Regenhöhe steht in unverkennbarer Beziehung zur durchschnittlichen Jahresregenhöhe.

Nach Hellmann berechnet sich das mittlere Tagesmaximum des Niederschlages aus der Formel

$$h = 21{,}38 + 21{,}1\,H$$

und das höchste Tagesmaximum $h_{max} = 2.75\,h$. Diese Berechnung ergibt:

Für H =	500	750	1000	1250	1500	1750	2000
h	32	37,25	42,50	47,76	53,02	58,28	62.58
h_{max}	88	102.40	116.90	131.90	145.80	160.30	172.20

Zu noch wesentlich höheren Zahlen kommt Ob.-Ing. G. Bartosek, der aus einem reichen Beobachtungsmaterial eine komplizierte Potentialformel zur Berechnung der größten Regendichte und -ergiebigkeit für das Donaugebiet aus der Jahresregenhöhe ableitete (24). Sie gilt für alle Regen mit Ausnahme der nur kleine Gebiete betreffenden Wolkenbrüche, die dieser Gesetzmäßigkeit nicht folgen. Nach dieser Formel berechnete Bartosek die Regendichten und -ergiebigkeiten für die mittleren Jahresregenmengen von 500, 750, 1000, 1250, 1500, 1750 und 2000 mm und für die Zeiten von fünf Minuten bis zu einem Jahr. Für die Zeit von einer Stunde bis zu vier Tagen sind die betreffenden Werte in Abb. 5 durch Schaulinien auf logarithmisch geteiltem Papier dargestellt. Diese Werte sind sehr hoch und werden wohl nur in den seltensten Fällen und nur in den Niederschlagszentren übertroffen.

Zur Berechnung der innerhalb einer bestimmten Zeitspanne zu erwartenden Regenhöchstmenge wurden verschiedene Formeln aufgestellt, so von F a n t o l i, M o n t a n a r i, E r e d i a, M e l l i und anderen. Die Formeln der drei Erstgenannten beziehen sich auf italienische Landstriche; jene des Letztgenannten (208) lautet:

$$R^2 = a \cdot t.$$

In derselben bedeutet a einen Beiwert, der für S t. G a l l e n mit 50 angesetzt wird, während der Schweiz. Ingenieur-

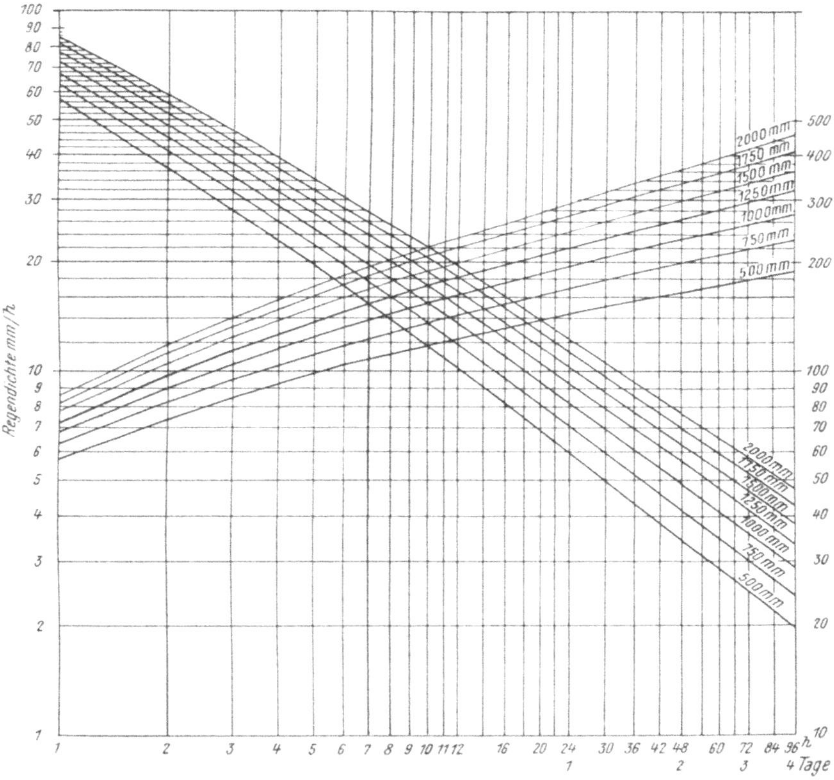

Abb. 5. Maximale Regenintensität und -ergiebigkeit für das Donaugebiet nach Ing. B a r t o s e k.

kalender empfiehlt, ihn mit 30 anzunehmen. Für A u g s b u r g wurde er auf Grund einer Regenspende von 180 l/ha/sek binnen 35 Minuten auf 41 berechnet. Hiernach würde sich die spezifische Regenspende ergeben zu

$$S \simeq \frac{120}{\sqrt{t}} \text{ bzw. } \frac{96}{\sqrt{t}} \text{ und } \frac{107}{\sqrt{t}} \text{ m}^3/\text{sek/km}^2.$$

Das Ergebnis aller dieser Formeln bleibt zwar noch hinter den tatsächlich gemessenen Höchstwerten zurück, mag aber als Durchschnittswert für nicht zu kleine Gebiete ausreichen, weil für die Hochwasserbildung außer der Intensität des Regens auch die Ausdehnung der Niederschlagsfläche maßgebend ist.

Leider gibt es nur relativ wenige Regenstationen mit Regenschreibern, so daß man nur selten ein richtiges Bild vom Verlauf der starken Platzregen gewinnen, für sie Kurven gleicher Niederschlagshöhen entwerfen und ihre Flächen abgrenzen kann.

Alle Beobachtungen zeigen einen raschen Abfall der Regendichte vom Regenkerne nach außen. Bei dem äußerst heftigen Niederschlag, der sich am 25. Juli 1929 in der Dauer von 80 Minuten über München und Umgebung entlud, umfaßte das

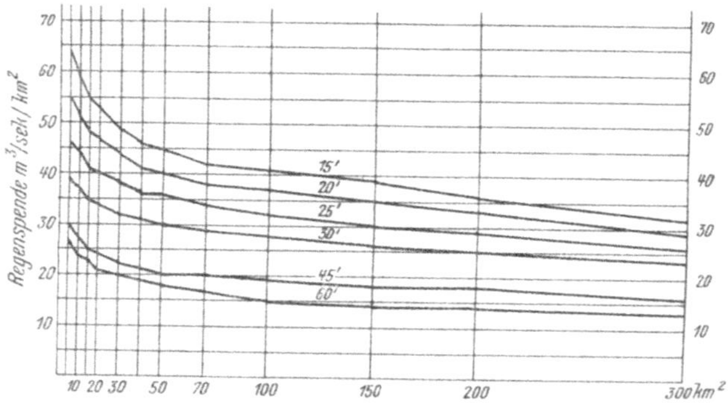

Abb. 6. Abhängigkeit der Regenspenden von der Regendauer und der Niederschlagsfläche.

Gebiet, das mehr als 80 mm Niederschlag empfing, nur 0,5 km², 18,5 km² erhielten mehr als 60 mm und 248,6 km² mehr als 40 mm Niederschlag (107). Beim dreistündigen Wolkenbruch über dem Grazer Hügelland am 16. Juli 1913 empfingen 3,5 km² über 600 mm, hingegen etwa 240 km² über 150 mm Regen (82, 270). Bei der Hochwasserkatastrophe vom 8. — 14. September 1899 fielen in dem 1411 km² umfassenden Traungebiete durchschnittlich 354,9 mm Regen, und zwar wurden überregnet 1324 km² mit mehr als 200 mm, 268 km² mit mehr als 400 mm und nur 5,2 km² mit mehr als 600 mm (162).

Zwecks Vorausbestimmung der größten Hochwassermengen hat der steirische Landesbaurat Richard Hofbauer eine eingehende Untersuchung über das Verhältnis zwischen der Regendichte und der Größe der überregneten Flächen angestellt (131). Zu diesem Zwecke hat er die in Österreich und Deutschland gefundenen Mittelwerte der Durchschnittsdichten als Ordinaten und die zugehörigen Gebietsgrößen als Abszissen in ein Koordinatensystem eingetragen und gefunden, daß die so erhaltenen Punkte sich nahe um eine regelmäßige Linie gruppieren, die der Formel

$$\log d = 2{,}3344 - \tfrac{1}{2} \log F$$

entspricht. Hieraus errechnet sich eine Regendichte

$$d = \frac{216}{\sqrt{F}}; \text{ bzw. die Regenintensität zu } i = \frac{3{,}6}{\sqrt{F}}.$$

Diese Formel gibt die Mittelwerte und gilt nach Hofbauer für Gebiete von 10 km² — 20 000 km².

Bartosek hat in seiner oben angeführten Studie (24) für die Abnahme der Intensität der Regen gleicher Falldauer einen Reduktionsbeiwert berechnet, der mit der Zunahme der überregneten Fläche abnimmt, bemerkt jedoch, daß demselben für Gebiete unter 1000 km², für deren Hochwässer nur eine kurze Regendauer bis etwa zwanzig Stunden kritisch ist, keine Bedeutung zukomme, vielmehr die volle Regenmenge der Hochwasserberechnung zugrunde zu legen sei. Dieser Beiwert kommt daher für die Wildbäche, deren Einzugsgebiet dieses Flächenmaß im allgemeinen nicht erreicht, nicht in Betracht.

Haeuser veröffentlicht eine Tabelle über die Beziehungen zwischen den in Bayern beobachteten Regenspenden und der Dauer und Fläche des Niederschlages. Die von ihm angegebenen Maße für die Zeitdauer von 15, 20, 25, 30, 45 und 60 Minuten sind in Abb. 6 in Schaulinien dargestellt. Sie zeigen die Abnahme der Regenintensität und der Regenspende sowohl mit der Zunahme der Regendauer als auch der Niederschlagsfläche und nähern sich regelmäßigen Kurven. Der genannte Verfasser hat sie auch zu solchen ausgeglichen und diese mit der Bezeichnung Niederschlagsspende in ihrer Abhängigkeit von der Niederschlagsdauer und Niederschlagsfläche veröffentlicht (105).

b) Abfluß.

Von den Niederschlägen wird ein Teil durch die Pflanzendecke zurückgehalten und verdunstet auf dieser, der Rest gelangt zu Boden, wo ein weiterer Teil verdunstet, ein anderer sickert in den Boden ein und der Rest fließt oberflächlich ab. Von dem in den Boden eindringenden Wasser verdunstet neuerdings ein kleiner Teil, ein anderer wird von den Wurzeln aufgenommen, dient dem Aufbau des Pflanzenkörpers oder gelangt durch Transpiration wieder in die Luft zurück, der übrige dringt durch die Hohlräume des Bodens in die Tiefe, speist die Quellen und den Grundwasserstrom und tritt schließlich als Bodenschweiß, Sicker- oder Quellwasser wieder an die Oberfläche. Gefrorener Boden nimmt kein Wasser auf; deshalb sind nach stärkerem Frost unvermittelt eintretende heftige Regengüsse besonders gefährlich.

Der Gesamtabfluß Q setzt sich zusammen aus dem oberflächlichen Abfluß, dem Erguß der Quellen und den zufließenden Sickerwässern und ist ein mehr oder minder großer Teil der Gesamtniederschlagsmenge R. Es ist daher $Q = \alpha . R$, worin, vorausgesetzt, daß nicht etwa Fremdwasser zugeführt wird, der Beiwert $\alpha < 1$ ist. Erfolgt der Niederschlag in der Form von Schnee oder Hagel, so tritt der Abfluß erst bei der Schmelze ein. Die sich hierdurch ergebende Abflußverzögerung ist bei den Gletschern am größten und erstreckt sich hier auf eine Reihe von Jahren.

Der Abfluß kleiner Gebiete bildet sich in trockenen Zeiten ausschließlich aus Quell- und Sickerwässern. Setzt in einem solchen Gebiete Regen ein, so kommt zu dieser Wassermenge noch der oberflächliche Abfluß. Die auf den Boden fallenden Wasserteilchen brauchen eine gewisse Zeit, um in die Rinnsale zu gelangen, in denen sie sich dann fortbewegen; sie werden daher an einer bestimmten Stelle des Wasserlaufes erst nach Ablauf einer kürzeren oder längeren Zeit eintreffen, je nachdem, ob der Weg, den sie bis dahin zurücklegen müssen, kürzer oder länger ist. Hier werden nach Beginn des Regens zuerst nur die Niederschläge aus der allernächsten Umgebung eintreffen; mit der längeren Dauer des Regens wird dann der Abfluß aus einem stets wachsenden Anteile des Einzugsgebietes einlangen und das Wasser steigen, bis endlich der Abfluß auch des entferntesten Teiles an dieser Stelle eintrifft. Diesen Abfluß bezeichnet man als Vorflut. Nach Ablauf dieser Zeit wird, eine gleichbleibende Regendichte vorausgesetzt, der Wasserstand der Hauptflut noch weiter langsam steigen, bis sich das Wasseraufnahmevermögen der Vegetation und des Bodens erschöpft hat. Ist dieser Zeitpunkt — die kritische Regendauer — erreicht, so bleibt unter obigen Voraussetzungen auch der Wasserstand unverändert. Umgekehrt wird bei Aufhören des Regens der Zufluß zuerst aus den nächsten, dann aus immer weiter entfernten Teilen des Niederschlagsgebietes nachlassen, aber erst nach Erschöpfung des vorübergehend gespeicherten Wassers aufhören, womit die Nachflut ihr Ende erreicht.

Die während der kritischen Regendauer gefallene Regenmenge ist für die Hochwasserbildung maßgebend. Diese Zeit bis zur Erreichung des Höchstabflusses ist abhängig hauptsächlich von der Größe des Einzugsgebietes, dann auch von der Form seiner Fläche, der Neigung, Bedeckung und Beschaffenheit des Bodens, von den Gefällsverhältnissen und der Beschaffenheit der Rinnsale; sie ist weiter abhängig von der Regendichte, der Windrichtung und von der vorausgegangenen Witterung, welch letztere die Aufnahmefähigkeit des Bodens und der Pflanzennarbe stark beeinflußt. Unter sonst gleichen Verhältnissen wächst sie mit der Größe des Einzugsgebietes.

Die Hochwasserhöhe wird weiter beeinflußt vom Abflußbeiwert, der selbst wieder von den obgenannten Umständen, die sich nicht vollkommen überblicken lassen, abhängig ist. Er wechselt außerordentlich stark, weil die Regenhöhe in weit stärkerem Maße schwankt als die Verdunstung, und steigt während der Schneeschmelze und auch sonst unter Umständen auf mehr als 1 an, so z. B., wenn Sturzregen dem Wasserlaufe folgen.

Nach Schoenfeldt fließen von der mittleren Regenmenge Deutschlands (702 mm) durchschnittlich 37 % ab (269). Während der Abflußbeiwert für das regenarme Gebiet Norddeutschlands 25 — 30 % beträgt, erreicht er z. B. am Inn bei Innsbruck und am Rhein bei Konstanz durchschnittlich 70 % (206), an der Isar normal 57 und bei Hochwasser 70 und im Linthgebiet in der Schweiz 80 % (46).

Wang (328) gibt als ganz allgemeine Durchschnittswerte folgende Zahlen an:

In kultivierten Ländern an quellenbildenden Hängen	30 bis 33 %
in bergigen Gebieten mit guter Bewaldung	35 „ 45 %
„ „ „ „ mangelhafter Bewaldung	45 „ 55 %
auf kahlem, ungeklüftetem Gebirge	50 „ 60 %

Max Singer (298) gibt für kleinere Niederschlagsgebiete unter österreichischen Verhältnissen nachstehende Zahlen an:

Flachland, Seehöhe bis 150 m, Jahresniederschlag 500 bis 600 mm,	Abfluß 25 %
Mittelgebirge, Seehöhe 150 bis 900 m, Regen 700 bis 1700 mm	Abfluß 40 %
Hochgebirge über 1500 m, Regen 1000 bis 2500 mm	Abfluß 77 %

Nach O. Härtel (111) ergeben sich Anhaltspunkte zur Berechnung des Abflußbeiwertes für verschiedene Verhältnisse aus der Formel:

$$\alpha = n_1 \cdot n_2 \cdot n_3 \cdot n_4 .$$

Die einzelnen Faktoren beziffern sich wie folgt:

Für eine Tallänge außerhalb des Gebietes des katastrophalen Niederschlages von . . . . 0,2 0,3 0,4 bis 10,0 km
beträgt n_1 . . . . 0,9 0,85 0,80 0,55;
bei einem Bewaldungsverhältnis von . . 100, 75, 50, 25, 0 %
beträgt n_2 . . . . 0,6 0,7 0,8 0,9 0,95;
ist die Bodenoberfläche sehr steil, stark hügelig, mittel hügelig,
so beträgt n_3 . . . . 0,9 0,85 0,80;
ist der Boden undurchlässig, wenig, mittel oder stark durchlässig, so
beträgt n_4 . . . 0,9 0,8 0,75 0,70.

Nach Hofmann (135) betrug der Abflußbeiwert für die Etsch bei Trient im Jahre 1923 durchschnittlich 0,84 und schwankte in den einzelnen Monaten zwischen 0,38 und 2,33; am Isonzo bei Canale schwankte er im Jahre 1926 zwischen 0,45 im Dezember und 1,31 im Mai.

Für die Hochwasserbildung sind aber diese durchschnittlichen Abflußbeiwerte nicht maßgebend, vielmehr stellt sich zwischen der Regenmenge während der kritischen Regendauer und dem Höchstabflusse ein anderes Verhältnis ein, welches bei Gewitterregen überdies auch von der Windrichtung abhängt. Folgt diese und mit ihr der Regenkern dem Bachlaufe, so erreicht er ein wesentlich höheres Maß als bei der entgegengesetzten Zugrichtung, unter Umständen weit über 1.

Leider besitzen wir nur sehr wenige Aufzeichnungen von selbstschreibenden Regenmessern und Lymnigraphen, wie solche bei den vergleichenden Niederschlags- und Abflußmessungen im Emmentale verwendet werden.

Beim Mangel exakter Messungen werden für den Höchstabfluß, mit dem in den verschiedenen Gebieten zu rechnen ist, teils Erfahrungszahlen angenommen, teils aber wurden verschiedene Formeln aufgestellt, und zwar entweder unter Zugrundelegung der jährlichen Durchschnittsregenmenge des betreffenden Gebietes oder ohne Berücksichtigung derselben.

Gustav Förster (84) gibt für österreichische Verhältnisse, und zwar für Gebiete größerer Ausdehnung in gut kultivierten und bewaldeten Gegenden, folgende spezifische Hochwassermengen an:

In ebenen Lagen	0,9 bis 1,4 m³
in hügeligen Lagen	2,0 „ 2,5 „
im Mittelgebirge	4,0 „ 5,0 „
im Hochgebirge	5,5 „ 8,5 „

Diese Zahlen sind um 30—50 % zu erhöhen, wenn schwach bewaldeter und undurchlässiger Boden in Frage kommt.

Lassen diese Ziffern einen ausreichenden Spielraum zur Berücksichtigung der übrigen Verhältnisse des Einzugsgebietes, so geben sie doch gar keinen Fingerzeig dafür, daß auch die Gebietsgröße einen wesentlichen Einfluß auf die spezifische Hochwassermenge ausübt. Die nachstehenden, vom Oberregierungsbaurat Th. Deuerling, Kempten (56), als ungefähr zutreffende Höchstwerte beim Zusammenfallen ungünstiger Umstände angegebenen Zahlen sind hingegen nach der Flächengröße abgestuft; sie gelten für das bayrische Gebiet. Nach seinen Erhebungen in Dalmatien empfiehlt Hofmann (135), für die dortigen küstennahen Gebiete wesentlich höhere Abflußmengen anzunehmen, wie aus nachstehender Zusammenstellung hervorgeht:

Abflußmengen nach Angaben		von Deuerling,	von Hofmann
Für ein Einzugsgebiet von......	1 km²	10 m³/sek/km²	......16 m³/sek/km²
„ „ „ „	2 „	9 „	......15 „
„ „ „ „	3 „	8 „	......14 „
„ „ „ „	5 „	6 „	......11,5 „
„ „ „ „	10 „	4 „	...... 9,5 „
„ „ „ „	20 „	2,5 „	
„ „ „ „	30 „	2 „	
„ „ „ „	50 „	1,5 „	
„ „ „ „	100 „	1,3 „	
„ „ „ „	150 „	1,2 „	

R. Iszkowski (150) stellte für die spezifische Hochwassermenge nachfolgende Formel auf: $q = \alpha_h . m . H$; darin bedeuten

α_h den variablen Abflußkoeffizienten für das Höchstwasser und m einen Modulus, der von der Fläche des Einzugsgebietes abhängig ist. Die Jahresregenmenge H ist mit mindestens 1 m in Rechnung zu stellen. Den Modulus gibt Iszkowski für Flächen bis 1000 km² wie folgt an:

Für F	1 km²	m = 10
„ F	10 „	m = 9,5
„ F	20 „	m = 9,0
„ F	50 „	m = 7,95
„ F	100 „	m = 7,40
„ F	200 „	m = 6,87
„ F	500 „	m = 5,90
„ F	1000 „	m = 4,70

Der Abflußbeiwert α_h wechselt nach Bodenkategorien und dem Charakter des Landes; er beträgt:

Geographische Gebiets-beschaffenheit	in Bodenkategorie I	II	III	IV
Teils Niederung, teils Hügelland.	0,030	0,055	—	—
Hügelland......	0,035	0,070	0,125	—
Mittelgebirge ...	0,040—0,055	0,082—0,140	0,155—0,290	0,400—0,550
Hochgebirge....	0,060—0,080	0,160—0,210	0,360—0,600	0,600—0,800

Kategorie I umfaßt stark durchlässige Bodenarten mit normaler Vegetation oder gemischte Bodenarten mit üppiger Vegetation;

Kategorie II umfaßt die am häufigsten vorkommenden mittleren Bodenarten mit normaler Vegetation;

Kategorie III umfaßt schwach durchlässige Bodenarten mit normaler Vegetation in steilen Lagen;

Kategorie IV umfaßt undurchlässige Bodenarten ohne oder mit nur spärlicher Vegetation und mit ungünstigen Verhältnissen (nur für Flächen bis 300 km² anwendbar).

Je nach den vorliegenden Umständen sind die einzelnen Kategorien zu kombinieren.

Ebenfalls aus der Jahresregenhöhe berechnet Bartosek die Abflußmenge durch Multiplikation der Maximalregenhöhe für die kritische Regendauer mit dem fallweise zu wählenden Abflußbeiwert.

Andere Autoren haben zur Berechnung der spezifischen Höchstwassermengen verschiedene Formeln ohne Berücksichtigung der mittleren Jahresregenhöhe aufgestellt.

Lauterburg (188) stellte unter der Annahme, daß die Regen der größten Dichte, die bis damals (1887) in der Schweiz beobachtet worden waren, nämlich 128 mm in der Stunde, sich nicht auf ein größeres Gebiet als 1 km² und Regen von 72 mm in der

Stunde sich auf 25 km² erstrecken, für die spezifische Höchstabflußmenge die Formel auf:

$$q = \alpha \frac{1120}{31 + F}.$$

Der Abflußkoeffizient α schwankt zwischen 0,25 für sehr durchlässigen Untergrund in der Niederung und im Hügellande bis 0,90 für sehr steiles, undurchlässiges, kahles Felsgebirge.

Führt man die Abflußzahl mit einem Mittelwerte von 0,6 in obige Formel ein, so ergibt sich:

$$q = \frac{672}{31 + F}.$$

Diese Formel gibt für Gebiete, die größer sind als 400 — 500 km², kleinere Abflußmengen, als sich unter Zugrundelegung eines Tagesniederschlages von 250 mm errechnen würden. Für solche Gebiete gilt die Abflußformel für maximale Tagesregen:

$$q_{max} = 2{,}9\,\alpha \frac{114}{115 + 0{,}05\,F}$$

oder für $\alpha = 0{,}6$:

$$q_{max} = \frac{198{,}4}{115 + 0{,}05F}.$$

Hiezu wäre, streng genommen, zuzuschlagen die vor Eintritt des Regens abfließende Wassermenge, welche, Mittelwasser und einen Jahresniederschlag von 1500 mm vorausgesetzt, sich errechnet auf:

$$q_m = 0{,}03964\,\alpha \,.\, 1{,}5 + \frac{0{,}037\,F_g}{F}$$

und im Vergleiche zur Hochwassermenge verhältnismäßig gering ist (Fg bedeutet die Gletscherfläche).

Eine von Kresnik angegebene Formel für die spezifische Hochwassermenge lautet:

$$q = \frac{25}{\sqrt{F}}.$$

Valentini hat nach Horatiis empfohlen, in derselben für Italien die Zahl 25 auf 30 zu erhöhen und kommt somit auf die Formel

$$q = \frac{30}{\sqrt{F}}.$$

Später stellte Kresnik nachstehende Formel auf (81):

$$q = \alpha \frac{32}{0{,}5 + \sqrt{F}},$$

in der α ein die Verschiedenheiten der Einzugsgebiete berücksichtigender, zwischen 0,6 und 2,0 schwankender Beiwert ist.

Nach Ph. Forchheimer geben beide Formeln für den

Norden Europas genügende Sicherheit, ja der Formel von Kresnik wurde vorgeworfen, daß sie zu große Ergebnisse liefere; aber in Gebieten nördlich des Mittelmeeres wurden noch größere Wassermengen gemessen, und Forchheimer veröffentlicht eine längere Liste solcher Hochwässer (81).

Hofbauer berechnet unter Zugrundelegung obiger Formel für die Regendichte $d = \frac{216}{\sqrt{F}}$ die spezifische Hochwassermenge auf

$$q = \frac{\alpha \cdot 216}{3{,}6\sqrt{F}} = \alpha \frac{60}{\sqrt{F}}.$$

In dieser Formel ist α für Flachland mit 0,25 — 0,35, für Hügelland und Mittelgebirge mit 0,35 — 0,50 und für Gebirgsland mit 0,50 — 0,70 anzusetzen.

Nach Kürsteiner (179) wurde aus einer großen Zahl tatsächlich beobachteter Hochwassermengen die Formel abgeleitet

$$q = \frac{9 \text{ bis } 12}{\sqrt[3]{F}},$$

die sich bei zahlreichen Bauführungen als zutreffend erwiesen hat.

Ing. Melli, Zürich, gibt als allgemeine Hochwasserformel an

$$q = \alpha \frac{40}{\sqrt[6]{100 F}},$$

worin der Abflußbeiwert für offene Wasserläufe bis zu 100 km² $\alpha = 0{,}4$ ist. Für Flüsse von 100 — 10 000 km² gilt nach ihm die Formel

$$q = \frac{74}{\sqrt[3]{100 F}}.$$

Eine vom Hydrographischen Zentralbüro in Wien angewendete Methode legt der Abflußberechnung die Annahme zugrunde, daß auf einer Fläche von 25 km² ein Höchstniederschlag von 60 mm in der Stunde, auf den übrigen Teil des Einzugsgebietes hingegen eine solche von 100 mm im Tag falle, wobei ein entsprechender Abflußbeiwert in Rechnung zu stellen ist. Dies ergibt für $F = 25$ km²:

$$q = \alpha \cdot 16{,}67 \text{ m}^3/\text{sek}$$

und für $F > 25$ km²

$$Q = \alpha \cdot [416.75 + (F-25)\, 1{,}16] \text{ und } q = \alpha\, (1{,}16 + \frac{387{,}7}{F}).$$

Außer den oben angeführten Formeln gibt es noch eine große Anzahl anderer, besonders solcher, die für die Berechnung der in Kanalnetzen abzuführenden Flutwellen aufgestellt wurden, auf die aber hier nicht näher eingegangen werden soll.

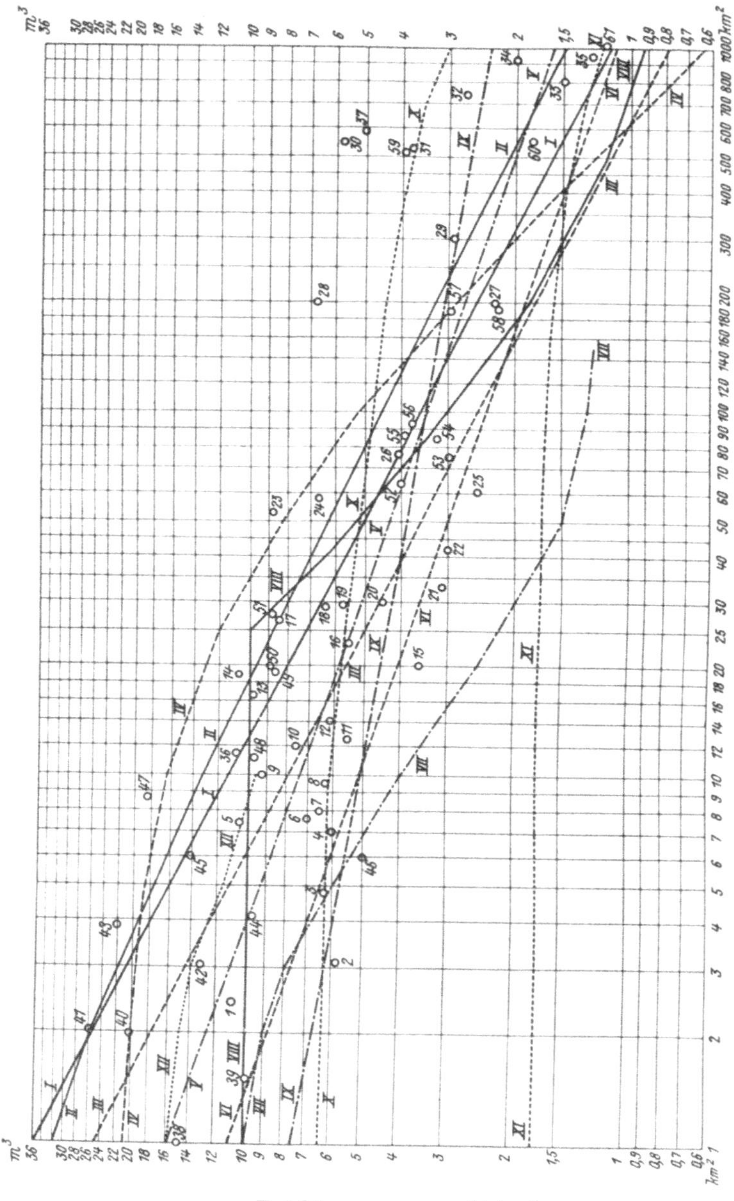

Abb. 7. Spezifische Hochwassermengen.

Erklärungen zu Abb. 7.

I — XII Abflußlinien; 1 — 61 gemessene Abflußmengen nach Angaben des Eidgenössischen Amtes für Wasserwirtschaft, des Eidgen. Oberbauinspektorates, von Prof. F. Kreuter, Prof. Ph. Forchheimer und anderen.

I Formel von Hofbauer: $q = \alpha \frac{60}{\sqrt{F}}$; α angenommen mit 0,6;

II Formel von Kresnik: $q = \alpha \cdot \frac{32}{0,5 + \sqrt{F}}$; α angenommen mit 1,5;

III Formel von Kresnik: $q = \frac{25}{\sqrt{F}}$;

IV Formel von Lauterburg: $q = \alpha \frac{1120}{31 + F}$; α angenommen mit 0,6;

V Formel von Melli: $q = \frac{74}{\sqrt[3]{100\,F}}$;

VI Formel von Kürsteiner: $q = \frac{A}{\sqrt[3]{F}}$; A angenommen mit 11;

VII Angaben von Th. Deuerling;

VIII Berechnung unter Zugrundelegung einer Regendichte von 60 mm auf 25 km^2 Fläche und einer Tagesregenhöhe von 100 mm auf den Rest der Fläche, α angenommen mit 0,6;

IX Formel von Melli: $q = \alpha \frac{40}{\sqrt[6]{100\,F}}$; α angenommen mit 0,4;

X Formel von Iszkowski: $q = \alpha \cdot m \cdot H$; α angenommen mit 0,4, H mit 1,6 m;

XI Formel von Lauterburg: $q = \alpha \cdot 2{,}9 \frac{114}{115 + 0{,}05\,F}$; α angenommen mit 0,6;

XII Ansätze von A. Hofmann.

Zahl	Name des Baches	F	q	Jahr
1	Rütibach bei Giswil, Schweiz	2,4	10,8	1926
2	Friedersmattgraben, Kanton Bern	3,2	5,8	1927
3	Goldbach (Thur), Kanton St. Gallen	4,8	6,45	1927
4	Gstaldenbach, Kanton St. Gallen	7,0	6,0	1895
5	Wittgenbach, Oberlausitz	7,4	10,5	—
6	Frenke (Waldenburg), Kanton Basel	7,6	7,0	1926
7	Wiggernbach, Kanton Luzern	8,0	6,5	1917
8	Flybach, Kanton St. Gallen	9,5	6,3	1910
9	Kronbach, Kanton Appenzell	10,0	9,2	1926
10	Kleine Schliere, Kanton Obwalden	12,0	7,5	1903
11	Augstbach, Jura	12,5	5,5	1926
12	Steinach, Kanton St. Gallen	14,0	6,1	1927
13	Kemnitzbach, Oberlausitz	16,5	9,82	—
14	Steinenbach, Kanton St. Gallen	18,8	10,7	1927
15	Malinkatal	20,0	3,55	1893
16	Kleine Fontane, Kanton Luzern	23,3	5,5	1917
17	Leonhardsbach, Steiermark	26,6	8,39	1913
18	Albigna, Kanton Graubünden	29,0	6,4	1927
19	Weidlingbach, Niederösterreich	29,4	5,72	—
20	Laui bei Giswil, Kanton Obwalden	30,0	4,5	1926
21	Goldbach, Kanton St. Gallen	33,0	3,1	1893
22	Ilfis (Wiggen), Kanton Luzern	42,0	3,0	1891
23	Reichenbach, Kanton Bern	53,0	8,72	—
24	Pliegnitz bei Herrenhut, Oberlausitz	58,0	6,62	—
25	Melchaa, Kanton Obwalden	61,0	2,5	1910

Zahl	Name des Baches	F	q	Jahr
26	Aupa, Böhmen	77,0	4,03	—
27	Biela bei Freiwaldau, Schlesien	200,0	2,25	—
28	Pließnitz bei Bertsdorf, Oberlausitz	201,0	6,72	—
29	Queiss bei Marklissa, Preußisch-Schlesien	303	2,89	—
30	Chassezac, Languedoc	557	5,75	—
31	Gardon d'Alais, Languedoc	534	3,75	—
32	Vidourle, Languedoc	743	2,69	—
33	Ostrawitza, Schlesien	811	1,48	—
34	Maggia, Kanton Tessin	925	2,0	häufig, 1913 wesentlich mehr
35	Avisio, Südtirol	956	1,26	—
36	Stiftingbach, Steiermark	11,4	10,7	1913
37	Gardon d'Anduze, Languedoc	595	5,04	—
38	Lochbach bei Escholzmatt, Kanton Luzern	1,0	15,0	1932
39	Riedmattbach bei Steg, Schweiz	1,5	10,0	1934
40	Gieselibach bei Tegerfelden	2,0	20,5	1931
41	Rothbach bei Lachen, Kanton Schwyz	2,1	26,0	1934
42	Dürrenbach bei Stein, Toggenburg	3,1	13,0	1934
43	Schlierenbach, Wäggital, Kanton Schwyz	3,82	22,0	1934
44	Dorfbach bei Kaltbrunn, Kanton St. Gallen	4,1	9,8	1934
45	Schonbach bei Marbach, Kanton Luzern	6,0	14,2	1931
46	Steinlibach bei Heiden, Kanton St. Gallen	6,0	5,0	1895
47	Rigi-Aa bei Goldau, Kanton Schwyz	8,6	18,6	1934
48	Renggbach bei Kriens, Kanton Luzern	11,0	9,9	1934
49	Eyach, Württemberg	19,0	8,6	1895
50	Magliasina bei Magliasa, Tessin	20,0	9,0	1932
51	Ticinetto bei Chironico, Tessin	27,0	8,8	1927
52	Rümligbach bei Schachen, Emmetal	64,6	4,0	1934
53	Reppisch, Kanton Zürich	71,4	3,0	1895
54	Maggia bei Vicosoprano, Tessin	83,4	3,40	1927
55	Vedeggio bei Ostarietta, Tessin	88,0	3,98	1913
56	Eyach, Württemberg	92,0	3,80	1895
57	Queiss bei der Schwarzbachmündung	183,9	3,0	1937
58	Reuß bei Andermatt, Kanton Uri	191,5	2,20	1916
59	Roia, Italien-Frankreich	505	3,96	—
60	Queiss bei der Mündung des Alt-Laubabaches	549,5	1,73	1937
61	Queiss bei der Mündung in den Bober	1006,4	1,19	1937

Über die Vorausberechnung der Hochwassermenge siehe auch die Veröffentlichungen von Specht (288), Derron (55) und Felber (78).

Übrigens schwanken, wie W. Voit (322) an Beispielen für den Alserbach bei Wien nachweist, bei gleich großer Regenintensität die Abflußhöchstmengen sehr bedeutend je nach der Zugrichtung der Gewitter im Vergleiche zur Bachrichtung. Auch beim Märzhochwasser des Jahres 1930 in Südfrankreich wurde durch das Zusammentreffen der Flutwellen aus den einzelnen Zubringern das Katastrophenwasser im Agoûtgebiete dadurch erhöht, daß der Zug der Wolkenbrüche den Flußläufen folgte (89).

Zum Vergleiche der Abflußformeln wurden die ihnen entsprechenden Kurven in Abb. 7 auf logarithmisch geteiltem Papier aufgetragen. Den Berechnungen wurden mittlere Verhältnisse (Abflußzahlen 0,6 — 0,7) und für die Formel von Iszkowski eine Jahresregenhöhe von 1600 mm zugrunde gelegt. Die meisten Formeln ergeben Linien, die einer quadratischen oder kubischen Parabel entsprechen, daher in der Abbildung als Gerade erscheinen, oder die sich einer Parabel nähern. In die Abbildung wurden ferner mehrere erhobene spezifische Hochwassermengen eingetragen, von denen einzelne noch über den Kurven liegen. Noch wesentlich höhere Werte als die dargestellten wurden in Südosteuropa gemessen, sie können aber hier außer Betracht bleiben.

Aber auch in Mitteleuropa treten mitunter Hochwässer von einer jede Erwartung weit übertreffenden Höhe auf, und man darf sich keineswegs wundern, daß beim Hochwasser 1903 in Schlesien sogar an Wasserausbrüche aus dem Erdinnern gedacht wurde, weil man glaubte, die Hochwasserhöhe durch Niederschläge allein nicht erklären zu können.

Eine unbedingte Sicherheit für die Berechnung des möglichen Höchstwassers gibt keine Formel und auch bei vorsichtigster Berechnung können in seltenen Ausnahmefällen noch Überschreitungen vorkommen, die man aber in Kauf nehmen muß, will man nicht in vielen Fällen die Ausführung von Wasserschutzbauten an der Unaufbringlichkeit der Kosten scheitern lassen.

2. Durch andere Ursachen bedingte Hochwässer.

Hieher gehören der Durchbruch natürlicher oder künstlicher Hindernisse, die den Wasserabfluß gestaut hatten, und namentlich die Seeausbrüche.

Stauungen des Wasserlaufes sind bei Wildbachausbrüchen häufige Erscheinungen; sie werden verursacht durch Verklausungen von Wildholz, durch Fels- oder Erdstürze, Gletscher, Lawinen u. dgl. Hat das gestaute Wasser Kraft genug, den Stauriegel zu durchbrechen, dann setzt sich die ganze Masse plötzlich in Bewegung, alles zerstörend, was ihr im Wege liegt. Stauungen durch Materialstürze haben zunächst ein plötzlich eintretendes, starkes Nachlassen der Wasserführung im Unterlaufe des Wildbaches, ja mitunter ein völliges Versiegen des letzteren zur Folge, und der Gebirgsbewohner kennt und fürchtet dieses Zeichen kommenden Unheils.

Eine derartige Stauung des Niedernsiller Mühlbaches im Pinzgau durch eine Erdlawine und der Ausbruch des dahinter entstandenen 100 Fuß tiefen Stausees war die Hauptursache, daß der Wolkenbruch vom 5. August 1798 das Dorf Mühlbach vollständig zerstört und die beiden Ortschaften Jesdorf und Niedernsill teilweise verschüttet hat. Sonklar schätzte die bei diesem und zwei kleineren Ausbrüchen in Bewegung gesetzte Schuttmasse auf 24 000 000 m³ (287).

Die Folgen eines solchen Durchbruches bleiben aber noch weit zurück hinter jenen bei Ausbrüchen von Seen oder künstlichen Stauweiheranlagen.

Erwägt man, daß bei solchen Durchbrüchen der Ablauf der Wassermenge, die sich durch lange Zeit, vielleicht durch mehrere Monate hindurch angesammelt hat, innerhalb kürzester Zeit erfolgt, so begreift man, daß so entstandene Fluten alle Hochwässer, die durch meteorische Vorgänge verursacht werden, weit hinter sich lassen und sie an Schädlichkeit um ein Vielfaches übertreffen. So soll z. B. nach Angabe A. Heims der auf 20 000 000 m³ berechnete Inhalt des Eissees im Val de Bagne im Kanton Wallis am 16. Juni 1818 innerhalb einer halben Stunde abgeflossen sein (117). Wenn diese Ziffern richtig sind, so ist die Wassermenge auf das Maß von durchschnittlich 11 000 m³/sek angeschwollen und kommt jener des größten sicher nachgewiesenen Donauhochwassers bei Wien (Allerheiligen 1787) nahezu gleich.

Die bei solchen Ausbrüchen entstehende Flutwelle ist an der Ausbruchsstelle am höchsten; sie kann in engen Tälern unabsehbare Schäden verursachen und mit gewaltigen Geschiebebewegungen verbunden sein. In weiten Tälern oder nach ihrem Austritte in das Haupttal verflachen sich diese Wellen — falls sie nicht etwa mit einem sonstigen Hochwasser zusammentreffen — verhältnismäßig rasch und dies um so mehr, als ja auch die Dauer der Hochflut eine vergleichsweise kurze ist.

So erreichte beim Ausbruche des Marteller Eissees am 17. Juni 1891 die Flutwelle in der Schlucht unterhalb des Zufallbodens (1,4 km von der Ausbruchsstelle) eine Höhe von 11 m, in der Etsch bei Latsch (25,8 km) eine solche von 3,4 m, bei Lana (57,4 km) eine solche von nur mehr 0,90 m und verflachte sich dann rasch weiter, bei S. Michele (114,7 km) betrug ihre Höhe nur mehr 0,35 m (205).

Die Hochwässer, die infolge des Durchbruches von Stauungen oder Seeausbrüchen entstehen, entziehen sich jeder vorausgehenden Berechnung oder Schätzung, und ein Schutz gegen die entfesselten Fluten ist meist außerhalb der Macht des Menschen gelegen. Dieser muß sich vielmehr darauf beschränken, dem Eintritt solcher Ereignisse nach Möglichkeit vorzubeugen.

Von einem Seeausbruch kann man nur sprechen, wenn außer der den See durchfließenden Wassermenge auch noch ein mehr oder minder großer Teil des Seeinhaltes zum Abflusse kommt. Dies hat eine Durchbrechung des den See abschließenden Dammes oder wenigstens eine wesentliche Vergrößerung des Ausflußprofiles zur Voraussetzung. Durch meteorische Ereignisse bedingte Hochstände von Seeausflüssen können um so weniger als Ausbrüche bezeichnet werden, als in solchen Fällen die Seen die Hochwasserwellen mäßigen.

Die Gefahr eines Ausbruches liegt namentlich bei jenen Seen vor, die durch verhältnismäßig schwache Materialdämme oder durch Eis- und Schneemassen aufgestaut wurden.

Materialdämme können sich bilden durch Bergstürze — wie z. B. beim Alleghesee nördlich von Agordo in Oberitalien — oder durch Murgänge, die, aus einem Seitental vorbrechend, das Haupttal absperren. Ein Beispiel hiefür bildet die Entstehung des Lago nuovo bei Caoria in Südtirol, der in der Zeit von 1823 — 1829 durch eine Häufung von Murgängen aus dem Rebrutt entstand. Diese stauten den Vanoifluß um etwa 90 — 100 m zu einem See auf, dessen Ausfluß sich beim Hochwasser 1882 um 8 — 10 m vertiefte und der endlich im Jahre 1889 durch die riesigen Geschiebemengen des Vanoi wieder vollständig zugeschüttet wurde (303).

Weit gefährlicher und auch häufiger ist die Aufstauung von Seen durch Gletscher. Sie kann erfolgen durch Gletscherzungen, die ein Seitental absperren, oder, aus einem solchen herabreichend, das Haupttal abriegeln. Die auf die ersterwähnte Weise entstandenen Aufstauungen sind weniger gefährlich, weil der abschließende Eisdamm nicht so leicht durchbrochen werden kann wie die nur mit ihrer Breite das Tal absperrenden Seitengletscher. Diese werden durch die gegenüberliegende Talwand in ihrer Bewegung gehemmt und stauen sich meist viel höher auf als die Hauptgletscher, die sich in ihrem Bette ungehemmt weiterbewegen können. Auch sammelt sich hinter den letzteren wegen des im allgemeinen viel größeren Gefälles der Seitentäler eine weit geringere Wassermenge an als hinter den Seitengletschern.

Derartige Eisseen können sich bei einem Gletschervorstoße bilden, sie können aber auch beim Rückzuge der Gletscher entstehen, wenn sich durch das frühere Abschmelzen des einen Gletschers hinter der Zunge des anderen ein eisfreies Becken bildet und mit Wasser füllt, wie dies beispielsweise bei den Eisseeausbrüchen im Martelltale der Fall war.

Der Ausbruch derartiger Eisseen geht so vor sich, daß sich das Wasser einen Kanal unter dem Eise oder durch dieses bahnt, den es unter hohem Drucke durchströmt, dabei reißen die Wassermassen Eisstücke mit, wühlen allenfalls auch den Untergrund auf und brechen sich schließlich ein großes Tor aus, durch welches die Entleerung rasch erfolgt.

Als Beispiele seien genannt die Ausbrüche des Rutorsees im Gebiete der Dora Baltea, des Mattmarksees und des Sees im Bagnetal in den Walliser Alpen und der Eisseen im Ötztale und Martelltale: sie werden aber an Furchtbarkeit noch weit übertroffen durch Ausbrüche der Eisseen im Pamir, Himalaya und in den Anden.

Es kommt auch zur Bildung von Seen auf dem Gletscher und von Gletscherrandseen. Verhängnisvolle Ausbrüche der ersteren sind aus Europa nicht bekannt geworden; die Randseen werden durch die Gletscherzungen in seitlichen Nischen der Berghänge aufgestaut. In den Alpen ist der größte dieser Randseen der Märjelensee (202, 259). Er wird durch den Aletschgletscher in einer Nische des das Einzugsgebiet der Massa gegen das Fieschertal abgrenzenden Grates aufgestaut, erreichte einen Inhalt bis zu 10 000 000 m^3 und ist wiederholt ausgebrochen, wobei die Schwankungen des Seespiegels mitunter mehr als 70 m betrugen.

Mit dem Schwinden der Gletscher verringerte sich die Gefahr der Seebildung, und in vielen Fällen ist durch den seit dem Jahre 1850 andauernden, beinahe ununterbrochenen Rückgang der Alpengletscher ein weiterer Stau bis zu einem neuerlichen Vorstoße unmöglich geworden.

An den vorangeführten Stellen ist die Aufstauung der Wassermassen außerhalb des Eiskörpers, also oberflächlich, erfolgt. Es sind aber auch Katastrophen vorgekommen, bei denen Wassermassen ausgebrochen sind, die sich im Innern eines Gletschers in zu Höhlen erweiterten Spalten und Klüften angesammelt hatten. Finsterwalder (79) berichtet, daß bei der letzten Vorstoßperiode des Vernagtferners sein Abfluß infolge der „tumultuarischen Bewegung des Eises" oft tagelang ausgeblieben sei, und sich Wassermengen von 100 000 m^3 und mehr im Innern des zerklüfteten Eises angesammelt haben müssen. Dieselben haben zwar zweifellos zur Beschleunigung der Bewegung beigetragen, ausgebrochen sind sie aber nicht.

In der Regel erfolgt eine derartige interglaziale Wasseraufspeicherung ganz unbemerkt; ihr Vorhandensein verrät sich an der Gletscheroberfläche nicht und die Ausbrüche erfolgen überraschend, wie z. B. jener einer auf 100 000 m^3 geschätzten Menge aus dem Gletscher an der Tête Rousse in der Montblanc-Gruppe in der Nacht vom 11. zum 12. Juli 1892, durch den das Bad St. Gervais und zwei Weiler zerstört wurden und 200 Menschen ihr Leben verloren (88, 325).

Der Stauinhalt solcher interglazialer Wasserstuben kann sich allerdings mit jenen oberflächlicher Eisseen nicht messen, doch wird die Gefahr wesentlich vermehrt durch die meist außerordentlich große Höhe, aus der diese Fluten überraschend herabstürzen.

Die Stauung von Wasserläufen und die Verdrängung von Wassermassen aus Seen durch Lawinen kommt im zweiten Teil dieses Buches zur Sprache.

Als Beispiel für eine solche Verdrängung durch einen Bergsturz sei jener vom 1. Mai 1772 erwähnt, der die Fluten des

Allegheseees so in die Höhe trieb, daß zwei Ortschaften weggespült wurden (284, 324).

Das Kalben des Gallrutgletschers im Kaunertale (Nordtirol) verursachte am 7. August 1890 den Ausbruch und die vollständige Entleerung eines Moränensees (165). Der Kratersee von Kloët auf Java ist infolge der Vulkantätigkeit wiederholt ausgebrochen; beim letzten Ausbruche im Mai 1919 wurden 130 km² Kulturboden, 9000 Wohnhäuser und 5500 Menschenleben vernichtet (344).

Solche Wasserverdrängungen wirken sich namentlich bei kleinen Seen katastrophal aus, bei denen die zugeführten Massen im Verhältnis zur Seeoberfläche groß sind. Je kleiner dieses Verhältnis ist, desto geringer ist die Hebung des Seespiegels und desto flacher wird die Hochwasserwelle im Auslaufgerinne, deren Höhe übrigens auch von der Entfernung der Aufprallstelle vom Auslaufe abhängig ist.

B. Geschiebetransport und Murgänge.

Die Verfrachtung des festen Materials durch die Bäche erfolgt in dreierlei verschiedenen Formen: entweder durch Abführung von gelösten Stoffen, von feinen Schwebstoffen oder durch Fortrollen gröberen Materials auf der Gerinnsohle. Die Abfuhr gelöster Stoffe beeinflußt nur in sehr geringem Maße das spezifische Gewicht des Wassers, ist für das Verhalten der Gewässer nicht von Bedeutung und kann daher außer Betracht bleiben.

Die Schlamm- und Schwebstoffführung der Flüsse erreicht meist nur ein geringes Maß und übersteigt selten wenige Prozente. Wesentlich größer ist die Schlammführung der Hochwässer in den Wildbächen. Die Rienz bei Bruneck führte beim Hochwasser im September 1882 durchschnittlich 47,92 kg trockenen Schlammes, gelegentlich sogar 75,54 kg, der Reischachbach bei Bruneck 104,93 kg und der Mühlgraben bei St. Lorenzen 145,11 kg im m³ Wasser (37). Nach einem mit bedeutenden Abrutschungen verbundenen Hochwasser im Schmirntal im Jahre 1920 soll im Innsbrucker Elektrizitätswerk bei Patsch im Sillwasser ein Gehalt an Feststoffen bis zu 300 kg im m³ festgestellt worden sein (141).

Je größer der Gehalt an solchen Feststoffen, desto größer wird auch das spezifische Gewicht des Flußwassers, und desto zähflüssiger wird die Masse. Bei 200 kg/m³ an trockenem Schlamm erhöht sich das spezifische Gewicht des Wassers auf etwa 1,1.

Wenn sich auch Schlamm und Schwebstoffe in den rasch fließenden Gebirgswässern im allgemeinen nicht ablagern, so kann die Schwebstofführung für einen Fluß dann von großer Bedeutung werden, wenn sie bei seiner Einmündung in einen See oder Stauweiher zu rascher Deltabildung und zu einer Verlängerung des Laufes führt und dadurch zu einer Sohlenhebung Anlaß gibt.

Grobkörnige Stoffe, die das Wasser nicht mehr schwebend abzuführen vermag, werden auf der Sohle fortgerollt und geschoben, wobei jedoch Kies, Sand und kleine Steinchen in die Höhe gewirbelt werden und erst nach Zurücklegung einer gewissen Wegstrecke wieder den Boden berühren. Die Bewegung ist also teils schwebend, teils rollend, teils springend und mit einer allmählichen Verkleinerung des Geschiebekorns verbunden. Diese Materialmenge nennt man Gerölle oder Geschiebe. Der Geschiebestrom, der sich vorwiegend unmittelbar auf der Gerinnsohle bewegt, hat keine scharfe Grenze nach oben und nach unten. Der Schottergrund des Rheins bei Ragaz soll sich z. B. bei Hochwässern bis auf 3 m Tiefe in Bewegung befinden und Murgänge in Wildbächen setzen zuweilen auch die Gerinnsohle in Bewegung.

Wildbachartige Flüsse führen selbst bei niedrigem Stande mitunter geringe Geschiebemengen, so hört z. B. in der Traun bei ihrer Mündung in die Donau die Bewegung des feinen Kalksandes selbst bei niedrigstem Stande und klarem Wasser kaum je ganz auf.

Sorgfältige, am Inn bei Kirchbichl ausgeführte Messungen haben ergeben, daß dieser Fluß in der Zeit vom 1. März 1931 bis 29. Februar 1932 durchschnittlich 356 g Geschiebe und 781 g Schwebstoffe im m^3 Wasser abführte. Der Gebirgsabtrag in dem 9316 km^2 umfassenden Gebiete wurde hieraus auf 0,444 mm für obiges Jahr berechnet, die Wasserabflußhöhe betrug 1037 mm (215).

Die Messung der von verschiedenen Flüssen bei ihrer Mündung in Seen aufgeschütteten Deltas ergab, daß z. B. die Reuss von 1851 bis 1878 jährlich wenigstens etwa 150 000 m^3 Geschiebe und wenigstens 50 000 m^3 Schlamm in den Vierwaldstättersee geführt habe, was einem Abtrag von 0,242 mm/Jahr entspricht. Die Ablagerung des Rheins im Bodensee betrug nach Fritsch (90) in der Zeit von 1901—1941 140 404 000 m^3 Schwebstoffe und 4 500 000 m^3 Geschiebe, entsprechend einer Schwerstoffracht von 3 534 500 m^3 im Jahresdurchschnitte und einem Gebirgsabtrage von 0,59 mm.

Verhältnismäßig weitaus größer sind die Materialmengen, um die es sich im Hochgebirge handelt. So wurden nach Hess (129) im Gebiete des Rofner Eissees von 1845—1847 960 000 m^3 grobes Geschiebe in 16—25 m hohen Bänken abgelagert, jedoch nach dem Ablaufe des Sees allmählich wieder abgetragen. Hierin sind die von der Ache fortgeführten Schlammengen nicht enthalten, und Hess beziffert den jährlichen Gebirgsabtrag im dortigen Gebiete auf 16,4—20 mm. Da die erwähnte Geschiebeführung während eines Gletschervorstoßes erfolgte, war sie jedoch zweifellos größer als normal.

Mit der Zunahme der vom Wasser abgeführten Feststoffe wächst die innere Reibung der Hochflut, bis diese schließlich in eine breiartige Masse übergeht, die aus einem Gemisch von Wasser, Erde, Schotter, Steinen, Wurzelstöcken, Bäumen u. dgl. besteht. Ihr Gehalt an Feststoffen steigt mitunter bis zum Mehrfachen der Wassermenge an, und ihre Bewegungsart hält die Mitte zwischen jener der Erdrutsche und Lawinen und jener des fließenden Wassers. Solche Schlamm- und Schuttströme werden in der Schweiz als Rüfe, in Tirol als Mure, stellenweise auch als Giße bezeichnet. Sie stellen die höchste Kraftäußerung der Wildbäche dar, von der Prof. Breitenlohner eine treffende und ungemein lebhafte Schilderung gibt (37).

Je nach dem Material, aus dem sie bestehen, unterscheidet man Geröllmuren, wie sie in unseren Wildbächen auftreten, Eismuren als Folge von Gletscherstürzen oder Vulkanausbrüchen unter dem Eise, Moormuren, entstanden durch Aufblähung, nachfolgendes Platzen und Ausrinnen von Hochmooren, und endlich Aschenmuren als Folge von vulkanischen Aschenregen in Verbindung mit Wolkenbrüchen (296).

Über die Dichte der Muren gibt Stiny folgende Zahlen an:

Sohlengefälle der Wildbäche	Gewichtsprozente der Feststoffe		Raumgewicht der Mure	
	mindestens	höchstens	mindestens	höchstens
15°	45	50	1,30	1,38
20°	50	60	1,38	1,46
25°	55	65	1,42	1,49
30°	60	68	1,46	1,52
35°	65	70	1,49	1,53
40°	65	70	1,49	1,53

Interessant ist die Beobachtung, daß Muren mitunter eine bedeutende Schurfkraft entwickeln, was auf das größere Gewicht und die größere Reibung der halbflüssigen Masse gegenüber dem Wasser zurückzuführen ist. Im Schesatobel bei Bludenz wurde öfter beobachtet, daß Muren tiefe Rinnen in den bei früheren Hochgängen entstandenen Sperrenverlandungen ausgepflügt haben. Auf dieses Verhalten der Muren hat Stiny hingewiesen (297). Die erhöhte Schurfkraft spielt wohl auch bei der besonders raschen Eintiefung von Mur-Runsen eine maßgebende Rolle.

Wegen ihrer geringeren Beweglichkeit schmiegen sich die Muren den Windungen des Bachlaufes weniger geschmeidig an als das Wasser. An ihrem Kopfe schieben sie häufig eine große Masse von Steinen und Blöcken vor sich her, die sie aus ihrem Bette losgerissen haben. Dahinter stauen sich die nachdrängenden Wassermassen, gewinnen an Kraft und der Murkopf wölbt sich auf.

Die Transportkraft der Muren läßt sich ermessen aus der

Größe der mitgeführten Felsblöcke, die das Maß von 100 m^3 oft weit übersteigt. Gelegentlich der katastrophalen Flut im Bagnetal im Wallis am 18. Juni 1818 wurden Blöcke bis zu 2000 t Gewicht, also etwa 800 m^3, verfrachtet. Die beim Ausbruche des Deodorok-Gletschers im Kaukasus entstandene Mure transportierte im Jahre 1832 den 5655 m^3 messenden Yermolowblock auf große Entfernung und ein anderer, gelegentlich eines Gletschersturzes von Achury im Ararat im Jahre 1840 von der entstandenen Mure verfrachteter Block mißt sogar 6 — 7000 m^3 (88).

Es ist vielfach die Anschauung verbreitet, daß diese Blöcke in den Muren schwimmen, was ja unmöglich ist, weil sie ein wesentlich größeres spezifisches Gewicht als diese — nahezu das doppelte — besitzen und meist über die Oberfläche weit emporragen. Man muß sich vielmehr die Verfrachtung der Blöcke so vorstellen, daß sie, der ganzen Murmasse in der Bewegung folgend, über kleinere Steine und Blöcke fortgeschoben werden, welche die Kolosse wie Rollen tragen, und entweder auf der Sohle oder auf einer selbst in Bewegung befindlichen Schuttlage fortgeschoben werden.

Infolge des Aufeinanderprallens der oberflächlich verfrachteten und aus der Mure auftauchenden Blöcke sprühen mitunter Funken weit fort und verleihen einem nächtlichen Murgange etwas Dämonisches.

Wie groß die Geschwindigkeit ist, mit der sich die Muren bewegen können, läßt sich z. B. aus den Beobachtungen entnehmen, die gelegentlich eines Murganges im Tschrinbache im Vinschgau gemacht wurden. Dieser in der Gletscherregion entspringende Wildbach durchfließt in der Waldregion eine außerordentlich steile, anbrüchige Grabenstrecke, die mit Sperren abgetreppt ist. Die Abflußsektionen sind etwa 2 m tief eingeschnitten. Die Mur passierte diese schwach S-förmig gekrümmte Strecke, konnte sich aber den Krümmungen nicht so rasch anschmiegen, sondern stieg infolge der Fliehkraft an den einspringenden Uferstellen etwa 4 m hoch über die Sperrenflügel empor, während sie auf der anderen Seite die Abflußsektionen höchstens zur Hälfte füllte.

Forstrat Ing. A. Haiden hat aus der Schiefstellung der Oberfläche einer im Kalmbache bei Saalfelden im Jahre 1920 abgegangenen Mure deren maximale Randgeschwindigkeit auf 8,2 m/sek berechnet bei einem Querschnitte von 58 m^2 und einer mittleren Geschwindigkeit von etwa 4 m. Der Höhenunterschied der 20 m voneinander entfernten Murränder betrug 7 m (108). Offenbar lagert sich bei Murgängen vorübergehend Geschiebe auf den Verlandungen der Querwerke unter einem steilen Winkel ab, so daß die durch die Abtreppung erzielte Gefällsverminderung ausgeschaltet wird.

Auch die Beobachtung, daß bei solchen Muren kolossale Blöcke bei der Einmündung in die Hauptgewässer über diese hinüber auf das jenseitige Ufer geschoben werden, beweist die große lebendige Kraft dieser Schlammströme. Eine im Jahre 1912 aus dem Lattenbache bei Pians an der Arlbergbahn abgegangene Mure schob z. B. einen 50—60 m^3 messenden Felsblock quer über die Hochwasser führende Sanna hinüber, und eine Mure aus dem kleinen, steilen Maierwiesenbach im osttirolischen Drautal staute sich im Jahre 1917 an der eisernen Blechträgerbrücke der Südbahn, hob sie von ihrer Stelle und warf sie über die Reichsstraße und die damals hoch angeschwollene reißende Drau hinüber auf deren jenseitiges Ufer, auf dem sie in höherer als ihrer ursprünglichen Lage liegen blieb.

Häufig erfolgt durch Murgänge eine Verdrängung der Flüsse. So wurde 1857 die Ill in Vorarlberg durch eine Mure aus dem Schesatobel aus ihrem Bette geworfen, gegen die an der jenseitigen Berglehne gelegene Ortschaft Nüziders gedrängt und floß erst mehrere Kilometer flußabwärts wieder in ihr altes Bett zurück (121).

Kann der durch eine Mure verlegte Fluß nicht ausweichen, so wird er gestaut, was äußerst gefährliche Durchbrüche zur Folge haben kann.

Solange die Mure in geschlossenem Rinnsale sich bewegt, bleibt ihre Kraft erhalten, wenn sie sich hingegen ausbreiten kann, so zerteilt sie sich oft in mehrere Arme und wechselt häufig ihren Lauf in der Richtung des jeweils geringsten Widerstandes. Die Abnahme der lebendigen Kraft der Mure erfolgt um so rascher, wenn gleichzeitig auch das Gefälle des Wasserlaufes sinkt, wie dies die Regel ist. Dies verursacht eine Ablagerung von Geschiebe, die Erhöhung der Bachbette, und verleiht den in Aufschüttung begriffenen Bächen die Neigung, ihren Lauf häufig zu wechseln, während jene Bäche, die in Eintiefung begriffen sind, ihren Lauf, abgesehen von unbedeutenden Seitenverschiebungen, beibehalten. Die Festsetzung eines Steinblockes, eines Baumstammes u. dgl. kann bei schon verringerter Strömungsgeschwindigkeit die Mure ablenken und ihr einen anderen Weg weisen. Fließt die Mure über flaches Gelände, so wölbt sich ihre Oberfläche auf, das am Rande sich bewegende Geschiebe wird aus der Strömung hinausgeschoben, setzt sich fest, und so bildet die Mure selbst niedere seitliche Dämme, zwischen denen der allmählich einsinkende Brei zu Tal fließt und die nach Ablauf des Murganges als Steinzeilen und Schuttwülste zurückbleiben. Kommt nach einiger Zeit ein neuer Murgang, so folgt er häufig dem so gebildeten Rinnsale, schiebt neues Material auf diese Wülste und darüber hinaus, sie auf diese Weise erhöhend und verstärkend. So bildet sich auch ohne künstliche Nachhilfe oft ein aufgedämmtes Gerinne, ein Schwemmfirst, auf dem der Bach läuft, bis ein größerer Murgang ausbricht und sich einen neuen Weg bahnt. Bei größeren, stark mit Grobgeschiebe beladenen Murgängen bilden sich solche Aufschüttungen, und es kommt vor, daß die Mure sich einen mehrere Meter hohen Damm aufwirft, der Kopf sich festsetzt und das Wasser „davonläuft". Es entstehen so mitunter Aufschüttungen, die man nach ihrer Form eher für künstliche Dämme als für Ablagerungen des fließenden Wassers halten würde. Stiny bringt die Abbildung eines solchen durch den Trippbach im Ahrntale, einem Seitental des Pustertales, aufgeschütteten Dammes. dessen steil abfallender Kopf aus Steinblöcken besteht und dessen Form an eine Bergwerkshalde erinnert (296).

Von diesen streifenförmig vor sich gehenden Ablagerungen der Muren weichen jene der gewöhnlichen Hochwässer insoferne ab, als sich diese mehr oder minder gleichmäßig ausbreiten und fächerförmig verteilen. So entstehen Gebilde, deren Form sich einem Halbkegel nähert, dessen Spitze am Schluchtausgange liegt. Man nennt diese Aufschüttungen daher Schutt- oder besser Schwemmkegel. Manche von ihnen besitzen eine völlig regelmäßige Gestalt und ein nahezu gleichbleibendes Gefälle von der Spitze bis zur Basis; bei anderen wieder nimmt das Gefälle talabwärts ab oder es wird die Regelmäßigkeit der Form durch irgend welche Einflüsse gestört.

Die Bildung der Schwemmkegel behandelt Wang in seinem Grundriß der Wildbachverbauung und Stiny trachtete, den Vorgang durch Versuche zu klären (297).

Im Oberlaufe der Bäche und Flüsse ist ihr Bett in der Regel vom gröbsten Geschiebe gebildet, flußabwärts wird dieses mit dem sinkenden Gefälle immer kleiner und feinkörniger. Für die Ausscheidung des Geschiebes ist in erster Linie sein Gewicht und seine Größe, in zweiter Linie auch seine Form maßgebend. Am leichtesten werden annähernd kugelförmige Steine fortgewälzt, am schwersten plattenförmige vorwärts geschoben.

Bei der Geschiebeablagerung spielen auch Zufälligkeiten eine große Rolle, indem die Fortbewegung größerer Steine rasch ihr Ende erreicht, sobald sie auf Fels oder auf festsitzende Blöcke geraten. An ihnen setzen sich dann weitere Geschiebestücke fest. Man findet oft Bachstrecken, die in solcher Weise mit Steinen förmlich gepanzert sind und den Wasserangriffen um so größeren Widerstand entgegensetzen, je besser sich die Steine gegenseitig decken. Solche Geschiebepanzer sind auch gegen eine überschüssige Stoßkraft des Wassers sehr widerstandsfähig. Selbst der Unterlauf von Wildbächen, in den grobes Geschiebe nicht mehr vordringen kann, ist öfters mit sich schindelartig deckenden Steinplättchen ausgekleidet, die das Bachbett für darüberströmendes Wasser schwer angreifbar machen und eine selbst dem Krampen nennenswerten Widerstand leistende Kruste bilden, unter der dann der weitere, aus normalen Sand- und Schotterlagen bestehende Untergrund zum Vorschein kommt.

Auch schon die gewöhnliche Materialsortierung durch das fließende Wasser bedingt, daß sich an der Sohle größere Steine anhäufen, die das Bachbett bis zu einem gewissen Grade vor Vertiefung schützen. Sie verursachen die Bildung zahlloser Wirbel und Abstürze im fließenden Wasser, durch welche dessen lebendige Kraft zum Teile aufgezehrt und die Schurfkraft wesentlich vermindert wird. Werden diese Steine entfernt, so fällt diese Schutzwirkung fort und die Eintiefung der Sohle geht dann rasch vor sich.

Dritter Abschnitt.

Die Bewegung des Wassers und des Geschiebes.

Wenn auch an dieser Stelle auf die Theorie der Wasser- und Geschiebebewegung nicht näher eingegangen werden soll, so müssen doch einige Grundbegriffe erörtert und die wichtigsten Formeln angeführt werden.

Der Kürze und besseren Übersichtlichkeit halber werden in diese Formeln die nachfolgend angeführten einheitlichen Bezeichnungen eingesetzt:

Q Gesamte Wassermenge in m^3.
q Wassermenge, bezogen auf 1 m Profilsbreite in m^3.
F Benetzte Fläche in m^2.
U Benetzter Umfang in m.
R Hydraulischer Radius $= \frac{F}{U}$ in m.
B Profilsbreite, und zwar
 B_o obere Breite des Wasserspiegels in m,
 B_s Sohlenbreite in m,
 B_m mittlere Breite in m.
T Wasser- oder Profilstiefe in m.
t_o Höhe des ungesenkten Oberwasserspiegels über der Wehrkrone in m.
t_u Höhe des Unterwasserspiegels über der Wehrkrone in m.
α Gefällswinkel des Wasserspiegels.
J Gefälle des Wasserspiegels $= \operatorname{tg} \alpha$.
v mittlere Wassergeschwindigkeit in m.
h Geschwindigkeitshöhe $= \frac{v^2}{2\,g}$.
H Höhe der Energielinie über der Sohle $(T+h)$ in m.
S Schleppkraft in kg/m^2.
f Reibungsbeiwert.
g Beschleunigung der Schwerkraft $= 9{,}81$ m/sek.
d spezifisches Gewicht des Wassers.
D spezifisches Gewicht des Geschiebes.
ρ Geschiebedurchmesser (Länge der Geschiebestücke) in m.
μ Kontraktionskoeffizient.

A. Die Bewegung des Wassers.

Es lassen sich drei Arten des Fließens unterscheiden, nämlich Gleiten, Strömen und Schießen. Beim Gleiten bewegen sich die einzelnen Teilchen parallel zueinander geradlinig fort, ohne sich zu vermischen, was nur in regelmäßigen, glatten Gerinnen und bei Geschwindigkeiten von höchstens 0,25 m/sek möglich ist. Bei größerer Geschwindigkeit wird das Fließen unruhig, die Wasserteilchen bewegen sich in Bahnen, die Schraubenlinien ähneln, sich verschlingen und wieder trennen. Diese Bewegungsform nennt man Strömen. Wird sie reißend und wächst die Geschwindigkeit über jene der Wellenfortpflanzung hinaus, so nennt man sie Schießen. Bei Hochwässern in den Wildbächen bildet diese Bewegungsart bzw. ein häufiger Wechsel von Strömen und Schießen die Regel.

Die Wellengeschwindigkeit ist gleich $\sqrt{gT}$, ihre Geschwindigkeitshöhe beträgt daher $h = \frac{1}{2}T$ und die Grenzgeschwindigkeit zwischen Strömen und Schießen annähernd $v_{gr} \cong 3\sqrt{T}$.

Die Verbindungslinie der um die Geschwindigkeitshöhe über dem Wasserspiegel liegenden Punkte heißt Energielinie; ihre Höhe über der Bachsohle ist $H = T + v^2/2g$. Sie kennzeichnet die dem Wasser innewohnende Energie.

Beim Übergang vom Strömen zum Schießen stellt sich ein stark fallendes Oberflächengefälle des Wassers ein, umgekehrt beim Übergang vom Schießen zum Strömen ein Ansteigen des Wasserspiegels, ein sogenannter Wassersprung; er ist ein Zeichen der Energieverminderung.

Im Querschnitt eines Wasserlaufes ist die Geschwindigkeit ungleich verteilt: sie ist am größten im Stromstriche knapp unter dem Wasserspiegel und nimmt gegen die Ufer und die Sohle ab. Das Verhältnis zwischen der mittleren und der größten Querschnittsgeschwindigkeit wechselt nach der Bettrauhigkeit. Nach Angabe des Bayr. Hydrotechnischen Büros beträgt es bei rauhem Fels 0,40 — 0,52 und steigt bei glatten Holz- und Betongerinnen auf 0,70 — 0,92 an. Studien über dieses Verhältnis finden sich auch in den Schriften von Lorenz (196) und Wehrmann (331, 332, 333).

Zur Berechnung der mittleren Wassergeschwindigkeit dienen verschiedene Formeln. Die älteren Formeln für die Geschwindigkeit des in gleichmäßiger Bewegung abfließenden Wassers sind aufgebaut auf der Formel von Chézy:

$$v = c\sqrt{R \cdot J}. \qquad (1)$$

Den Geschwindigkeitsbeiwert c hat Eytelwein mit 50,9 bestimmt. Diese Zahl läßt aber die Rauhigkeit des Bachbettes, die besonders in Wildbächen sehr groß ist, unberücksichtigt. Die verschiedenen Rauhigkeiten bedingen verschiedene Werte von c. Nach Horatiis wechseln dieselben für Gebirgsflüsse zwischen 30 und 50, sind jedoch der ersteren Zahl näher; Tardini nimmt c mit 50, Thiery mit 30 an.

Zur Berechnung von c unter Berücksichtigung der verschiedenen Bettrauhigkeiten und der Wasserhöhe wurden mehrere Formeln aufgestellt, von denen einige im Kopfe der Tab. 4 ange-

Tab. 4. Beiwerte der Geschwindigkeitsformeln.

Beschaffenheit des Gerinnes	Darcy und Bazin $c = \sqrt{\frac{1}{\alpha + \frac{\beta}{R}}}$		Bazin $c = \frac{87}{1 + \frac{\gamma}{\sqrt{R}}}$	Ganguillet u. Kutter $c = \frac{23 + \frac{1}{n} + \frac{0{,}00155}{J}}{1 + \left(23 + \frac{0{,}00155}{J}\right)\frac{n}{\sqrt{R}}}$		Kutter $c = \frac{100\sqrt{R}}{m + \sqrt{R}}$	Gaukler $v = k \cdot J^{1/2} R^{2/3}$
	α	β	γ	n	$\frac{1}{n}$	m	k
Zementglattstrich, gehobelte Bretter	0,00015	0,0000045	0,06	0,010	100	—	100
Geglätteter Beton, Bretter, feiner Schlamm	—	—	—	0,012	83,33	0,12—0,15	90
Hausteine, gutgefügtes Ziegelmauerwerk	0,000195	0,0000133	0,16	0,013	76,92	0,2 —0,25	80
Bohlenwände				0,015	66,7	0,45—0,55	
Unverputzter Beton, Bruchsteinmauerwerk	0,00024	0,00006	0,46	0,017	58,82	0,75—1,0	60
Wände und Sohle in Erde oder kleinem Geschiebe, gepflasterte Böschungen	0,00028	0,00035	0,85	0,025	40,0	1,5	—
Feiner Kies, Sand	—	—	—	0,020	50	—	50
Wildbachschalen	—	—	—	0,028	35,71	—	—
Kies 10/20/30 mm	—	—	—	0,022	—	1,75	45
Kies 20/40/60 mm	—	—	—	0,025	—	—	40
Kies 50/100/150 mm	—	—	—	0,030	—	—	35
Kopfgroße Steine	—	—	—	—	—	—	25—30
Geschiebe oder verwilderte Flußsohle	0,00040	0,00070	1,3—1,7	0,035	28,57	2,50	— —
Fels oder grobes Geschiebe	—	—	—	0,042	—	—	15—28
Alpenflüsse	—	—	—	bis 0,08	bis 12,50	—	—

Der Beiwert $\frac{1}{n}$ der Formel $v = \frac{1}{n} J^{0,5} R^{0,7}$ von Forchheimer entspricht dem Beiwerte k der Gauklerschen Formel.

führt sind. Sie sind hauptsächlich für Flüsse aufgestellt. Die jüngere Formel nach Bazin

$$c = \frac{87}{1 + \frac{\gamma}{\sqrt{R}}} \tag{2}$$

für kleinere Wasserläufe wurde im „Flußbau" von Kreutner ausschließlich angewendet; sie eignet sich hiefür besser als jene von Darcy und Bazin. Jene von Ganguillet und Kutter wurde vom Hydrographischen Zentralbüro in Wien für hydrometrische Erhebungen vorgeschrieben (144).

Siedek empfiehlt die Formel

$$v = 31{,}6\ T \,.\, J^{0{,}5} \,.\, B^{-0{,}05}. \tag{3}$$

Nach Horatiis hat Kutter für die geschiebeführenden Flüsse der Schweiz die weitere Formel aufgestellt:

$$c = \frac{1}{0{,}02\sqrt{1 + \frac{1{,}75}{R}}}. \tag{4}$$

In neuerer Zeit wird für die Geschwindigkeitsberechnung eine Potenzformel vorgezogen, deren allgemeine Form lautet:

$$v = \frac{1}{n} \,.\, R^{x}\, J^{y}. \tag{5}$$

Forchheimer empfiehlt die Formel:

$$v = \frac{1}{n}\, J^{0{,}5} \,.\, R^{0{,}7}, \tag{6}$$

Gaukler setzt

$$v = k \,.\, R^{2/3}\, J^{1/2} \tag{7}$$

und Strickler (211) bewertet k für geschiebeführende Wildbäche nach der Formel:

$$k = \frac{1}{n} \cdot \frac{21{,}1}{\rho^{1/6}}. \tag{8}$$

In derselben bedeutet ρ die mittlere Erhebung der Sohlenrauhigkeit. Siedek setzt:

$$v = 31{,}6\ T \,.\, J^{0{,}5} \,.\, B^{-0{,}05}. \tag{9}$$

Weitere Formeln von Hermanek und Gröger gelten nur für größere Wasserläufe und können daher außer Betracht bleiben, ebenso wie eine große Anzahl anderer, minder gebräuchlicher Formeln.

Alle diese Formeln und die zugehörigen Rauhigkeitswerte wurden hauptsächlich in Wasserläufen mit kleinem Gefälle und geringer Rauhigkeit ermittelt, liefern aber auch für sie nur annähernd richtige Ergebnisse. Für Wildbäche, die wesentlich größere Rauhigkeiten aufweisen und deren Gefälle ungleich größer ist und in den einzelnen Strecken meist stark wechselt, werden die Ergebnisse sehr unverläßlich.

Zur Klärung dieser Verhältnisse hat E. Indri in mehreren Wildbächen Italiens, deren Bett durch grobsteiniges Geschiebe gebildet ist, Messungen durchgeführt (148). Nach seinen Ermittlungen entspricht die Formel (5) am besten, und zwar mit den Beiwerten $\frac{1}{n} = 28{,}35$, $x = 0{,}865$ und $y = 0{,}515$, also in der Form

$$v = 28{,}35\, R^{0{,}865}\, J^{0{,}515}, \qquad (10)$$

doch empfehle sich die Unterscheidung der Bäche in zwei Gruppen, und zwar a) in größere Bäche mit Schotterbett, dessen Geschiebestücke Größen von $^1/_{10}$—$^1/_5$ des hydraulischen Radius erreichen, und b) in mittlere und kleinere Bäche mit Geschiebedurchmessern von $^1/_2$—1,0 R, aber mit ununterbrochener Strömung. Bei dieser Einteilung können folgende Rauhigkeitswerte angenommen werden:

	Gruppe a	Gruppe b	Mittelwert
Für die Formel (10) .... statt 28,35	32,5	25,5	28,35
Für die Formel (7) von Gaukler u. Strickler $k =$	27,5	20,0	21,38
Für die Formel Bazin (2) .... $\gamma =$	1,85	2,10	2,056
Für die Formel von Kutter .. $v = \frac{100\sqrt{R}}{m + \sqrt{R}}$ $m =$	2,15	2,45	2,425

Soldan hat auf der 3. Baltischen hydrologischen Konferenz in Warschau 1930 die Ansicht ausgesprochen, daß es eine einheitliche, für alle Wasserläufe gültige Geschwindigkeitsformel nicht gebe. Dieser Ansicht hat Prof. Dr. Ing. M. Matakiewicz (204) widersprochen, der bei zahlreichen Messungen in steilen, sehr grobblockigen, natürlichen Bachbetten, in denen sich der Wasserlauf aus einer ununterbrochenen Reihe kleiner Abstürze zusammensetzt, fand, daß die Reibungsbeiwerte vom Gefälle unabhängig werden. Die von ihm aufgestellte Formel für Bäche mit Gefällen von mehr als 16 ‰ lautet:

$$v = 2{,}38\, R^{0{,}7} \text{ oder } \log v = \log 2{,}38 + 0{,}7 \cdot \log R. \qquad (11)$$

Für breite Profile kann R durch die Tiefe T ersetzt werden.

Für künstliche Gerinne ist die Formel nicht aufgestellt und nicht annehmbar. Ob sie für natürliche Wasserläufe im Gebirge zutreffende Resultate ergibt, ist nicht bekannt.

Zur Berechnung des Durchflusses der Doppelprofile oder der unregelmäßigen Profile ist der Querschnitt bekanntlich in mehrere Teile von annähernd gleicher Tiefe zu zerlegen.

Bei einer Geschwindigkeit von etwa 4 m beginnt das Wasser infolge der starken Luftreibung Luftbläschen aufzunehmen. Diese Luftaufnahme geht bei weiter wachsender Geschwindigkeit sehr rasch vor sich und es entsteht ein Wasser-Luftgemisch. Hierdurch wird nicht allein das spezifische Gewicht, sondern auch die Geschwindigkeit vermindert, dagegen das Volumen bedeutend vermehrt. Bei Messungen am Leerlauf des Ruez-Werkes bei Innsbruck stieg die aufgenommene Luftmenge bis zum Fünffachen der Wassermenge an und die Geschwindigkeit erreichte, unabhängig von der Größe der letzteren, ein Höchstmaß von wenig mehr als 20 m (149).

Ministerialrat Ing. Ehrenberger hat die Erscheinung dieser Selbstbelüftung in der Versuchsanstalt des Ministeriums für Land- und Forstwirtschaft in Wien untersucht und gefunden, daß für die Geschwindigkeit die Formel gelte

$$v = 55\ R^{0,52} \sin a^{0,4} \qquad (12)$$

und für die Wassermenge die Formel

$$Q = F.\ v.\ P_w\ . \qquad (13)$$

In derselben ist P_w ein Volumenreduktionsfaktor < 1.

Für sin a 0.476 ist $P_w = 0,4\ R^{-0,05} \sin a^{-0,26}$.

für sin a 0,476 ist $P_w = 0,28\ R^{-0,05} \sin a^{-0,74}$.

Die oberen Gültigkeitsgrenzen für diese aus Rechtecksprofilen berechneten und daher, strenge genommen, auch nur für solche geltenden Formeln sind für R ungefähr 0,30 m und für sin a ungefähr 0,70 (64).

Wenn auch noch weitere Beobachtungen in der Natur zur besseren Klärung dieser Frage beitragen müssen, so steht jedenfalls fest, daß durch diese Selbstbelüftung die lebendige Kraft des Wassers sehr bedeutend verringert wird. Für Schalen, die geschiebefreies Wasser abführen, ist dies von großer Wichtigkeit, weil es die Inanspruchnahme des Pflasters und der Sturzböden wesentlich herabsetzt, aber eine Profilsvergrößerung bedingt.

Bei niedrigen Wasserständen erfolgt der Abfluß in Schalen, namentlich in solchen mit ebener Sohle, keineswegs gleichmäßig, sondern stoßweise. Es entstehen einander sich in kurzen Abständen folgende, sprungweise ansteigende Wellen — Wanderwellen —, die, wie es scheint, durch Gefällsbrüche vergrößert werden. Bei höheren Wasserständen verliert sich diese Erscheinung, sie ist daher für die auf Hochwasser berechneten Schalenbauten ohne praktische Bedeutung.

In gekrümmten Gerinnen legt sich der Stromstrich infolge der Fliehkraft an die Bogenaußenseite an, und dies um so mehr, je schärfer die Krümmung und je größer die Wassergeschwindigkeit ist. Reißend fließende Bäche steigen in scharfen Krümmungen sogar an lotrechten Uferwänden hoch über die Sohle empor, wie dies z. B. an der Sill unterhalb des die Südbahn unterfahrenden Silltunnels bei Matrei zu beobachten ist. Es sollen daher die Krümmungen geschlossener Gerinne möglichst flach, also die Krümmungshalbmesser möglichst groß gewählt werden und ist dem Ansteigen des Wassers durch eine Überhöhung der Uferversicherung an der Außenseite Rechnung zu tragen. Bei muldenförmigen Schalen kann dies auch durch eine Verschwenkung des Profils aus einer waagrechten Lage geschehen.

Ist der Krümmungshalbmesser im Vergleiche zur Profilsbreite groß, so kann bei mäßiger Wassergeschwindigkeit die Linie des Wasserspiegels als eine gegen den Horizont geneigte Gerade angesehen werden, für deren Neigungswinkel die Formel gilt:

$$\operatorname{tg} \alpha = \frac{v^2}{g \cdot r_m}. \tag{14}$$

worin r_m den Krümmungshalbmesser der Bachachse bezeichnet.

Außer der sich hiernach ergebenden Hebung des äußeren Wasserfadens erfährt dieser noch eine weitere Hebung infolge der Verminderung des Oberflächengefälles und der Wassergeschwindigkeit.

Für die Überhöhung des einbuchtenden Ufers empfiehlt Grashof die Formel

$$x = 2.3 \frac{v^2}{g} (\log R_2 - \log R_1). \tag{15}$$

in welcher R_2 und R_1 den Halbmesser des konkaven bzw. des konvexen Ufers bezeichnen (112).

Müller gibt für die Spiegelüberhöhung die Gleichung an

$$\delta_m = \frac{B_s}{R_m} \cdot \frac{v_m^2}{g}, \tag{16}$$

worin B_s die Sohlenbreite, R_m den mittleren Krümmungshalbmesser und v_m die mittlere Geschwindigkeit bedeuten (216).

Die infolge der Laufkrümmung eintretende Hebung des Wasserspiegels bewirkt einen Gefällsverlust und unter Umständen einen Geschieberückstau. (Siehe unten.)

Dem Ansteigen des Wassers am Beginn der Krümmung folgt an deren Ende ein Abfallen auf den normalen Wasserspiegel. Dies hat eine Vermehrung der Schurfkraft zur Folge, woraus sich die Beobachtung erklärt, daß Kolkungen hauptsächlich im unteren Krümmungsaste auftreten.

Eine eigentümliche Erscheinung ist die sich in geraden Strekken muldenförmiger Gerinne bei großer Wassergeschwindigkeit einstellende Aufwölbung des Wasserspiegels im Stromstriche, die übrigens auch an Flüssen beobachtet wurde.

Sehr wichtig ist die Ermittlung des Fassungsvermögens der Abflußsektionen, also des Wasserergusses über die Sperren.

Für vollkommene Überfälle und rechteckige Profile gilt, wenn der Abfluß aus ruhendem Wasser erfolgt, die Formel:

$$Q = \mu \frac{2}{3} B \sqrt{2g} \,.\, t_o^{3/2}. \tag{17}$$

Strömt das Wasser schon mit einer gewissen Geschwindigkeit v der Sperre zu, so berechnet sich die Wassermenge nach der Formel:

$$Q = \mu \frac{2}{3} B \sqrt{2g} \left[\left(t_o + \frac{v^2}{2g}\right)^{3/2} - \left(\frac{v^2}{2g}\right)^{3/2}\right] \tag{18}$$

oder

$$Q = \mu \frac{2}{3} B \sqrt{2g} \,(H^{3/2} - h^{3/2}). \tag{19}$$

Für Trapezprofile ist:

$$Q = \mu \frac{2}{3} \left[B_s + \frac{B_o - B_u}{T} (T + h)\right]\left[(T + h)^{3/2} - h^{3/2}\right] \sqrt{2g} - \frac{2}{5} \frac{B_o - B_u}{T} \,\cdot$$

$$\cdot \left[(T + h)^{5/2} - h^{5/2}\right] \sqrt{2g}. \tag{20}$$

Beim unvollkommenen Überfall stellen sich je nach den örtlichen Verhältnissen verschiedene **Abflußvorgänge** ein, die in Duhms Flußbau (59) beschrieben sind, in dem auch eine Tabelle über das Abflußvermögen verschieden gestalteter Abflußsektionen enthalten ist.

Für rechteckige Sektionen gilt die Formel:

$$Q = \frac{2}{3} \mu B \sqrt{2g} \left[(t_u + h)^{3/2} - h^{3/2}\right] + \mu (t_o - t_u) B \sqrt{2g (t_u + h)}, \tag{21}$$

für trapezförmige Profile hingegen die Formel:

$$Q = \frac{2}{3} \mu \sqrt{2g} \left\{\left[B_s + \frac{2}{5} (n_1 + n_2)(\Delta_t + h)\right] (\Delta_t + h)^{3/2} - \right.$$

$$\left. - \left[B_s + (n_1 + n_2)\left(\Delta_t + \frac{2}{5} h\right)\right] h^{3/2}\right\}. \tag{22}$$

In derselben bezeichnen n_1 und n_2 die Böschungsverhältnisse der beiden Ufer und Δ_t den Höhenunterschied zwischen Ober- und Unterwasserspiegel.

Der Beiwert μ wechselt je nach der Kronenform der Wehre zwischen 0,55 — 0,70, ausnahmsweise bis 0,80 und kann im Mittel mit 0,63 angesetzt werden. Bei verlandeten Sperren erhöht sich nach Schoklitsch Q bis auf das 1,55fache des Wertes für ein freies Wehr.

Die durch freie Wehre bewirkte Aufstauung des Wassers nimmt mit zunehmender Kronenlänge ab. Diese Zunahme kann erzielt werden durch eine Bettverbreiterung oder durch eine Schiefstellung des Wehres, allenfalls auch durch eine zickzackförmige Grundrißgestaltung desselben (95). Bei den verlandeten Wehren bewirkt die Bettverbreiterung unter Umständen bei Hochwasser Kolkungen in der Verlandung.

Der Ausfluß aus Durchlässen mit der Breite b und der Tiefe der Unterkante bzw. Oberkante t_u bzw. t_o beträgt (20):

$$Q = \frac{2}{3} \mu b \sqrt{2g} \left(t_u^{3/2} - t_o^{3/2}\right). \tag{23}$$

Der Wasserabsturz über die Sperren erfolgt in der Form der Wurfparabel, die durch innere und äußere Widerstände nur wenig modifiziert wird. Sie lautet:

$$E = v \sqrt{\frac{2 H_f}{g}}. \tag{24}$$

In derselben bedeutet H_f die Fallhöhe in der Entfernung E vom Wehre (in steilen Bächen den Höhenunterschied zwischen der verlängerten Sohlenlinie des Obergerinnes und dem Sturzboden in E).

Beim freien Wasserabsturz dringt der Wasserstrahl unter das sich langsamer bewegende Unterwasser ein und quillt an der Oberfläche wieder hervor. Es bildet sich eine stehende Welle oder Wasserwalze. Diese Abstürze greifen die Bachsohle stark an, es entstehen Kolke von mitunter großer und für den Bestand der Bauwerke gefährlicher Tiefe, aus der noch verhältnismäßig große Steine hinausgeschleudert werden und erst an der Stelle des Wassersprunges im Bereiche der langsameren Strömung sich wieder ablagern und mitunter einen Wall bilden (Abb. 8).

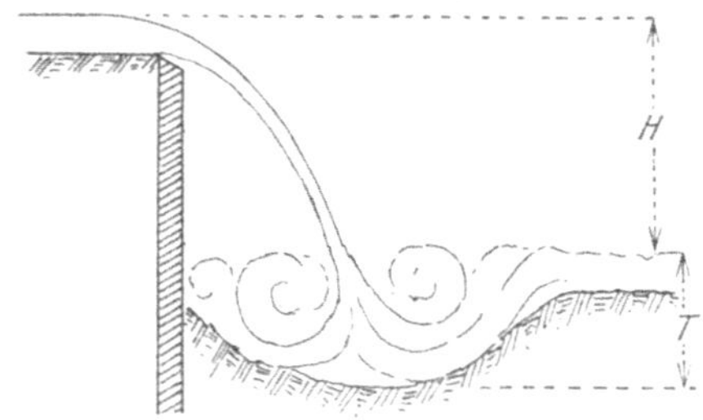

Abb. 8. Kolkbildung unter Überfallswehren nach A. Schoklitsch.

Diese Kolkbildung haben Dr. Riediger (254) und Dr. A. Schoklitsch untersucht. Ersterer berechnete die Kolktiefe ohne Berücksichtigung des Sohlenwiderstandes, der besonders in den steinigen Wildbachbetten zumeist eine beachtliche Größe erreicht. Letzterer stellte auf Grund von Modellversuchen die einfache Formel auf:

$$T = \frac{4,75}{d_m^{0,32}} \cdot H_d^{0,2} \cdot q^{0,57}. \tag{25}$$

In derselben bedeuten H_d die Höhendifferenz zwischen Ober- und Unterwasserspiegel, q den Wassererguß über die Breiteneinheit des Wehres in m^3 und d_m den maßgebenden Durchmesser des Geschiebegemisches, der die Körner derart scheidet, daß 90 % kleiner und 10 % größer sind (272).

Auch der über einen Sturzboden oder eine Sinoidalsperre abschießende Wasserstrahl greift infolge der großen Sohlengeschwindigkeit das Bachbett stark an. Zur Abbremsung dieser Geschwindigkeit ist die Einschaltung eines Gegengefälles oder die Teilung des Wasserstrahles durch Schikanen besonders wirksam; diese bewirken eine rasche Senkung der Energielinie.

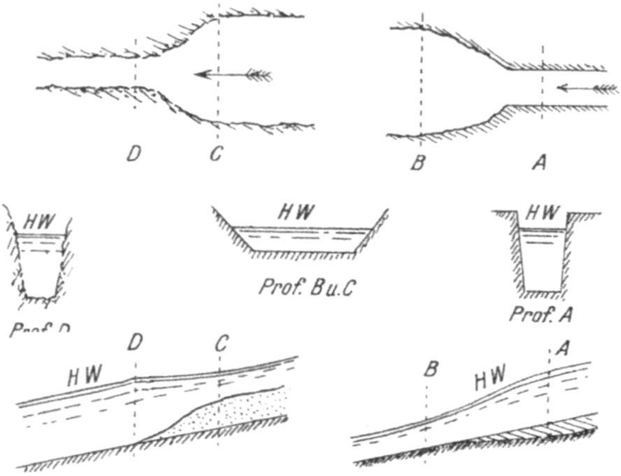

Abb. 9. Wirkung der Breitenänderung eines Bachbettes auf die Gestaltung der Sohle.

Für die Geschwindigkeit des Wassers ist bekanntlich nicht das Gefälle der Bachsohle, sondern jenes des Wasserspiegels maßgebend. Dieser Umstand macht sich bei raschen Verschmälerungen und Verbreiterungen des Bachbettes geltend. Eine plötzliche Erweiterung bewirkt eine Gefällsvermehrung und daher eine Geschwindigkeitszunahme und einen verstärkten Sohlenangriff, der in der engen Gerinnstrecke beträchtliche Kolkungen und Unterwaschungen zur Folge haben kann. In den Erweiterungen hingegen verringert sich die Schleppkraft infolge der kleinen Wassertiefe und es entstehen Geschiebeablagerungen, namentlich oberhalb von Verengungen, und zwar, weil das Geschiebe in der Hauptsache dem Stromstriche folgt, am stärksten mitten im Rinnsale (Abb. 9).

Die Bewegung des Wassers wird eine andere, wenn die Sohle nicht gleichmäßig verläuft, sondern abgetreppt ist. Hierüber hat Ing. A. Armani (19) Untersuchungen an rechteckigen, beiderseits durch Flechtzäune begrenzten Profilen durchgeführt. Auf Grund seiner Messungen hat er die Formeln aufgestellt:

$$Q = \mu\, B \sqrt{\frac{T^3 \,.\, 8{,}72}{1 - \mu^2}}. \tag{26}$$

$$T = \sqrt[3]{\frac{Q^2\,(1 - \mu^2) \,.\, 0{,}11468}{\mu^2\, B^2}}. \tag{27}$$

$$B = \sqrt{\frac{Q^2\,(1 - \mu^2)}{\mu^2\, T^3} \,.\, 0{,}11468}. \tag{28}$$

Der Kontraktionskoeffizient μ ist abhängig von der Geschwindigkeit des an der Schwelle ankommenden Wassers. Armani stellt hiefür eine Tabelle für die Geschwindigkeiten von 0,5 bis 2,6 m auf und bemerkt, daß bei der Sohlenbreite von 10 m und einer Wassergeschwindigkeit von 2 m, die bei den untersuchten Profilen meist zutrafen, μ mit 0,696 angenommen werden könne. Die Formel ist aus Beobachtungen an seichten Profilen und an Bächen mit geringem Gefälle aufgestellt und nur für solche als gültig zu betrachten.

B. Die Bewegung des Geschiebes.

Die vom fließenden Wasser durch die Reibung auf sein Bett ausgeübte Kraft nennt man Schleppkraft. Für sie hat Du Boys die Formel aufgestellt:

$$S = G \,.\, T \,.\, J., \tag{29}$$

worin G das Gewicht von 1 m^3 Wasser bedeutet.

Nach Engels liefert diese Formel für schmale Gerinne zu große Ergebnisse (112), die mit einem Beiwerte von $\frac{1}{\alpha}$ auf das richtige Maß gebracht werden können. Den Wert von α gibt Schoklitsch wie folgt an: für rechteckige Gerinne

$$\alpha = 1 + \frac{2T\, v_s^2}{B_s\, v_w^2}, \tag{30}$$

für trapezförmige Gerinne

$$\alpha = \frac{1 + \frac{2\,T\, v_s^2}{B_s\, v_w^2} \sqrt{1 + n^2}}{1 + \frac{T}{B_s} \,.\, n}. \tag{31}$$

Hierin bedeuten v_s und v_w die Wassergeschwindigkeit auf der Sohle bzw. an der Wandung und n das Böschungsverhältnis (1 : n). Nach Schoklitsch ist für Gerinne mit der Breite $B < 30\,T$ die Schleppkraft berechnet worden nach der Formel

$$S = G \,.\, R \,.\, J \text{ (59)}. \tag{32}$$

Innerhalb gewisser Grenzen wird die Schleppkraft durch die innere Reibung des Wassers und den Widerstand des Gerinnes aufgezehrt. Überschreitet sie aber ein bestimmtes, von der Bettbeschaffenheit abhängiges Maß, so wird Geschiebe aus der Sohle losgerissen und in Bewegung gesetzt. Bei dieser wird das Geschiebe durch Abrieb allmählich verkleinert.

Nach Messungen des Kulturamtes in Nürnberg (274) beträgt die Schleppkraft, bei der die nachgenannten Materialien in Bewegung geraten:

Feiner Quarzsand von	0,2—0,4 mm ∅	0,18—0,20	kg/m²,
gewöhnlicher Quarzsand von	0,4—1,0 mm	0,25—0,30	„
grober Quarzsand bis 2 mm		0,40	„
Quarzkies von 0,5—1,5 cm		1,25	„
lehmiger Boden		1,0 —1,2	„
grobes Quarzgerölle von	4,0—5,0 cm	4,8	„
plattiges Kalkgeschiebe	1,0—2,0 cm stark		
und	4,0—6,0 cm lang	5,6	kg/m².

Durch die Schlammführung des Wassers erhöht sich die nötige Grenzgeschwindigkeit um 10 — 100 % und verringert sich der Sohlenangriff.

Die Geschwindigkeit, mit der sich das Geschiebe fortbewegt, ist geringer als die mittlere Wassergeschwindigkeit und erreicht nur 0,5 — 0,85 der letzteren; ja, große Blöcke werden nur sehr langsam fortbewegt und sogar von Hochwässern mitunter nur ein paar hundert Meter weit verfrachtet.

Ein bewegliches Bachbett vorausgesetzt, herrscht Gleichgewicht zwischen der Geschiebezu- und abfuhr, wenn

$$v = \sqrt{\frac{b \cdot (D-d) \cdot f \cdot \rho \cdot \cos \alpha}{d}}. \tag{33}$$

Hierin ist ρ die Länge der Geschiebestücke in m in der Bachrichtung gemessen, b ein vornehmlich von der Form der Geschiebestücke abhängiger Beiwert.

Nimmt man mit Thiéry b mit durchschnittlich $\frac{1}{0,076}$, d mit 1000 und f mit 0,76, also $\frac{b \cdot f}{d}$ mit $\frac{1}{100}$ an, so ergibt sich

$$v = 0,1 \sqrt{(D - 1000)\, \rho \cos a} \tag{34}$$

und, da bei den kleinen in Betracht kommenden Gefällen $\sin a = \operatorname{tg} a = J$ gesetzt werden kann, ferner $c = \frac{v}{\sqrt{R.J.}}$ ist,

$$\operatorname{tg} a = \frac{D-1000}{100} \cdot \frac{\rho}{c^2 . R.}. \tag{35}$$

Diese Formel charakterisiert das Ausgleichsgefälle, das heißt jenes Gefälle, welches unter den obwaltenden Verhältnissen die ungehinderte Fortbewegung des zugeführten Geschiebes ermöglicht, ohne daß das Bachbett angegriffen wird (Kompensationsprofil).

Überschreitet a das angegebene Maß, dann wird Geschiebe in Bewegung gesetzt. Dieses bleibt dann auch bei einer geringen Abnahme der Wassergeschwindigkeit noch in Bewegung und kommt erst bei einer weiteren Verringerung derselben wieder zur Ruhe. Es gibt also für einerlei Geschiebe zweierlei Grenzwerte der Schleppkraft, nämlich einen für den Beginn und einen für das Ende der Geschiebebewegung. Letzterer ist um etwa 30 % kleiner als der erstere.

Durch die Belastung mit Geschiebe wird die Wassergeschwindigkeit vermindert, daher das Ausgleichsgefälle größer.

Ist x der Volumanteil des Geschiebes, so berechnet sich, vorausgesetzt, daß R und J unverändert geblieben sind, die verminderte Geschwindigkeit aus der normalen nach der Formel:

$$v_1 = v \cdot \frac{d}{d + x\,(D - d)}. \qquad (36)$$

Die zunehmende Geschiebebelastung vermindert die Geschwindigkeit so stark, daß kein weiteres Geschiebe mehr aufgenommen werden kann; es tritt also eine Sättigung ein. Dies ist der Fall, wenn v den Wert der Formel (33) erreicht.

In diesem Sättigungsgrad findet aber noch ein Geschiebeaustausch statt, indem grobes und schweres Geschiebe sich absetzt, dafür feineres und leichteres in Bewegung gesetzt wird. Da für dessen Fortschaffung eine geringere Geschwindigkeit ausreicht, kann der Geschiebeanteil noch weiter zunehmen.

Die Größe der kleineren Geschiebestücke kann in folgender Weise bestimmt werden: ein Meßkasten wird mit erd- und sandfreiem Geschiebe angefüllt, der Festgehalt V der Steinfüllung mittels Wassernachfüllung bestimmt, dann werden die Geschiebestücke gezählt (n) und die Abmessung der Steine nach der Formel

$$\rho = \sqrt[3]{\frac{V}{n}} \qquad (37)$$

bestimmt.

Handelt es sich um größeres Geschiebe, so muß das anzunehmende Durchschnittsmaß aus einer großen Zahl von Einzelmessungen bestimmt werden, wobei etwa vorhandene, besonders große Steine außer Betracht bleiben.

Setzt man mit Valentini in Formel (35) $\frac{D - 1000}{100\,c^2} = C$, so ergibt sich

$$\operatorname{tg} a = C \frac{\rho}{R}. \qquad (38)$$

Valentini hat nun durch Messungen an Gebirgsflüssen den Wert von C mit 0,093 ermittelt, woraus sich die einfache Formel

$$\operatorname{tg} a = 0{,}093 \frac{\rho}{R} \qquad (39)$$

ergibt.

Ein Vorschlag Thiérys zur Berechnung des Ausgleichsgefälles eines Wasserlaufes geht dahin, in diesem das Gefälle einer Strecke mit geschlossenem Profile, das sich seit langer Zeit nicht geändert hat, zu ermitteln und als Ausgleichsgefälle für die betreffende Strecke zu betrachten. Für jede andere Strecke desselben Wasserlaufes würde sich dann das Ausgleichsgefälle unter der Voraussetzung, daß die mittleren Geschwindigkeiten und die Bettrauhigkeiten in den betreffenden Profilen gleich seien, nach der Formel berechnen:

$$\operatorname{tg} a' = \operatorname{tg} a \cdot \frac{R}{R'} = \operatorname{tg} a \cdot \frac{Q \cdot U'}{Q' \cdot U}. \tag{40}$$

Sind die Abflußmengen gleich, so wird

$$\operatorname{tg} a' = \operatorname{tg} a \frac{U'}{U}. \tag{41}$$

sind die Mengen ungleich und die Profile gleich, so wird

$$\operatorname{tg} a' = \operatorname{tg} a \frac{Q}{Q'}. \tag{42}$$

Bei der Auswahl solcher Probestrecken muß aber darauf geachtet werden, daß dieselben nicht, wie das häufig der Fall ist, durch eine Art von Geschiebepanzer widerstandsfähig gegen Wasserangriffe gemacht sind und ein wesentlich größeres als das Ausgleichsgefälle besitzen. Wäre dies der Fall, so würde diese Methode natürlich zu große Werte ergeben.

Das spezifische Gewicht des Geschiebes ist gleichfalls von Einfluß auf seine Abführung: spezifisch schweres Geschiebe wird wesentlich schwerer in Bewegung gesetzt und kommt früher wieder zur Ruhe als das leichtere.

Das Verlandungsgefälle läßt sich nach der Formel für das Ausgleichsgefälle bzw. nach der Methode von Valentini annähernd bestimmen. Theoretisch würde es im Verlandungsraume mit dessen Breite wechseln, praktisch genügt es, ein gleiches Durchschnittsgefälle anzunehmen.

Das der Tätigkeit des reinen Wassers entsprechende Ausgleichsprofil ist das Gleichgewichtsprofil; bei dessen Vorhandensein wird das Bachbett unangreifbar. Dieses Gefälle ist namentlich in geschlossenen Gerinnen, in denen das Wasser zusammengehalten wird, und dort, wo es sich um größere Wassermengen handelt, ein sehr geringes und beträgt nur Bruchteile des Ausgleichsprofils; ja bei wichtigen Abtreppungen in größeren Bächen setzt man dasselbe häufig mit 0 an.

Das zweite Extrem des Ausgleichsgefälles ist das sogenannte Überflutungsgefälle, das sich beim Austritte der Bäche aus ihrer Schlucht dort einstellt, wo sich das Wasser ausbreitet, der Wasserstand mithin die geringste Tiefe annimmt. Hier müßte das Geschiebe theoretisch unter dem steilsten Winkel zur Ruhe kommen. Demnach sollten die Schuttkegel ein wesentlich größeres Gefälle aufweisen als die oberhalb anschließende Bachstrecke. Dies trifft aber nicht zu, weil sich das Wasser, auch wenn es nicht künstlich eingeengt wird, sondern sich überlassen bleibt, keineswegs gleichmäßig ausbreitet, sondern in mehrere Arme verteilt und gewisse, häufig wechselnde Rinnsale sucht.

Stehen schon zur Berechnung der Wassergeschwindigkeit in den Wildbächen nur sehr unsichere Grundlagen zur Verfügung, so sind die Annahmen, die man der Berechnung des Geschiebetransportes der Wildbäche zugrunde legen muß, so schwankend und unsicher, daß man auf genaue und verläßliche Ergebnisse um so weniger rechnen kann, als ganz unberechenbare Zufälle eine ausschlaggebende Rolle spielen können: schon Größe und Gewicht der die Sohle eines Wildbaches bildenden und auch der in Bewegung befindlichen Geschiebestücke sind in den einzelnen Strecken und von Fall zu Fall je nach der eben erschlossenen, momentan ergiebigsten Geschiebequelle sehr starken Schwankungen unterworfen. Es ist daher allen derartigen Berechnungen nur ein ziemlich problematischer Wert beizumessen. Bessere Ergebnisse liefern die Formeln für wildbachartige Flüsse.

Weitere Quellenangaben 27, 81, 98, 99, 151, 172, 176, 199, 204, 211, 213, 219, 244, 271, 273, 286, 308, 314, 325, 326, 327, 338.

Zur Abklärung der Beziehungen, welche in solchen Rinnsalen zwischen dem Gefälle, der Sohlenbeschaffenheit, der Wasser- und Geschiebeführung herrschen, hat die Versuchsanstalt für Wasserbau an der Eidgen. Techn. Hochschule in Zürich eingehende Modellversuche vorgenommen, die zur Aufstellung der Formel

$$\frac{q^{2/3} \cdot J_e}{\rho} = a + b \frac{g^{2/3}}{\rho} \tag{43}$$

führten.

In derselben bedeuten q die Wasser- und g die Geschiebemengen in kg/sek je m Flußbreite, J_e das Gefälle der Energielinie und ρ den maßgebenden Korndurchmesser, das ist jenen, der von 35 Gewichtsperzenten des Geschiebegemisches unterschritten wird; a und b sind konstante Beiwerte, die vom spezifischen Gewicht des Geschiebes abhängen. Für $D = 2.6$ ist $a = 17$ und $b = 0{,}4$ zu setzen (59, 212). Die Formel gilt für Geschiebe von 6—40 mm Durchmesser und für größere Wasser- und Geschiebemengen. Für kleinere Bäche sind sohin noch weitere Forschungen nötig.

Die Formel gilt für Flüsse, die ihr Bett durch allmähliche Geschiebeablagerung bis zur Erreichung des Gleichgewichtszustandes erhöht haben. Sie wurde vom Schweiz. Amt für Wasserwirtschaft an der Hasli-Aare überprüft. Die betreffende Flußstrecke zwischen

Meiringen und dem Brienzer See gliedert sich in zwei Abschnitte, von denen der untere obigen Bedingungen entspricht, während sich im oberen der Fluß infolge einer Regelung in die eigenen Ablagerungen allmählich eintieft. Bei solchen Eintiefungen bleiben stets die größeren Geschiebestücke als Geschiebepanzer zurück. Die Ermittlungen, die durch Schwebstoff- und Deltamessungen kontrolliert und als zutreffend befunden wurden, ergaben, daß die angeführte Formel für die untere Strecke richtige Ergebnisse liefert, für die obere aber nur bedingungsweise anwendbar ist. In dieser beginnt sich bei einem Pegelstande von 4,0 m das feinere Geschiebe aus der Sohle zu lösen. Für diesen Zustand wurde die Bezeichnung „teilweise entwickelter Geschiebetrieb“ eingeführt im Gegensatze zum „voll entwickelten“, der sich hier bei einem Pegelstande von 4,8 m einstellt und bei dem sich die ganze Sohle in Bewegung befindet. Auch für diese Strecke wurde obige Formel als zutreffend befunden, wenn der maßgebende Korndurchmesser durch Siebanalysen aus der Deckschichte ermittelt wird und nicht aus dem Geschiebegemisch unterhalb der letzteren. Nur der Wasserstand des voll entwickelten Geschiebetriebes wirkt bettbildend und nur bei ihm kommt der Zusammenhang zwischen der Abflußmenge, dem Geschiebetrieb, Gefälle und der Sohlenbeschaffenheit voll zum Ausdruck (66).

Auf Grund der fortgesetzten Forschungen über die Geschiebebewegung in der Versuchsanstalt für Wasserbau an der Eidgen. Techn. Hochschule in Zürich sucht Dr. R. Müller für den praktischen Ingenieur bestimmte Grundlagen zur Behandlung flußbaulicher Probleme zu schaffen, die auch bei der Wildbachverbauung Anwendung finden können (216). Ohne auf den sehr lehrreichen Inhalt dieser Schrift im einzelnen eingehen zu können, seien aus derselben hier nur die Dimensionierungsgleichungen angeführt. Ihnen liegt die Forderung zugrunde, daß die Sohle des Wildbaches von geschiebefrei abfließenden Hochwässern nicht angegriffen werden soll. Die Gleichungen lauten:

1. für eine natürliche, allenfalls mittels Sperren abgetreppte Bachsohle:

$$J_g = 0{,}019 \frac{\left[m + 2\left(1 + n^2\right)^{1/2}\right]^{20/27}}{\left(m + n\right)^{10/27}} \cdot \frac{\rho^{25/27}}{Q_{max}^{10/27}}, \qquad (44)$$

$$B_s = 0{,}66 \frac{m\left[m + 2\left(1 + n^2\right)^{1/2}\right]^{1/9}}{\left(m + n\right)^{5/9}} \cdot \frac{Q_{max}^{4/9}}{\rho_{90}^{1/9}}, \qquad (45)$$

$$\Delta_{zk} = 0{,}303 \frac{\left(m + n\right)^{2/9}}{\left[m + 2\left(1 + n^2\right)^{1/2}\right]^{4/9}} \cdot \left(1 - \cos c\right) \rho^{4/9} \cdot Q_{max}^{2/9}; \qquad (46)$$

2. für eine aus groben Steinen einheitlicher Größe (ρ) gebildete Sohle:

$$J_g \quad 0{,}09 \frac{\left[m + 2\left(1 + n^2\right)^{1/2}\right]^{20/27}}{\left(m + n\right)^{10/27}} \cdot \frac{\rho^{25/27}}{Q_{max}^{10/27}}. \tag{47}$$

$$B_s \quad 0{,}5 \frac{m\left[m + 2\left(1 + n^2\right)\right]^{1/9}}{\left(m + n\right)^{5/9}} \cdot \frac{Q_{max}^{4/9}}{\rho^{1/9}}, \tag{48}$$

$$\Delta_{zk} \quad 0{,}79 \frac{\left(m + n\right)^{2/9}}{\left[m + 2\left(1 + n^2\right)^{1/2}\right]^{4/9}} \cdot \left(1 - \cos c\right) \rho^{4/9} \,.\, Q_{max}^{2/9}. \tag{49}$$

Hierin bedeuten J_g das Gefälle in der geraden Bachstrecke = tg a, B_s die Sohlenbreite des Bachbettes, Δ_{zk} die Sohlenhebung infolge der Bachkrümmung, Q_{max} die größte sekundliche Abflußmenge, m das Verhältnis der Sohlenbreite zur größten Wassertiefe $\frac{B_s}{T_{max}}$, n die Neigung der Profilböschungen, ρ den Geschiebedurchmesser der Deckschicht (derselbe wird von 90 % des unterhalb dieser liegenden Geschiebeschichte unterschritten) und endlich c den Zentriwinkel der Bachkrümmung. Mehrere Tabellen erleichtern die Durchführung der Rechnungen. Es wäre von größtem Interesse, diese Gleichungen durch Erhebungen in der Natur nachzuprüfen.

Vierter Abschnitt.

Die Quellen der Geschiebeführung.

Die Geschiebebildung in den Wildbächen erfolgt auf zweierlei Weise, entweder durch die Gesteinsverwitterung, welche den Rinnsalen unabhängig von der Schurfkraft des Wassers Witterschutt zuführt, oder aber durch die Wühlarbeit des Wassers, das sich in die dem Grundgebirge aufruhenden Schuttlagen, allenfalls auch in weichen Fels, eingräbt.

A. Geschiebebildung durch Verwitterung.

Die Verwitterung des Gesteins äußert sich entweder in einer mechanischen Zerkleinerung desselben ohne Änderung seiner chemischen Zusammensetzung — dem Gesteinszerfalle — oder es tritt neben diesem auch eine chemische Veränderung des Gesteins durch Umwandlung oder Auslaugung von Mineralbestandteilen — eine Gesteinszersetzung — ein, oder aber es dringen Lebewesen in das feste Gestein ein und greifen dasselbe an, was als organische oder biologische Verwitterung — Gesteinsbelebung — bezeichnet wird (277, 298, 299).

Der Gesteinszerfall rührt hauptsächlich her von der ungleichen Ausdehnung der Mineralkörner und von grellen Temperaturwechseln, starker Sonnenbestrahlung mit rascher Abkühlung durch Regen, Hagel u. dgl. Hierdurch entstehen Haarrisse, durch die Wasser ins Gestein eindringt und beim Gefrieren eine sprengende Wirkung ausübt; in manchen Gesteinen bewirkt das Wasser auch Quellungen.

Die Gesteinszersetzung erfolgt durch die Einwirkung von in Wasser gelöster Kohlensäure und von Humusstoffen, welche die Kieselsäure beweglich machen und kohlensaure Gesteine auflösen und auswaschen, durch Oxydation und Hydrolyse, das ist Umsetzung einzelner Mineralbestandteile mit den Ionen des Wassers: sie greift namentlich Silikatgesteine an. Tonschiefer und Mergel werden in Ton und Lehm umgewandelt.

Bakterien und Algen dringen tief in das Innere der Gesteine, Scheinwurzeln von Moosen in enge Risse ein, Flechten und Moose siedeln sich auf nacktem Gestein an und greifen dessen Oberfläche an, und die Wurzeln höherer Pflanzen erweitern durch ihren Wurzeldruck vorhandene Spalten. Die organische Verwitterung ist zurückzuführen auf physikalische und chemische Wirkungen und die Ausscheidung von Säuren durch die eindringenden Wurzelhaare der Pflanzen. Hierdurch wird der Gesteinszerfall begünstigt und ihm vorgearbeitet.

Allmählich verwandelt sich dann der Schutt in mehr oder minder fruchtbaren Boden, wobei Kleinlebewesen — Bakterien. Algen, Pilze, Milben, Würmer, Insektenlarven und besonders Regenwürmer, dann Mäuse, Maulwürfe und viele andere Kleinlebewesen — eine wichtige Rolle spielen.

Wo die Felsoberfläche zutage tritt, ist sie der Einwirkung der Atmosphärilien und der Vegetation ausgesetzt und wird von ihnen je nach den klimatischen Verhältnissen, der Gesteinsart, ihrer Klüftigkeit, dem Streichen und Fallen der Schichten, der Wasserführung usw. mehr oder weniger stark angegriffen, wobei meist mechanische und chemische Wirkungen miteinander Hand in Hand gehen.

Die Verwitterung wirkt auf die einzelnen Gesteine in sehr ungleichem Maße, da diese in Bezug auf Härte, Löslichkeit, Struktur und Kohäsion große Verschiedenheiten aufweisen. Weiche. blättrige, schiefrige Gesteine verwittern leichter als harte, körnige und dichte. Besonders stark unterliegen der Verwitterung Kalk und Dolomit, Glimmer- und Tonschiefer, Mergel, Werfnerschichten, Tuffe u. dgl. Aber auch ein und dasselbe Gestein ist keineswegs gleich widerstandsfähig gegen die Verwitterung. Es kommt bei dieser nicht allein auf die chemische und mineralogische Zusammensetzung des Gesteins, sondern auch auf seine petrographische Ausbildung, seine Struktur, die sonstige Beschaffenheit, die Lagerung, Schichtung und den Verlauf der Spalten und Klüfte an. Auch ein Gestein, das im allgemeinen als sehr widerstandsfähig gilt, z. B. Granit oder Porphyr, kann in einer Ausbildung auftreten, die es verwitterungsfähig macht.

Bleibt der entstehende Schutt an seiner Stelle liegen, so gewährt er dem darunter liegenden Gesteine Schutz vor den Atmosphärilien und verlangsamt die Verwitterung. Hingegen legt die Weiterbeförderung des Schuttes immer neue Gesteinsflächen bloß und gibt sie den Angriffen der Atmosphärilien preis.

Die Abführung des Witterschuttes erfolgt teils durch Steinschläge, indem er infolge der Schwerkraft in die Tiefe stürzt oder auf der Schneebahn in die Tiefe gleitet, teils durch fließendes Wasser, Lawinen oder Gletscher, die ihn weiter verfrachten.

Bei der mechanischen Verwitterung entstehen aus dem Fels größere oder kleinere Trümmer bis feiner Grus, die sich mitunter

Abb. 10. Verwitterung im Hochgebirge, Schutthalden an der Nockspitze bei Innsbruck.

am Fuße der Felswände anhäufen und Schutthalden und Schuttkegel bilden. Diese erreichen oft eine mächtige Entwicklung und hüllen als Schuttmantel den Fels oft bis hoch hinauf ein (Abb. 10). Hiebei tritt insoferne eine Sortierung ein, als an der Spitze dieser Halden und Kegel der kleinkörnige Schutt liegen bleibt, während die größeren Blöcke sich erst am Fuße derselben festsetzen.

Es sei hier erinnert an die gewaltigen Schutthalden, die sich namentlich in den Kalkalpen, z. B. in den Dolomiten und in den Tälern des durch die Brüchigkeit seines Gesteines berüchtigten Karwendelgebirges, vorfinden.

Solche Schutthalden bilden bei außergewöhnlichen Elementarereignissen eine sehr ausgiebige Geschiebequelle: während bei normalen Anschwellungen von oben kommende Wässer im Schutt verschwinden, trifft dies bei außergewöhnlich großen Hochwässern nicht zu: diese fließen vielmehr oberflächlich über die Halden ab und pflügen in ihnen tiefe Rinnen aus (Abb. 11). So gehen aus den von mehreren gewöhnlich wasserlosen Runsen durchzogenen ausgedehnten Halden am Fuße der Vandanser Steinwand im Montafon bei Sturzregen sehr ausgiebige Muren ab.

Der Entwicklung der Vegetation setzen solche Halden wegen ihrer Wasserlosigkeit, der ständigen Beunruhigung durch weitere Materialabbrüche und wegen des Mangels an Erdreich große Schwierigkeiten entgegen.

Die Bildung der erwähnten Halden und Schuttkegel ist eine Wirkung der Oberflächenverwitterung. Die Verwitterung kann aber auch im Innern der Gesteine arbeiten. Wenn Wasser durch

Abb. 11. Zerfurchte Schutthalden der Himmelsriese bei Bludenz, Vorarlberg.

Spalten und Risse in dasselbe eindringt, können sich, begünstigt durch das Auftreten von Verwerfungsspalten oder durch Gesteinswechsel und namentlich infolge Zwischenlagerung weichen Gesteins zwischen härteren Schichten und Zersetzung und Aufweichung des ersteren, Ablösungsflächen bilden, was den Absturz großer Gesteinsmassen oder das Abgleiten auf der geneigten Unterlage vorbereitet. Die Bewegung selbst wird dann, vielleicht erst nach längerer Zeit, durch einen besonderen, mitunter nicht sehr bedeutenden Anlaß ausgelöst.

Derartige Ereignisse zählen zu den Bergstürzen. Unter einem solchen versteht man den plötzlich eintretenden Absturz sehr großer, zusammenhängender Gesteinsmassen von einem steilen Gehänge, welcher eintritt, nachdem der Zusammenhang ihrer Massen mit ihrer Unterlage gelöst worden ist. Ein solcher Sturz kann nur an Hängen erfolgen, die steiler sind als der natürliche Böschungswinkel des abstürzenden Materials, und nur dann, wenn die Gesteinsschichten einen gewissen Zusammenhang besitzen, da sonst fortgesetzt kleinere Ablösungen, Steinschläge u. dgl. auftreten.

Die Bewegung kann entweder als Sturz oder als Rutschung erfolgen. Ersteren Falles sprechen wir von einem Felssturz, letzteren Falles von einem Felsschlipfe.

Unter entsprechenden Vorbedingungen in Bezug auf die Beschaffenheit und Lagerung des Gesteins und die Bodenneigung kann ein Bergsturz ausgelöst werden durch überreichen Zutritt von Wasser in Ablösungsspalten, besonders in Zusammenhang mit der Frostwirkung, durch Erschütterungen oder durch Unterschneidung des Böschungsfußes, die erfolgen kann durch die Wühlarbeit des Wassers oder durch Eingriffe von Menschenhand. Durch ein Erdbeben wurde der große Felssturz vom Dobratsch bei Villach am 25. Jänner 1348 ausgelöst, durch den unvorsichtigen Betrieb eines Schieferbruches der Felssturz, der am 11. September 1881 die Ortschaft Elm im Kanton Glarus verschüttete, hingegen wurde der Ort Goldau in der Schweiz am 2. September 1806 durch einen Felsschlipf zerstört (219).

Es ist charakteristisch für derartige Massenbewegungen, daß ihr Material nicht wie ein fester Körper am Ort des Auffallens liegen bleibt, sondern sich ähnlich einer Flüßigkeit zerteilt und auch auf flachgeneigter Bahn noch weite Strecken zurücklegt.

Die überwiegende Mehrzahl der Bergstürze in den Alpen erfolgt auf Kalk, Dolomit, Flysch oder Molasse; das Gestein der Zentralalpen erschwert das Entstehen von Felsstürzen.

Bergstürze treten selten auf, ohne sich vorher durch gewisse Vorzeichen anzukündigen. Als ein solches ist in erster Linie zu nennen das Aufreißen von Klüften oder Spalten im Ablösungsgebiete, besonders an dessen oberen Rande, und ihre allmählich fortschreitende Erweiterung. Hiebei treten bei Bergschlipfen zahlreiche, nicht besonders lange, aber in Reihen angeordnete Spalten auf, während ein sich vorbereitender Sturz sich durch das Aufreißen einer zusammenhängenden, großen Hauptspalte ankündigt, die sich allmählich erweitert. Weitere Anzeichen sind sich häufende Steinschläge oder Steinstürze, das Herausbrechen von Steinen am Fuße des Abbruchgebietes, das auf ein Weichen des Fußes hinweist, die Bildung von Aufwulstungen und das Herausspritzen von Steinen bei Bodenverwundungen dortselbst, unter Umständen ein laut vernehmliches Knirschen und Krachen im Innern des Berges sowie das Versiegen und die Trübung von Quellen.

Derartige Vorzeichen würden mindestens die Möglichkeit bieten, die Gefahrenzone rechtzeitig zu räumen und die Menschen in Sicherheit zu bringen.

Bergstürze, Felsstürze und Felsschlipfe werfen zwar wohl mit einem Schlage ungeheure Schuttmengen in die Tiefe, diese bleiben aber, einmal zur Ruhe gekommen, in der Regel liegen. Eine

Geschiebequelle bilden sie nur dann, wenn sie von einem Wasserlaufe wieder aufgewühlt werden.

Lawinen führen meist nur geringe Mengen von Witterschutt und Erosionsmaterial mit sich und lagern dasselbe zum überwiegenden Teile außerhalb der Wasserläufe ab. Näheres hierüber folgt im zweiten Teile dieses Buches über Lawinenverbauung.

Die Gletscher bringen große Geschiebemengen zu Tal; diese rühren zum überwiegenden Teile von der Verwitterung der Felswände her, welche die Gletscher überragen. Diese schleifen wohl ihr Bett aus und brechen aus demselben Blöcke los, erzeugen aber doch hauptsächlich nur feinen Schlamm, der vom Gletscherbache unschädlich abgeführt wird.

Die Glazialerosion läßt sich natürlich nicht bekämpfen. Soweit das Geschiebe der Gletscherbäche schädlich wirkt, kann es ebenso wie der andere Witterschutt nur durch die Herstellung von Ablagerungsplätzen oder die Erbauung von Stausperren wieder zur Ablagerung gezwungen und unschädlich gemacht werden.

Der Stand der Gletscher unterliegt bekanntlich sehr starken Schwankungen, die mit den von Brückner nachgewiesenen Klimaschwankungen in Zusammenhang stehen.

Eine unmittelbare Bedrohung von Kulturgründen oder gar menschlichen Siedlungen durch vorrückende Gletscher ist selten vorgekommen und nur bei Vorstößen weit herabreichender Gletscherzungen möglich. Hingegen sind wiederholt Katastrophen dadurch verursacht worden, daß Abbrüche von hochgelegenen Hängegletschern erfolgten, und Eislawinen zu Tal stürzten.

Aus den Ostalpen sind solche Schäden nicht bekannt geworden, wohl aber aus den Westalpen. Als Beispiele aus der Reihe der dort erfolgten Gletscherabbrüche seien genannt: die Altelskatastrophe am 11. September 1895 und die wiederholten Zerstörungen des Dorfes Randa im Saastale in der Schweiz (50, 88, 251).

Aber selbst bei diesen großartigen Ereignissen ist die Menge des in Bewegung gesetzten Schuttes stets verhältnismäßig klein gewesen. Da menschliche Siedlungen nur in den seltensten Fällen im Sturzbereiche der Gletscher liegen, ist die Gefahr ihrer Zerstörung durch Gletscherstürze glücklicherweise auf wenige Örtlichkeiten beschränkt. Viel häufiger ist die Gefahr des Ausbruches von Seen, die durch Gletscherzungen aufgestaut wurden. Hierüber wurde bereits berichtet.

B. Geschiebebildung durch Unterwühlung.

Die den Bächen durch die Verwitterung zugehende Schuttmenge wird im allgemeinen wesentlich übertroffen durch jene, welche die Bäche durch die Wühlarbeit den dem Felsgerüst der Berge aufruhenden Alt- und Jungschuttmassen entnehmen. Diese werden vom Wasser viel leichter angegriffen als Felsschichten und bilden die Hauptquelle der Geschiebeführung der meisten und gefährlichsten Wildbäche. Das Vorhandensein solcher Schuttmassen und ihre Beschaffenheit sind bei diesen Bächen von weit größerer Bedeutung als die Gesteinsart und das geologische Alter der den Untergrund bildenden Felsschichten.

Diese setzen der Schurfkraft des fließenden Wassers in der Regel einen starken Widerstand entgegen. Es sind allerdings auch Fälle bekannt, bei denen die Eintiefung abstürzender oder konzentriert mit hoher Geschwindigkeit abfließender großer Wassermengen, namentlich wenn sie mit hartem Geschiebe belastet waren, verhältnismäßig rasch vor sich gegangen ist.

So hat z. B. der Avisio beim Hochwasser des Jahres 1889 den engen, im Porphyrfels eingeschnittenen Umlaufkanal bei der Talsperre von S. Giorgio stark vertieft und beim Abfalle am unteren Kanalende eine große Felsmasse zum Absturze gebracht (330). Nach Beobachtungen Eschers wurden in einigen Schluchten des Zürichberges und des Tößgebietes ein jährliches Rückwärtsschreiten von Wasserfällen um 20 — 60 cm gemessen, ja einzelne haben sich beim Hochwasser am 12. Juli 1876 innerhalb weniger Stunden um mehrere Meter im Molassesandstein und Mergel vertieft (118). Auch im Vorfelde von Talsperren wurden wiederholt tiefe Auskolkungen im Fels beobachtet.

In allen diesen Fällen handelte es sich aber offenbar um ein Zusammentreffen besonders ungünstiger Momente: Auftreten von ungünstig verlaufenden Lassen oder besondere Weichheit des Gesteins in Verbindung mit einem außerordentlich starken Angriff durch große Wasser- und Geschiebemengen. Für gewöhnlich kann mit einer großen Widerstandsfähigkeit des Felsgrundes gerechnet werden, der nur eine sehr langsame Einwühlung des fließenden Wassers gestattet.

Die Schuttmassen setzen dem Wasserangriffe einen bedeutend schwächeren Widerstand entgegen. Sie rühren zwar in letzter Linie stets von der Gesteinsverwitterung her, doch können wir je nach der Entstehung und Ablagerung verschiedene Arten von Schutt unterscheiden, nämlich in der Nähe seiner Erzeugung abgelagerten Gehängeschutt, von Gletschern herrührenden Moränenschutt, Ablagerungen aus fließendem oder stehendem Wasser und Ablagerungen aus bewegter Luft.

Der Gehängeschutt ist durch Gesteinszerfall oder Gesteinszersetzung entstanden und liegt entweder noch an seinem Entstehungsorte oder er hat sich an den Hängen unterhalb des letzteren wieder abgelagert. Die Bewegung vom Entstehungs- zum Ablagerungsorte kann erfolgt sein durch Absturz, Rutschung, Lawinen oder kleine Murgänge, jedoch stets ohne weite Verfrachtung. Das Material des Gehängeschuttes ist unsortiert und enthält in der Regel große und kleine Gesteinstrümmer bis hinab zu Sand und Lehm regellos durcheinandergemischt; nur der durch die Gesteinszersetzung entstandene Lehm und Ton, die kein gröberes Material enthalten, und die durch Felsstürze entstandenen Blockhalden, in denen das feine Material beinahe ganz fehlt, weichen von dieser Regel ab.

Zum Gehängeschutt gehören die bereits erwähnten Schutthalden und trockenen Schuttkegel; ihr Material ist locker, sie sind leicht aufwühlbar, geraten bei Fußunterwaschung leicht in Bewegung und bilden in solchen Fällen eine ausgiebige Quelle der Geschiebeführung, während im Gegensatze hiezu die Blockhalden nicht aufwühlbar sind. Sie sind für die Geschiebebildung weniger gefährlich und liefern nur bei Unterwaschung Material, aber auch dieses wird wegen der Größe der Blöcke kaum weit verfrachtet.

Die zweite Art von Schutt ist der Moränenschutt, der durch Gletscher auf mehr oder minder weite Strecken transportiert und besonders zur Eiszeit an Stellen abgelagert wurde, die weit von seinem Herkunftsorte entfernt sind. Zu unterscheiden sind hiebei Grund-, Stirn- und Seitenmoränen, je nachdem sie am Grunde des Gletschers, vor dem unteren Ende der Gletscherzunge oder an den seitlichen Bergflanken zur Ablagerung gekommen sind. Der Schutt der Gletscher der Jetztzeit tritt an Verbreitung und Bedeutung als Geschiebequelle weit in den Hintergrund gegenüber den Schuttmassen der Eiszeit, die im Innern der Alpen und auf ihrem Vorlande angehäuft sind.

Der Glazialschutt ist gleichfalls unsortiert und enthält grobes und feines Material regellos durcheinandergemengt. Er ist ungeschichtet, nur innerhalb der Moränen finden sich stellenweise geschichtete Partien, die hauptsächlich von dem unter dem Eise strömenden Wasser abgelagert wurden. Die Steine und Blöcke sind gekritzt. Die Grundmoränen zeichnen sich durch starken Gehalt an Feinteilchen aus, sie sind zumeist außerordentlich fest und wasserundurchlässig. Mitunter ist das Material erhärtet und bildet dann oft hohe, steile Wände, die nur oberflächlich abwittern, ohne in Rutschung zu geraten. Mitunter modelliert das abfließende Wasser aus diesem Material äußerst steile, oben in eine schmale Gratschneide endigende Rippen heraus, zuweilen auch spitze, einzeln stehende säulenartige Erdpfeiler, sogenannte Erdpyramiden, die bei einer Höhe bis zu 30 m und mehr eine Basisstärke von nur wenigen Metern besitzen (Abb. 12). Sie tragen an der Spitze einen oft allseits vorspringenden Steinblock, der ihnen als Dach dient und sie vor Regen schützt. An ihrer Abtragung arbeitet außer dem Regenwasser hauptsächlich der Wind, der von der trockenen Oberfläche staubförmiges Material loslöst und entführt.

Der Glaziallehm ist standfest und mitunter so hart, daß er nur mit Sprengmitteln gelöst werden kann. Er erweicht aber unter Wasser und leistet der Erosion nur geringen Widerstand.

Der Schutt der Eiszeit liegt meist nicht mehr an seiner erstmaligen Lagerstätte, sondern ist durch fließendes Wasser umgelagert worden, und damit kommen wir zur dritten Art von Schuttablagerungen, solchen aus fließendem oder stehendem Wasser. Hieher gehört der weitaus größte Teil der im Innern der Alpen und im Vorlande abgelagerten Schuttmassen: sie füllen nicht allein die Sohle der meisten Täler, sondern bilden in diesen auch mächtige Schotterterrassen. Ihr Material rührt hauptsächlich von eiszeitlichen Gletschern her, kann aber auch rezenten Gletschern oder dem Gehängeschutt entstammen, allenfalls auch tertiären Ursprunges sein.

Abb. 12. Erdpyramiden bei Segonzano, Trentino.

Durch das fließende Wasser erfolgt ein schichtenweiser Aufbau der Ablagerungen und eine gewisse, durch die allmähliche Abnahme der Schleppkraft bedingte Sortierung des Materials. Die Steine scheiden sich zuerst aus, mit der Abnahme der Schleppkraft des Wassers erfolgt dann die Ablagerung zunächst von gröberem, dann von feinerem Schotter, weiter von Sand und endlich im toten Wasser von Ton, Lehm, Letten und Schlick. Die verschiedenen Materialien folgen sich häufig schichtenweise in Wechsellagen übereinander. Die Schichtung der Schotterlagen ist durchaus nicht immer waagrecht, vielmehr wurden diese häufig, besonders an der Mündung der Bäche in Stauwässer, in steilabfallenden Schichten abgesetzt. Nur bei Murgängen findet eine Materialsortierung nicht statt.

Die Ablagerungen zeigen, abgesehen von der Verschiedenheit der Bestandteile, auch insofern große Unterschiede, als die älteren Diluvialablagerungen sehr häufig fest zusammengebacken, zum Teil auch breccienartig erhärtet, die jüngeren Alluvialablagerungen hingegen locker sind.

Als Ablagerungen aus bewegter Luft sind Löß und Flugsand zu nennen. Der erstere ist im Donautale weit verbreitet. Er besteht aus sandigem, kalkhaltigem Lehm von sehr gleichmäßigem, feinem Korn, ist ungeschichtet, wasserdurchlässig, neigt zu senkrechter Zerklüftung und leistet der Erosion nur geringen Widerstand. Entstanden ist er durch Ablagerung des von Sand- und Staubstürmen der Eiszeit in Bewegung gesetzten Feinmateriales. Im Innern der Gebirgstäler kommt Löß nicht in größerer Verbreitung vor, er spielt daher nur bei den im Vorlande des Gebirges sich entwickelnden Wildbächen eine größere Rolle.

Der Flugsand tritt hauptsächlich an Flachlandsküsten und in Tiefebenen, also in Gegenden auf, woselbst die Hauptbedingung für die Entwicklung der Wildbäche, das hohe Gefälle, fehlt.

In einem und demselben Wildbache kann Schutt verschiedener Art auftreten.

Die Vorbedingung für die Geschiebeerzeugung in diesen Ablagerungen bilden ihre Aufwühlbarkeit und Beweglichkeit, welche abhängig sind von der Korngröße des Schuttes, vom Grade seiner Verfestigung, von der Wasserführung und Wasserzügigkeit, vom Neigungswinkel seiner Oberfläche, vom Neigungswinkel, der Beschaffenheit, Glätte und Wasserführung seiner Unterlage, von der Zerstörbarkeit seiner Gesteine und endlich vom Vorhandensein oder Fehlen einer Vegetationsdecke und von der Beschaffenheit der letzteren. Alle diese Momente sind für die Geschiebebildung von größter Bedeutung. Von ihnen hängt die Standfestigkeit der Lehnen ab, sie verleihen dem Schutt eventuell die Neigung zur Abrutschung, und sie bestimmen den Böschungswinkel, unter dem er sich dauernd im Gleichgewichte zu halten vermag und der selbst bei gleicher Gesteinszusammensetzung stark wechselt. Dieser Winkel nimmt bekanntlich mit der Korngröße des Materials bis zu einem gewissen Punkte ab (Sand) und steigt dann mit weiter abnehmender Korngröße wieder an (Lehm und Löß), die sich in trockenem Zustande in beinahe lotrechten Wänden halten.

Die Verfestigung wird durch mergelige, kalkige oder kieselsäurehältige Mittel herbeigeführt und erreicht einen sehr verschiedenen Grad. Der Feuchtigkeitszustand spielt in Bezug auf die Beweglichkeit des Schuttes ebenfalls eine maßgebende Rolle: lockere, feine Materialien, besonders Sand, sind bei mäßiger Feuchtigkeit minder beweglich als bei vollkommener Trockenheit; saugen sie sich aber mit Wasser voll, so werden sie außerordentlich beweglich (Schwimmsand) oder können vollständig erweichen und in einen breiartigen Zustand übergehen (Ton, Lehm, Letten). Es ist daher von größter Bedeutung, ob der Schutt trokken oder naß, wasserdurchlässig oder nicht ist, ob Tagwasser eindringen, ob dasselbe in den Untergrund versinken und unterirdisch abfließen kann oder auf eine undurchlässige Schichte trifft, auf der es gestaut wird.

Sind entsprechende Vorbedingungen gegeben, so können Bewegungen der Schuttmassen ausgelöst werden: 1. durch mechanische Wirkungen (Wühlarbeit des Wassers, Erschütterungen oder Belastungen), 2. durch Anschneiden der Lehnen, Entfernung oder Schwächung des stützenden Fußes, 3. durch eine Verminderung

Abb. 13. Längswühlung. Karmelitergraben, Osttirol.

der Reibung und der Kohäsion der Schuttmassen, endlich 4. durch Entfernung oder Schädigung der Vegetationsdecke. Häufig wirken auch mehrere dieser Ursachen zusammen.

Spielt das Wasser schon für die Beweglichkeit des Schuttes eine große Rolle, indem sein Vorhandensein die Festigkeit der Schuttlage und die Zerstörbarkeit des Gesteins wesentlich beeinflußt, so ist dies noch mehr der Fall bei den auslösenden Momenten. Es entfaltet seine Tätigkeit entweder über Tag, indem es sich in die Tiefe wühlt oder die Ufer anreißt und den Fuß der Lehnen untergräbt, oder unter Tag, wo es entweder durch hydrostatischen Druck oder durch Verseifung und Glättung von Gleitflächen oder aber durch Aufweichung und Kohäsionsverminderung des gesamten Schuttkörpers Bewegungen auslöst oder endlich durch Aushöhlung — Erosion von unten — Einstürze und Katastrophen herbeiführen kann.

Die auf solche Weise durch die Tätigkeit des Wassers verursachten Anbrüche teilt Prof. Stiny (296) wie folgt ein:

1. Feilenanbrüche, entstanden durch den von unten nach oben fortschreitenden Tiefenschurf, bei dem eine langgestreckte

Abb. 14. Querwühlung. Langbathbach bei Ebensee, Salzkammergut.

Rinne mit annähernd dreieckigem Querschnitt ausgeschürft wird, dessen Form jener einer dreikantigen Feile ähnelt (Abb. 13).

2. Keilanbrüche, verursacht durch den Aufprall abstürzenden Wassers am Fuße von Felswänden u. dgl. Der Schurf schreitet hier von oben nach abwärts fort, die Form des Anbruches ist die eines mit der Schneide nach abwärts gerichteten Keiles oder einer Pyramide.

3. Uferanbrüche, entstanden durch den Seitenschurf an Prallstellen von Wasserläufen (Abb. 14).

4. Dammanbrüche, entstanden beim Durchbruche stauender Riegel.

5. Blattanbrüche, das sind breite, aber seichte Rutschungen meist auf Gleitflächen, die eine geneigte Ebene bilden, und endlich

6. Muschelanbrüche, das sind ähnliche, jedoch bedeutend tiefer greifende Rutschungen, bei denen sich in der Regel die Bewegung in einer mehr oder minder tief eingeschnittenen Rinne konzentriert.

Neben diesen Hauptformen unterscheidet Stiny dann noch eine größere Anzahl von Unterarten der Anbrüche und Übergänge von einer Form in eine andere. Bei den Feilen- und Keilanbrüchen ist die Längswühlung der Bäche, der Tiefenschurf, die Ursache der Bruchbildung. Der Materialabtrag beginnt an der Bachsohle, arbeitet in die Tiefe und die Böschungen brechen nach.

Unter die Dammbrüche reiht Stiny die Durchbrechung sowohl natürlicher und künstlicher Staudämme als auch von Verklausungen und Verschoppungen ein, die sich bei Elementarereignissen bilden und den Wasserlauf vorübergehend hemmen. Derartige Ereignisse tragen außerordentlich viel zur Vermehrung der Hochwasserschäden bei, ja sie haben häufig einen katastrophalen Umfang dieser letzteren zur Folge und sind sogar mitunter die Grundursache von solchen Verheerungen. Die durch sie hervorgerufenen Bodenbewegungen und Geschiebequellen unterscheiden sich in ihrem Wesen aber kaum von jenen, die von anderen Wasserangriffen herrühren.

Die Blatt- und Muschelanbrüche entstehen an den Lehnen unabhängig von den Bächen. Bei den ersteren handelt es sich stets um Rutschungen von Schollen aus der Humus- und obersten Bodenschichte, die infolge oberflächlicher Durchnässung auf einer steilen, undurchlässigen Unterlage (Lehm, Fels u. dgl.) abgleiten, während die Muschelanbrüche tiefer greifen und durch Sickeroder Quellwässer ausgelöst werden.

1. Oberflächige Wühlarbeit des Wassers.

Ist die lebendige Kraft des abfließenden Wassers größer als die Widerstandsfähigkeit des Bachbettes, so greift es die Sohle oder die Ufer an, wühlt sich in die lockeren Schuttmassen ein und führt Geschiebe ab.

Nach dem Ingenieurtaschenbuch „Hütte" sind die Grenzwerte der Wassergeschwindigkeit, bei deren Überschreitung eine Fortbewegung des Materials eintritt, folgende:

	An der Oberfläche	Im Mittel	An der Sohle	
Für schlammige Erde und Töpferton . .	0,15	0,11	0,08	m/sek
„ fetten Ton	0.30	0,23	0,16	„
„ festen Flußsand	0,60	0,16	0,31	„
„ kiesigen Boden	1,22	0,96	0,70	„
„ grobsteinigen Boden	1,52	1,23	0,94	„
„ Konglomerate von Schieferstücken . .	2,22	1,86	1,49	„
„ lagerhafte Gebirgsarten	2,75	2,27	1,82	„
„ harte Felsarten	4,27	3,69	3,14	„

Die lebendige Kraft des Wassers ist bekanntlich eine Funktion der Wassermenge und Geschwindigkeit, sohin, abgesehen von der ersteren, abhängig vom Gefälle, der Form und Beschaffenheit der Gerinne. Die Widerstandsfähigkeit der Bachsohle hängt ab von der Beschaffenheit des Untergrundes (Gesteinsart), von der Grobkörnigkeit und dem Verfestigungsgrade des Materials sowie von dessen spezifischem Gewichte und bis zu einem gewissen Grade auch von der Lagerung der eingebetteten Steine.

Das Wasser gräbt entweder in der Längsrichtung des Baches und bewirkt eine Tieferwühlung der Sohle, also einen Tiefenschurf (Abb. 13), oder aber, wenn die Sohle nicht unterwühlungsfähig ist, bewirkt seine überschüssige Kraft durch Querwühlung (Seitenschurf) eine Unterwaschung der Ufer.

Die durch Längswühlung vertieften Gräben nehmen einen dreieckigen Querschnitt an mit einer sehr schmalen Sohle und je nach der Festigkeit des Materials mehr oder minder steilen Hängen. Gräbt sich der Bach auf solche Weise in eine geneigte Lehne ein, so entsteht eine mehr oder weniger tiefe Runse, nach obiger Bezeichnung ein Feilenanbruch. Die weitere Ausbildung geht dann um so rascher vor sich, je steiler und wasserreicher der Graben und je lockerer der Untergrund ist. Die Vertiefung erreicht mitunter binnen weniger Tage ein bedeutendes Maß.

Abb. 15[1] zeigt, wie sich im Oberlaufe des Rudlgrabens bei Welsberg im Pustertal die Quellgräben in eine große Anzahl kleiner Runsen verästeln, die sämtlich angebrochen sind. Sie haben sich im Laufe der Jahre immer tiefer in die Schuttmassen eingewühlt und von der Rasendecke nur mehr spärliche, durch mehr oder minder tiefe Gräben voneinander getrennte Fetzen übrig gelassen.

Kann ein mit entsprechender Wühlkraft ausgestatteter Bach seine Sohle nicht vertiefen, so sucht er an Prallstellen die Ufer anzugreifen. Vermögen diese keinen ausreichenden Widerstand zu leisten, so setzt die Querwühlung — der Seitenschurf — ein. Die Ufer werden angegriffen, die Lehnen unterwaschen und diese geraten in Abbruch.

Die entstehenden Uferanbrüche bilden meist Einbuchtungen, in die sich die Strömung legt und aus denen der Bach sehr häufig mit großer Kraft zurückgeworfen und gegen das jenseitige Ufer abgelenkt wird, wo sich dasselbe Spiel wiederholt. Ursache der Bachablenkungen sind häufig zufällige Ablagerungen im Bachbette, z. B. die Festsetzung und Anschoppung von beasteten Baumstämmen, großen Blöcken, Schotterbarren u. dgl. Verlagern sich diese Hindernisse oder bilden sich während eines Bachhochganges neue, so wechselt die Strömung die Richtung, es werden neue Uferstellen einem besonders heftigen Wasserangriff ausgesetzt, was Anlaß zu neuer Bruchbildung gibt und die Verwilderung des Bachlaufes befördert.

Der Querriß dieser Gerinne ist trapezförmig. Die Querwühlung ist im allgemeinen weniger gefährlich als die Längswühlung.

---

[1] In der ersten Auflage irrtümlich als Sylvesterbach bei Toblach bezeichnet

Bei dieser sind die abfließenden Wassermengen in einer engen Rinne zusammengedrängt, entfalten daher eine stärkere Wühlkraft, Rutschungen und Materialabstürze von den Lehnen können das Bachbett vollkommen verlegen und gefährliche Stauungen verursachen, deren Durchbruch Murgänge bei schönstem Wetter zur Folge haben kann. Demgegenüber kann sich das Wasser bei der

Abb. 15. Einwühlung der Quellgräben des Rudlbaches bei Welsberg im Pustertale, Italien.

Querwühlung viel leichter ausbreiten, was seine Kraft schwächt, auch haben die seitlichen Materialabbrüche wohl Bachverwerfungen, aber keine bedeutenden Stauungen zur Folge.

Schneidet ein Bach bei der Querwühlung tief in die Lehne ein, so trifft er mitunter auf Schichten, die im Gegensatz zur Bachsohle auch eine Eintiefung gestatten, die dann seitlich des alten Wasserlaufes erfolgt. So tritt gleichzeitig mit der Eintiefung eine seitliche Verschiebung des Bachbettes ein, während sich auf der gegenüberliegenden Seite ein Steinriegel anhäuft.

Ein großartiges Beispiel hiefür bietet die R o v a n a im K a n -

ton Tessin, wo infolge rasch fortschreitender schräger Eintiefung die linksseitige Lehne bei Campo unterwaschen wurde und in großer Ausdehnung samt der genannten Ortschaft in Rutschung geriet (68).

Durch die Längs- und Querwühlung werden die Lehnen ihres Fußes beraubt und brechen nach. Ist die unterwaschene Böschung nicht hoch, so wird sie durch diese Nachbrüche bald abgeflacht und kommt, wenn die Unterwühlung ein Ende erreicht, bald zur Ruhe. An hohen und steilen Lehnen hingegen kann sich die Böschung nicht so leicht ausgleichen und die Rutschung greift weiter um sich.

Wie rasch die Vergrößerung der Anbrüche vor sich gehen kann, zeigt das Beispiel des Kreide- oder Klausenkofelbaches im unteren Mölltale in Kärnten, dessen Sammelgebiet im Jahre 1826 noch ganz mit Wiesen und durch unverständige Nutzung mit stark gelichtetem Walde bedeckt war. Nach einem ungewöhnlich schneereichen Winter entstanden im Jahre 1827 die ersten Einrisse, die sich zunächst nur langsam vergrößerten; zu Anfang der Fünfzigerjahre besaß die Runse nur 3 bis 4 m Tiefe und 8 bis 10 m Breite, im Jahre 1859 umfaßte der Bruch aber bereits über 10 ha und innerhalb der nächsten 25 Jahre entstand in dem vorwiegend aus Glazialschutt bestehenden, von reichlichen Sicker- und Quellwässern durchtränkten Boden ein gewaltiger Bruchkessel von 1370 m Länge, 300 bis 400 m Breite, 10 bis 150 m Tiefe und einer Oberfläche von 34 ha. Während dieser Zeit sandte der Wildbach jährlich 50 bis 80, ja in einem Jahre sogar 110 Murgänge zu Tal, welche die Möll zu dem 50 ha umfassenden Gößnitzsee aufstauten (6).

Je nach der Beschaffenheit des Schuttmaterials geht das Nachbrechen der unterwaschenen Lehnen in verschiedener Weise vor sich: entweder es erfolgen die Nachbrüche nur oberflächlich von den übersteilen Böschungen, während die Lehne als solche in Ruhe bleibt, oder aber es kann die Bewegung eine mehr oder minder mächtige Materialschichte ergreifen, die auf ihrer Unterlage abrutscht. Ersteren Falles sprechen wir von einer Bruchfläche im engeren Sinne, letzteren Falles von einer Rutschung oder Rutschfläche.

Die Bildung von Bruchflächen in diesem engeren Sinne des Wortes ist stets zurückzuführen auf ein Anschneiden des Fußes, sei es durch Eingriffe des Menschen, sei es durch die Wühlarbeit des Wassers. Solche Bruchflächen treten dort auf, wo das Schuttmaterial bis zu einem gewissen Grade verfestigt, trocken und nicht wasseraufnahmefähig ist. Solcher Schutt vermag sich oft viele Jahre lang in hohen, steilen Wänden zu halten, die nur langsam zurückwittern, besonders wo sie durch dachförmig über den Schutt vorragende Steinblöcke, Rasendecken oder Wurzelteller von Bäumen u. dgl. gegen Regen ziemlich geschützt sind.

Als typisches Beispiel einer Bruchfläche ist der Schesatobel bei Bludenz (Abb. 168) zu nennen, der sich bis zu 220 m in das Gelände eintiefte. Sein Bruchkessel umfaßt einschließlich der kleineren Anbrüche am unteren Bachlaufe rund 60 ha und ist von außerordentlich steilen Materialwänden begrenzt, die eine Höhe bis zu 150 m erreichen. Der Bach war bis gegen Ende des 18. Jahrhunderts ziemlich harmlos und erst durch den Abtrieb einer großen Fläche des Bergwaldes erfolgte die Entfesselung dieses Wildbaches, der sich dann rasch in die diluvialen Schuttmassen eintiefte. Die Vergrößerung des Bruchkessels geht durch Abbruch der Wände vor sich, ohne daß diese dadurch wesentlich an Steilheit einbüßen. Im Jahre 1907 erfolgte ein solcher Abbruch, bei dem rund 200000 m^3 Material auf einmal abstürzten. Es konnte damals beobachtet werden, wie sich die Materialwand nach vorne neigte und überkippte (121).

Minder gut verfestigter Schutt hält sich in übersteiler Lage entweder gar nicht oder höchstens nur kurze Zeit, es tritt dann mehr oder minder rasch eine Abflachung der Böschung durch wiederholtes Nachbrechen ein.

Für die Vergrößerung derartiger Bruchflächen ist die Vegetation ohne nennenswerte Bedeutung, nur können einerseits geschlossene, über den Bruchrand überhängende Rasendecken das Abwittern etwas verzögern, anderseits am Bruchrand stehende, starkem Windanprall ausgesetzte hohe Bäume eine Lockerung des Bodens herbeiführen und das Abwittern beschleunigen.

2. Unterirdische Auswühlung.

Eine weitere Ursache der Bruchbildung ist die Auswühlung durch unterirdische Wasserläufe in Schuttlagen, derart, daß diese ausgehöhlt werden und die Decke schließlich einstürzt. Es ist dies die unheimlichste Art der Geschiebebildung, weil ihre Wirkung meist völlig überraschend eintritt, die Ausdehnung der Bewegung von vornherein ganz unabsehbar ist und wir ihr zumeist völlig machtlos gegenüberstehen. Wenn die unterirdischen Wasseradern durch überreichliche Zuflüsse überlastet werden, das Wasser unter hohem Druck durch die Gänge gepreßt wird und sie mit großer Geschwindigkeit durcheilt, so besteht die Gefahr, daß es von den Seitenwänden, der Decke und Sohle Materialmengen mit sich reißt. Ist der Schutt locker, so erfolgen stellenweise Einstürze, hinter denen sich das Wasser staut, bis es Kraft genug hat, durchzubrechen und, wo früher eine klare Quelle sprudelte, tritt ein dicker Murbrei zutage, die Mündung erweitert sich immer mehr, bis endlich die Decke einstürzt und eine tiefe, sich rasch vergrößernde Runse entsteht. Treten gar lockere Sandschichten auf, so können diese die Eigenschaften von Schwimmsand annehmen und dann wird das Auswaschen besonders rasch vor sich gehen und zur Katastrophe führen.

Auf solche Weise entstand beim Hochwasser des Jahres 1882 der große Bruchkessel von Sette Fontane im Avisiotale in Südtirol (Abb. 16), dessen Sohle sich bis zu 100 m gegen die frühere Bodenoberfläche vertieft hat. Innerhalb von zehn Jahren sind 5 600 000 m³ Material aus dem 14,5 ha messenden Bruche ent-

Abb. 16. Bruchkessel von Sette Fontane bei Sover, Trentino.
a neue Mündung des Rivo Casare; × Ort der Quelle, woselbst die Geländezerstörung den Anfang nahm; *b* — *c* alter Bachlauf.

führt worden, was einem Abtrage von durchschnittlich nahezu 40 m entspricht.

Ähnliche unterirdische Auswaschungen, allerdings in einem viel kleineren Ausmaße, waren auch im Ortsgraben von Regelsbrunn in Niederösterreich zu beobachten (193). Sie verursachten die Bildung von Hohlräumen, deren Decke in langen Regenperioden stellenweise plötzlich einbrach, wodurch nicht nur Kulturgründe vernichtet, sondern auch Hauseinstürze verursacht wurden. In diesem Graben ist es durch vorsichtig ausgeführte Entwässerungsanlagen gelungen, der Erosion von unten Schranken zu setzen.

Die unterirdische Auswühlung spielt zweifellos bei der Bildung und raschen Vergrößerung von Anbrüchen in jenen Wildbächen eine wichtige Rolle, aus denen, unabhängig von den Niederschlägen, Mure auf Mure, oft in Zwischenräumen von wenigen Stunden, abgeht. Dies hat so verstärkte und sich jeder Berechnung entziehende Bodenbewegungen zur Folge, daß ein Betreten des Gebietes äußerst gefährlich und an künstliche Maßnahmen zu ihrer Eindämmung gar nicht zu denken ist, bis diese Bewegungen abgeflaut sind und von selbst wieder, wenigstens bis zu einem gewissen Grade, eine Beruhigung eingetreten ist.

3. Die Rutschungen und ihre Ursachen.

Bei den Rutschungen bewegen sich stets größere Bodenschollen auf einer geneigten Rutschbahn oder in der eigenen Masse.

Eine äußerst langsam vor sich gehende, nur an ihren allmählich eintretenden Wirkungen erkennbare Bewegung nennt man Bodenkriechen; es ist im allgemeinen für die Geschiebebildung von geringer Bedeutung. Die Rutschungen bewegen sich ungleich rascher, bei ihnen nimmt die Bewegung verschiedene Formen an, je nachdem, ob die Schuttmasse auf einer schon vorgebildeten glatten Fläche abgleitet und die innere Ordnung der Massenteilchen in der Hauptsache beibehält oder sich auf einer erst unmittelbar vor der Bewegung gebildeten Ablösungsfläche in die Tiefe wälzt. Ausgelöst werden solche Bodenbewegungen durch eine Störung des Gleichgewichtes infolge Anschneidens der Lehnen, der Schwächung des stützenden Fußes der Schuttlagen oder durch Belastung der rutschgefährlichen Hänge oder endlich durch Verminderung der Reibung oder der Kohäsion.

Außer durch die bereits besprochene Wühlarbeit des Wassers können Lehnen ihres Fußes beraubt oder es kann dieser geschwächt werden entweder durch die Herstellung von Anschnitten gelegentlich der Ausführung von Straßen-, Eisenbahn- oder Kanalbauten, also durch Eingriffe von Menschenhand, durch Aufweichung der Schuttmassen oder aber durch die Spiegelabsenkung von Seen, durch die der hydrostatische Gegendruck vermindert wird.

a) Belastung als Rutschungsursache.

Die Belastung beweglicher Massen kann gleichfalls durch Bauausführungen bedingt sein, sie kann aber auch erfolgen durch die Ablagerung von oben kommenden Schuttes oder durch die Wasseraufnahme des Bodens, besonders der Lehm- und Tonböden.

Prof. A. Heim berichtet von dem im Dezember 1879 erfolgten Absturz einer Felspartie vom Vitznaustock, die durch ihr Gewicht eine bewaldete, vernäßte Schutterrasse zur Abrutschung brachte, was einen schweren Murgang zur Folge hatte, sowie weiter von einem in der zweiten Hälfte der Achtzigerjahre entstandenen Felssturz ob Schönegg bei Beckenried, dessen Last den unterhalb der Felswände abgelagerten Schutt in Bewegung setzte, der sich dann als dicker Murbrei in den Vierwaldstättersee ergoß (118). Der Absturz einer Felswand auf der Sandlingalpe im Salzkammergute gab im September 1920 den Anstoß, daß der auf einer geneigten, verseiften Unterlage ruhende Moränenschutt, den Fichtenhochwald durchbrechend, abrutschte (4, 306).

b) *Rutschungen auf Gleitflächen.*

Wenn infolge des Eindringens von Niederschlags-, Sicker- oder Quellwässern eine von Natur aus vorhandene geneigte Trennungsfuge zwischen zwei Bodengattungen, von denen die untere (liegende) für Wasser gar nicht oder nur in geringem Maße durchlässig ist, die Reibung stark vermindert wird, so kann sich die obere (hangende) Bodenschicht in Bewegung setzen und abgleiten. Begünstigt wird diese Wirkung durch das Auftreten von Lehm, Ton, feinem Sand, verwittertem Mergel u. dgl., welche aufgeweicht werden und die Ablösungsfläche schlüpfrig machen. Als Gleitflächen kommen in Betracht: glatte Felsoberflächen (Schichtflächen, Harnisch- oder sonstige Verschiebungsflächen, durch Gletscher polierte Rundbuckel) oder aber ganz oder beinahe undurchlässige, nicht felsige Schicht- und Absonderungsflächen, die einen gewissen Grad von Aufweichbarkeit besitzen. Die Gleitflächen sind stets vernäßt, ihr Neigungswinkel ist häufig verhältnismäßig klein, er kann sogar wesentlich kleiner sein als der natürliche Böschungswinkel des abgleitenden Materials.

Die Rutschbewegung einer ganzen Erdscholle auf einer bereits vorgebildeten Gleitfläche bezeichnet man als Erdschlipf. Bei einem solchen ist die Bewegung ein Gleiten, die gleitende Scholle ist wenigstens anfänglich wenig oder gar nicht zerrüttet, die Pflanzendecke nur an der oberen Bruchgrenze zerrissen. Ist die Neigung der Gleitfläche eine gleichmäßige, so bleibt — namentlich bei langsamer Bewegung — dieser Zustand lange erhalten, ja es bleiben unter Umständen selbst die Bäume aufrecht stehen, weisen höchstens eine geringe Neigung der Wipfel in der der Bewegung entgegengesetzten Richtung auf (Abb. 17).

Verläuft die Gleitfläche unregelmäßig, so bilden sich Klüfte und Spalten, die in Bewegung befindliche Masse löst sich in unregelmäßige, wirr durcheinanderliegende Schollen auf und die Bewegung geht in ein Rutschen und Wälzen über. Bei den Erdschlipfen ist nicht das Wasser die bewegende Kraft, sondern die Schwere des Erdkörpers; das Wasser hat nur die Bahn geglättet, die Reibung vermindert, vielleicht auch das Material durchweicht und sein Gewicht vermehrt. Die Abfangung der die Gleitfläche verseifenden Wässer vermehrt die Reibung und erhöht den Widerstand gegen die Rutschbewegung. Diese kann, wenn die in Bewegung befindliche Materialschicht nur schwach ist, auch bekämpft werden, wenn es gelingt, ihr ein ausreichend starkes, auf eine widerstandsfähige Sohle gegründetes Bauwerk entgegenzustellen.

Ein interessantes Beispiel eines solchen Erdschlipfes bildet die Bodenbewegung im Rohrleitengraben im Salzkammergut, woselbst sich ein Erdkörper von 9 ha Oberfläche auf einer glatten, verseiften Gleitfläche in den Attersee hinein vorschob. Die Bewe-

Abb. 17. **Abgerutschte Scholle** in der Sandlingmure bei Goisern, Salzkammergut.

gung, die unter anderem eine Wiesenfläche mit unversehrter Rasendecke und eine Waldparzelle umfaßte, auf der hundertjährige Fichten und Buchen lotrecht stehen blieben, wurde in den Neunzigerjahren durch oberflächliche Entwässerungsarbeiten und einen die Gleitfläche durchschneidenden Stollen wieder zur Ruhe gebracht (304).

Eigentümliche Verhältnisse weisen die Rutschungen im Gschliefgraben bei Gmunden auf, in dessen Einzugsgebiet steil aufgerichtete, in der Grabenrichtung streichende Schichten von Mergelschiefer und Sandstein wechsellagernd anstehen. Die ersteren unterliegen einer sehr raschen Verwitterung zu mergeligem Ton, der durch Sicker-, hauptsächlich aber durch Niederschlagswässer aufgeweicht wird und in den Hauptgraben abrutscht, in dem die Masse langsam mit wechselnder Geschwindigkeit talauswärts wandert und in den Traunsee einen Schuttkegel vorgebaut hat, der zur Gänze kultiviert ist und einzelne Häuser trägt. Ähnliche Schuttkegel sind in früheren Jahrhunderten einige Male im See versunken (166, 306).

Im Gegensatz hiezu löste sich die Schuttmasse des 1894 entstandenen, 15 ha umfassenden Erdschlipfes auf der Ferschbachalpe im Oberpinzgau in Schollen auf, die der Rutschung ein Aussehen gaben, das an die Oberfläche eines stark zerklüfteten Gletschers erinnerte. Die Bewegung konnte auch hier durch Entwässerungsarbeiten wieder zur Ruhe gebracht werden (1, 5, 306).

c) Rutschungen infolge von Kohäsionsverminderung.

Eine andere, häufig zur Geltung kommende Ursache der Rutschungen ist die Kohäsionsverminderung des Schuttes entweder infolge chemischer Verwitterung oder aber infolge Durchnässung und Durchweichung. Die Verwitterung löst den Zusammenhang des Gesteins, erhöht seine Wasseraufnahmefähigkeit, führt dadurch eine weitere Lockerung des Materials herbei und vermindert dessen natürlichen Böschungswinkel. Infolge der Kohäsionsverminderung werden die Massen bis zu einem gewissen Grade plastisch, es ergeben sich Quellungen und Verschiebungen, die, so gering sie anfänglich sein mögen, doch den normalen Abfluß der Sicker- und Quellwässer stören oder das Aufreißen von Spalten verursachen, durch welche Tagwässer eindringen können. Hiedurch wird die Bewegung beschleunigt, an der Grenze zwischen den mehr und minder widerstandsfähigen Bodenschichten bilden sich Ablösungs- und Verschiebungsflächen, an der oberen Bruchgrenze — in der Zugzone — öffnen sich klaffende Spalten und breite Klüfte, dort hingegen, wo die Bewegung auf Widerstand stößt, eine festsitzende oder sich langsamer bewegende Masse — in der Druckzone — entstehen Stauchungen und Aufwulstungen. Lehmige und tonige Böden neigen besonders zu derartigen Aufweichungen und Rutschung in eigener Masse. Die Bewegung erfolgt auf den Verschiebungsflächen, die aber in diesen Fällen nicht die Ursache, sondern eine Folge der Bewegung sind, im Laufe dieser letzteren jedoch immer glatter werden und die Bewegung begünstigen. Öfters sind mehrere derartige Rutschflächen übereinander festzustellen.

Hieher gehören die meisten Blatt- und Muschelanbrüche. Sie werden ausgelöst durch Wasserüberschuß, der bedingt sein kann durch behinderte Wasserversickerung in den Untergrund, durch das Auftreten großer Sickerwassermengen in einem Horizonte, durch übermäßige Bewässerung u. dgl.

Blattanbrüche bilden sich im Berg- und Hügellande, besonders auf Wiesen- und Weideflächen, in großer Zahl, seltener im Walde. Es sind oberflächliche Bodenbewegungen, die wohl vom Standpunkte der Bodenkultur aus zu beklagen, für die Geschiebebildung aber meist ohne größere Bedeutung sind. Sie kommen in der Regel allmählich von selbst wieder zur Ruhe.

Die Muschelanbrüche greifen bedeutend tiefer; bei ihrer Entstehung spielt die Wühlkraft einer entweder von oben zufließenden oder einer im Anbruche selbst zutage tretenden Wasserader mit, und die Bewegung ist teils ein Gleiten, teils ein Wälzen. Auch hier setzen sich meist schon zu Beginn größere Schollen auf einmal in Bewegung, während die Wasseradern nachträglich die Sohle weiter aufschürfen und deren Vertiefung sowie die Vergrößerung des Anbruches bewirken.

Die Muschelanbrüche beruhigen sich manchmal auch ohne menschliches Zutun wieder, sie können aber auch infolge starken Wasserzuflusses oder der Störung eines unterirdischen Wasserlaufes plötzlich einen unvermuteten Impuls erfahren und in gefährliche Schuttrutschungen oder Muren übergehen (Abb. 18). Sie können auch ganze Lehnen in Bewegung setzen, derart, daß sich die Klüfte sogar quer über das Rinnsal der die Hänge durchziehenden Bäche fortsetzen.

Abb. 18. Sturmbach. Oberpinzgau, Salzburg. 250 m hoher Muschelanbruch.

Mitunter gehen solche Bodenbewegungen äußerst langsam und in beinahe unmerklicher Weise vor sich und sind nur an den Wirkungen kenntlich, die sich im Verlaufe längerer Zeit einstellen. Diese Gekrieche können aber auch eine unvermutete Beschleunigung erfahren. Zu welch gewaltigen Katastrophen dies führen kann, zeigt die Verschüttung des Weilers La Muda im Abteitale in Südtirol im Juni 1821 (33, 53, 290, 306, 309).

Die auf eine Kohäsionsverminderung des Materials zurückzuführenden Bodenbewegungen beschränken sich aber nicht auf ein Abgleiten von Lehnen und Hangpartien, sondern bewirken auch horizontale Verschiebungen, unter Umständen sogar lotrechte Hebungen des Bodens zum Ausgleiche einseitiger Belastung oder auch infolge des Zusammenpressens durch starken Seitendruck. Solche Hebungen treten meist in Tonböden auf, doch können auch Wildbachaufschüttungen, wenn sie in der Hauptsache aus plastischen Materialien bestehen, emporgepreßt werden. So wird von der Kleinen Schliere im Kanton Obwalden berichtet (68), daß sich in der Örtlichkeit Seeweli eine Druckstrecke befinde, in der sich die obersten Sperren „in der Mitte aufbäumten". Auch in der Nolla bei Thusis sind Sperrenbeschädigungen durch das Emporpressen des Untergrundes vorgekommen. Hier handelt es sich um Rutschungen infolge außerordentlich tief reichender Zerrüttung des schwarzen, tief verwitterten Bündnerschiefers, der in großer Ausdehnung in Bewegung geraten ist (321).

d) Rutschungen infolge hydrostatischer Druckwirkung.

Als Beispiel für eine durch Wasserüberdruck ausgelöste Bodenbewegung kann die bei Bruck am Ausgange des Zillertales entstandene Rutschung angeführt werden. Nach Prof. Blaas (30) löste sich in der steilen, mit Fichten und Tannen gut bestockten Lehne im März 1896 plötzlich und unvermutet eine Partie los (Abb. 19) und eine aus Schlamm und Steinen bestehende Mure verschüttete mehrere Häuser und die Kirche von Bruck und verwüstete ausgedehnte Grundstücke. Im Rutschgebiete wurden damals „armdick hervorschießende Wasserstrahlen" an mehreren Stellen beobachtet, wo früher kein Wasser zu sehen war. Die Ursache der Rutschung ist im Eindringen der reichlichen Niederschlags- und Schmelzwässer zu suchen, die von den normalen Quellausläufen nicht mehr bewältigt werden konnten, sich im Boden, namentlich zwischen dem festen Gestein und der Schuttdecke stauten, diese vollständig durchtränkten und zum

Abb. 19. Rutschung bei Bruck im Zillertal, Nordtirol.

Weichen brachten. Zweifellos ist auch die häufig unter einem schußartigen Knall erfolgende Auslösung vieler Blatt- und Muschelanbrüche auf die Bildung von Wassersäcken im Boden und die Druckwirkung gestauten Wassers zurückzuführen.

Die Druckwirkung hat vermutlich auch die Wühlarbeit des Murganges wesentlich verstärkt, der am 12. August 1939 aus dem Ursprungsgebiet des Mustrigilbaches im Montafon gekommen ist, große Schäden verursacht und mehrere Menschenleben vernichtet hat. An jenem Tage gingen über der Vandanser Steinwand (Rhätikon, rund 2300 m) in kurzen Pausen äußerst heftige Regengüsse nieder, denen am Abend noch ein Wolkenbruch folgte. Die Wassermassen versickerten in der Schutthalde am Fuße der Wand und dürften bei ihrem Zutagetreten in den die Halde tief durchfurchenden Erosionsgräben starke Druckwirkungen auf die Schuttmassen ausgeübt und diese gelockert haben.

Erschütterungen als auslösende Ursache von Murgängen kommen für die Geschiebebildung in den Wildbächen wohl kaum in Betracht.

e) Rutschungen infolge Schwächung der Vegetationsdecke.

Eine geschlossene Pflanzendecke schützt den Boden vor oberflächlicher Abtragung, kann aber tiefer reichende Bodenbewegungen nicht verhüten. Von allen Vegetationsformen kommt dem Walde die höchste Schutzwirkung zu. Auf vegetationslosen, nicht felsigen Hängen wühlt sich das abfließende Regenwasser sehr oft oberflächliche Runsen aus, die sich im lockeren Boden rasch zu tiefen Regenschluchten ausbilden, die Hänge zerfurchen und große Schuttmassen in Bewegung setzen. Sind die Lehnen aber mit einer geschlossenen Vegetationsdecke überzogen, so ist die Bildung solcher Runsen ungemein erschwert und der Wasserablauf spielt sich meist schadlos ab. Während, wie schon erwähnt, Blatt- und Muschelbrüche auf Wiesen und Weiden sehr häufig auftreten, ist dies im Walde viel seltener der Fall und auch da meist nur an Stellen, wo Bodenverwundungen, z. B. durch Windwürfe, Schlägerungen oder Holzablieferungen, vorausgegangen sind. Die Schlägerungen gehen sehr häufig mit einer Vernässung des Bodens Hand in Hand, die nicht zu beobachten war, so lange der Wald stand. Sie stören den Wasserhaushalt des Bodens, weil dieser einerseits durch den Fortfall der Verdunstung auf den Bäumen mehr Niederschlagswasser erhält und anderseits der Wasserverbrauch der letzteren entfällt, so daß sich Wasser am Boden ansammeln und ihn durchweichen kann.

Tiefenbacher (313) berichtet ausführlich über mehrere Rutschungen, die ausschließlich durch den Waldabtrieb ausgelöst wurden. Auch aus zahlreichen anderen Beobachtungen ist bekannt, daß die Entfesselung von Wildbächen eine Folge des Waldabtriebes war, so beim schon genannten Rebrutt, beim Schesatobel, beim Sylvesterbach im Pustertale, in der Großen und Kleinen Schliere im Kanton Obwalden und in vielen anderen.

Im Jahre 1939 hatte eine Schlägerung im Gänsgraben bei Kitzbühel in Nordtirol die Abrutschung einer früher vollkommen ruhigen, steilen Lehne zur Folge. Auf die Bodenverwundung durch die Holzbringung ist das Entstehen zahlreicher Wildbäche und Runsen nachweisbar zurückzuführen.

Auf Bodenverwundungen durch Windwürfe geht die Bildung von 63 Runsen und sonstigen Rutschungen im vollkommen bestockten, schönsten Walde der Domänen Hohenelbe und Marschendorf in Nordböhmen beim Hochwasser des Jahres 1897 zurück, über die Wang (325) berichtet. Zur Zeit dieser Hochwasserkatastrophe und gerade während des stärksten Niederschlages war ein heftiger Sturm losgebrochen, der ganze Partien des flachwurzeligen Fichtenbestandes auf dem durchnäßten Waldboden zum Sturze brachte. Im benachbarten unbewaldeten oder nur mit Knieholz bewachsenen Gelände gingen damals im Gegensatz zum Walde wenig Muren ab. Eine Bestockung mit tiefer wurzelnden Bäumen hätte, wie Wang beifügt, auch im Walde den Eintritt der beklagten Schäden sicher verhindert.

Weiter benützte Quellen (35, 167, 209, 285, 299, 300, 301, 312).

Fünfter Abschnitt.

Einfluß der Pflanzendecke auf das Verhalten der Gewässer.

Die Vegetationsformen lassen sich der Hauptsache nach in drei Gruppen einteilen, nämlich:

1. die Bestockung mit Holzgewächsen, also den Wald in seinen verschiedenen Formen vom Hochwalde bis zum Buschwalde, den Legföhren- und Alpenerlenbeständen und der Bebuschung mit niederen Sträuchern;

2. die Grasfluren, also die Wiesen, Weideflächen und Steppen einschließlich der mit ausdauernden krautartigen Pflanzen bewachsenen Flächen. Ähnlich verhalten sich die mit Calluna, Erika, Vaccinien u. dgl. besetzten Flächen, also die Heiden und die ihnen ähnlichen Flächen im Gebirge;

3. die Ackerflächen, die mit landwirtschaftlichen Kulturpflanzen bewachsen sind und häufig umgebrochen werden.

Diese Vegetationsformen beeinflussen nach ihrer verschiedenen Natur das Verhalten unserer Gewässer in verschiedener Weise. Den größten und nachhaltigsten Einfluß übt der Wald aus, der ja auch auf der Flächeneinheit des Bodens eine weitaus größere Masse organischer Stoffe ansammelt als die Grasfluren oder Äcker und der auch den Bodenzustand weit stärker beeinflußt als die beiden anderen Vegetationsformen. Diese weisen untereinander nicht so weitgehende Verschiedenheiten auf und können daher im nachfolgenden dem Walde gegenübergestellt werden.

Über den Einfluß, den der Wald auf den Niederschlag und den Wasserabfluß und damit auf das Entstehen der Hochwässer ausübt, herrschten seit jeher verschiedene Ansichten und erst vor kurzer Zeit sind diese Meinungsverschiedenheiten in der Fachliteratur neuerdings zum Ausdruck gekommen. Während eine Partei diesen Einfluß als ausschlaggebend hinstellt, vertritt die andere die Ansicht, daß er ziemlich untergeordnet und eng begrenzt sei. Beide Ansichten stützen sich auf Tatsachen und Beobachtungen, die nicht anzuzweifeln sind.

Als Beweis für die weitreichende Wirkung des Waldes wird angeführt, daß die Entwaldung in vielen Ländern katastrophale Folgen nach sich zog und z. B. in den südfranzösischen Alpen zusammen mit übermäßiger Weidenutzung die Verödung ganzer Täler zur Folge hatte, und daß die Entfesselung zahlreicher Wildbäche sowohl in Europa als in Amerika und Asien nachweislich auf ausgedehnte, unvorsichtige Schlägerungen zurückzuführen ist. Als Beweis für den bedeutenden Einfluß des Waldes wird auch die Beobachtung angeführt, daß regelmäßig und reichlich fließende Quellen im Waldgebiet nach Abholzung der Wälder versiegt, nach der Wiederaufforstung jedoch wiedergekehrt seien (97), sowie der Umstand, daß der Wasserstand mancher Flüsse, in deren Gebieten ausgedehnte Schlägerungen vorgenommen wurden, weit stärkeren Schwankungen unterliegt als vorher, was beispielsweise bezüglich des Glommen in Norwegen nach Prof. Baumann durch die Wasserstandsmessungen der Wasserwerke Sarpsborg und Haslund nachgewiesen wird (25).

Von der anderen Seite wird geltend gemacht, daß Hochwasserkatastrophen mit außerordentlich bedeutenden Schäden auch in solchen Gebieten zu beklagen waren, deren Bewaldungsverhältnisse sehr günstige sind, wie z. B. im Quellgebiete der Elbe, in gewissen Karpathentälern, im Wienerwald und im Salzkammergut, und daß sich seit 800 Jahren eine bemerkenswerte Änderung der Katastrophenhochwässer unserer Flüsse und damit ein Einfluß der fortschreitenden Entwaldung nicht nachweisen lasse (186).

Obering. Schaffernak (263) teilt auszugsweise den auf den Wald bezüglichen Inhalt einer Studie des amerikanischen Ingenieurs H. M. Chittenden „Beziehungen der Wälder und Staubecken zum Abflusse mit besonderer Rücksichtnahme auf die schiffbaren Flüsse“ mit, deren Zweck es vor allem war, „den tief eingewurzelten Glauben an den günstigen Einfluß des Waldes ins Wanken zu bringen“. Chittenden führt u. a. aus, daß durch das Zusammentreffen des oberirdischen Abflusses mit jenem aus unterirdischen Speicherräumen, die von früher gefüllt sind, eine Verstärkung der Hochflut verursacht werden kann, daß ferner in den Wäldern die Schneeschmelze sich bis in die warme Jahreszeit hinein verzögert, in der sie naturgemäß rascher vor sich geht und höhere Wasserstände verursacht. Der Verfasser gelangt zum Schlusse, „daß der Forstkultur jeder Wert hinsichtlich der Abschwächung extremer Hochfluten abgesprochen werden muß".

Um die Wirkung des Waldes auf die Wasserstandsverhältnisse klarzustellen, wurden von der Schweiz. Anstalt für das forstliche Versuchswesen schon im Jahre 1900 Niederschlags- und Abflußmessungen im Sperbel- und Rappengraben bei Wasen im Emmentale eingeleitet. Von den genannten Gräben ist der erstere zu 97 %, also nahezu vollständig, der letztere nur zu ungefähr einem Drittel bewaldet. Die Lage, Gefälls-, Gesteins- und Witterungsverhältnisse beider Gebiete sind einander aber sehr ähnlich. Das durch diese Beobachtungen gewonnene, äußerst lehrreiche Beobachtungsmaterial haben Prof. Dr. A. Engler und Prof. Dr. H. Burger wissenschaftlich bearbeitet und, soweit es sich auf die Jahre 1903 bis 1915 und auf die mit Oktober beginnenden hydrologischen Jahre 1915/16 bis 1941/42 bezieht, in den Mitteilungen der Schweiz. Anstalt für das forstliche Versuchswesen veröffentlicht (42 und 71).

Auch die von der genannten Anstalt durchgeführten Bodenuntersuchungen in einigen Örtlichkeiten der Kantone Uri, Freiburg und Graubünden, über die H. Burger berichtet (43), dienen dem genannten Zwecke. Ähnliche Messungen wurden durch Válek und Kirwald in Mähren durchgeführt (159, 160).

Diesen Arbeiten verdanken wir neue Einblicke in die Beziehungen zwischen dem Walde und dem Abflusse des Wassers, sie haben die Unrichtigkeit einiger älterer Anschauungen dargetan und für andere Anschauungen eine wissenschaftliche Grundlage geschaffen.

Der Wald kann auf das Verhalten unserer Gewässer in mehrfacher Beziehung einwirken, und zwar:

1. durch Beeinflussung der Niederschläge;
2. durch die Wirkung auf den Wasserabfluß und
3. durch den Einfluß auf die Bodenbindung und die Geschiebebildung.

Der Einfluß auf den Niederschlag bildet einen Teil der Waldklimafrage, die daher kurz gestreift werden soll.

Alle Pflanzendecken beeinflussen den Abfluß der Meteorwässer, die Bodenbindung und Geschiebebildung mehr oder weniger stark. Um ein Bild über die Wichtigkeit des Waldes zu gewinnen, ist es erforderlich, ihn mit den anderen Vegetationsformen zu vergleichen.

A. Die Beeinflussung des Klimas.

Ein wesentlicher Einfluß des Waldes auf das Großklima einer Gegend kann, wie beinahe alle Forscher bestätigen, in Mitteleuropa nicht nachgewiesen werden, weil die hier von den verschiedenen Vegetationsformen eingenommenen Flächen so klein sind, daß die großklimatischen Unterschiede von den darüberstreichenden Luftströmungen leicht ausgeglichen werden.

Anders ist es z. B. bei der ungeheueren Ausdehnung der Tundra und Taiga im Nordosten Europas und in Sibirien. Da der Wald mehr verdunstet als jede mit einer anderen Vegetation bewachsene Fläche und weit mehr als eine Sumpf- oder Wasserfläche, so ist es wohl verständlich, daß die aus dem Walde aufsteigenden riesigen Feuchtigkeitsmengen, die von den vorherrschenden Nordwinden nach Süden entführt werden, hier das Klima wesentlich beeinflussen und die Wirkung des Waldes weit über seine Grenzen hinaus ausdehnen (41).

Im Waldinnern, das durch das Kronendach und den Waldmantel gegen die Außenluft mehr oder weniger gut abgeschlossen ist, erleiden die einzelnen Klimafaktoren, nämlich Wärme, Luftfeuchtigkeit, Niederschlag und namentlich die Luftbewegung gewisse Änderungen, die dessen Kleinklima bestimmen. Diese Änderungen üben, und zwar hauptsächlich durch Beeinflussung der Luftströmungen, eine beschränkte Wirkung auch auf das örtliche Klima der nächsten Umgebung aus und es scheint aus den durch Aufforstungen in Dänemark erzielten Klimaverbesserungen in Heidegebieten hervorzugehen, daß deren Wirkung sich über die unmittelbare Umgebung hinaus erstreckt (52).

Obschon sich die von den einzelnen Forschern gemachten Beobachtungen stets nur auf bestimmte Örtlichkeiten beziehen und die aus ihnen gezogenen Schlüsse sich nicht ohne weiteres auf andere Örtlichkeiten übertragen lassen, kann doch für Mitteleuropa folgendes gelten: Der Wald erniedrigt im allgemeinen, besonders im Sommer, die Luft- und auch die Bodentemperatur in seinem Inneren um ein geringes Maß von im Mittel 0,1 bis 2° und verringert die Temperaturschwankungen gegenüber dem freien Felde; er setzt die Wärmeausstrahlung des Bodens herab und bewirkt dadurch, daß dieser später und minder tief gefriert; er schwächt die Luftströmungen ab und wirkt durch die Abhaltung und Abschwächung kalter und austrocknender Winde günstig auf seine Umgebung. Infolge der niedrigeren Lufttemperatur ist die relative Luftfeuchtigkeit im Walde etwas größer als im Freilande, doch ist die absolute nahezu gleich und der Unterschied für die Umgebung kaum fühlbar.

Früher nahm man auf Grund vergleichender Messungen eine nicht unwesentliche Vermehrung der Niederschläge durch den Wald an, doch zeigten nähere Untersuchungen, daß bei diesen

Messungen verschiedene Einflüsse nicht ausgeschaltet worden waren, so namentlich die über dem Freilande größere Windgeschwindigkeit, die nur eine kleinere Wassermenge in die Regenmesser gelangen läßt, als der Regendichte entsprechen würde, die im Walde voll zur Geltung kommt.

Die vorerwähnten schweizerischen Untersuchungen ließen einen Einfluß des Waldes auf die Regenmengen nicht erkennen und nach H. Lorenz haben sich auch die Angaben über eine in Indien beobachtete Regenvermehrung durch Aufforstungen als nicht einwandfrei erwiesen (197). Man neigt nun der Ansicht zu, daß der Wald einen nennenswerten Einfluß auf die Regenmengen nicht besitzt. Schubert setzt diese Wirkung einem Bodenanstieg von 40 m gleich, andere Fachleute einem solchen von 200 m. Bei heftigen Regengüssen und langandauernden, starken Landregen tritt der Einfluß des Waldes völlig zurück und ist für die durch solche Elementarereignisse bedingten Hochwasserkatastrophen bedeutungslos (337).

Ein schwacher Einfluß des Waldes auf die Gewitter- und Hagelbildung wurde wohl für die Ebene festgestellt, im Gebirge jedoch, wo sie von der Geländegestalt und Höhenlage abhängt, nicht.

Außer Regen, Schnee und Hagel treten auch sogenannte verborgene Niederschläge auf, nämlich Tau und Beschlag, Reif, Rauhreif und Eisanhang sowie Kondensation von Wasserdampf in den Hohlräumen des Bodens.

Tau und Reif sind an starke Temperaturschwankungen gebunden, bilden sich daher zwar auf dem Waldboden in geringerer Menge als im Freien, doch kommt zu dieser noch die in den Baumkronen sich bildende. Bäume und Sträucher filtrieren ferner aus treibendem Nebel tropfenförmiges Wasser heraus, wodurch sich Beschlag und Rauhreif bilden. Das Abtropfen des ersteren im Walde gleicht einem schwachen, im Freien fehlenden Regen, und das Gewicht des Rauhreifs hat z. B. im Erzgebirge wiederholt umfangreiche Waldbruchschäden verursacht (284).

Die im Walde größere Bodenlockerheit begünstigt ferner die Kondensation des Wasserdampfes im Boden. Wie aus den Beobachtungen Kopezkys und Linkes hervorgeht (170, 171), unterliegt es keinem Zweifel, daß die verborgenen Niederschläge im Walde ausgiebiger sind als im Freien. Sie mögen zwar für den gesamten Wasserhaushalt, die Quellschüttung und besonders für die Vegetation in Trockengebieten von Bedeutung sein, einen merklichen Einfluß auf die Hochwässer haben sie aber keinesfalls.

Die Schneeschmelze geht im Walde im allgemeinen langsamer und gleichmäßiger vor sich als im Freilande. Hierdurch, sowie wegen des Umstandes, daß sie dort öfters als hier auf nicht gefrorenem, also wasseraufnahmsfähigem Boden erfolgt, wird der

Abfluß ausgeglichen und die Gefahr der Hochwasserbildung durch die Frühjahrsschneeschmelze verringert. Eine solche Gefahr ist wohl für die Ebene und größere Flüsse, aber kaum für das Gebirge und kleinere Bäche zu fürchten. Wohl werden auch im Gebirge die von heftigen Regengüssen verursachten Hochwässer durch gleichzeitige Schneeschmelze noch wesentlich verstärkt, und zwar meist bei Herbstregen und bei Gewitterregen im Frühsommer, doch kann dem Walde eine solche Verstärkung nur dann angelastet werden, wenn sich in ihm noch Schneemengen erhalten haben, während das benachbarte Freiland bereits schneefrei ist.

Die Möglichkeit, daß durch die Verzögerung der Schneeschmelze im Walde ihr Zusammentreffen mit stärkeren Gewitterregen herbeigeführt wird, wie dies von Chittenden für das nordamerikanische Felsengebirge als Regel hingestellt wird, ist allerdings auch für unsere Gegenden, wo ganz andere Verhältnisse herrschen als dort, nicht vollkommen auszuschließen, aber keineswegs naheliegend.

Aus dem Umstande, daß eine Beeinflussung des Großklimas unserer Gegenden durch den Wald nicht nachweisbar ist, darf aber, wie bereits Lorenz-Liburnau ausführt, keineswegs geschlossen werden, daß das Verschwinden ausgedehnter Waldungen ohne Bedeutung bliebe, wenn an ihre Stelle etwa dürre Hutweide oder nackter Felsboden treten würden, was in regenarmen Gegenden an sonnigen Lehnen die Regel ist. Hier verzehrt sich, wie die Verkarstungen beweisen, nach dem Abtrieb der Bestände häufig der Humus, der Boden verarmt oder wird abgeschwemmt und die Klimafaktoren werden — mindestens durch Verschiebungen im Ausmaße und in der Häufigkeit der Extremfälle der Witterung — ungünstig beeinflußt, besonders wird das Mikroklima vollständig geändert. Schon der Fortfall des vom Walde gebotenen Windschutzes hat eine Verwilderung und Verschlechterung des Klimas zur Folge, Grund genug, die Wirkung des Waldes auch in klimatischer Beziehung nicht zu unterschätzen.

B. Die Wirkung auf den Wasserabfluß.

Der oberflächliche Abfluß des Niederschlagswassers wird verringert durch die Verdunstung auf der Pflanzendecke und auf dem Boden, durch den Wasserverbrauch der Vegetation und durch die Versickerung.

1. Retention der Pflanzendecke.

Alle Vegetationsformen halten einen erheblichen Teil der Niederschläge zurück, der verdunstet, ohne auf den Boden zu gelangen. Das Rückhaltevermögen ist abhängig von der Art und Beschaffenheit der Pflanzendecke, von der Dauer, Form und Stärke des Niederschlages, von den Temperatur- und Windverhältnissen und von der vorausgegangenen Witterung. Es ist am größten im Walde, hier aber noch weiter abhängig von der Holzart, dem Alter und Bestockungsgrad der Bestände, von deren Bewirtschaftung und bei sommergrünen Holzarten auch von der Jahreszeit.

Die Retention kommt auch im Walde hauptsächlich bei Beginn des Regens zur Geltung. Mit zunehmender Regenstärke wächst die absolute Menge des in den Baumkronen zurückgehaltenen Regens nur langsam und erreicht bald eine Grenze.

Nach Hoppes im Wienerwalde durchgeführten Messungen (137) betrug die in den Baumkronen zurückgehaltene durchschnittliche Regenmenge

in Beständen von	Fichten	Föhren	Buchen
bei Regen von 0 — 5 mm Stärke	2,2	1,0	0,7 — 1,2 mm
„ „ „ 5 — 10 „ „	4,1	2,0	1,7 — 2,1 „
„ „ „ 10 — 15 „ „	5,2	2,6	2,2 „
„ „ „ 15 — 20 „ „	5,4	4,1	2,3 — 3,1 „
„ „ über 20 „ „	6,6	5,9	3,1 „
für die Gesamtregenmenge des Sommers je Regentag	3,8	2,2	1,6 — 1,7 „

Setzt man die mittlere Regenstärke von 0 bis 5 mm mit 2,5, jene von 15 bis 20 mm mit 17,5 an, so entspricht die Menge des in den Fichtenbeständen zurückgehaltenen Regens (2,2 bzw. 5,4 mm) ersteren Falles nahezu 90, letzteren Falles nur rund 30 % und bei stärkerem Regen nimmt diese Verhältniszahl rasch ab. Ähnliches trifft auch für die anderen Holzarten zu.

Schon diese aus wenigen Versuchsreihen gewonnenen Ziffern lassen erkennen, daß die für das Rückhaltevermögen ermittelten Verhältniszahlen eine allgemeine Gültigkeit nicht beanspruchen können, sondern nur einen Vergleichs- und Durchschnittswert besitzen.

Es schwanken daher auch die von verschiedenen Autoren angegebenen Prozentsätze für das Retentionsvermögen der Waldkronen sehr stark, was außer durch die Verschiedenheit der Regendichten und der Bestände auch noch durch den Umstand begründet ist, daß die Messungen zum Teil nach nicht einwandfreien Methoden durchgeführt wurden und zum Teil die an den Baumstämmen abrieselnden Regenmengen unberücksichtigt ließen.

Für die Auswertung der oben erwähnten schweizerischen Untersuchungen nimmt Prof. Engler (71) auf Grund der am besten übereinstimmenden Messungen an, daß im Versuchsgebiete in Fichten und Tannenwäldern etwa 19 %, in Föhrenwäldern etwa 27 %, in Buchenwäldern hingegen nur 5 % der Jahresregenmenge nicht auf den Boden gelangen und daß die betreffende Ziffer für den Durchschnitt der Bestände in den Schweizer Voralpen etwa

15 % betrage. Hieraus berechnet sich bei der dortigen mittleren Jahresregenhöhe von 1600 mm die Zurückhaltung in den Baumkronen auf 240 mm oder, auf die durchschnittliche Zahl von 195 jährlichen Regentagen verteilt, für jeden derselben im Mittel nur auf etwas mehr als 1,2 mm.

Über die Wirkung auf die Schneeablagerung gibt Engler nach den Mitteilungen der deutschen forstlichen Stationen an, daß im Föhrenwalde durchschnittlich 13 %, im Fichtenwalde 15 % der im Freien fallenden Mengen auf den Baumkronen zurückgehalten werden, während im Buchenwalde die Schneemenge um 1 % größer sei. Zum Vergleiche zwischen dem Rückhaltevermögen der Bäume und der landwirtschaftlichen Nutzpflanzen sei erwähnt, daß dasselbe auf Weideflächen nach verschiedenen Messungen 6 bis 12 % beträgt und daß nach Weinzierl eine künstliche Alpenwiese dreimal soviel Wasser zurückzuhalten vermag als eine gut gepflegte Alpsweide und anderthalbmal soviel als eine typische Magerweide der nördlichen Kalkalpen. Nach Wollny gelangen auf den Boden bei Bestockung mit Mais 57 %, Sojabohnen 66 %, Hafer 78 %, Wicken 78 %, Bohnen 75 %, Lupinen 58 % des Niederschlages. Es darf aber nicht außer acht bleiben, daß sich diese Angaben auf Gegenden mit einer bedeutend geringeren als der oben angegebenen Jahresniederschlagsmenge beziehen, und daß die Zahlen nur für die vollentwickelte Vegetation, sohin nur für eine verhältnismäßig kurze Zeit des Jahres gelten, keineswegs aber als Durchschnittswerte für das Jahr, wie die für den Wald angegebenen Ziffern.

Es kann aber auch nicht unerwähnt bleiben, daß das in den Baumkronen zurückgehaltene Wasser durch einsetzenden starken Wind großenteils herabgeschüttelt wird, wodurch plötzlich eine weit größere Wassermenge auf den Boden gelangt, als der momentanen Regendichte entsprechen würde.

2. Verdunstung auf dem Boden.

Von der auf den Boden gelangenden Niederschlagsmenge verdunstet im Walde infolge der Luftruhe, höheren relativen Feuchtigkeit, niedrigeren Temperatur und der Beschattung ein viel geringerer Teil als im Freilande.

Ebermayer (61) gibt nach in der Maingegend angestellten Versuchen an, daß in der Zeit von April bis September verdunsten:

auf Freilandboden	4087 m³/ha,	d. s.	408,7 mm
„ Waldboden ohne Streu	1592 „	„	159,2 „
„ „ mit „	626 „	„	62,6 „

Mit zunehmender Meereshöhe wird die Verdunstung geringer.

Für die landwirtschaftlich genutzten Flächen der Versuchsgebiete gibt Engler folgende Verdunstungszahlen an: für das

Frühjahr 810 m³/ha, für den Sommer 1800 und für den Herbst 1080, sohin zusammen 3690 m³/ha, das sind 369 mm; für den Waldboden nimmt er durchschnittlich ein Drittel dieses Maßes, also 123 mm, an.

Außer der Retention durch die Baumkronen macht sich im Walde auch noch jene des Unterwuchses und der lebenden und toten Bodendecke geltend. Diese besteht aus Schattenpflanzen, Heidekraut, Moos, Flechten u. dgl. sowie aus Laub- und Nadelstreu und anderem Pflanzenabfall. Ihr Rückhaltevermögen ist für den Wasserhaushalt sehr wichtig, wechselt aber nach ihrer Beschaffenheit.

Durch die richtige Zersetzung der toten Bodendecke entsteht Humus, der sich durch die Tätigkeit der Bodenfauna und die Wurzeltätigkeit mit dem Mineralboden mischt und die lockere, wasserdurchlässige Humuserde bildet. In vorteilhaftester Weise geht diese Umbildung in gemischten Beständen vor sich, während z. B. die sich dicht lagernden Fichtennadeln und auch die Heidelbeervegetation bei kalter Luft und viel Niederschlag die Bildung von Rohhumus begünstigt; minder ungünstig wirken die sperrigen Nadeln der Kiefern.

Die Bodendecke ist imstande, beträchliche Wassermengen aufzunehmen und festzuhalten. Forstmeister N e y gibt an, daß der gesamte Streuvorrat eines Waldes 2,36 mm Regen dauernd zurückhalten könne (62). Berechnet man das Wasseraufsaugungsvermögen der Streudecke unter Zugrundelegung der von Prof. T s c h e r m a k angegebenen Ziffern, so gelangt man für geschonte Bestände zu ähnlichen Werten, nämlich für Fichtenwälder 2,54, für Buchenwälder 2,81 mm (316). Andere Autoren geben für das Retentionsvermögen höhere Ziffern, nämlich 4 bis 6 mm, an.

Nun kommt aber einerseits das gesamte Rückhaltevermögen im Walde nie zur Geltung, weil ja die Streudecke nicht lufttrocken, sondern stets feucht ist; anderseits vermag diese vorübergehend wohl eine größere als die angegebene Wassermenge aufzunehmen, kann sie aber nicht festhalten, sondern läßt sie langsam abfließen.

Wenn auch die Retention der Baumkronen mit jener der Bodendecke zusammenwirkt, so kann doch nur eine sehr beschränkte Regenmenge, die in unseren Wäldern selbst unter besonders günstigen Verhältnissen das Maß von 10 mm selten übersteigen dürfte, dauernd festgehalten werden. Bei ausgiebigen Niederschlägen nimmt das Rückhaltevermögen des Waldes rasch ab und erschöpft sich bald.

3. Wasserverbrauch der Vegetation.

Zum Aufbau des Pflanzenkörpers und zur Transpiration verbrauchen die Pflanzen sehr bedeutende Wassermengen. H ö h n e l

(136) berechnet z. B. für den Wienerwald den Verdunstungsverlust während der Vegetationszeit für einen

115jähr.	Buchenbestand	mit	303	Stämmen	auf	rd.	2 717 000 kg/ha
50-60 „	„	„	1300	„	„	„	2 231 000 „
35 „	Buchenstangenholz	„	1400	„	„	„	679 000 „

das sind 2717 bzw. 2331 und 679 m³/ha oder 271,7 bzw. 235,1 und 67,9 mm.

Nach einer anderen Messung Höhnels betrug das Wasserbedürfnis eines ähnlichen Buchenbestandes 3120 m³/ha in zwanzig Tagen. Wlissidis gibt den jährlichen Wasserbedarf eines Buchenbestandes mit 3600 m³/ha an.

Engler berechnet den Wasserbedarf des Waldes im Versuchsgebiete unter Zugrundelegung eines Trockengewichtes an Holzzuwachs, Reisig und Blättern von 8000 kg/ha und der von Hellriegl ermittelten Verdunstungszahl von 324 mit 2 592 000 kg/ha für die Vegetationszeit bzw. mit einem entsprechenden Zuschlag für die von den Nadelhölzern im Winter verbrauchte Wassermenge auf rund 3000 m³/ha und Jahr, entsprechend einer Regenhöhe von 300 mm. Auch die Berechnung unter Zugrundelegung der Verdunstungszahl nach Höhnel für die verschiedenen Hauptholzarten ergab unter Berücksichtigung der zum Aufbau des Holzkörpers verbrauchten Wassermenge hiermit ziemlich gut übereinstimmende Zahlen.

Die sommergrünen Hölzer verbrauchen im Frühjahr zur Erneuerung der Blätter viel mehr Wasser als die wintergrünen Nadelhölzer, doch ergibt sich ein gewisser Ausgleich, weil die Blätter der ersteren nur etwa ein halbes Jahr, die Nadeln der letzteren hingegen mehrere Jahre an den Zweigen haften bleiben.

Den Wasserbedarf der Wiesen und Äcker des Versuchsgebietes im Emmentale berechnet Engler unter Zugrundelegung eines Ertrages von 160 q Grüngewicht = 4000 kg Trockengewicht und der Hellriegl schen Verdunstungszahl auf 1296 m³/ha, also rund 130 mm, jene der Weiden unter Annahme einer Gesamtproduktion an Gras, an vorkommenden Farnkräutern, Fichten- und Erlenanflug von rund 2000 kg Trockensubstanz auf 648 m³/ha oder rund 65 mm Wasserhöhe. Nach Riesler verbrauchen Wiesen und Kleefelder während des Wachstums in fünf Monaten eine Wasserhöhe von 750 mm, Getreide in vier Wachstumsmonaten 408 mm; Strecker gibt hingegen den Wasserverbrauch der Nutzpflanzen im Mittel mit 330 mm, Schleiden den eines Klee- oder Haferfeldes mit 340 mm, Schübler den einer wohl reichlich bewässerten Kunstwiese sogar mit 1200 mm an.

Aber auch diese Zahlen können eine allgemeine Gültigkeit nicht beanspruchen, weil sich die Vegetation bis zu einem gewissen Grade nach der Wasserversorgung, der Wärme und Besonnung richtet und nach diesen Faktoren das Wachstum modifiziert. Im Jahre 1934 in Eberswalde durchgeführte Messungen ergaben z. B.

in Kiefernbeständen ohne Grundwasser
eine Verdunstungshöhe von ....388 mm/Jahr
in Kiefernbeständen mit hohem Grundwasserstand eine Verdunstungshöhe von......................864 mm/Jahr
auf Grünland ohne Grundwasser eine Verdunstungshöhe von ....282 mm/Jahr

4. Versickerung, Grundwasser und Quellen.

Die Versickerung wird durch zahlreiche Umstände beeinflußt. Sie ist abhängig von den Niederschlägen, besonders ihrer Dauer, von der Kulturart und Bewirtschaftung des Bodens, von der Bodenneigung und Bodentemperatur, ganz besonders aber von der Art und Lockerheit des Bodens und der geognostischen Beschaffenheit des Untergrundes. Selbst bei den stärksten Platzregen sickert das Wasser nur wenige Zentimeter tief in den Boden ein und sinkt dann erst allmählich in die Tiefe. Es versickert daher bei anhaltenden, wenn auch schwächeren Niederschlägen mehr Wasser als bei kurzen, heftigen Regen. In gefrorenen Boden dringt das Wasser nicht ein; eine langsame Schneeschmelze bei offenem Boden begünstigt die Versickerung.

In hervorragendem Maße wird diese vom Walde und der Bodendecke beeinflußt. Während normal zersetzter Humus Wasser an den Untergrund abgibt, sind die unteren Lagen alter, unzersetzter Streudecken für Wasser beinahe undurchdringlich. Besonders ungünstig in dieser Hinsicht wirkt der Rohhumus; auch starke Moosdecken geben kein Wasser an den Untergrund ab und beschränken die Versickerung hauptsächlich auf Stellen, wo die Bodendecke unterbrochen ist und sich das abfließende Wasser staut. Wenn der Waldboden auch große Unterschiede in seinem Wasseraufnahmevermögen zeigt, so ist er doch im allgemeinen infolge der ständigen Beschirmung, des Humusgehaltes, der lebenden und toten Baumwurzeln und der Tätigkeit der Bodenfauna viel lokkerer als der Freilandboden und seine Teilchen sind bis in beträchtliche Tiefe in ständiger Umlagerung begriffen.

Nach B u r g e r erstreckt sich der lockernde Einfluß der Bestockung nicht selten auf 2 bis 3 m Tiefe, und verhält sich die Durchlässigkeit typischer Böden stark bestoßener Weiden, einer gedüngten Wiese, eines mit Gestrüpp bewachsenen Bodens und eines guten Waldbodens wie 1 : 14 : 17,5 : 50 (43).

Bei Versuchen in der Bodenseegegend versickerte im Waldboden um 50 % mehr Wasser als im Freilandboden.

Der kurze Weiderasen, dessen feine Wurzeln die oberste Bodenschichte filzartig durchziehen und den Untergrund fast von der Außenschichte abschließen, ist für die Versickerung am ungünstigsten; hier kommt noch dazu, daß der Weideboden durch den Tritt des Viehes festgestampft wird. Nach Einstellung der

Viehweide bessern sich die Bodeneigenschaften bald durch Ansiedlung tiefer wurzelnder Pflanzen, die den Rasen verdrängen. Besser als Weideböden erweisen sich die Dungwiesen; Ackerböden sind wohl oberflächlich lockerer, besitzen aber meist eine dichte Pflugsohle, durch welche das Wasser schwer in die Tiefe dringt.

Trotz der größeren Wasseraufnahme sind die Waldböden im allgemeinen nur in der obersten Bodenschichte feuchter, im Wurzelraume der Bäume, also in 20 bis 100 cm Tiefe, hingegen trokkener als die Freilandböden, weil mehr Wasser in größere Tiefe absinkt und die Baumwurzeln dem Boden Wasser auch aus Schichten entziehen, die von den Wurzeln der anderen Pflanzen nicht mehr erreicht werden.

Mit dem größeren Wasserverbrauche steht es auch im Zusammenhang, daß in der Ebene der Grundwasserspiegel im Walde im allgemeinen tiefer steht als im benachbarten Freilande, daß er sich nach Aufforstungen senkt, nach Waldabstockungen hebt, ja daß nach solchen mitunter sogar Versumpfungen eintreten. Insoweit solche Erscheinungen nicht etwa auf Klimaschwankungen zurückzuführen sind, finden sie in obigen Verhältnissen ihre Begründung.

Was die Sickerwasserspeicherung betrifft, so ist sie in der Hauptsache durch die geologischen Verhältnisse bedingt und unabhängig vom Walde, nur begünstigt dieser durch die Bodenlockerung die Ausnützung der unterirdischen Speicherräume. Schotter und Grobsand verschlucken z. B. außerordentlich große Wassermengen, die nach längerer oder kürzerer Zeit, vielleicht erst an weit entfernten Stellen, wieder zutage treten, während fester Untergrund, wie kompakter Lehm, Ton u. dgl., nur wenig Wasser aufnimmt, es aber festhält und nur schwer wieder abgibt. Sogar die schweren Böden der Emmentaler Versuchsgebiete speichern bei besonders ausgiebigen Niederschlägen 60 000 — 80 000 m^3/km^2, entsprechend eine Wasserhöhe von 60 — 80 mm, und zwar die des bewaldeten Sperbelgrabens immer um 10 bis 20 mm mehr als jene des schwach bewaldeten Rappengrabens (42).

Auch die Speicherwirkung des Bodens kommt hauptsächlich bei Beginn des Regens zur Geltung und erschöpft sich je nach den Boden- und Untergrundverhältnissen rascher oder langsamer.

Der Waldboden ist imstande, große Wassermengen aufzunehmen und unterirdisch weiterzuleiten, wo sie viel langsamer abfließen als das Oberflächenwasser. Hauptsächlich hierauf, nicht auf der Retention der Baumkronen beruht die ausgleichende Wirkung des Waldes auf den Abfluß und die Abflachung der Flutwellen.

Durch die erwähnten Umstände, die Verschiedenheiten der Jahresniederschlagsmengen, des Wasserverbrauches der Pflanzendecke, der Bodenneigung usw. erklären sich auch die einander widersprechenden Beobachtungen, nach denen der Wald einmal die Quellbildung begünstigt, ein andermal die Ergiebigkeit der Quellen schmälert.

Im Gebirge ist der Einfluß des Waldes auf die Quellbildung im allgemeinen ein günstiger, und es hat das Speichervermögen des Waldes einen Ausgleich der Quellschüttung zur Folge. Diese nimmt in Zeiten langer Trockenheit nur langsam ab, wird aber auch durch schwächere Regen nicht wesentlich vermehrt, die bei Quellen aus unbewaldeten Sammelgebieten eine rasche Zunahme bewirken. In der Ebene scheint der Wald weniger als alle anderen Kulturarten zur Speisung der Quellen beizutragen.

Die Güte der Quellen ist hauptsächlich von der Bodenform und den Untergrundverhältnissen abhängig und wird im allgemeinen von der Pflanzendecke nur in untergeordnetem Maße beeinflußt.

5. Wasserabfluß.

Soweit das Niederschlagswasser nicht verdunstet oder versikkert, fließt es zunächst über die Lehnen oberflächlich ab. Dieser Abfluß wird durch die Pflanzendecke wesentlich verzögert. Die Verzögerung ist im Walde ausgiebiger als bei den anderen Vegetationsformen, weil der Regen zunächst auf die Baumkronen fällt, von denen er langsam zu Boden gelangt, und weil die Stämme, Stöcke, oberflächlich verlaufenden Wurzeln und die Bodendecke dem Abfluß unzählige Hindernisse entgegenstellen.

Es ergibt sich wohl auch bei den landwirtschaftlichen Kulturen eine solche Verzögerung, jedoch in weit geringerem Maße und nur vor der Ernte. Durch diese werden die Hindernisse, die die Vegetation dem Wasserabfluß entgegenstellt, größtenteils entfernt. Dies verursacht in Gebieten, in denen Bergwiesen große Flächen einnehmen, eine starke Zunahme der Hochwassergefahr nach der Mahd.

Selbst dicht stehendes Gras und Getreide kann übrigens den abfließenden Wassermengen keinen starken Widerstand leisten, im Gegenteile kommt es häufig vor, daß die Halme, durch das Gewicht des anhaftenden Wassers oder durch den Wind niedergedrückt, von dem durch beraste Mulden oder durch Gräben abfließenden Wasser zu Boden gepreßt werden und dann ein äußerst glattes Bett bilden, über welches das Wasser mit großer Geschwindigkeit zu Tal schießt, mitunter auch die Grasnarbe zerstört und den Boden aufreißt.

Das von den Hängen abfließende Wasser gelangt in die Gerinne und wird durch zu Tage tretendes Sicker- und Quellwasser vermehrt.

Bei den vorerwähnten vergleichenden Messungen im Emmentale ergab sich für den Sperbel- und Rappengraben nahezu dasselbe Abflußverhältnis von rund 60 %. Es wird hier der Mehrverbrauch des Waldes an Wasser gegenüber dem Freilande durch die bedeutend geringere Bodenwasserverdunstung wieder ausgeglichen.

Engler stellte für das niederschlagsreiche Gebiet der schweizerischen Voralpen nachstehende Wasserbilanz auf.

Von der rund 1600 mm betragenden Niederschlagsmenge entfallen:

	im Walde	im Freilande
auf den Abfluß	60 %	60 %
auf der Vegetation verdunsten	15 %	10 %
der Wasserverbrauch der Vegetation erfordert	20 %	6 %
auf die Verdunstung des Bodens entfallen .	5 %	24 %
Zusammen .	100 %	100 %

Auf Grund der fortgesetzten, im Gegensatz zu früher auch auf die Wintermonate ausgedehnten Messungen gibt Burger jedoch an, daß die Gesamtabflußmenge im Sperbelgraben um 30 bis 36 mm im Jahre, das wäre also um 5 bis 6 %, kleiner sei als im Rappengraben, und in den Jahren 1927/28 bis 1941/42 wurde nach Burger der Abfluß im Sperbelgraben mit nur 50, im Rappengraben hingegen mit 62 % des Niederschlages festgestellt (42).

Ähnliche Unterschiede ergaben sich bei den Messungen Váleks in zwei einander ähnlichen Wildbachgebieten der Weißen Karpathen, von denen eines 93,23, das zweite nur zu 4,65 % bewaldet ist. Aus dem ersteren flossen in siebenjährigem Durchschnitt 42, aus dem letzteren 49 % des Niederschlages ab und es konnten namentlich nach Sturzregen große Unterschiede der Hochwasserhöhen festgestellt werden (159).

Bei den Emmentaler Messungen ließ sich deutlich erkennen, daß der Feuchtigkeitszustand des Bodens und der Pflanzendecke den Abfluß wesentlich beeinflußt: heftige Niederschläge zu Beginn des Regens verursachten nur ein schwächeres Anschwellen des Abflusses als wenige Stunden später nachfolgende, minder heftige, und derselbe wird minder stark verzögert, wenn das Retentionsvermögen schon großenteils erschöpft ist.

Die Abflußverzögerung ist im bewaldeten Gebiete stärker als im unbewaldeten, doch kommt dieser Unterschied in den schweizerischen Messungsergebnissen wegen der geringen Größe der Versuchsflächen nur schwach zum Ausdruck. Auf größeren Flächen müßte er sich weit schärfer ausprägen.

Bei kurzen, heftigen Gewitterregen und Wolkenbrüchen floß aus dem gut bewaldeten Sperbelgraben ausnahmslos ein bedeutend kleinerer Teil des Niederschlages ab als aus dem schwach bewaldeten Rappengraben und ebenso blieb die Höchstabflußmenge im ersteren weit geringer. Bei solchen Elementarereignissen prägt sich der mäßigende Einfluß des Waldes auf die Hochwässer deutlich aus.

Auch die vorerwähnten Messungen Váleks ergaben nicht nur eine ganz bedeutende Verminderung der Abflußmengen bei

Gußregen durch den Wald gegenüber dem Freilande, sondern auch eine wesentliche Verzögerung der Scheitelung des Abflusses und eine Mäßigung der Wasserstandschwankungen.

Wesentlich anders hingegen verhält sich die Sache bei Landregen und längeren Regenperioden. Hier ist zwar in der Regel das Abflußprozent waldarmer Gebiete ebenfalls größer als das des Waldes, mitunter jedoch kehrt sich dieses Verhältnis um. So erreichte z. B. bei annähernd gleichen Niederschlägen der Höchstabfluß aus dem bewaldeten Sperbelgraben beim Landregen vom 14. bis 15. Juli 1910 53 % der größten halbstündigen Regendichte, jener des schwach bewaldeten Rappengrabens hingegen nur 48 % und auch die Gesamtabflußmenge im Verhältnis zur Regenmenge war im ersteren größer als im letzteren. Dies beweist, daß der Wald unter Umständen sein Retentionsvermögen einbüßt, ja daß aus ihm sogar größere Mengen abfließen können als vom Freilande. Engler führt dies darauf zurück, daß zugleich mit dem Niederschlagswasser auch das im Waldboden gespeicherte Wasser zum Abfluß gelangt, wenn den kritischen Elementarereignissen längere Perioden kühler und feuchter Witterung vorausgegangen sind.

Da die Hochwässer der Flüsse durch Landregen und längere Regenperioden verursacht werden, so folgt aus obigen Beobachtungen, daß der Wald nicht imstande ist, Hochwässer der Flüsse und Ströme zu verhüten oder auch nur unter allen Umständen zu mäßigen. Hieraus erklärt es sich, daß wiederholt auch vorzüglich bewaldete Flußgebiete von furchtbaren Überschwemmungen verheert wurden. Ein Beispiel hiefür aus jüngster Zeit bildet das Hochwasser vom März 1930 im Agoût (89) in Südfrankreich, das trotz der guten Bewaldungsverhältnisse des Gebietes eine bis dahin niemals beobachtete Höhe erreichte, und dessen Maximum sich in Les Pons einstellte, woselbst rund 40 Jahre vorher auf eigens angekauftem Boden umfangreiche Aufforstungen zur Bekämpfung der Hochwassergefahr angelegt und seither sorgfältig erhalten worden waren (292).

Bei Landregen kommt es mitunter auch vor, daß sich die Niederschläge örtlich zu einem äußerst heftigen Wolkenbruch verdichten, der ein beschränktes Gebiet mit enorm großen Wassermengen überschüttet, die vielleicht noch durch das von den Stürmen aus den Baumkronen herabgeschüttelte Wasser vermehrt werden, und dies zu einer Zeit, wenn die Pflanzendecke und der Boden bereits gesättigt sind und kein Wasser mehr aufnehmen können. Der Wald kann dann natürlich auch in kleinen Gebieten das Entstehen exzessiver Hochwässer nicht verhindern. Tatsächlich ist ja auch bei vielen Hochwasserkatastrophen, die sich auf große Gebiete erstrecken, zu beobachten, daß in den Niederschlagszentren Murgänge aus gut bewaldeten Einzugsgebieten abgehen, während außerhalb dieser Zentren die kleinen Wasserläufe verhältnismäßig ruhig bleiben.

Obschon während des Zeitraumes, auf den sich die Veröffentlichungen Englers und Burgers beziehen, katastrophale Niederschläge nicht zu verzeichnen waren, kann trotzdem aus den Messungen im Emmentale ersehen werden, daß sich die Pflanzendecke und der Boden auch im Walde bei sehr ausgiebigen Niederschlägen rasch mit Wasser sättigen und sich ihr Rückhaltevermögen vorzeitig erschöpft. Nach Burger hat dasselbe im Emmentale innerhalb eines Zeitraumes von 24 Jahren bei 23 vergleichbaren Fällen besonders ausgiebiger Landregen dreimal versagt, das ist durchschnittlich einmal in acht Jahren.

Abb. 20. Geschlossener Fichtenbestand. Aufnahme Dr. Hufnagl.

Man kann sich also auf eine ausschlaggebende Retentionswirkung des Waldes nicht verlassen, vielmehr muß man stets mit den ungünstigsten Verhältnissen und auch mit solchen Hochwässern rechnen, die sich in der Regel nur selten, vielleicht in Jahrhunderten nur einmal, einstellen, mitunter aber auch in kurzen Zeitabschnitten im selben Gebiete wiederholen können. Es sei daran erinnert, daß man sich nach der Hochwasserkatastrophe des Jahres 1897 in Oberösterreich damit tröstete, es sei dies eben ein säkulares Ereignis, das sich nicht so bald wiederholen werde, und doch stellte sich dort schon zwei Jahre später, im Jahre 1899, ein noch größeres Hochwasser ein, und der furchtbaren Katastrophe, die im September 1882 Südtirol und Kärnten verheert hatte, folgte dort schon im Oktober desselben Jahres eine zweite und im Jahre 1885 eine dritte.

Unter dem Titel „Wald und Wasserhaushalt" (44) berichtet Burger über Messungsergebnisse, die Bates und Henry in zwei Tälchen des amerikanischen Felsengebirges gewonnen haben. Diese waren bewaldet und völlig gleichartig. Mehrjährige Messungen ergaben bei übereinstimmenden Niederschlägen von durchschnittlich 535 mm nahezu gleich große Abflüsse von 29 %. Während dann ein Gebiet unverändert blieb, wurde das zweite im Jahre

1919 kahl abgetrieben, was zur Folge hatte, das sich in diesem der Abfluß auf 35 °/₀ erhöhte, während er im ersteren gleich blieb (43).

Die vorerwähnten Ergebnisse der Untersuchungen von Chittenden, welche die günstige Wirkung des Waldes auf den Abfluß zu verneinen scheinen, können hier wohl außer Betracht bleiben, weil die Verhältnisse in den Untersuchungsgebieten von jenen in unseren Gegenden wesentlich abweichen.

Zusammenfassend kann man sagen, daß die Retentionswirkung des Waldes wesentlich größer ist als die des Freilandes und daß jener den Wasserablauf wesentlich stärker verzögert als dieses,

Abb. 21. Plenterwald. Aufnahme Dr. Hufnagl.

ferner daß der Wald für gewöhnlich und bei normalen Hochwässern, namentlich im Gebirge, einen sehr günstigen Einfluß auf den Wasserhaushalt ausübt. Diese Wirkung wird auch ziemlich allgemein anerkannt, sie ist aber beschränkt und der Wald kann bei außergewöhnlichen Elementarfällen Hochwasserkatastrophen an Flüssen und Strömen und Überschwemmungen der Talsohle nicht verhüten, ja mit vollkommener Sicherheit kann er auch Wildbachkatastrophen nicht verhindern.

Die Wirkung des Waldes auf den Wasserabfluß und den Wasserhaushalt ist in hohem Maße abhängig von seiner Beschaffenheit, das heißt von der Holzart, der Bestockung, dem Bestandesalter, der Bewirtschaftung und den Wachstumsverhältnissen, die außerordentlich weitreichende Verschiedenheiten bedingen.

Ein gleichaltriger, geschlossener, reiner Fichtenbestand z. B. wird zwar wertvolle, hohe und astreine Bestände hervorbringen, er kann jedoch wasserwirtschaftlich nur eine geringe Wirkung ausüben: die Baumkronen sind hoch angesetzt, verhältnismäßig schwach entwickelt, ein Unterwuchs fehlt und ebenso eine lebende

Bodendecke (Abb. 20). An deren Stelle ist nur tote Nadelstreu vorhanden, die das Eindringen des Wassers in den Boden erschwert und in feuchten, kalten Lagen die Bildung von Rohhumus begünstigt, der die Wasseraufnahmefähigkeit des Bodens noch weiter herabsetzt.

Im Gegensatz hierzu weist der ungleichaltrige Plenterwald tief angesetzte Baumkronen, eine weit herabreichende, kräftige Beastung mit reichlicher Blattentwicklung auf: zwischen den älteren Stämmen gedeiht Jungwuchs und in den Lücken ein Unterwuchs von mitunter staunenswerter Üppigkeit (Abb. 21). Hier wird nicht allein von der Vegetation eine bedeutend größere Regenmenge

Abb. 22. Junge Kultur. Aufnahme Dr. Hufnagl.

aufgefangen, zurückgehalten und verbraucht, sondern es stellen sich auch dem Wasserablauf auf dem Boden unzählige Hindernisse in den Weg und verzögern ihn und vor allem wird die Bildung von normalem Humus begünstigt, der dem Boden einen hohen Grad von Lockerheit und Durchlässigkeit verleiht.

Prof. Engler und Burger weisen nach, daß der Plenterwald die für den Wasserabfluß günstigsten Verhältnisse schafft und daß diese in lichten Altholzbeständen ohne Unterwuchs schon weniger günstig und in reinen, gleichaltrigen Nadelholzbeständen am ungünstigsten sind, und zwar besonders dann, wenn es sich um Aufforstungen auf früherem Weideboden handelt.

Alle Maßnahmen, welche die Bildung und normale Zersetzung des Humus begünstigen, wirken auch vorteilhaft auf den Wasserhaushalt und den Abfluß; hieher gehört auch eine Holzartenmischung. Der richtigen Pflege und Bewirtschaftung der Wälder ist daher eine außerordentlich große Bedeutung für den Wasserhaushalt beizumessen.

Kahlschläge sind sehr nachteilig und es liegt bei ihnen die Gefahr, daß durch unvorsichtige Holzlieferung der Boden verwundet wird, besonders nahe. Auch die Streunutzung, namentlich im Gebirgswalde, wirkt äußerst schädlich.

Gegenüber der Wirkung, die ältere Bestände auf den Abfluß und die Bodenbefestigung ausüben, bleibt jene junger Aufforstungen natürlich wesentlich zurück (Abb. 22). Auf alle diese Verhältnisse wird im achten Abschnitt näher eingegangen.

C. Die Bodenbindung und Geschiebebildung.

Jede geschlossene Pflanzendecke schützt den Boden bis zu einem gewissen Grade vor den Angriffen des Wassers und vor oberflächlicher Abtragung. Bei Überflutungen werden z. B. sehr oft Wege tief ausgekolkt, während die angrenzenden, gleich hoch gelegenen Wiesen und Weideflächen durch die Rasendecke geschützt werden und unbeschädigt bleiben.

Von allen Vegetationsformen übt der Wald die günstigste Wirkung auf die oberflächliche Bindung und Befestigung des Bodens, was auch allgemein anerkannt wird. Der Wald schützt diesen gegen Abschwemmung, erschwert die Verwitterung, bildet einen Schutzwall gegen Steinschläge und kleinere Felsstürze, er verhindert die Bildung von Regenrissen und Runsen und erschwert das Entstehen von Rutschungen; er schützt den Boden gegen die Einwirkungen des Windes, befestigt lockere Böden und bindet Flugsand und Dünen; er verhindert in seinem Bereiche das Abbrechen von Lawinen, ja er kann unter günstigen Verhältnissen sogar von oben kommende Schneerutsche und kleine Lawinen wieder zum Stillstand bringen. Diese Wirkungen des Waldes werden von keiner anderen Vegetationsform erreicht und auf ihnen beruht der Hauptnutzen des Waldes in Bezug auf das Verhalten unserer Gewässer.

Aber auch in dieser Hinsicht werden dem Walde oft genug Wirkungen zugeschrieben, die er nicht ausüben kann, und es sind die Erwartungen und Hoffnungen, die man auf ihn setzt, mitunter übertrieben. Es ist selbstverständlich, daß er Bergstürze, Felsschlipfe und ähnliche Bodenbewegungen, die bei entsprechendem Schichtenbau des Gesteins durch tief greifende Verwitterung oder eine Unterschneidung des Lehnenfußes u. dgl. ausgelöst werden, nicht hintanzuhalten vermag; ebensowenig kann er mächtige Lawinen aufhalten. Wohl aber kann eine geschlossene Pflanzennarbe, und zwar am besten der Wald, das Gestein gegen die Einwirkung der Atmosphärilien und gegen die oberflächliche Verwitterung und den Boden vor Abwaschung schützen.

Diese geht auf nicht felsigen, vegetationslosen oder nur spärlich mit Pflanzen besetzten Hängen rasch vor sich. Schon eine geschlossene Rasendecke wirkt ihr entgegen und wenn auch dem Boden durch die Heuernte der oberirdische Schutz entzogen wird, so bleibt doch das Wurzelgeflecht erhalten. Dieses ist oft sehr dicht, reicht aber nur in eine sehr geringe Tiefe und die Wurzeln bleiben viel kürzer und schwächer als jene der Bäume.

Die Ackerflächen unterliegen der Abschwemmung am meisten: ihr Boden wird immer wieder umgebrochen und ein ausdauerndes Wurzelgeflecht kann sich nicht bilden.

Unter dem Kennworte „Bodenabschwemmungen, eine Weltgefahr" (301) berichtet Stiny, daß z. B. vom Lehmboden eines Roggenfeldes in USA. bei nur 8 % Neigung im Jahre 1931 210 500 kg/ha verlorengingen, was einem Abtrage von etwa 12 cm entspricht. Noch größer, nämlich 15 cm, war der Abtrag von Brachland, während Grasland nur 2200 kg/ha, also wenig mehr als 1 % des Roggenfeldes, verlor. In dem 739 000 ha messenden Norris-Dam-Einzugsgebiet zeigen nach Burger die verschiedenen Kulturarten folgende Flächenanteile mit bemerkenswerter Erosion: landwirtschaftliche Kulturen 24 %, verlassenes Kultur- und Ödland 28 %, Weidegebiet 23 %, Waldgebiet 7 % (43).

Bei den vorerwähnten Untersuchungen Bates und Henrys im amerikanischen Felsengebirge ergab sich, daß der Geschiebeabtrag von der Schlagfläche auf das Sieben- bis Achtfache gegen früher anstieg, während er auf der Vergleichsfläche unverändert blieb.

In diesem Zusammenhange sei auch auf die furchtbaren Staubstürme verwiesen, die infolge der Waldabtriebe und sonstigen Bodenentblößungen in den USA. aufgetreten sind und auch in Mitteleuropa große Schäden verursacht haben.

Im Freilande bilden sich bei starkem Regen oft Runsen und oberflächliche Rutschungen, was im Walde viel seltener und meist nur an Stellen der Fall ist, die durch Windwürfe u. dgl. Bodenverwundungen erlitten haben, wie z. B., wie schon erwähnt, in den Domänen Hohenelbe und Marschendorf.

Dies zeigt, daß die Befürchtung, das in den Waldboden eingedrungene Wasser befördere dessen Neigung zu Rutschungen, im allgemeinen nicht zutrifft. Wie oben angeführt, sind die Waldböden trotz der vermehrten Versickerung im Wurzelraume der Bäume im allgemeinen trockener als die Freilandböden, und die weit ausstreichenden Baumwurzeln können durch ihre Festigkeit in Grenzfällen allenfalls dem Boden noch Halt bieten und das Entstehen von Rutschungen verhüten.

Unter allen Umständen kann allerdings auch der gut geschlossene und vollkommen unversehrte Wald das Entstehen von Abrutschungen nicht verhindern; es kommt vielmehr, besonders auf undurchlässigem Lehmboden, vor, daß sich Rutschungen im Walde bilden, ohne daß der Lehnenfuß angegriffen worden wäre, und es sind viele Fälle bekannt, in denen mitten im geschlossenen Walde durch unterirdische Wässer Rutschungen ausgelöst wurden.

Hieher gehört z. B. die bereits beschriebene Entstehung des Murbruches bei Bruck im Zillertal. Ein weiteres Beispiel ist der 1891 erfolgte Murbruch im Karmelitergraben bei Lienz im Pustertale, wo sich aus dem geschlossenen Walde eine Scholle ablöste und als Mure durch den Graben zu Tal fuhr, diesen tief aufschürfend (s. Abb. 13), die Entstehung mehrerer Erdschlipfe in den Wäldern des Zillertales bei der Hochwasserkatastrophe des Jahres 1908 (295), die 1930 entstandene Rutschung am Stoß im Widenbache an der Grenze der Kantone Appenzell-Außerrhoden und St. Gallen und die Abrutschung einer

Abb. 23. Rotmoosgraben bei Lungern, Kanton Obwalden; in Rutschung befindliche Waldpartie. (Aus „Geologie und Bauwesen“, 1932. Heft 2.)

sanft geneigten Waldpartie im Rotmoosgraben, einem Seitenarm der Laui im Kanton Obwalden (Abb. 23).

Auf geologische Ursachen zurückzuführende Bodenbewegungen vermag auch der beste Wald nicht hintanzuhalten. Noch weniger können bereits entstandene derartige Bodenbewegungen durch Aufforstungen allein wieder zur Ruhe gebracht werden; ebensowenig kann der Wald Schutz gegen Uferangriffe durch rasch strömendes Wasser bieten.

Die einzelnen Holzarten wirken in Bezug auf die Bodenbindung sehr verschieden; flachwurzelige Bäume vermögen dem Boden natürlich nur weniger Halt zu bieten als solche mit tief reichender Pfahlwurzel; auch die horizontale Ausbreitung des Wurzelgeflechtes ist von großer Bedeutung. Es ist ja bekannt, wie klein und flach z. B. die Wurzelteller selbst hoher Fichten in geschlossenen Beständen sind, während im freien Stand erwachsene Stämme durch weit ausstreichende Wurzeln fest im Boden verankert sind. Die flachwurzelnde Fichte gibt natürlich dem Boden weniger Halt als tiefer wurzelnde Tannen, Föhren, Zirben oder Lärchen.

Wenn von Carnia, Italien, berichtet wird, daß dort im Walde öfter Rutschungen auftreten als im Freilande (190), so ist dies wohl meist auf eine Bestockung mit zu seicht wurzelnden Baumarten oder eine nicht entsprechende Waldbehandlung zurückzuführen.

Von den bei uns heimischen Laubbäumen bildet besonders die Eiche eine starke Pfahlwurzel; eine kräftige Bewurzelung weisen die Buche und die Robinie auf, und auch die Weißerle und Pappeln bilden weit ausstreichende Wurzeln.

Die Wirkung der Aufforstungen auf die Bodenbindung kann sich, ähnlich wie jene auf den Wasserabfluß, erst nach ihrer Erstarkung geltend machen. Es braucht viele Jahre, bis sich das Kronendach schließt und die Wurzeln soweit erstarkt sind, daß sie den Boden festigen können, noch viel länger aber, bis sich die Bodenverhältnisse entsprechend gebessert haben. Burger hat nachgewiesen, daß Weideböden 50 bis 70 Jahre nach ihrer Aufforstung die Lockerheit und Durchlässigkeit der Waldböden noch nicht erreicht haben.

Verhältnismäßig rasch kann eine oberflächliche Bindung der Rutsch- und Bruchflächen erzielt werden durch Anpflanzung von Schutzholzarten, wie Erlen, Pappeln, Weiden, Robinien u. dgl., die raschwüchsig sind und unter günstigen Umständen schon innerhalb weniger Jahre dem Boden einen oberflächlichen Schutz zu bieten vermögen. Noch viel rascher ist ein solcher Schutz durch Berasung zu erzielen, weil sich die Grasnarbe rasch schließt. Diese erreicht aber auch nicht annähernd jenes Maß von bodenbindender Kraft, welches der Wald, wenn er einmal erstarkt ist, entwickelt. Kann dieser auch keine unbedingte Sicherheit gegen Bodenbewegungen und Geschiebebildung gewähren, so sehen wir doch in ihm bei richtiger Bewirtschaftung und Pflege den besten Schutz für den Boden und ebenso in den Aufforstungen das beste Mittel, um in Verbindung mit den notwendigen Verbauungen eine Beruhigung der Wildbäche zu erzielen.

In dieser Hinsicht muß auf die in Frankreich gemachten Erfahrungen verwiesen werden, die schon frühzeitig dazu führten, den Aufforstungen auf Kosten der früher vielfach bevorzugten Berasungen einen größeren Umfang zu geben.

Noch wichtiger und erfolgversprechender als neue Aufforstungen ist aber eine gute Pflege der bestehenden Wälder. Es unterliegt keinem Zweifel, daß durch unvorsichtige und übermäßige Abholzungen viel mehr Schaden angerichtet, als durch Aufforstungen wieder gut gemacht werden kann. Daß die Erhaltung und Verbesserung des bestehenden Alpwaldes wichtiger ist als die Aufforstungen, die sich meist nur auf vereinzelte Flächen der Wildbachgebiete erstrecken können, wurde auch schon wiederholt anerkannt. Aber auch die entsprechende pflegliche Bewirtschaftung der landwirtschaftlichen Grundstücke ist von größter Wichtigkeit für die behandelten Fragen.

Weitere Quellenangaben: 38, 45, 61, 62, 63, 85, 86, 101, 123, 125, 134, 142, 143, 170, 171, 197, 209, 233, 247, 252, 255, 257, 316, 319, 320, 337.

Sechster Abschnitt.

Methoden der Wildbachbekämpfung.

Da die von den Wildbächen verursachten Schäden zurückzuführen sind einerseits auf ein übermäßiges Anschwellen der Wassermenge und anderseits auf das von dieser mitgeführte Geschiebe, so können die Maßnahmen zu ihrer Unschädlichmachung sowohl eine Verminderung der Wassermenge als eine Bekämpfung der Geschiebeführung sowie endlich die unschädliche Abführung der Hochwässer zum Ziele haben. Die Maßnahmen zur Erfüllung der beiden letztgenannten Aufgaben greifen ineinander über und werden daher im folgenden unter der Bezeichnung „Verbauungsgrundsätze und -systeme“ zusammen behandelt.

A. Verminderung der Hochwassermenge.

Die Niederschlagsmengen können durch Eingriffe des Menschen nicht merklich beeinflußt werden, wohl aber können die Abflußverhältnisse wesentlich geändert werden. Zwecks Verminderung der Hochwassermenge kommen nachstehende Maßnahmen in Betracht:

1. Die Ausnutzung des Speichervermögens natürlicher Seen.
2. Die Drosselung der Wasserzufuhr aus den Quellgebieten durch künstliche Flutspeicherbecken.
3. Vorkehrungen zur Verhütung von Seeausbrüchen u. dgl.
4. Die Ableitung von Zuflüssen zwecks Umgehung gefährdeter Stellen des Bachlaufes oder in ein benachbartes Gerinne.
5. Die Auffangung des Niederschlagswassers in Versickerungsgräben.
6. Maßnahmen zur Verhütung von Überschwemmungen in Karsttälern.
7. Kulturelle Maßnahmen zur Erhöhung der Retention der Pflanzennarbe und des Bodens und zur Verzögerung und Ausgleichung des Wasserabflusses. Bezüglich dieser wird auf die Abschnitte V und VIII über den Einfluß der Vegetationsdecke und die wirtschaftlichen Maßnahmen verwiesen.

Zum Zwecke der Beschränkung der Hochwasserschäden ist es ferner notwendig, alles zu vermeiden, was eine Erhöhung der Hochwassergefahr herbeiführen kann, das sind: die unvorsichtige Bewirtschaftung des Bodens, besonders die unpflegliche Behandlung der Wälder, die Auflassung von natürlichen und künstlichen

Wasserspeichern und die unzweckmäßige Bedienung derselben, die zu sehr konzentrierte Abführung der Hochwässer, die Vernachlässigung von Entwässerungsanlagen, die Zuleitung von Fremdwasser ins Bachbett u. dgl.

1. Ausnützung der Seeretention.

Schon die normale Seeretention wirkt mäßigend auf die Hochwässer. Einer Eingabe des schweizerischen Wasserwirtschaftsverbandes ist z. B. zu entnehmen, daß der Klöntaler See im Kanton Glarus beim Hochwasser vom 13. bis 15. Juni 1910 die 90 m^3/sek betragende Zuflußmenge zum Teil zurückgehalten und den Abfluß derart vermindert habe, daß das Tal vor einem katastrophalen Hochwasser bewahrt wurde (281). Ebenso wurde die Hochwassermenge des Jahres 1899, die beim Einflusse der Traun in den gleichnamigen See 1437 m^3/sek betrug, durch die Aufspeicherung von 100 600 000 m^3 auf 1057 m^3/sek beim Ausflusse aus dem See, sohin um 26,4 %, vermindert und außerdem der Hochwasserscheitel der Traun um 32 Stunden verzögert (162).

Bei diesem Hochwasser hat sich allerdings der Spiegel des Traunsees auf einen Pegelstand von 3,87 m gehoben und es wurden die tiefer gelegenen Stadtteile von Gmunden überflutet. Eine solche Überflutung ließe sich, wie Klunzinger und Oelwein nachgewiesen haben, ohne Beeinträchtigung der Retention und ohne Seeabsenkung unter den Pegel-Nullpunkt durch Erbauung und entsprechende Bedienung eines Schleusenwehres am Seeausflusse verhüten, nur würde in diesem Falle der Höchststand des Abflusses wesentlich früher eintreten. Der betreffende Plan kam jedoch bisher nicht zur Ausführung.

Die Idee, das Speichervermögen der Seen durch künstliche Anlagen besser auszunützen, liegt nahe. Als Beispiel für ihre Verwirklichung sei der Umbau der alten, für Triftzwecke nicht mehr benötigten Klause am Ausfluß des Vorderen Langbathsees im Salzkammergut erwähnt. Um den dort nutzbaren Speicherraum von 1 000 000 m^3 für den Hochwasserrückstau auszunützen, wurden zwei je 4 m weite Durchlässe in möglichst tiefer Lage im Klauskörper so ausgestaltet, daß normale Hochwässer ohne Stauung abfließen können, außerordentliche Hochwässer aber gedrosselt werden. Die Anlage kann bei der geringen Größe des Speicherraumes ihre Wirkung hauptsächlich bei besonders heftigem Sturzregen entfalten und ist imstande, bei einem innerhalb von zwei Stunden fallenden Niederschlag von 120 mm, dem eine Wasserspende von 168 m^3/sek entspricht, den Seeabfluß auf ungefähr 32 m^3 in der Sekunde zu drosseln.

2. Künstliche Flutspeicherwerke.

Ein äußerst wirksames Mittel zur Hochwassermäßigung ist die Anlage von künstlichen Staubecken oder Stauweihern.

Bei der Regulierung des Wienflusses wurden seitlich des neuen Gerinnes mehrere, durch Überfälle voneinander getrennte Speicherbecken angelegt (176, 225). Dieselben werden für gewöhnlich leer gehalten. Das Hochwasser gelangt zunächst in ein zur Zurückhaltung von Geschiebe und Treibzeug bestimmtes Vorbecken, in dem eine Verteilung der Wassermenge erfolgt: ein für den Unterlauf unschädliches Maß fließt durch das Wienbett unmittelbar und rasch ab, der Überschuß muß die Speicherbecken passieren, die 37 ha Fläche umfassen und einen Fassungsraum von 1 600 000 m^3 besitzen. Sie sind imstande, einen Hochwasserüberschuß von 210 m^3/sek durch zwei Stunden aufzunehmen, was bei dem wildbachartigen Charakter des Wienflusses, dessen gefährliche Anschwellungen durch kurze Starkregen verursacht werden, ausreichend erscheint. Die Entleerung der Becken erfolgt langsam durch offene Durchlässe, also selbsttätig in den Wienfluß.

In ähnlicher Weise wurden für die Gailregulierung in Kärnten seitlich des Flußbettes 29 Flutbecken vorgesehen, in welche das Hochwasser überfällt. Nach dessen Ablauf werden diese Bekken durch verschließbare Ablässe entleert. Modellversuche und Berechnungen ergaben, daß durch diese Becken die Hochwassermenge von 1760 auf rund 1100 m^3/sek vermindert wird (278).

Solche seitliche Becken können nur geringe Tiefen erhalten, erfordern daher, um wirksam zu sein, große Flächen, die aber in beschränktem Maße landwirtschaftlich genutzt werden können, weil sie ja nur bei außergewöhnlichen, also selten eintretenden Elementarfällen, überflutet werden.

Abweichend von diesem System sperren die Staumauern günstig gestaltete natürliche Becken ab. Zu diesem Zwecke eignen sich enge Felsschluchten, hinter denen sich weite, mit geringem Gefälle ausgestattete Stauräume finden. Der Abfluß aus ihnen wird auf ein für den Unterlauf unschädliches Maß gedrosselt und erfolgt allmählich, und zwar bei größeren Anlagen womöglich durch seitlich des Bauwerkes in Fels gesprengte Stollen. Die Anlage solcher Becken und Stauweiher übt einschneidende Wirkungen auf die Geschiebeabfuhr aus, die bei der Planung nicht unbeachtet bleiben dürfen.

Die Stauweiheranlagen beeinflussen nur den Wasserstand unterhalb der Baustelle. Eingeschränkt wird ihre Wirkung durch die Hochwässer der weiter unten einmündenden Zubringer, und dies um so mehr, je größer deren Gebiet im Verhältnisse zum Einzugsgebiet des Stauweihers ist.

Wenn in diesen geschiebeführende Bäche einmünden, liegt die Gefahr einer raschen Erschöpfung des Fassungsraumes vor, die sich durch Spülungen nur sehr selten aufhalten läßt.

Die meisten Stauweiheranlagen dienen der Kraftgewinnung, sind daher zur Aufspeicherung des Wassers für die Zeit der Niederwässer bestimmt, zu welchem Zwecke die Becken tunlichst voll gehalten werden, während der Hochwasserschutz aufnahmefähige, also tunlichst leere Becken erfordern würde. Bei manchen Stauweihern ist die Freihaltung eines Schutzraumes zur Aufnahme der Hochwässer vorgesehen. Sie dienen daher beiden Zwecken, deren Erfüllung durch entsprechende Betriebspläne gesichert wird.

Zum Zwecke des Hochwasserschutzes erbaut wurden z. B. auf Grund des preußischen Hochwasserschutzgesetzes die großen Talsperren am Bober, am Queiß und am Katzbache in Preußisch-Schlesien.

Zur Anlage von Stauweihern geeignete Stellen finden sich im Hügellande öfters, im Hochgebirge aber nur äußerst selten.

Als Beispiel für eine im Hochgebirge errichtete Hochwasserschutzsperre sei die Staumauer am Oberlaufe der Albigna in Bergell, Kanton Graubünden, genannt (291). Sie besitzt eine aufgehende Höhe von 18,5 m und sperrt ein weites, flaches Becken mit einem Fassungsraum von 2 900 000 m³ ab. Aus diesem findet der Abfluß in Hinkunft durch einen 157 m langen Stollen statt und wird auf 11 m³/sek gedrosselt, während das verheerende Hochwasser vom 25. September 1927 128 m³/sek führte.

3. Vorkehrungen gegen Seeausbrüche.

Zu den Vorkehrungen, die eine Mäßigung der Hochfluten zum Ziele haben, gehören auch die Maßnahmen a) zur Unschädlichmachung und b) zur Verhütung von Seeausbrüchen. Sie betreffen hauptsächlich Gletscherseen.

a) Unschädlichmachung von Seeausbrüchen.

Diese kann bei entsprechenden Geländeverhältnissen durch die Wiederaufstauung der ausgebrochenen Wassermassen mittels Stausperren erreicht werden.

Der älteste, einem solchen Zwecke dienende Bau, von dem wir Kunde haben, ist die am Agglsboden westlich Sterzing erbaute Wasserstube (250, 251, 253), die schon 1745 bestand und die Aufgabe hatte, die von Ausbrüchen des Eissees am Übeltalferner herstammenden Wassermengen neuerdings zu stauen. Sie wurde 1879—1881 erneuert, ist aber derzeit überflüssig, weil durch den seither eingetretenen Gletscherrückgang die Neubildung des Eissees vorläufig unmöglich geworden ist.

Ein anderes Beispiel ist der Staudamm am Zufallboden im Martelltale in Südtirol, der in den Jahren 1891 bis 1892 errichtet wurde, um Ausbrüche des dortigen Eissees unschädlich zu machen (205, 325). Solche verheerten das Tal in den Jahren 1888, 1889 und 1891. Die Wassermasse des letzterwähnten wurde auf 650 000 m³ berechnet. Die Stausperre schließt etwa 1,5 km talauswärts vom Gletschertor die Schlucht unterhalb des Zufallbodens ab, der in 2300 m Seehöhe ein geeignetes Staubecken bildet, und quert als trockener Mauerdamm den Talboden. Ihre Kronenlänge erreicht insgesamt 332 m, die Höhe über der tiefsten Stelle der Schlucht 15 m und der Fassungsraum 720 000 m^3. Für den Wasserablauf wurde ein Stollen ausgesprengt, dessen Querschnittsfläche 7 m^2 beträgt. Unter der Voraussetzung, daß die ausbrechende Wassermenge jene des Jahres 1891 nicht übersteigt, gestattet er einen Höchstabfluß von 66 m^3/sek, der für die untere Bachstrecke erträglich ist. Ein schwacher Ausbruch im Jahre 1896 wurde durch diese Sperre unschädlich gemacht. Da der Gletscher mittlerweile stark zurückgegangen ist, hat sich der Eissee seither nicht wieder gebildet.

Die Erbauung solcher Staumauern ist zweifellos ein vorzügliches Mittel zur Unschädlichmachung von Ausbrüchen; sie setzt ein ausreichend großes Staubecken und ein geeignetes Felsprofil zur sicheren Abschließung desselben voraus. Diese Bedingungen sind aber um so weniger leicht erfüllt, je größer die gestaute Wassermenge ist. Während der Inhalt des Marteller Eissees nur 650 000 m^3 betrug, steigt er bei anderen auf eine wesentlich größere Höhe an; bei dem vorerwähnten Stausee hinter dem Gétrozgletscher im Val de Bagne z. B. auf 30 000 000 m^3, und noch weit größere Wassermassen brachen aus den Eisseen im Pamir und in den Anden verheerend aus.

b) *Verhütung von Seeausbrüchen.*

Schon vor Jahrhunderten hat man auf Mittel und Wege gesonnen, um eine Seebildung durch Gletscher zu verhindern oder das gestaute Wasser unschädlich abzuleiten. Zu diesem Zwecke wurden im Laufe der Zeit die verschiedensten, zum Teil grotesk anmutenden Vorschläge gemacht, von denen hier aber nur solche besprochen werden sollen, die ausgeführt wurden oder ausführbar erscheinen.

Hier ist in erster Linie zu nennen die Herstellung von Stollen, die den Wasserabfluß aus dem Staubecken unabhängig vom Gletscher ermöglichen. Zum ersten Male dürfte ein derartiger Vorschlag wohl nach den verhängnisvollen Ausbrüchen des Rutorsees im Tale der Dora Baltea 1594 und 1595 gemacht worden sein (23). Er kam aber wegen der hohen Kosten ebensowenig zur Ausführung wie die 1680 und 1770 gemachten Vorschläge zur Ableitung des Rofner Eissees im Ötztale, die Zwerchwand mittels eines Stollens zu durchbohren. Wohl aber wurde ein derartiger Stollen zur Ableitung des schon erwähnten Märjelensees in den Jahren 1889 bis 1894 ausgeführt und dadurch dessen Stauraum von 10 000 000 auf 6 500 000 m^3 vermindert. Wegen des seither eingetretenen Gletscherrückganges hat er bisher nur einmal, im Jahre 1896, während sechs Wochen seiner Bestimmung gedient (202, 259).

Durch einen ähnlichen Stollenbau wurde auch eine Spiegelabsenkung des bereits erwähnten Kratersees von Kloët auf Java erzielt, so daß dessen Wiederauffüllung nicht mehr möglich ist (344).

Mit den heutigen Hilfsmitteln wäre natürlich auch in vielen anderen Fällen eine allmähliche Wasserableitung aus Stauseen leicht durchführbar, nur besteht bei manchen Eisseen die Schwierigkeit darin, daß die Breite der stauenden Gletscherzunge wechselt. Die Wahl der Stellen für die Stollenmündungen bedarf daher sorgfältigster Überlegung. Es sei hier nur an den Vernagtferner erinnert, dessen Zunge sich im Jahre 1848 im Haupttal tal-ein- und -auswärts bis auf 1200 m verbreiterte, so daß sie die Form eines an einem Stiel sitzenden Hammers annahm (79).

Zu den interessantesten Arbeiten, die den Zweck haben, die Bildung von Stauseen zu verhindern bzw. die gestauten Wässer unschädlich abzuleiten, gehören die von Ing. Venetz im Wallis durchgeführten. Sie begannen im Jahre 1818 mit der Anlage eines Stollens durch die Zunge des Gétrozgletschers zwecks Entleerung des Stausees, die aber mit einer Ausbruchskatastrophe endete. In den Jahren 1822 bis 1824 trachtete Venetz mit Erfolg, eine neuerliche Seebildung dadurch zu verhüten, daß er Wasser auf die Eisbarre leitete und sie dadurch zerstörte. Später baute er dortselbst mehrere Grundschwellen und erzielte damit eine derartige Verbreiterung des Wasserspiegels der Drance, daß das Eis diesen nicht mehr frei überwölben konnte, ständig mit dem Wasser in Berührung blieb, partienweise abbrach und vom Bach weggeführt wurde. Tatsächlich gelang es durch diese Arbeiten, die Wiederbildung des Eisdammes (es handelte sich um einen regenerierten Gletscher) zu verhindern (51, 117. 250, 251).

Im Jahre 1681 wurde ein Abzugsgraben über den das Rofental absperrenden Vernagtferner im Ötztal ausgehackt und der Seespiegel um 8 m gesenkt, doch war damals das Ende des Gletschervorstoßes, der in den drei vorausgegangenen Jahren zu verheerenden Seeausbrüchen Anlaß gegeben hatte, schon erreicht und der Eisdamm bereits stark geschwunden. Während der Vorstöße aber, bei denen das Zungenende mit unerhörter Geschwindigkeit (1848 bis zu 12 m im Tage!) vorrückte und seine Zunge nicht einmal betreten werden konnte, wäre die Ausführung ähnlicher Arbeiten vollkommen ausgeschlossen gewesen (79).

Ob die hier angewendeten Mittel in ähnlichen Fällen zum Ziele führen, kann natürlich nur von Fall zu Fall beurteilt werden.

Bei den weiteren Vorstößen des Vernagtferners wurden dortselbst keinerlei Arbeiten ausgeführt, doch ordnete die Regierung schon im Jahre 1771 an, Schutzvorkehrungen längs der Ötztaler Ache zu treffen, deren Bett zu vertiefen, die Uferschutzbauten an derselben zu erhöhen und zu verstärken, niedrige Brücken zu heben oder abzutragen und das Nachbargelände tunlichst freizulegen. Durch diese Maßnahmen wurde auch tatsächlich insoferne ein Erfolg erzielt, als die Schäden auf ein kleines Maß eingeschränkt wurden (250).

Zu erwähnen sind auch noch die von 1897 bis 1908 am Crètesèche-Gletscher im Wallis ausgeführten Arbeiten. Sie bestehen in der Herstellung eines Einschnittes in einen Wall vor dem Gletscherende. Derselbe war gebildet aus der Stirnmoräne und den durch sie vor dem Abschmelzen bewahrten Eismassen. Hinter ihm hatten sich die Schmelzwasser gestaut und waren wiederholt verheerend ausgebrochen (68).

Die furchtbare Katastrophe, der, wie schon erwähnt, das Bad von St. Gervais zum Opfer gefallen war, gab Veranlassung zur Ausführung von Arbeiten, um sich gegen einen neuerlichen Ausbruch einer intraglazialen Wasserstube aus dem Gletscher an der Tête Rousse zu schützen. Sie bestanden in der Herstellung eines Stollens, der einen Felsgrat durchfährt und unter dem Eise fortgesetzt wurde. Bei den 1898/99 ausgeführten Arbeiten wurde keine Wasseransammlung erschlossen, bei ihrer Fortsetzung im Jahre 1904 aber der unschädliche Abfluß einer solchen erzielt. Ihr Inhalt betrug 18 000 m^3, der Abfluß vollzog sich innerhalb von $2^1/_2$ Stunden (96, 325).

Die Ableitung intraglazialer Wasseransammlungen setzt natürlich voraus, daß man auf ihr Vorhandensein sicher schließen kann. Sie ist nur durchzuführen, wenn es sich um eine nicht anderweitig leichter zu erreichende Sicherung wertvoller Liegenschaften oder um den Schutz von Menschenleben handelt, und wenn der weitere Abfluß der erschlossenen Wässer gefahrlos erfolgen kann. Jedenfalls ist bei der Ausführung solcher Stollenbauten die größte Vorsicht nötig, um die dabei beschäftigten Arbeiter nicht zu gefährden.

Die Maßnahmen, die zur Verhütung des Ausbruches von anderen als Eisseen getroffen werden können, beschränken sich — soweit nicht etwa die künstliche Entleerung in Betracht kommt — auf die sorgfältige Instandhaltung des natürlichen oder künstlichen Abschlußdammes und der Ausflußöffnung, welch letztere so beschaffen sein muß, daß sie auch die größten Hochwässer zu fassen und sicher abzuleiten vermag. Bei künstlichen Aufstauungen ist auf ihre peinlich genaue Instandhaltung und die sorgfältigste Überwachung Gewicht zu legen. Sind diese nicht dauernd gewährleistet, so ist von der Errichtung des betreffenden Stauwerkes besser abzusehen, ein etwa schon bestehendes Stauwerk aber abzutragen oder das Staubecken zu entleeren. Diesbezüglich ist namentlich auf die nicht mehr in Benützung stehenden Triftklausen das Augenmerk zu richten, bei denen die Gefahr einer Verlegung der Tore bei Hochwasser besteht, was eine unbeabsichtigte Spannung der Klause herbeiführen kann.

Stauungen, deren Durchbruch in Wildbächen häufig große, aber rasch verlaufende Hochwasserwellen verursacht, können entstehen durch Materialabbrüche, Lawinenstürze, Verklausung von Wildholz u. dgl. Zur Abwendung dieser Gefahr sind die Ursachen von Stauungen tunlichst zu beseitigen. Die von solchen Verklausungen bedingten Gefahren sind um so größer, je größer die Wassermasse ist, die sich dahinter ansammeln kann; sie nimmt daher mit zunehmender Steilheit der Bachbetten ab.

Unter Umständen wird die Festsetzung solcher Materialmengen, namentlich von Holz, durch die Beschaffenheit des Bachbettes begünstigt; in diesem Falle können vorsichtige Räumungsarbeiten und Bachbettverbreiterungen von Nutzen sein.

4. Bachableitungen und Entlastungsgerinne.

Ein zuweilen anwendbares Mittel zur Verringerung der in einer bestimmten Bachstrecke abfließenden Hochwassermenge ist die vollständige oder teilweise Abfangung der zufließenden Wässer und ihre Ableitung in ein anderes Gerinne.

Eine solche Ableitung kommt einer Verkleinerung des Einzugsgebietes gleich und ist um so wirksamer, je größer das Verhältnis der abgeleiteten zur belassenen Wassermenge ist. Ihr Zweck kann entweder die Bekämpfung der weiteren Einwühlung oder die Begünstigung der Sohlenhebung sein. Letzteren Falles kann die Sohle nach entsprechender Hebung befestigt, und es können hierauf die abgeleiteten Wässer ohne Gefahr wieder in ihr altes Gerinne zurückgeleitet werden. Hier handelt es sich also nur um eine vorübergehende Ableitung während der Übergangszeit; in den anderen Fällen ist die Ableitung eine endgültige. Voraussetzung ist natürlich, daß diese ohne Gefährdung für das nun in höherem Maße in Anspruch genommene neue Gerinne erfolgen könne und dieses nicht etwa in erhöhte Erosionsgefahr gebracht werde.

Derartige Arbeiten wurden wiederholt mit Erfolg ausgeführt, so z. B. im Wiednerbach im Bregenzer Walde, in der Nolla (68) und an der Rabiusa bei Chur (176).

Daß bei der Ausführung von Entwässerungsarbeiten mitunter ebenfalls Wasser aus einer Mulde in das Gebiet eines anderen Grabens geleitet wird, bedarf keiner besonderen Erwähnung.

Kann einem Gerinne, das durch eine Ortschaft führt, wegen der Nähe der Häuser oder wegen anderer Umstände nicht die nötige Größe zur Abfuhr der zu erwartenden Hochwassermenge gegeben werden, so kann man die Wassermenge durch Teilung des Wasserlaufes verringern. Zu diesem Zwecke zweigt man oberhalb der Ortschaft ein Entlastungsgerinne vom Bachbett ab, welches um die kritische Stelle herumführt und erst unterhalb dieser wieder in das Hauptbett mündet. Diese Entlastungsgerinne legt man so an, daß sie erst in Tätigkeit treten, wenn der Wasserstand eine gewisse Höhe übersteigt. Dies ist in einfacher Weise dann gewährleistet, wenn ihre Einlaufschwelle höher liegt als die Sohle des

Hauptgerinnes. Um die Entlastung des letzteren möglichst ausgiebig zu gestalten, gibt man den Einlauföffnungen eine tunlichst große Weite und kann sie außerdem mit einem Überfall verbinden. Die Einlauföffnungen werden nicht abgeschlossen, damit sie ohne Bedienung den Wasserüberschuß aufnehmen können. In Bächen mit starker Geschiebeführung ist eine solche Wasserteilung aber deshalb bedenklich, weil sie ohne Verminderung der Schleppkraft kaum möglich ist und daher Anlaß zu Geschiebeablagerungen im Hauptgerinne geben kann.

5. Versickerungsgräben.

Zur Verhinderung der oberflächlichen Abwaschung und Zerfurchung der Hänge haben schon 1847 der französische Wasserbautechniker Polonceau und später der Florentiner Ingenieur Duranti die Anlage von waagrechten, blinden Versickerungsgräben empfohlen, wie solche im Orient und unter dem Namen girapoggi in Italien seit langer Zeit in Gebrauch sind und in trockenen Gegenden auch die Vegetation begünstigen (26, 100). Auch in Deutschland und in den Vereinigten Staaten Amerikas haben sie unter Umständen gute Dienste geleistet.

In den Achtzigerjahren haben der Tiroler Ingenieur Geppert, Anderlind und Prof. Breitenlohner die Ausführung solcher Stückgräben auf Lehnen, namentlich auf Weide- und Kahlflächen oberhalb der Waldgrenze, empfohlen, um das Regenwasser aufzufangen, zur Versickerung zu bringen und seinen Abfluß zu verzögern. Diese Gräben sollten je nach der Hangneigung in Abständen von 3 bis 10 m schachbrettartig angeordnet werden und im Mittel 0,5 m Weite und 0,25 m Tiefe erhalten. Der Aushub sollte talseits dammartig aufgeworfen werden.

Abgesehen von der Entwertung der von solchen Gräben durchzogenen Flächen, der Erschwerung der Viehweide und der teuren Erhaltung der Gräben begegnet die Anwendung dieses Mittels deshalb schweren Bedenken, weil durch die Versickerung der Boden aufgeweicht und die Gefahr des Entstehens von Abrutschungen und Anrissen vergrößert wird, welche Befürchtungen sich auch tatsächlich als begründet erwiesen haben (88).

Eine andere Art von Versickerungsgräben wurde im Projekte für die Verbauung des Kesselbodenbaches im Bezirk Kufstein vorgeschlagen, doch ist die Verbauung dieses Wildbaches bisher unterblieben. Derselbe führt hauptsächlich Witterschutt aus dolomitischem Kalk und seine normalen Hochwässer versickern gänzlich auf dem Schwemmkegel, so daß an dessen Fuß und auf dem anschließenden Talboden überhaupt kein Gerinne vorhanden ist. Für außergewöhnlich große Hochwässer genügt aber das Schluckvermögen des Bachbettes nicht und es entstehen Schäden. Es wurde nun vorgeschlagen, zunächst versuchsweise dem Bach, der vorher durch Sperrenbauten vom Geschiebe entlastet werden soll, eine größere Versickerungsfläche anzuweisen, indem, auf dem Schwemmkegel von seinem Gerinne rechts und links abzweigend, waagrecht verlaufende, blinde Gräben angelegt werden, in die das Hochwasser eintreten und wo es dann versickern kann.

6. Vorkehrungen in Karstbächen.

Auf die Wasserstandsverhältnisse haben auch die Arbeiten großen Einfluß, die in einigen Karstbächen zur Ausführung gebracht wurden. Diese Bäche führen wenig Geschiebe und sind dadurch charakterisiert, daß sie streckenweise in unterirdischen Höhlen, Gängen und Spalten verlaufen. Tritt in diesen Bächen Hochwasser ein, so reicht die Schluckfähigkeit der Einlauföffnungen oder das Profil unterirdischer Engstellen häufig nicht mehr aus, oder es steigt gar aus den Einlauföffnungen Wasser empor und überflutet die Sohle der Kesseltäler. Die allenfalls nötige Einschränkung der Geschiebebildung in diesen Bächen erfolgt in der gewöhnlichen Weise. Um Überflutungen hintanzuhalten, sind die engsten Stellen der Naturschächte und Gänge zu erweitern, nötigenfalls von Geschiebe, eingeschwemmten Hölzern u. dgl. zu räumen, verlegte Einlauföffnungen freizulegen und durch Rechen vor neuerlicher Verlegung zu schützen bzw. Einfallschächte (Katavotrons) zu erstellen.

Solche Arbeiten können aber insoferne zu Mißerfolgen führen. als sie auch das Hochsteigen des Wassers aus dem Höhlenfluß begünstigen und weil die beschleunigte Hochwasserabfuhr zwar wohl das eine Tal schützt, aber für das nächste Tal von schädlichen Folgen sein kann.

Schrifttum: 6, 135, 174, 176, 207, 236, 261, 310.

B. Verbauungsgrundsätze und -systeme.

Um der fortschreitenden Hebung der Flußsohlen Schranken zu setzen, stehen uns drei Mittel zu Gebote, nämlich Baggerungen. Arbeiten zur Vermehrung der Schleppkraft und endlich Maßnahmen zur Herabminderung der Geschiebezufuhr.

Baggerungen leisten unter Umständen vorzügliche Dienste, erfordern aber einen bedeutenden Kostenaufwand und große Ablagerungsplätze für das Baggergut. Trotzdem bleiben sie häufig eine Sisyphusarbeit, weil der ausgehobene Raum in der Regel durch das nachrückende Geschiebe bald wieder angefüllt wird.

Die Arbeiten zur Vermehrung der Schleppkraft umfassen Konzentrationsbauten, Gefällsvermehrung durch Abschneidung von Flußkrümmungen u. dgl. Wenn sie ausreichen, um in der regulierten Flußstrecke weitere Geschiebeablagerungen zu verhindern, so sind sie doch mit dem Übelstande verbunden, daß sie das Material der flußabwärts anschließenden Strecke zuschieben, wo es vielleicht neuerlich Anlaß zu Sohlenhebungen und Flußverwilderungen gibt. Sie verlegen daher häufig das Übel nur von einer Stelle an eine andere, ohne eine gründliche Abhilfe bieten zu können.

Es bleibt daher als bestes Mittel zur Verhinderung der Sohlenhebungen und anderer Wildbachschäden in der Regel nur übrig, zu trachten, die Geschiebezufuhr von oben nach Tunlichkeit einzuschränken, damit die Ursache des Übels gründlich zu beheben und so auch die Vermurungsgefahr zu beseitigen.

Abgesehen von der vergleichsweise geringen Geschiebemenge, welche die Flüsse etwa Uferanbrüchen entnehmen oder durch örtliche Sohlenvertiefung in Bewegung setzen, stammt das Geschiebe der Flüsse aus den Wildbächen. Aufgabe der Wildbachverbauung ist es, die Geschiebezufuhr aus diesen Bächen nach Möglichkeit zu verhindern und die Wässer unschädlich abzuführen. Zu diesem Zwecke kommen in Betracht: 1. Schutzbauten für die bedrohten Liegenschaften am Unterlaufe, 2. Stausperren und Ablagerungsplätze zur Geschiebezurückhaltung und 3. Festigungsarbeiten im Sammelgebiete, und zwar sowohl bauliche Vorkehrungen als kulturelle Maßnahmen.

1. Schutzbauten am Unterlaufe.

Die von den Wildbächen angerichteten Verheerungen zwangen den Menschen schon frühzeitig, Maßnahmen zu treffen, um sein Hab und Gut vor den andringenden Fluten zu schützen. Die wertvollsten Liegenschaften, in erster Linie Ansiedlungen, besonders Ortschaften, befinden sich zumeist auf dem Schwemmkegel oder am Unterlauf der Bäche. Es ist daher natürlich, daß man sich zunächst auf die Ausführung von Schutzbauten an diesen Örtlichkeiten beschränkte. Sie wurden in verschiedenster Bauart — vom einfachen Bockbau bis zur festgefügten Ufermauer — ausgeführt. Dabei begrenzte man den Lauf der Bäche zunächst nur einseitig gegen das zu schützende Gelände und überließ dem Wasser weite Flächen, auf denen es in regellosem Laufe hin- und herpendelte, Geschiebe bald da, bald dort ablagernd und wieder aufnehmend, alles gröbere Material aber ausscheidend.

Lokale Schutzbauten können nur dort ihren Zweck erfüllen, wo es sich um die Sicherung bestimmter Objekte handelt und die Geschiebeführung des Baches verhältnismäßig gering ist, so daß der Bestand der Bauten gesichert und weder ihre Verschüttung noch ihre Umgehung zu fürchten ist.

Allmählich kam man dann dazu, diese vereinzelten Schutzbauten zu verlängern und auszugestalten und dem Wildbach durch Begrenzung auch des anderen Ufers ein bestimmtes Rinnsal anzuweisen. Namentlich bei größeren Wildbächen mußte man diesen Gerinnen eine bedeutende Breite und einen ausreichenden Fassungsraum zur Abfuhr der zu erwartenden Hochwässer und Murgänge geben, um verhängnisvolle Stauungen durch mitgerissene Bäume, Steinblöcke usw. zu verhüten. Die Uferschutzbauten selbst mußten, um den mit großer Gewalt einherstürmenden, schuttbeladenen Wasserfluten Widerstand leisten zu können, entsprechend stark ausgeführt werden, und doch gelang es häufig nicht, Dammbrüchen vorzubeugen.

Für kleinere Wasserläufe wurden diese Rinnsale in der Regel sehr eng angelegt, um das Wasser zusammenzuhalten und zu befähigen, die mitgeführten Geschiebemassen womöglich bis zum Hauptfluß oder doch zu einem Platz zu führen, wo sie sich, ohne viel Schaden anzurichten, ablagern konnten.

Alle diese Bauten, so verschieden sie nach ihrer Anlage und Ausführung sein mochten, hatten eines gemeinsam, nämlich, daß sie den Charakter des Baches gänzlich unbeeinflußt ließen. Die Folge war, daß sich besonders in den breiten Rinnsalen bei jedem Hochwasser Geschiebe ablagerte, die Bachsohle immer mehr erhöhend und das Fassungsvermögen des Gerinnes stetig vermindernd. Wenn auch vielleicht stellenweise durch Entnahme von Steinen, Schotter und Sand vorübergehend eine geringfügige Vertiefung erzielt werden konnte, so wuchs die Sohle des Baches doch allmählich, aber unaufhaltsam über das angrenzende Gelände empor und bald drohte eine Überflutung der Schutzbauten.

Auch in den engen Rinnsalen machten sich vielfach solche Sohlenhebungen geltend, entweder weil die Schleppkraft des Wassers bei dem abnehmenden Gefälle zur restlosen Geschiebeabfuhr nicht ausreichte oder weil vom unteren Ende der Gerinne her ein Rückstau erfolgte oder eine Verklausung eintrat. Es mußte daher an eine Erhöhung der Schutzbauten geschritten werden, nach der sich der besprochene Vorgang aufs neue wiederholte.

Auf diese Weise entstanden die hochaufgedämmten Gerinne zahlreicher Wildbäche, so beispielsweise der Talfer bei Bozen, deren Bett höher liegt als die Dächer der Häuser und nur durch die „Wassermauern" von der tiefergelegenen Stadt und den benachbarten Weingärten getrennt wird, oder des Schlandraunbaches im Vinschgau, der das Nachbargelände bis zu 12 m überhöht.

Je höher der Bach über das angrenzende Terrain emporwächst, desto größer wird die Gefahr von Ausbrüchen und desto verderblicher werden ihre Folgen. Nur mühsam und durch kostspielige Bauten kann der Bach in seinem Gerinne erhalten werden, und dies ist um so schwieriger, als bei der ersten Herstellung der Schutzbauten auf ihre spätere Erhöhung kaum je Bedacht genommen worden ist.

Für die Flüsse sind derartige, am Unterlaufe der Wildbäche ausgeführte Schutzbauten, namentlich geschlossene Regulierungen und Schalenbauten, nicht nur ohne Nutzen, sondern sogar von Nachteil, denn sie verhindern die Ausscheidung des Geschiebes auf den natürlichen Ablagerungsplätzen, führen es vielmehr den Flüssen unmittelbar zu. Dies kann durch die Eingrenzung von Ablagerungsplätzen vermieden werden. Bei entsprechender Größe und Anordnung dieser Plätze erreicht man damit eine mehr oder minder vollständige Entlastung des Baches von Geschieben.

Solche Ablagerungsplätze wurden z. B. im Kanton Glarus angelegt, woselbst schon gelegentlich der 1807 vollendeten Linthkorrektion die Bestimmung getroffen worden war, daß sämtliche Bäche und Runsen vor der Einmündung in die regulierte Flußstrecke von Geschieben zu entlasten seien (51).

Ein Beispiel für die besonders großzügige Schaffung eines Ablagerungsplatzes ist die Unterlaufregulierung des Noceflusses in Südtirol, der früher gegenüber von San Michele senkrecht in die Etsch mündete, diese mit Geschiebe belastete und staute. In den Fünfzigerjahren des vorigen Jahrhunderts wurde nun der Noce unterhalb der Ortschaft Mezolombardo gefaßt und in einem neuen, mehrere Kilometer langen Gerinne im Bogen in die Sümpfe von Zambana eingeleitet, so daß er nun rund 7 km unterhalb seiner alten Mündung in die Etsch fällt. In diesen Sümpfen lagert er sein Geschiebe ab und der so geschaffene Ablagerungsplatz erfüllt noch immer seinen Zweck.

Der Fassungsraum der meisten Ablagerungsplätze ist aber sehr beschränkt, und diese vermögen ihre Aufgabe nur dann durch längere Zeit zu erfüllen, wenn sie durch eine Vergrößerung des Fassungsraumes oder durch Räumungsarbeiten aufnahmefähig erhalten werden können.

Eine gründliche Beseitigung der von den Wildbächen drohenden Gefahren können daher die Unterlaufbauten nicht erzielen. Trotzdem ist es oft unvermeidlich, derartige Schutzbauten auszuführen, da sich gerade auf dem Schwemmkegel in der Regel die wertvollsten Besitzungen, die meisten Siedlungen, die wichtigsten Verkehrswege und sonstigen Anlagen befinden, die dringend eines Schutzes bedürfen und die man nicht zugrunde gehen lassen darf. Ein solcher Schutz kann durch die systematische Verbauung des Talinnern, die längere Zeit zur Ausführung braucht und erst nach Jahren am Unterlaufe zur Wirkung gelangt, nicht rechtzeitig erzielt werden. Man muß deshalb zuweilen zu Schutzbauten am Unterlaufe greifen. Oft empfiehlt es sich, diese zunächst als Provisorien auszuführen, die man zu geeigneter Zeit durch definitive Bauten ersetzt. Entschließt man sich aber, letztere gleich in Angriff zu nehmen, so muß man sie auf starke Geschiebeführung berechnen, während sich ihre Herstellung bei vorhergegangener Bekämpfung der letzteren meist wesentlich einfacher und billiger gestalten würde; ja, in manchen Fällen können Schutzbauten am Unterlaufe durch die Oberlaufverbauung sogar ganz entbehrlich werden.

Hat man solche Schutzbauten am Unterlaufe ausgeführt, so darf man damit die Aufgabe der Unschädlichmachung des Baches keineswegs als gelöst betrachten, vielmehr ist es, besonders wenn durch sie die Geschiebeabfuhr in den Hauptfluß konzentriert worden ist, erst recht notwendig, die Geschiebeführung rasch und gründlich zu bekämpfen. Nur in Ausnahmefällen kann der angestrebte Zweck durch Bauten am Unterlaufe allein erreicht werden.

2. Geschiebestausperren.

Die Schädlichkeit der Geschiebeführung hat man schon frühzeitig erkannt und schritt deshalb zu ihrer Bekämpfung. Zu diesem Zwecke erbaute man Geschiebestausperren, um das von den Bächen mitgeführte Geschiebe im Talinnern wieder zur Ablagerung zu zwingen. Sie werden in der Schlucht der Bäche an tunlichst engen Stellen erbaut, hinter denen sich Bachbettverbreiterungen mit möglichst geringem Gefälle vorfinden (Abb. 24).

Abb. 24. Stausperre im Frödischbach, Vorarlberg.

Wohl die älteste, diesem Zwecke dienende Talsperre in den Alpen ist die Pont'-alto-Sperre bei Trient (181, 182, 282). Sie steht in der etwa 70 m tiefen, sehr engen Felsschlucht der Fersina und schließt eine beckenförmige Erweiterung ab. Diese Sperre wurde 1537 das erstemal hauptsächlich aus Holz erbaut, aber schon 1542 vom Hochwasser zerstört; 1550 neuerdings errichtet, wurde sie in der Folge wiederholt zerstört oder schwer beschädigt, aber immer wieder hergestellt und schließlich bis auf ein Gesamtmaß von 38 m erhöht bei nur etwa 12 m oberer Spannweite. Da sich bei einer im Frühjahr 1882 vorgenommenen genauen Untersuchung der untere Sperrenteil als nicht mehr einwandfrei erwiesen hatte, und weil ein nochmaliger Sperreneinsturz den Untergang der Stadt Trient bedeuten könnte, mußte man in den Jahren 1885/86 in einiger Entfernung bachabwärts der alten Sperre eine neue, die Madruzzasperre, erbauen, die eine Höhe von 40,6 m erhielt und die alte Sperre bis auf den obersten 12 m hohen Teil deckt.

Die Erfahrungen mit dieser ältesten Sperre waren also keineswegs günstig. Trotzdem ließ man vom Bau nicht ab, stellte ihn nach jeder Zerstörung oder Beschädigung immer wieder her und schritt sogar in den Fünfzigerjahren zur Erbauung weiterer ähnlicher Werke in der Fersinaschlucht, nämlich der 10 m hohen Cornicchiosperre am unteren und der 17 m hohen Cantanghelsperre am oberen Schluchtausgang. Letztere schloß das breite, flache Talbecken von Civezzano ab und besaß am linken Ufer einen 10 m breiten, in Fels eingesprengten Entlastungskanal. Sie war aber zu wenig tief fundiert und stürzte beim Hochwasser des Jahres 1882 ein. Bei dieser Katastrophe sollen 1 500 000 m^3 Verlandungsmaterial abgetrieben worden sein und ein Einbruch der Fersina in die Stadt Trient konnte nur durch aufopfernde Wehrarbeiten der Garnison verhütet werden (330).

Trotzdem wurde die Sperre 1883/84 an der alten Stelle, und zwar unter Vertiefung des Entlastungskanals wiederum erbaut: seither erfüllt sie ihre Aufgabe.

Auch bei anderen, in der Schlucht wasserreicher Wildbäche und wildbachartiger Flüsse erbauten ähnlichen Sperren waren wiederholt schwere Bauschäden zu beklagen. Es unterliegt aber keinem Zweifel, daß alle diese Beschädigungen und Zerstörungen auf Baugebrechen zurückzuführen sind, die hauptsächlich durch Mangel an Erfahrung verschuldet waren. Heute liegen diesbezüglich ausreichende Erfahrungen vor und die Sperren können so konstruiert werden, daß sie nach menschlicher Voraussicht allen Hochwasserangriffen standzuhalten vermögen. Tatsächlich sind auch in den letzten Jahrzehnten Einstürze von großen Schluchtsperren, wenigstens in Österreich, nicht bekannt geworden. Daß eine jede Gefahr ausschließende Konstruktion sehr hohe Baukosten verursacht, muß natürlich in Kauf genommen werden.

Der Hauptvorteil der Schluchtsperren ist der, daß ihre Erbauung eine sofortige Unterbindung der Geschiebeführung des betreffenden Wasserlaufes bewirkt und nur einen verhältnismäßig geringen Zeitaufwand erfordert. Auch sind bei ihrer Erbauung die Arbeiten an einer Stelle konzentriert, daher leichter zu leiten und zu überwachen als die sich meist in viele kleine Arbeiten zersplitternden, örtlich weit zerstreuten Festigungsarbeiten, was auch für die Bauerhaltung gilt.

Die Stausperren sind um so wirksamer, je näher dem Schluchtausgang sie erbaut werden und je größer das Gewässer ist, das sie abriegeln. Sie sind daher in der Schlucht wasser- und geschiebereicher wildbachartiger Flüsse am wirksamsten. Durch ihre Erbauung kann unter Umständen rasch die Verschüttungsgefahr von einem schwer bedrohten Gelände abgewendet werden, die auf andere Weise nicht beseitigt werden kann.

Die Stausperren erstrecken jedoch ihre Wirksamkeit bachaufwärts nicht über das Staubecken hinaus, sie lassen die Geschiebeerzeugung unbeeinflußt und können Konsolidierungsarbeiten in den Sammelgebieten nicht ersetzen. Ihre Hauptwirkung erschöpft sich mit der Verlandung des Stauraumes. Die hiezu erforderliche Zeit läßt sich, da die Geschiebeführung vom Eintritt und der Höhe der Hochwässer und Murgänge abhängig ist. nicht berechnen. Selbst hohe Stausperren verlanden häufig in sehr kurzer Zeit, so die in den Sechzigerjahren erbaute, 23,5 m hohe Vogelbachsperre bei Pontafel durch die Herbstregen von ein paar Jahren (315), und der Stauraum der 19 m hohen Talsperre von St. Giorgio am Avisio wurde durch einige Hochwässer schon wenige Jahre nach der Bauvollendung der Hauptsache nach erschöpft.

Der Verlandungsraum der Sperren kann keineswegs zur Gänze zur Aufnahme von schädlich wirkendem Grobgeschiebe dienen, sondern füllt sich zum Teile mit Sand und Schlamm an, die unschädlich hätten abgeführt werden können; es geht also ein Teil des Stauraumes für den eigentlichen Zweck der Sperren verloren. Nun büßen die Stausperren zwar mit der Verlandung keineswegs ihre Wirksamkeit ganz ein, sie bewirken vielmehr auch noch später einen gewissen Ausgleich der Geschiebeführung, indem durch besonders geschiebereiche Wässer auf der Verlandung weitere Materialmengen in einem größeren Ausgleichsgefälle abgelagert und erst von den nachfolgenden, geschiebeärmeren Hochwässern allmählich abgetrieben werden, wobei die gröbsten Geschiebe zurückbleiben. Dieser Geschiebeaustausch ist im allgemeinen von Vorteil; die durch ihn bedingten Schwankungen der Verlandungssohle bringen aber die Notwendigkeit mit sich, im Verlandungsraum erforderliche Schutzbauten und Ufersicherungen einerseits bis unter die Gleichgewichtssohle zu fundieren, anderseits die Werkskronen entsprechend hoch über der Ausgleichssohle zu halten, und weil diese Schwankungen auch bei sonstigen Bauten im Verlandungsraum berücksichtigt werden müssen.

Auf der Verlandung wechselt die Strömung häufig ihre Richtung und kann örtliche Uferangriffe bewirken und Schutzbauten notwendig machen. Auch kann die plötzliche Drosselung der Geschiebeführung in der Bachstrecke talseits der Sperre unerwünscht starke Vertiefungen zur Folge haben. zu deren Bekämpfung weitere Maßnahmen nötig sind.

Die Notwendigkeit, den Geschiebestausperren ausgiebige Höhen zu geben, und der Umstand, daß die Bäche, in denen sie erbaut werden, meist sehr wasser- und geschiebereich sind, haben zur Folge, daß beim Absturze der Hochwässer über die Sperren außerordentlich große Kräfte wirksam werden, die den Bestand der Werke gefährden und sehr hohe Erhaltungskosten bedingen können.

Der Bruch derartiger Geschiebestausperren kann zwar nicht annähernd so böse Folgen nach sich ziehen wie der eines Wasserspeichers, aber doch das weiter unten liegende Gelände stark gefährden. Es muß daher für diese Werke eine Konstruktion gewählt werden, bei welcher deren Gefährdung ausgeschlossen ist. Diesbezüglich ist besonders zu bedenken, daß auch anscheinend fester und harter Fels solchen Angriffen auf die Dauer nicht zu widerstehen vermag und, wie Erfahrungen beweisen, auch seitliche Umlaufkanäle eine Gefährdung keineswegs immer ausschließen können (305).

Die nötige Sicherung gegen Beschädigung erhöht die Baukosten sehr bedeutend. Zu diesen kommen noch alle Nebenauslagen, nämlich allfällige Entschädigungen für durch die Verlandung betroffene Grundstücke und sonstige Objekte, Auslagen für die Sicherung und Verlegung von Verkehrswegen und allenfalls für Schutzbauten im Verlandungsraum, für allfällige Vorkehrungen zur Unschädlichmachung von Sohleneintiefungen am Unterlauf und endlich für die künftige Bauerhaltung.

Die Erbauung von Schluchtsperren zum Geschieberückstau bietet zwar unleugbare Vorteile, aber diesen stehen auch bedeutende Nachteile gegenüber. Weder die einen noch die anderen können ein für allemal als größer oder kleiner bezeichnet werden, es sind vielmehr bei jeder einzelnen Sperre die Vor- und Nachteile sorgfältig gegeneinander abzuwägen, um ein Urteil zu gewinnen, ob nach den vorliegenden Verhältnissen der erforderliche Aufwand zur Erzielung des jedenfalls nur vorübergehenden Erfolges gerechtfertigt ist oder ob sich die Anwendung anderer Mittel als zweckmäßiger erweist.

Für jene Wildbäche, in denen sich eine Einschränkung der Geschiebeerzeugung entweder überhaupt nicht oder nicht im erforderlichen Maße durchführen läßt, wie z. B. in den hauptsächlich Witterschutt führenden Bächen, wird die Errichtung von Stausperren stets ein außerordentlich wichtiges, mitunter das einzig taugliche Mittel zur Bekämpfung der Geschiebeführung sein. Soweit diese Bäche nur verhältnismäßig kleine Gebiete entwässern, sind die Stausperren auch keiner so starken Inanspruchnahme ausgesetzt und ist ihre Erhaltung minder schwierig. Bezüglich solcher Werke treten obige Bedenken zurück.

Es ist Aufgabe des Ingenieurs, die für die Stausperren geeigneten Stellen möglichst zweckmäßig und so auszunützen, daß sich die Entlastung auf eine lange Zeit verteilt. Es ist meist nicht nötig, die Geschiebeführung eines Baches vollständig abzuschneiden, sondern es genügt, sie auf ein gewisses Maß herabzumindern. Es ist deshalb zweckmäßiger, die Geschiebeführung durch längere Zeit einzuschränken, als sie durch kürzere Zeit vollständig abzuschneiden, nach deren Ablauf sie wieder mit der früheren Gewalt einsetzt. Man erbaue daher derartige Stausperren sowohl im selben

Bach als auch in mehreren sich vereinigenden Bächen nicht gleichzeitig, sondern nacheinander, also eine folgende erst dann, wenn die vorausgehende nicht mehr aufnahmefähig ist. Auch ist es zweckmäßig, hohe Werke nicht auf einmal auf die volle Höhe zu bringen, sondern sie je nach dem Fortschreiten der Verlandung allmählich zu erhöhen.

Eine eigene Art von Stausperren sind die sogenannten Entleerungssperren, die aber nur unter besonderen Umständen An-

Abb. 25. Entleerungssperre im Umlaufgerinne im Fischbach bei Längenfeld, Ötztal.

wendung finden können. Sie sind mit großen Durchlässen versehen, welche die Mittelwässer ungestaut durchlassen, aber die Hochwässer und Murgänge stauen. Sie haben die Aufgabe, die aus dem unverbauten Sammelgebiete abgehenden Geschiebemassen vorübergehend zur Ablagerung zu bringen und namentlich größere Steinblöcke zurückzuhalten, um zu verhüten, daß die Unterlaufgerinne überlastet werden. Nach dem Aufhören des Murganges oder dem Sinken des Wasserstandes werden die bei diesen Elementarereignissen allenfalls verlegten Durchlässe wieder geöffnet und wird das angesammelte Geschiebe, nötigenfalls unter künstlicher Nachhilfe, allmählich wieder abgetrieben (305).

Während der Aufstauung tritt das Wasser unter hohem Druck und mit großer Geschwindigkeit aus den Durchlässen aus, was Vorkehrungen zur Verhinderung von Kolkungen an den Ausläufen nötig macht.

Voraussetzung für ein entsprechendes Funktionieren solcher Anlagen bildet das Vorhandensein eines geschlossenen, mit ziemlich gleichmäßigem Gefälle ausgestatteten Gerinnes von der Sperre bis zu einem geeigneten Ablagerungsplatz oder bis zum Vorfluter und die Fähigkeit des letzteren, das ihm übermittelte Geschiebe abzuführen. Es muß ferner auf eine zur Abführung des letzteren ausreichende, durch längere Zeit anhaltende Wasserführung des betreffenden Wildbaches gerechnet werden können. Dies trifft am ehesten bei Gletscherbächen zu, deren Wasserführung während der Sommermonate durch die Schnee- und Gletscherschmelze auf beträchtlicher Höhe erhalten wird. In den meisten anderen Wildbächen ist diese Voraussetzung nicht erfüllt.

Eine derartige Sperre wurde in den Achtzigerjahren am Erlbach bei Abfaltersbach im Pustertal erbaut und funktionierte unter künstlicher Nachhilfe mehrere Jahre zur Zufriedenheit. Die Geschiebemengen wurden durch das geschlossene Unterlaufgerinne über den Schuttkegel der Drau zugeführt, die dort mit großem Gefälle ausgestattet und befähigt ist, die Schuttmassen abzuführen. Im Laufe der Jahre scheinen sich die Verhältnisse im Sammelgebiet des Erlbaches gebessert zu haben und die Geschiebeabgänge schwächer geworden zu sein; die Interessenten sahen dann von der Wiedereröffnung des Durchlasses ab und ließen die Sperre endgültig verlanden.

Eine ähnliche Sperre wurde vor etwa 20 Jahren am Fischbach bei Längenfeld im Ötztal erbaut (Abb. 25), der sich durch sein außerordentlich grobes Geschiebe auszeichnet und im Sommer reichliche Wassermengen führt. Die vom Bach mitgeführten großen Steinblöcke blieben in dem hoch über dem benachbarten Gelände aufgedämmten Gerinne auf dem Schwemmkegel liegen und brachten die Gefahr von Bachausbrüchen mit sich; das kleinere Geschiebe wird schadlos abgeführt. Bisher hat diese Sperre ihren Zweck erfüllt.

3. Konsolidierungsarbeiten.

Im Gegensatz zu den vorbesprochenen Arbeiten, welche die Geschiebebildung unbeeinflußt lassen, zielt eine andere Gruppe von Arbeiten darauf hin, diese zu verhindern oder doch tunlichst einzuschränken und so das Übel an der Wurzel zu fassen. Diese Arbeiten müssen sich selbstverständlich nach dem Charakter des zu verbauenden Baches und nach der Art der Geschiebebildung richten.

a) Einschränkung der Verwitterung.

Bei den Wildbächen, die hauptsächlich Witterschutt führen, ist eine Einschränkung der Geschiebebildung nur dort möglich, wo es gelingt, denselben an Ort und Stelle zurückzuhalten, so daß er als Decke auf der der Verwitterung ausgesetzten Felsoberfläche liegen bleibt und diese vor weiteren Angriffen der Atmosphärilien schützt. Das trifft zu, wenn die Felsplaiken nicht allzu steil sind und man auf ihnen kleine Stützwerke errichten kann, hinter denen sich der Schutt ansammelt. Für diesen Zweck kommen niedrige, gemauerte oder hölzerne Querwerke, Rauhbaum- oder Graßschwellen oder solche in Drahtnetzbauweise in Betracht. Auf ihre Verlandungen kann man dann allenfalls Flecht- oder Faschinenwerke stellen.

Die Begrünungsarbeiten werden an anderer Stelle behandelt.

Zur Verhütung von Steinschlägen, Felsstürzen usw. sind mitunter Stützmauern geeignet. Diese Vorkehrungen sind aber meist außerordentlich kostspielig und können wohl nur dort ausgeführt werden, wo es sich um den unmittelbaren Schutz menschlicher Siedlungen, besonders wertvoller Objekte oder wichtiger Verkehrswege handelt.

Dort, wo Steinschläge von steilen Bruchflächen dadurch ausgelöst werden, daß die zwischen den großen Felsblöcken eingelagerten und sie stützenden feinen Materialteilchen entweder ausgewaschen oder durch den Wind entführt werden, kann durch eine Rasenbekleidung in Verbindung mit Stützmauerherstellungen allenfalls Abhilfe getroffen werden.

So wurde der großartige Felssturz der Combe du Péguère bei Cauterets in den Hochpyrenäen durch die Errichtung von Stützmauern und das Anlegen von Rasenziegeln beruhigt (75, 325).

Die steilen pliozänen Lehmwände der sogenannten Calanchi in Italien verwittern infolge von Frost, Sonnenstrahlung und Aufweichung und brechen nach. Um Mittel ausfindig zu machen, dies zu verhindern, wurden Laboratoriumsversuche durchgeführt, die eine Tränkung der Oberfläche mit einer Mischung gleicher Teile Leinöl und Benzin als bestes Mittel ergaben. Über die eingeleitete Überprüfung dieses Verfahrens in der Natur ist noch nichts bekannt geworden (203).

Die Lawinen lagern das mitgeführte Fremdmaterial nur zum kleinen Teil in den Bachbetten ab, sie können aber doch die Ursache bedeutender Wasserschäden sein. Diesbezüglich wird auf den zweiten Teil dieses Buches verwiesen.

Die Glazialerosion entzieht sich vollständig der menschlichen Beeinflussung.

Wo die Gefahr besteht, daß schon abgelagerter Witterschutt durch Angriffe des Wassers, z. B. durch Einrunsung in Schutthalden u. dgl., aufgewühlt und wieder in Bewegung gesetzt wird, ist die Möglichkeit der Verhütung eines solchen Vorganges nach den Grundsätzen zu beurteilen, die für die Verbauung der unterwühlenden Wildbäche Geltung haben.

Wenn auch nach dem Vorgesagten die Bekämpfung der Verwitterung nicht unter allen Umständen ausgeschlossen ist, so ist der Erfolg doch meist unsicher und bescheiden und man wird jeweils erwägen müssen, ob die Standortverhältnisse eine entsprechende Entwicklung der Vegetation, die schließlich die festgehaltene Verwitterungskruste endgültig zu binden und den Bodenschutz zu übernehmen hat, hoffen lassen, daß sich der Aufwand für derartige Arbeiten lohnt. In den meisten Fällen wird man sich damit begnügen müssen, eine weitere Verschlechterung der Verhältnisse durch sorgfältige Waldbehandlung und Erhaltung der Bodendecke zu verhindern und namentlich die Freilegung neuer Felsflächen zu verhüten.

b) Maßnahmen gegen Unterwühlung.

Ein dankbareres Feld der Tätigkeit bieten die unterwühlenden Wildbäche, bei denen es oft möglich ist, das Übel an der Wurzel zu fassen und die Geschiebeerzeugung gründlich zu unterbinden. Diese rührt von einem Mißverhältnis zwischen der Stoßkraft des Wassers und der Widerstandsfähigkeit des Bachbettes her; sie kann deshalb bekämpft werden durch eine Verminderung der ersteren oder durch Erhöhung der letzteren.

Die Stoßkraft des Wassers hängt bekanntlich von seiner Menge und Geschwindigkeit ab. Die Mittel zur Verminderung der ersteren wurden bereits besprochen. Die Wassergeschwindigkeit ist

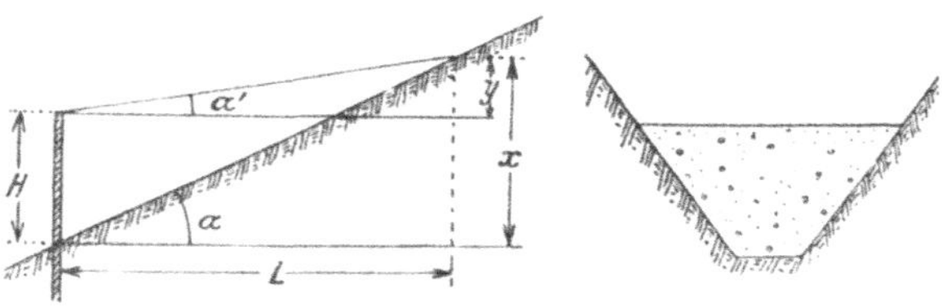

Abb. 26. Hebung und Verbreiterung der Bachsohle.

abhängig von der Wassertiefe oder dem hydraulischen Radius, der Form und Beschaffenheit des Gerinnes und vom Gefälle.

Dieses letztere läßt sich innerhalb gewisser Grenzen vermindern, indem man durch den Einbau von Querbauten — Grundschwellen und Talsperren — die Sohle an bestimmten Stellen des Gerinnes hebt, wodurch sich das Gefälle bergseits auf eine gewisse Strecke vermindert. Diese Hebung bewirkt gleichzeitig auch eine Verbreiterung der Gerinnsohle und deshalb auch eine Verminderung der Wassertiefe (Abb. 26).

Im Gegensatz zu den früher besprochenen Stausperren ist die Hauptaufgabe dieser Querwerke nicht die Zurückhaltung von bereits in Bewegung befindlichem Geschiebe, sondern die, das Gefälle des Baches zu brechen, ihm seine Stoßkraft zu nehmen, den unterwaschenen Lehnen wieder eine Stütze zu bieten und die Geschiebeerzeugung zu verhindern. Da sie den Boden festigen, heißen sie Konsolidierungswerke.

Das Wasser verliert hinter diesen Querbauten seine Kraft, lagert das mitgeführte Geschiebe ab und der Querbau verlandet. So weit die Verlandung zurückreicht, wird die Sohle vor Aufwühlung und neuerlicher Vertiefung geschützt. Diese Wirkung ist eine dauernde und hierdurch unterscheiden sich die Konsolidierungssperren von den Stausperren.

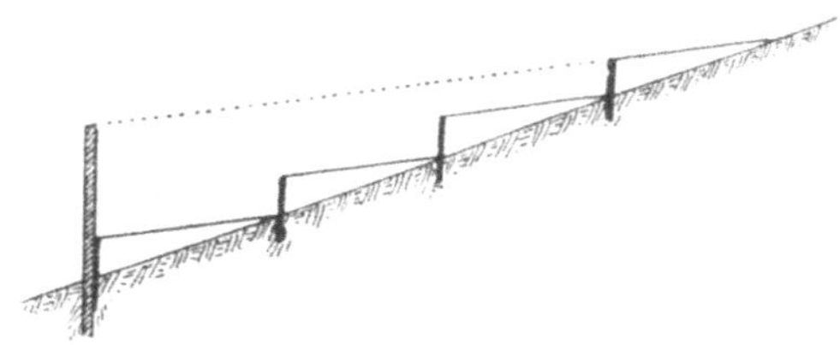

Abb. 27. Gefällsverminderung durch Querbauten.

Das Oberflächengefälle der Verlandung ist wesentlich geringer als das Gefälle der Bachsohle. Nur bei vollständiger Verschüttung eines Werkes durch einen Murgang kann sich eine Hebung annähernd parallel zur alten Sohle einstellen.

Beträgt (Abb. 26) das Sohlengefälle tg a und das Verlandungsgefälle tg a', so besteht zwischen der Werkshöhe H und der Reichweite des Werkes L die Beziehung

$$H = L \,.\, (\mathrm{tg}\, a - \mathrm{tg}\, a')$$

und, wenn x und y die Gefällswerte in Prozenten bezeichnen,

$$H = \frac{L\,(x - y)}{100} \quad \text{oder} \quad L = \frac{100\,H}{x - y}.$$

Die Reichweite der Sperren ist also abhängig von der Werkshöhe und dem Gefällsunterschied zwischen Bachsohle und Verlandung. Es ist ohne weiteres klar, daß man den Sohlenschutz einer Bachstrecke von der Länge L erreichen kann sowohl durch den Einbau eines einzigen Werkes mit der Fallhöhe H wie auch durch die Erbauung mehrerer entsprechend angeordneter Werke mit derselben Gesamtfallhöhe (Abb. 27). Hierbei ist vorausgesetzt, daß das Verlandungsgefälle des niederen und des hohen Werkes gleich ist und die Verlandung eines Werkes jeweils bis zum Fuße des nächsten zurückreicht.

Für die Wahl zwischen höheren und niedrigeren Werken sind bestimmend die örtlichen Verhältnisse, also die Beschaffenheit der Baustellen, besonders die Profilsform und das Zutagetreten von Fels, die Einmündung von Seitengräben, die Wassermenge des

Baches und endlich das verfügbare Baumaterial. Die Größe des Verlandungsraumes spielt bei dieser Wahl keine ausschlaggebende Rolle.

Ein höheres Werk erfordert in der Regel wegen der notwendigen größeren Sperrenstärke und der meist wesentlich größeren Spannweite eine größere Kubatur als mehrere niedrige Werke mit derselben wirksamen Höhe, daher — auch abgesehen von den größeren Bauschwierigkeiten — höhere Bau- und Erhaltungskosten und ist einer ungleich größeren Inanspruchnahme ausgesetzt, die sich namentlich in der weit stärkeren Stoßwirkung des Wasserabsturzes auf das Vorfeld geltend macht. Eine etwa eintretende Beschädigung oder Zerstörung ist bei kleineren Werken von geringerem Nachteil und weniger verderblichen Folgen als bei großen. Im allgemeinen ist es daher zweckmäßiger, eine größere Zahl niedrigerer Werke als ein oder wenige hohe zu erbauen.

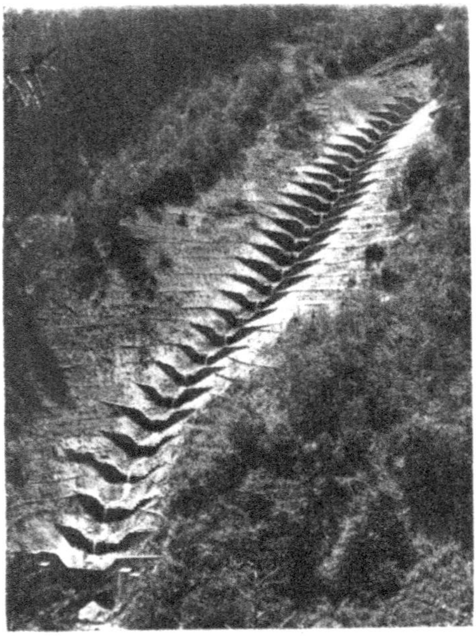

Abb. 28. Sohlenabtreppung im Rabenbach am Ossiachersee, Kärnten.

Bei den großen Gefällen, die in den Wildbächen auftreten, ist die Reichweite dieser Sperren, das heißt die Entfernung von der Krone bis zur Verschneidung der Verlandungslinie mit der Bachsohle, eine beschränkte (Abb. 28). Um eine längere Bachstrecke vor Unterwühlung zu schützen, muß daher in diesem Verschneidungspunkt das nächste Werk errichtet und auf diese Weise die ganze Bachstrecke derart mit Werken besetzt werden, daß sie einer großen Treppe ähnelt. Diese Art der Sperrenanordnung nennt man daher Abtreppung oder Abstaffelung.

Da nur eine im Gleichgewichtsgefälle befindliche Bachsohle für Wasser unangreifbar ist, muß den Abtreppungen dieses zugrunde gelegt werden. Man kann entweder von Haus aus die Entfernung und Höhe der Querbauten auf dieses Mindestgefälle berechnen oder aber die Abtreppung zunächst mit Werken erster Ordnung durchführen, die sich beim Ausgleichsgefälle gegenseitig stützen, und sodann auf die Verlandungen je nach der Abnahme der Geschiebeführung Werke zweiter und allenfalls dritter Ordnung stellen, die den Unterschied zwischen den beiden in Rede stehenden Gefällswerten ausgleichen (Abb. 29).

Dieser letztere Vorgang wurde in Frankreich eingeführt und man wählt dort für die sekundären Werke wesentlich leichtere Konstruktionen (lebende Flechtwerks- und Faschinensperren u. dgl.). Hierdurch ist eine Kostenersparnis erzielbar, vorausgesetzt, daß die leichteren Konstruktionen den Wasserangriffen dauernd zu widerstehen vermögen und daß die Entwicklung einer Vegetation im Gerinne selbst nicht etwa den Wasserablauf stört. Dies trifft wohl bei der Verbäuung von Runsen und Bruchflächen zu, jedoch kaum in wasserreichen Bächen und in Rinnsalen, in

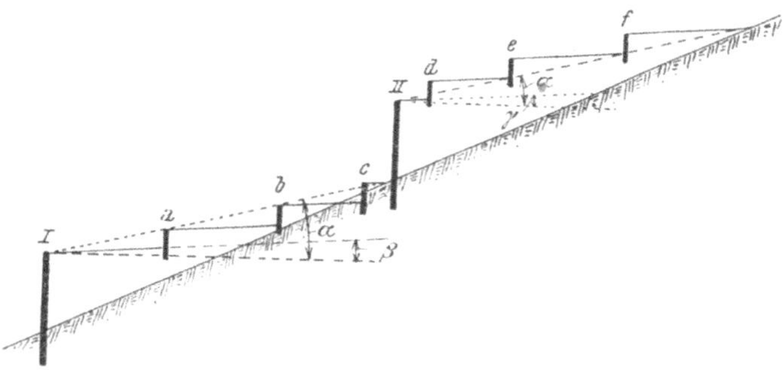

Abb. 29. Einschaltung sekundärer Werke.

denen, wenigstens zeitweilig, große Wassermengen zum Abfluß kommen.

Die Werke zweiter Ordnung kann man entweder unter die Linie des Ausgleichsgefälles versenken, wie die Werke a, b, c der Abb. 29, oder man kann sie über diese Linie erheben, wie die Werke d, e und f. Da anzunehmen ist, daß bei einer Vertiefung des Baches in die Verlandung der Werke erster Ordnung gröbere Geschiebe zurückbleiben als jene, welche die Verlandung der erhöhten Werke bilden, so wird der Verlandungswinkel der versenkten Werke etwas größer sein als der Winkel der erhöhten Werke zweiter Ordnung. Dies trifft sinngemäß auch für Werke dritter Ordnung zu, die zwischen die Werke zweiter Ordnung eingeschaltet werden.

Der gegenseitige Abstand und die Höhe der Werke in abgetreppten Gerinnen ist an eine gewisse untere Grenze gebunden, weil das Hochwasser mit beinahe unverminderter Geschwindigkeit und ungebrochener Kraft über die Werke hinschießt, wenn diese zu nahe aneinander gerückt sind und die Strömung in der Zwischenstrecke sich nicht einigermaßen beruhigen kann. Dies gilt auch für Murgänge.

Eine Verringerung der Wassergeschwindigkeit kann weiter angestrebt werden durch Erhöhung der Rauhigkeit des Bachbettes. Solche Arbeiten umfassen die Verpfählung von Runsensohlen, derart, daß die vorragenden Pfahlköpfe das Wasser zerteilen, oder

Abb. 30. Gunzmoosriese bei Dornbirn, Vorarlberg. Abtreppung mit Holzschwellen.

die Einbringung von rauhen Steinwürfen, die Bebuschung der Ufer, bei provisorischen Herstellungen das Einhängen von Rauhbäumen u. dgl. Zum selben Zwecke empfiehlt es sich auch, bei Längs- und Uferschutzbauten im Erosionsgebiet glatte Wandflächen tunlichst zu vermeiden und, wo dies nicht möglich ist, wenigstens den Vorgrund möglichst rauh zu gestalten.

Eine zweite Gruppe von Arbeiten setzt sich zum Ziel, die Widerstandskraft des Bachbettes und die Festigkeit des Bodens zu erhöhen. Diese Arbeiten erstrecken sich sowohl auf die Sohle und die Ufer der Wasserläufe als auch auf die Lehnen (Abb. 30).

Zur Sohlenbefestigung dienen Grundschwellen und versenkte Sohlgurten und Pflasterungen. Die vollkommenste Ausbildung der

Abb. 31. Rivo Majo, Cadino, Trentino. Schalenbau zur Abhaltung des Baches vom Fuße der Bruchlehne.

letzteren sind die Schalenbauten, bei denen für die Wasserläufe ein geschlossenes Gerinne hergestellt wird, das nicht allein die Sohle, sondern auch die Ufer durch eine Steinverkleidung schützt (Abb. 31).

Zur Befestigung der gefährdeten Ufer dienen Längsbauten verschiedenster Bauweise. Sie können entweder als Leitwerke (Abb. 32) und Uferdeckungen annähernd parallel zum Wasserlauf oder aber als Sporne und Buhnen senkrecht oder schräg zu diesem ausgeführt werden. Bei unterwühlungsfähiger Bachsohle oder, falls eine Hebung der letzteren nötig ist, werden sie in Verbindung mit Querbauten errichtet, bzw. auf deren Verlandungen erstellt, sonst können sie für sich allein bestehen. Mitunter genügen zum Uferschutz auch lebende Deckungen, wie Flechtzäune, mitunter auch Berasungen.

Eine besondere Wichtigkeit kommt den Längsbauten bei der Verbauung von Wildbächen in Hügelländern zu, die hauptsächlich in den eigenen Schotterbarren wühlen und den Fuß der Lehnen angreifen. Hier kann eine Gefällsverminderung mittels Quer-

Abb. 32. Uferschutzbauten und Bruchflächensicherung. Langbathbach bei Ebensee, Oberösterreich.

werken zumeist entfallen und die Geschiebeerzeugung ausschließlich durch Uferschutzbauten und Regulierungen eingeschränkt oder verhindert werden.

Zur Sicherung der Lehnen und Beruhigung der Rutschungen ist sehr oft auch die Ausführung von Entwässerungsarbeiten nötig.

Ein ganz besonderes Augenmerk ist ferner der Erzielung einer geschlossenen Vegetationsdecke auf den Bruchflächen und allenfalls auch auf anderen Ödflächen des Einzugsgebietes zuzuwenden. Dieser Gegenstand wird im achten Abschnitt behandelt.

Die Arbeiten zur Verhinderung der Geschiebeerzeugung in den unterwühlenden Wildbächen umfassen also die Verhinderung der Sohlenerosion, die Sicherung der Lehnenfüße, die unschädliche Ableitung der Quell- und Sickerwässer, die Sicherung und

Festigung der Hänge, die Besserung der kulturellen und wirtschaftlichen Verhältnisse des Einzugsgebietes und endlich die Verhinderung der Abführung des bereits in den Gräben angesammelten Geschiebes. Zur Vollständigkeit einer Verbauungsanlage gehören außer diesen Arbeiten im Talinnern auch noch die Schutzbauten und Regulierungsarbeiten auf dem Schwemmkegel und am Tallaufe (Abb. 33).

Abb. 33. Regulierung des Schloßbaches bei Zirl, Nordtirol.

Systematische Verbauungsarbeiten wurden schon vor langer Zeit ausgeführt; beispielsweise sei nur auf die schon in den Jahren 1650 bis 1662 ausgeführte Verbauung der Spital- und Weißlahn bei Brixen in Südtirol verwiesen, die eine systematische Abtreppung der steilen, in Glazialschutt eingeschnittenen Gräben mittels trocken gemauerter Sperren umfaßte und zusammen mit der 1651 fertiggestellten Unterlaufregulierung eine so vollständige Unschädlichmachung der genannten Wildbäche erzielte, daß das Interesse an ihnen abflaute, und die an abgelegenen, schwer zugänglichen Stellen erbauten Werke im Laufe der Zeit in Vergessenheit gerieten, bis sie 200 Jahre später wieder entdeckt wurden (175).

Auch der tirolische Gubernial-Baudirektionsadjunkt Josef Duile hat schon vor mehr als 120 Jahren mehrere gut gelungene Verbauungsarbeiten ausgeführt, von denen einzelne Sperren, so jene im Marbelgraben bei Graun auf der Malser Heide, heute noch ihrem Zwecke dienen. Von ihm rührt auch die erste Druckschrift her, in der die verschiedenen Maßnahmen der Wildbachverbauung eingehend besprochen werden (60). Nach Anleitung Duiles, der 1841 als Sachverständiger nach Glarus in die Schweiz berufen wurde, wurden sodann in den Wildbächen des gleichnamigen Kantons die ersten Konsolidierungsarbeiten ausgeführt, welche, wie Culman (51) berichtet, als Muster dastünden.

während er noch im Jahre 1860 in den französischen Alpen, die er mit hochgespannten Erwartungen bereiste, zu seiner großen Enttäuschung nur in der wenig gefährlichen Roise bei Grenoble drei kleine Sperren vorgefunden habe.

Wenn sich auch an diese beispielsweise angeführten älteren tirolischen Verbauungsanlagen noch eine lange Reihe anderer anfügt, so hat die planmäßige Verbauungsarbeit in den Wildbächen doch erst in den letzten vier Jahrzehnten des vorigen Jahrhunderts, und zwar zuerst in Frankreich, eingesetzt.

Auch andere Länder, namentlich Österreich und die Schweiz, wenden diesem Zweig des Wasserbaues seit vielen Jahrzehnten großes Augenmerk zu und haben zahlreiche mustergültige Arbeiten ausgeführt.

Alle vorerwähnten baulichen und kulturellen Maßnahmen bilden das forstliche System der Wildbachverbauung, das in Frankreich durch die Staatsforstverwaltung unter der Leitung des Generalforstinspektors P. Demontzey zur Ausbildung kam und besonderes Gewicht auf umfangreiche Aufforstungen legt, um die Wasserabflußverhältnisse zu bessern.

Diese Aufforstungen, die mit dem Ankauf ausgedehnter Kulturflächen verbunden waren, zogen jedoch der Staatsforstverwaltung den Vorwurf zu, sie habe die Bevölkerung ganzer Täler der Alpen zur Auswanderung nach Algier veranlaßt und der Entsiedelung dieser Gebiete, zum Schaden des Landes, Vorschub geleistet. Von anderer Seite wurde im Gegensatz hiezu bemängelt, es werde zu großes Gewicht auf Kunstbauten gelegt und die Ansicht vertreten, man solle die baulichen Herstellungen auf kleine Arbeiten beschränken und trachten, die Beruhigung der Wildbäche hauptsächlich durch Aufforstungen zu erzielen. Diese Vorwürfe, gegen welche namhafte Fachmänner Stellung genommen haben, bildeten auch einen Beratungsgegenstand des Internationalen forstwirtschaftlichen Kongresses, Paris 1913. Dieser erkannte das bei den französischen Verbauungen eingehaltene Verfahren in der Hauptsache als gerechtfertigt, erklärte die baulichen Maßnahmen für unentbehrlich und betonte die Notwendigkeit, die Ausdehnung der Waldbestände in den Sammelgebieten der Wildbäche wenigstens dort zu fördern, wo dies im Hinblick auf die Sicherung der Hänge erforderlich erscheint (329).

Dem französischen Vorgehen stellt E. Kirwald das deutsche System der Wildbachverbauung und -betreuung gegenüber, welches forsthoheitliche Maßnahmen volks- und landeskultureller, nationalwirtschaftlicher, sozialer und volkspolitischer Art zu umfassen hätte. Es soll sich als regionales Problem auf das ganze Wildbachgebiet ausdehnen, den ganzen Wasserkreislauf, den Landschaftshaushalt, das ist Wald, Wasser, Wind, Frost, Sonne, Boden und Untergrund, berücksichtigen, die landschaftverbundene Bauweise pflegen, die Rentabilität nach gemeinwirtschaftlichen Grundsäţen beurteilen, für den Ausbau, die Pflege und Erhaltung der Bauten sorgen, aber das Hauptgewicht auf die allmähliche Entwicklung legen und den vorbeugenden und heilenden Wasserhaushalt pflegen (159, 160, 161).

Die forstliche Wasserhaushaltstechnik im Wildbachgebiet hätte sonach zu umfassen: 1. die Beruhigung und Heilung der Geländezerstörungen im Einzugsgebiet und die Aufforstung und Waldbetreuung in demselben: 2. vorbeugende Maßnahmen zur Hintanhaltung neuer Schäden, die Schuţpflicht am Walde, pflegliche Hiebsführung und vorsichtige Holzbringung, allenfalls Ausscheidung von Wasserschuţwäldern, und 3. Aufforstungen im waldlosen Gebiete. Es müßte auch die Bewirtschaftung von Kulturflächen beaufsichtigt und nötigen Falles gelenkt werden, um Mißbräuche zu verhüten; auch alle sonstigen Maßnahmen im Wildbachgebiet, die für den Abfluß von Bedeutung sein können, sollten der Begutachtung der Wildbachverbauungsämter unterzogen werden.

In jüngster Zeit wurde von mehreren Seiten empfohlen (9, 154, 157), bei Wildbachverbauungen und Flußregulierungen starre Bauten möglichst zu vermeiden und an ihrer Stelle lebende Quer- und Längswerke herzustellen. Hiebei wurde nicht allein auf die geringen Kosten dieser Arbeiten, sondern auch auf die schönen Erfolge verwiesen, die mit dieser lebenden oder biologischen Verbauung bei der Ennsregulierung in Steiermark erzielt wurden.

Solche Herstellungen wurden in Tirol schon im Jahre 1788 von Prof. Franz Z a l l i n g e r. 1797 vom Gouverneur Wenzel Graf S a u e r, 1806 von Baudirektor Georg Freiherr v. A r e t i n und 1826 von Baudirektionsadjunkten D u i l e empfohlen (60, 341). Hieher gehört auch die Sohlenhebung in Runsen nach dem System J e n n y, von dem später die Rede sein wird, und es sei auch verwiesen auf die schönen Erfolge, die mit lebenden Quer- und Längswerken bei vielen Wildbachverbauungen erzielt wurden. Es unterliegt nicht dem geringsten Zweifel, daß die lebende Verbauung, zu der auch die Berasung, Bebuschung und Aufforstung der Bruchflächen zählen, große Beachtung verdient und auch findet. Man darf jedoch nicht vergessen, daß sie gegen große Wassergeschwindigkeit und besonders gegen Geschiebeführung, wie sie in Wildbächen auftreten, nicht widerstandsfähig genug und auch einer Druckbeanspruchung nicht gewachsen ist. Lebende Werke sind nur aussichtsreich in Runsen, deren Wasserführung auch bei Elementarereignissen gering bleibt, und in Bach- und Flußstrekken mit schwachem Gefälle und geringer Geschiebeführung.

Auch unter geeigneten Abflußverhältnissen haben lebende Schuţbauten mitunter, vielleicht nach anfänglich befriedigendem Gedeihen, versagt, wenn Pflanzenarten und -rassen, Boden und Klima sich hiefür nicht eignen.

4. Allgemeine Grundsätze.

Ein voller Erfolg der Verbauungen kann nur durch gründliche Maßnahmen erzielt werden, unvollständige Bauten führen in der Regel zu Mißerfolgen und schweren Enttäuschungen.

Außer den allgemeinen Forderungen nach Standfestigkeit und kunstgerechter Ausführung der Bauten gehört hieher das Gebot, mit nicht zu kleinen Wassermengen zu rechnen. Während ein derartiger Fehler bei Wasserläufen mit geringem Gefälle in der Regel nur Überflutungen zur Folge hat, kann er in steilen Wildbächen zu ausgedehnten Bauzerstörungen führen. Auch die Annahme eines zu hohen Verlandungsperzentes hat sich wiederholt schwer gerächt.

Es wird häufig über die hohen Kosten der Verbauungen geklagt und die Wahl einfacher Bautypen und einer billigen Bauweise gefordert. Die Mißerfolge, die bei manchen Verbauungen zu beklagen waren, sind aber zum Großteil gerade darauf zurückzuführen, daß man glaubte, mit kleinen Werken auszukommen oder, daß die Bauten auf eine zu geringe Wassermenge berechnet waren u. dgl. Die Abmessungen der Bauten müssen sich nach den örtlichen, besonders den geologischen Verhältnissen und dem Gelände richten und schon Wang hat darauf hingewiesen, daß die Ansicht über die allgemeine Zulässigkeit einfacher Bauweisen in Wildbachgerinnen eine laienhafte sei und daß man, ohne sich mit der Herstellung von Kunstbauten zu befreunden, es doch ablehnen müsse, in einer Weise zu bauen, die nicht die volle Gewähr des Bestandes des Geschaffenen in sich schließt (329). Es soll damit keineswegs in Abrede gestellt werden, daß man mitunter auch mit kleinen Werken sehr schöne Erfolge erzielen kann. Dies ist der Fall bei der Verbauung kleiner Runsen, bei denen es sich nicht um tiefgreifende Bodenbewegungen, sondern nur um oberflächliche Bodenabschwemmung handelt. Man darf aber nicht erwarten, an wasserreichen Bächen und bei ungünstiger Bodengestaltung mit kleinen Arbeiten das Auslangen zu finden (Abb. 34).

Eine Einschränkung der Bauten unter das nötige Mindestmaß ist ein Sparen am unrechten Orte, das sich oft schwer und bitter rächt. Erzielen solche Bauten die erhoffte Wirkung nicht oder werden sie bei Elementarfällen beschädigt oder gar zerstört, so heißt es oft, das System sei verfehlt, und es sei damit der Beweis erbracht, daß die Bauten zwecklos seien und nur von anderen Mitteln ein Erfolg zu erhoffen sei, während doch in Wirklichkeit das System gut gewesen wäre, wenn man nicht am unrechten Orte gespart hätte. Die Beurteilung des notwendigen Mindestmaßes der Bauten ist sehr oft schwierig und bedarf langer Erfahrung. Auch die richtige Anordnung der Bauten ist Sache der letzteren. Eine unrichtige Anordnung kann schwere Gefahren und Schäden, viel Arbeits- und Geldverlust mit sich bringen. Durch zweckmäßige

Anordnung und richtige Abwägung der Inanspruchnahme und Wirkung der Bauten kann der Aufwand eingeschränkt werden, und dies ist der einzige Weg, Ersparungen zu erzielen, ohne den Erfolg zu beeinträchtigen. Es ist gewiß nicht nötig, auf besondere Schönheit der Bauten, z. B. eine sorgfältige Bearbeitung der Stirnflächen der Steine u. dgl., Wert zu legen und dafür Arbeit aufzuwenden, keinesfalls aber darf die Zweckmäßigkeit der Anlage und die Solidität des Baues unter dem Sparen leiden. Alle Abmessungen der Bauwerke müssen ausreichend sein, und das zum Bau verwendete Material muß von entsprechender Beschaffenheit sein.

Abb. 34. Verbaute Grabenstrecke im Meßnergraben bei Hopfgarten, Nordtirol.

Höchst wichtig ist es, schon bei der Projektierung der Verbauungsanlagen auf die künftige Bauerhaltung Bedacht zu nehmen und die Bauanordnung so zu treffen, daß die Erhaltung erleichtert wird, also schwer zu erhaltende Bauten nach Möglichkeit zu vermeiden.

Bei den Wildbachverbauungen ist ein rechtzeitiges Eingreifen von Wichtigkeit; durch ein solches können nicht nur oft große Schäden vermieden werden, sondern die Arbeiten selbst gestalten sich auch wesentlich einfacher und billiger.

In manchen Fällen, besonders nach Katastrophen, kann es zweckmäßig sein, einzelne Bauten nur provisorisch oder halbpermanent auszuführen, z. B. als Bockbauten oder sonstige einfache Holzbauten, die mit der Zeit durch andere ersetzt werden, dies besonders dann, wenn mit starken Sohlenschwankungen zu rechnen ist, die außerordentlich hohe Auslagen für eine sichere Gründung ständiger Bauten erfordern würden. Durch solche provisorische Bauten kann einerseits den bedrohten Liegenschaften rasch der nötige Schutz geboten und der Ausbildung eines späteren Rinnsales vorgearbeitet werden. In solchen Fällen erzielt man durch derartige Bauten trotz des Aufwandes für sie noch eine Ersparung.

Mitunter läßt sich der gewünschte Erfolg durch verschiedene Bausysteme, z. B. entweder durch eine systematische Abtreppung oder einen Schalenbau, erreichen. In solchen Fällen werden die Vor- und Nachteile der verschiedenen Bausysteme sorgfältig gegeneinander abzuwägen sein. Ähnliches trifft auch für die Auswahl der Baumaterialien zu.

Bei der Finanzierung der Verbauungsarbeiten ist es also geboten, eine möglichst vollständige Verbauung von vornherein in Aussicht zu nehmen und auch die Kosten der künftigen Erhaltung zu berücksichtigen. Ergibt sich dann, daß das Gesamtunternehmen wegen zu hoher Kosten nicht durchführbar ist, so muß man sich die Frage vorlegen, ob einzelne Arbeiten, wenn auch unter Schmälerung des Erfolges, aber doch für die übrigen ohne Nachteil ausgeschaltet oder auf eine spätere Zeit zurückgestellt werden können, wie z. B. die Verbauung einzelner Seitengräben oder Bruchflächen. Man möge sich aber nicht verleiten lassen, aus einer Gruppe von Bauten, die sich gegenseitig beeinflussen und stützen, einzelne auszuschalten oder ein System lückenhaft zur Ausführung zu bringen. Dies kann nicht nur den Erfolg schmälern, sondern auch die Wirkung der anderen Bauten beeinträchtigen, ja unter Umständen sogar deren Bestand in Frage stellen. Lassen sich aus dem Gesamtprojekt nicht einzelne Arbeitsgruppen auswählen, die auch bei Nichtausführung der anderen für sich bestehen und wirken können, so ist es besser, von der Verbauung überhaupt abzusehen, als nur ein Stückwerk auszuführen, das selbst Gefahren ausgesetzt ist, ja vielleicht solche infolge seiner Unzulänglichkeit auch für die zu schützenden Liegenschaften birgt. Keinesfalls darf die sichere Gründung der Werke vernachlässigt werden; auch sollen die Verbauungen stets bis in die obersten Bachverzweigungen ausgedehnt werden. Trotzdem kann es vorkommen, daß ein katastrophales Hochwasser eine neue Geschiebequelle eröffnet oder sogar einen Murgang auslöst. Um zu verhüten, daß dadurch Schäden entstehen, ist es zu empfehlen, wenn möglich, durch eine oder mehrere, mit großen Durchlässen versehene, tunlichst lange leer zu haltende Stausperren oder durch Ablagerungsplätze einen Reserveraum zur Geschiebeaufnahme zu schaffen, und zwar am besten möglichst nahe unter den ausgiebigsten Geschiebequellen. Von großer Wichtigkeit ist auch das richtige Ineinandergreifen der einzelnen Arbeiten; dasselbe setzt eine einheitliche Bauleitung voraus.

5. Reihenfolge der Arbeiten.

Die Reihenfolge der Arbeiten hat sich nach ihrem Zweck und den örtlichen Verhältnissen zu richten. Ist es geboten, die Geschiebeabfuhr in den Unterlauf rasch einzuschränken, so wird man die Geschiebeentlastung, wo dies möglich und zweckmäßig ist, durch Stausperren oder größere Konsolidierungssperren in der

Schlucht oder am Mittellauf des Wildbaches, allenfalls durch die Herstellung von Ablagerungsplätzen zu erreichen trachten und namentlich die ausgiebigen Geschiebequellen nahe der Ausmündung der Gräben zuerst in Angriff nehmen. Hat man hingegen mit der Arbeitseinteilung freie Hand, so empfiehlt es sich, an der Wurzel des Übels, d. i. im Oberlauf, zu beginnen. Man erzielt dadurch den Vorteil, daß die Arbeiten während der Bauausführung der geringsten Gefährdung durch von oben kommende Murgänge ausgesetzt sind. Dies gilt aber nur als allgemeine Richtschnur für solche Bäche, in denen die Geschiebeherde am Oberlauf nicht viel weniger gefährlich sind als jene im Mittel- und Unterlauf. Meist lassen sich die Verbauungsarbeiten in Gruppen einteilen, welche die verschiedenen Geschiebeherde betreffen und von einander ziemlich unabhängig sind, dann wird man in erster Linie jene Arbeiten wählen, von denen man sich den raschesten und besten Erfolg verspricht, mag dieser auch nur in der Verhütung einer Verschlechterung der Verhältnisse bestehen; ja gerade derartige vorbeugende Maßnahmen sollen tunlichst rasch bewerkstelligt werden, weil durch sie mit geringen Mitteln große Schäden verhütet werden können.

In den einzelnen Arbeitsgruppen sind jeweils jene Werke zuerst zur Ausführung zu bringen, die den anderen als Stütze zu dienen haben, also in jeder Teilstrecke des Baches die untersten Werke. Diese sind womöglich auf Fels zu gründen oder in Felsprofile zu stellen, wo ihr Bestand unabhängig von etwa eintretenden Vertiefungen der unteren Strecke gesichert ist. Stehen solche Felsprofile nicht zur Verfügung, so muß in sonstiger Weise die Sicherheit dieser Hauptstützwerke gewährleistet werden.

Es ist ferner selbstverständlich, daß für in Bewegung befindliches Gelände zuerst ein entsprechender Fuß geschaffen, bzw. der Fuß der Lehnen gegen Wasserangriffe gesichert werden muß, bevor auf dem beweglichen Boden selbst irgend welche bauliche Maßnahmen oder Bodenbindungsarbeiten zur Ausführung gebracht werden. Der von mancher Seite vertretenen Ansicht, daß die zur Befestigung in Rutschung befindlicher Hänge erforderlichen Arbeiten in der Regel erst nach den Aufforstungen ausgeführt werden sollen, muß unbedingt entgegengetreten werden. Soweit es sich um die Begrünung von Bruchflächen handelt, ist die oben empfohlene Arbeitseinteilung schon deshalb die richtige, weil — auch abgesehen von der mit der Ausführung von Konsolidierungsarbeiten unvermeidlich verbundenen Beschädigungen der Berasungen und Anpflanzungen — durch erstere ja erst die Vorbedingungen für die Befestigung der Hänge, die nötigen Stützpunkte für die Entwässerungsarbeiten geschaffen werden. Handelt es sich aber um die Aufforstung anderer Flächen, so ist kein Grund einzusehen, warum die Ausführung als notwendig erkannter Bauten, von denen ein rascher Erfolg zu erhoffen ist, zu Gunsten von Maßnahmen verschoben werden soll, deren Wirkung sich erst nach langen Jahren geltend machen kann, und dies um so weniger, als meist die Notwendigkeit vorliegt, die den Liegenschaften drohenden Gefahren möglichst bald zu beseitigen.

Abb. 35. Stau- und Konsolidierungswerk im Oberlauf der Großen Schliere, Kanton Obwalden. Aufnahme von Oskar Brunner, Sachseln.

Auch die meisten Fachleute, die sich mit der Wildbachverbauung beschäftigen, so u. a. Prof. Wang und der französische Forstinspektor Mougin, vertreten den Standpunkt, daß es notwendig sei, in erster Linie die Kraft des Wassers zu brechen und die Bodenbewegungen zur Ruhe zu bringen, dann erst die Bodenbindungsarbeiten und Aufforstungen folgen zu lassen.

Was die Schutzarbeiten und Regulierung auf den Schwemmkegeln und am Unterlauf der Bäche betrifft, so sei nochmals betont, daß es grundsätzlich richtig wäre, sie erst auszuführen, nachdem sich die Wirkung der Oberlaufverbauung eingestellt hat, daß von dieser Arbeitseinteilung aber oft abgegangen werden muß, um Siedlungen und sonstige wertvolle Liegenschaften vor dem Untergang zu retten oder sie möglichst rasch einer drohenden Gefahr zu entziehen.

Das mit einer vorzeitigen Unterlaufregulierung verbundene Risiko kann verringert werden, wenn es möglich ist, durch Schaffung eines ausgiebigen Stauraumes den Unterlauf durch längere

Abb. 36. Große Schliere. Festigungsbauten zur Sicherung des rechtsseitigen Hanges, der sich in Rutschung befand.

Zeit zu entlasten, innerhalb welcher die rückständige Oberlaufverbauung in der Hauptsache fertiggestellt werden kann.

So wurde durch den 1947 verstorbenen Ingenieur O. Seiler, der die großzügige Verbauung der Großen Schliere im Kanton Obwalden durch mehrere Jahrzehnte in verdienstvoller Weise leitete, im Oberlauf dieses Wildbaches ein sehr kräftiges Stau- und Konsolidierungswerk erbaut (Abb. 35). Dasselbe hebt zusammen mit zwei Vorsperren die Bachsohle um 24,75 m, schafft einen großen Stauraum und eine Stütze für einen beweglichen Hang. Dieses Werk zusammen mit Festigungsbauten im Mittellauf (Abb. 36) und in mehreren Seitengräben ermöglichte es, durch eine geschlossene Unterlaufregulierung den Liegenschaften auf dem Schwemmkegel den dringend benötigten Schutz zu bieten.

6. Wahl der Baustoffe.

Bei derselben hat man bei Wildbachverbauungen viel weniger freie Hand als bei den meisten anderen Bauführungen, denn man ist in der Regel darauf angewiesen, das unweit der Baustelle erhältliche Material zu verwenden. Bei den ungünstigen Transportverhältnissen kommt die Zufuhr von Stein, Schotter, Sand, Holz usw. aus größerer Entfernung zu der oft weit entlegenen und schwer erreichbaren Baustelle nur selten in Betracht.

Wenn auch an dieser Stelle nicht näher auf die Eigenschaften der verschiedenen Baumaterialien eingegangen werden kann, so müssen doch einige für die Wahl derselben wichtige Umstände kurz besprochen werden.

Zur Herstellung von Längs- und Querbauten kommen hauptsächlich in Betracht: Stein, Beton, Holz und Faschinenmaterial, ferner auch Drahtnetze und Klaubsteine. Erddämme werden zu den meisten Längsbauten und ausnahmsweise auch zu Querbauten verwendet. Sie müssen aber gegen Wasserangriffe geschützt werden, und die Längsbauten sind hochwasserfrei zu halten, um sie vor Zerstörung zu schützen. Auch die Verwendung von Kunststeinen und Klinkern hat sich bei den Wildbachverbauungen mitunter als zweckmäßig erwiesen. Kunststeine aus Beton können meist an Ort und Stelle hergestellt werden, hingegen stehen einer ausgedehnten Verwendung von Klinkern die hohen Transportkosten hindernd entgegen.

Wo guter Naturstein zu finden oder mit erschwinglichen Kosten zuzuliefern ist, ist seine Verwendung das Gegebene (Abb. 37), und man stellt je nach den Verhältnissen Bauten in trockenem oder nassem Mauerwerk — letzteren Falles unter Verwendung reinen oder mit Weißkalk verlängerten Zementmörtels — allenfalls auch unter Zusatz von Traß her. Auch gemischtes Mauerwerk kommt zur Ausführung.

Die Steine sollen gesund, wetterfest, lagerhaft und für trokkenes Mauerwerk entsprechend groß sein. Sie sollen sich spalten oder sonst gut bearbeiten lassen, also nicht spröd, aber doch so hart sein, daß sie vom darübergleitenden Geschiebe nicht stark abgeschliffen werden. Steinbrüche liefern, namentlich von geschichteten Steinen, gut lagerhafte Bruchsteine, die weniger Bearbeitung erfordern als Findlinge, die unregelmäßig und abgerundet, aber in der Regel gesund und wetterfest sind. Sie dürfen aus Bachbetten nur mit Bedacht darauf gewonnen werden, durch die Entnahme nicht eine unerwünscht starke Bacheintiefung zu verursachen.

Ist guter Stein nicht zu beschaffen, hingegen geeigneter Sand und Schotter vorhanden, so empfiehlt sich die Ausführung von Betonbauten. Diese Baustoffe dürfen weder leicht verwitterbare noch schädliche Beimischungen, wie z. B. Gips, enthalten. Grubenschotter ist dem Quetschschotter vorzuziehen. Das Mischgut muß sorgfältig gewaschen werden. Die hierauf verwendete Arbeit und die Sorge für eine entsprechende Körnung und Mischung des Be-

Abb. 37. Sperre in Trockenmauerwerk, Obersulzbach, Salzburg.

tons und den richtigen Wasserzusatz lohnen sich reichlich, weil dadurch, unbeschadet der Betongüte, an Zement gespart werden kann. Auch gut gewaschene Steine können zu letzterem Zweck in den Beton eingebettet werden (Abb. 38).

Der Beton ist für den Wasserbau unersetzlich, er schmiegt sich dem Untergrund gut an, kann mit Hilfe von Maschinen auch durch ungeschulte Arbeiter rasch zu monolitischen Baukörpern verarbeitet werden und ist von langer Lebensdauer.

Allerdings werden Betonbauten vom Geschiebe abgeschliffen, von rasch fließenden und besonders von aggressiven (säure- und salzhältigen) Wässern angegriffen und unter Umständen zerstört. Solchen Angriffen stärker ausgesetzte Bauteile müssen daher, wenn sie nicht aus anderen Stoffen erstellt werden können, mit Stein oder Holz verkleidet, durch Stahlschienen oder -platten oder sonstwie geschützt werden.

Abb. 38. Sperren in Stampfbetonmauerwerk, Schieflingbach am Ossiachersee, Kärnten.

Eine größere Oberflächenhärte kann dem Beton durch Fluatierung, Silikatisieren mittels wiederholtem Wasserglasanstrich, durch Zusatz von Tricosal oder Plastiment gegeben werden. Dem Panzerbeton, bei dem das Mischgut aus kantigen Stahlsplittern besteht, wird eine Härte wie Stahl nachgerühmt.

Die Abnützung des Betons wird auch wesentlich eingeschränkt durch fette Mischung (1 : 1), sehr dichtes Gefüge und durch Glättung der Oberfläche (Glattschliff mit einem Glasstock). Die auf solche Weise hergestellte Krone einer Stausperre in Mitterweißenbach bei Ischl soll sich — obwohl aus Kalk- und Dolomitgeschiebe des Wildbaches erbaut — seit mehr als vier Jahrzehnten tadellos erhalten haben.

Eine größere Widerstandsfähigkeit des Betons gegen chemische Einflüsse als mit Portlandzement läßt sich durch die Verwendung von Spezialzementen, wie Tonerdeschmelzzement, Hochofenschlacken- oder Erzzement, erzielen. Auch durch Zusatzstoffe zum Mischgut, wie Kieselgur, Traß, Puzzolanerde, Thurament, Fluoresit, Ceresit, Sika u. dgl., läßt sich die Widerstandsfähigkeit erhöhen. In der Regel werden diese Zusatzstoffe nicht für den ganzen Baukörper, sondern nur für eine schwache Schutzschichte und für die Fugenverbrämung von Mauerwerk verwendet. Um einer Betonzerstörung vorzubeugen, empfiehlt es sich, die die Werke umspülenden Wässer vor Baubeginn auf schädliche Beimischungen untersuchen zu lassen.

Als Schutzmittel gegen chemische Einflüsse können auch Anstriche mit Teer, Asphalt, Bitumen, Ceresit, Inertol usw., für manche Bauwerke und Bauteile wie für stets unter der Oberfläche bleibende Wände selbst eine schwache Lehmschichte mit Vorteil Anwendung finden. Auch eine Torkretierung kann in Betracht kommen (2, 132, 256, 336).

Abb. 39. Betonierte Stausperre im Lärch- und Oefenbach bei Saalfelden, Salzburg.

Gegen die Verwendung von Stampfbeton im Wasserbau wurde in den letzten Jahren vom Standpunkte der Heimatpflege und Erhaltung der landschaftlichen Schönheit Stellung genommen. Es ist nicht in Abrede zu stellen, daß sich Mauerwerk aus Natursteinen besser in das Landschaftsbild einfügt, doch verleihen die Atmosphärilien dem Beton im Laufe einiger Jahre eine unauffällige, altersgraue Tönung (Abb. 39), und es setzt sich an ihm in den feuchten Gräben der Wildbäche sehr bald ein Überzug von Algen, Flechten und Moosen an, so daß sich der Beton nicht mehr störend abhebt. Wo es auf besondere Schönheit ankommt, können die Betonbauten mit Stein verkleidet werden, in den meisten Fällen wird man aber die geringere Schönheit des Betons gegenüber dem Naturstein wegen seiner sonstigen Vorteile in Kauf nehmen können.

Eisenbeton hat bisher bei Wildbachverbauungen nur beschränkte Anwendung gefunden, ist aber zweifellos für manche Zwecke sehr empfehlenswert, z. B. für die Herstellung weit vorkragender Wassernasen und von Fundamentplatten, für Einwölbungen, für die Verkleidung von Holzsperren u. dgl. Er ermöglicht die Errichtung sehr schlanker Bauten und gestattet Konstruktionen in aufgelöster Bauweise, die sonst unausführbar wären. Die Vorteile, die er in vielen Fällen bietet, müssen wohl anerkannt werden, doch ist davon abzuraten, in Hochgebirgsbächen allzu schlanke Bauten zu errichten, da es noch nicht erwiesen ist, daß ihre geringe Masse den Stößen von Murgängen, Lawinen und Steinschlägen genügenden Widerstand entgegenzusetzen vermag. Ein Experimentieren in gefährlichen Wildbächen ist mit zu großer Gefahr und Verantwortung verbunden und man wird deshalb nur schrittweise und langsam die entsprechenden Erfahrungen sammeln können.

Abb. 40. Abtreppung und Uferschutzbauten aus Holz, Hinterer Glaslbach in Gosau, Salzkammergut.

Ein anderes Baumaterial, das in Wildbächen häufig und in guter Beschaffenheit zur Verfügung steht, ist das Holz (Abb. 40 und 41). Die Holzbauten besitzen gegenüber den Steinbauten zweifellos viele Vorteile, aber auch große Nachteile. Zu den ersteren gehören ihre rasche Ausführbarkeit und eine gewisse Elastizität, die ihnen bei nicht zu starken Unterwaschungen ein Nachsinken gestattet, während die starren Stein- und Betonbauten gegen Unterwaschungen sehr empfindlich sind. Bei richtiger Konstruktion besitzen die Holzbauten einen guten Zusammenhalt und leisten auch nicht allzu starken seitlichen Drücken ausreichenden Widerstand, ohne Deformationen zu erleiden; eintretende Beschädigungen nehmen in der Regel keinen großen Umfang an. In beweglichem Boden, woselbst mit Bodenverschiebungen u. dgl. zu rechnen ist, sind Holzbauten dem Mauerwerk vorzuziehen. Hiezu kommt, daß das Holz leicht zu bearbeiten und die Bevölkerung in holzreichen Gegenden mit der Holzarbeit gut und meist viel besser vertraut

Abb. 41. Abtreppung mit hölzernen Grundschwellen, Klempferergraben bei St. Johann in Tirol.

ist als mit der Steinarbeit, ferner daß die Beteiligten durch die Holzbeistellung leichter einen Teil der Baukosten abtragen können, als ihnen dies sonst möglich wäre.

Diesen Vorteilen stehen aber mehrere Nachteile gegenüber, so die Notwendigkeit, die Fundamente auf die volle Länge der Stämme und die volle Tiefe unter einmal zu öffnen, und die Schwierigkeit, der das Einbauen langer Stämme begegnet, wenn sich Pölzungen der Fundamentgräben als notwendig erweisen. Der Hauptnachteil ist aber die rasche Vergänglichkeit des Holzes, soweit dieses nicht ständig unter Wasser oder in feuchter Erde sich befindet. Besonders rasch unterliegen jene Hölzer der Vermorschung, die einem häufigen Wechsel von Nässe und Trockenheit unterworfen sind. Verhältnismäßig gut widerstehen ihr Eiche, Lärche und Kiefer, minder gut die übrigen Nadelhölzer, am schlechtesten Buche, Weißbuche, Pappelarten, Erlen, Ahorn, Linde und Weide. Durch Konservierungsmittel kann die Vermorschung verzögert werden.

Während Holzbauten in schattigen, feuchten Lagen viele Jahrzehnte bestehen können, sind sie in sonnigen Lagen rasch vergänglich. Die Unterschiede in der Dauer sind oft auch auf die

Abb. 42. Lebende Uferschutzbauten im Groß-Lipowybach, Bezirk Friedeck, Tschechoslowakei.

Fällungszeit und das Wachstum des Holzes zurückzuführen. Langsam erwachsenes, engringiges Holz übertrifft das rasch erwachsene, weitringige an Dauer sehr bedeutend und ebenso ist das außer der Saftzeit geschlagene Holz viel dauerhafter als das in der Saftzeit geschlagene.

Der ständigen Erhaltung setzen die Holzbauten unter diesen Verhältnissen große Schwierigkeiten entgegen. Abgesehen von der Auswechslung der Sperrenflügel u. dgl. kann von einer Instandhaltung der Holzbauten kaum gesprochen werden, vielmehr wird sich meist die Notwendigkeit eines Neubaues der ober Wasser befindlichen Bauteile ergeben. Es ist daher im allgemeinen zweckmäßig, große Holzwerke zu vermeiden und dafür eine größere Zahl von kleineren Werken herzustellen.

Bei einem Kostenvergleich zwischen Holz- und Steinbauten sind nicht allein die Herstellungskosten, sondern auch die Kosten der Erhaltung bzw. der Auswechslung in Rechnung zu stellen und es ergibt sich hiebei häufig, daß die Holzbauten trotz der billigeren ersten Herstellung teurer sind als die Steinbauten. Wohl aber sind Holzbauten für solche Werke sehr zu empfehlen, die nach dem Erstarken der Vegetation entbehrlich werden, deren dauernde Erhaltung sohin nicht in Frage kommt.

Einer ausgedehnten Holzverwendung stehen allerdings dermalen außer in abgelegenen Gebieten die hohen Holzpreise entgegen.

Die Verwendbarkeit von totem Flecht- und Faschinenmaterial zu Bauherstellungen ist wegen seiner Vergänglichkeit ebenfalls sehr beschränkt. Eine wesentlich längere Dauer besitzen Bauten aus lebendem, d. h. ausschlagfähigem Material. Soweit möglich und, wo auf die Entwicklung einer Vegetation gerechnet werden kann, ist daher für Flecht- und Faschinenwerke lebendes Material zu verwenden (Abb. 42).

Über die Verwendung von Drahtnetzen zu Bauherstellungen wird weiter unten Näheres ausgeführt.

Siebenter Abschnitt.

Die baulichen Vorkehrungen.

Es gehört zu den wichtigsten Aufgaben des mit der Verbauung eines Wildbaches betrauten Ingenieurs, die zweckdienlichen Baumittel auszuwählen, richtig anzuordnen und miteinander zu verbinden. Zur Lösung dieser Aufgabe ist es in erster Linie nötig, die Grundursachen zu erkennen, auf die in jedem einzelnen Falle die Geschiebebildung und auftretenden Bodenbewegungen zurückzuführen sind. Treffliche Anhaltspunkte hiezu gibt S t i n y (300). In zweiter Linie ist ein richtiges Urteil über die Wirkung der einzelnen Baumittel nötig. Beides erfordert außer theoretischen Kenntnissen einen richtigen, durch Beobachtung und Erfahrung geschärften Blick.

Über die verschiedenen im sechsten Abschnitt erwähnten Baumittel ist folgendes zu sagen:

A. Querbauten.

Unter allen Bauten, die zur Beruhigung von Wildbächen bestimmt sind, kommt den Querbauten die größte Bedeutung zu. Man versteht darunter Werke, die quer über das Rinnsal gestellt werden, die Sohle heben oder doch ihre Eintiefung verhindern. Die größeren derartigen Werke nennt man Talsperren, die kleineren Grundschwellen, Grundsperren oder, wenn sie gar nicht über die Sohle emporragen, auch Sohlschwellen. Eine scharfe Grenze zwischen Talsperren und Grundschwellen ist nicht zu ziehen, doch wird als Mindestmaß für die ersteren in der Regel eine aufgehende Höhe von 2 m angenommen.

Die Querbauten werden errichtet aus trockenem, nassem oder gemischtem Mauerwerk, in Beton, Eisenbeton, Drahtnetzbauweise oder als Steinkasten- und sonstige Holzwerke, Graß- oder Rauhbaumschwellen, Faschinen- oder Flechtwerksperren u. dgl.

1. Zweck der Querbauten.

Der Zweck der Querbauten ist entweder die Zurückhaltung des bereits in Bewegung befindlichen Geschiebes oder die tunlichste Verhinderung einer weiteren Geschiebeerzeugung. Dem

Abb. 43. Abtreppung mit gemauerten Grundschwellen, Naifbach bei Meran, Südtirol.

ersteren Zwecke dienen die Stausperren (Abb. 24), bezüglich welcher auf den sechsten Abschnitt verwiesen wird, dem letzteren die Konsolidierungswerke.

Diese haben verschiedene Aufgaben zu erfüllen, nämlich: das Gefälle des Baches und seine Stoßkraft zu brechen und die fortschreitende Erosion zu verhindern oder die Bachsohle zu heben und dadurch einen festen Fuß für die unterwaschenen Lehnen und Bruchflächen zu schaffen, unter Umständen auch die Bachsohle zu verbreitern, um eine Zerteilung des Hochwassers und der Muren herbeizuführen und die Ausbildung tiefer Runsen im Ablagerungsgebiet zu verhindern. Ein weiterer Zweck kann der sein, dem Bach durch eine entsprechende Anordnung der Abflußsektionen und durch Aufziehen der Flügel einen bestimmten Lauf anzuweisen, also Ufer und Lehnen zu schützen, was, wenn es sich um eine längere Bachstrecke handelt, die Erbauung einer geschlossenen Reihe von Querwerken erfordert. Viele Querwerke haben auch die Aufgabe, andere Bauten vor Unterwaschung zu schützen oder ihnen unmittelbar als Stütze zu dienen. Letzteres trifft zu bei Längs- und Schalenbauten, Pflasterungen usw. (Abb. 43).

2. Wahl der Baustellen.

Während man bei Stausperren die Möglichkeit hat, solche Stellen zu wählen, die für die Erbauung, Instandhaltung und Wirkung

Abb. 44. Abstaffelung mit Sperren, Thalerbach bei Mittenwald, Osttirol.

die günstigsten Bedingungen aufweisen, ist man bei den Konsolidierungswerken an jene Stellen gebunden, woselbst die Befestigung oder Hebung der Sohle notwendig ist. Hier hat man nur bezüglich der Höhe und Austeilung der Werke freie Hand und kann nur geringfügige Verschiebungen vornehmen (Abb. 44).

Innerhalb dieser beschränkten Grenzen wird man auch für solche Werke jene Stellen bevorzugen, wo Fels eine sichere Gründung und verläßliche Einbindung ermöglicht. Eine systematische Verbauung wäre aber unmöglich, wollte man die Querwerke nur auf derartige, besonders geeignete Stellen beschränken. Wenn man auch im allgemeinen die engeren Stellen des Bachbettes bevorzugt, ist man doch häufig gezwungen, Konsolidierungssperren in Weitungen desselben einzubauen, ja in den französischen Wildbächen werden nach W a n g Talsperren mitunter absichtlich in solche Bachweiten gestellt, weil hier die Gewalt der Murgänge geringer ist und der Verlandungsraum oft besser ausgenützt werden kann. Übrigens läßt sich durch Einfangflügel die Spannweite wesentlich verringern.

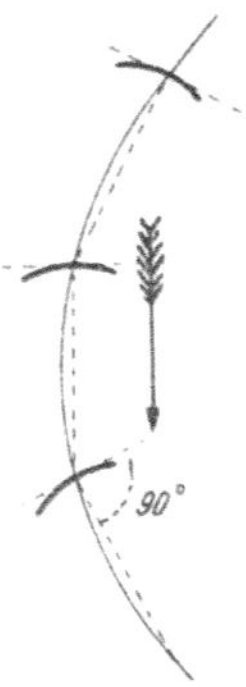

Abb. 45. Stellung der Sperren in Bachkrümmungen.

In geraden Bachstrecken sind die Querwerke normal zur Bachrichtung zu stellen, in Krümmungen hingegen ist der auswärts gekehrte Flügel zwecks besserer Ableitung der Strömung nach abwärts zu verschwenken. Prof. K r e u t e r (176) empfiehlt, sie in diesem Falle normal zur Sehne zu stellen, welche die Mitte der Abflußsektion mit der Mitte der Abflußsektion der nächst unteren Sperre verbindet (Abb. 45). Von der Normalstellung der Sperren muß auch abgegangen werden, wo der Druck beweglicher Lehnen schief zur Bachachse gerichtet ist, um die Gefahr einer Verschiebung der Sperrenflügel zu vermeiden.

3. Bestimmung der Werkshöhe.

Die Stausperren sollen, um ihren Zweck möglichst vollkommen und lange erfüllen zu können, einen tunlichst großen Stauraum, daher auch im allgemeinen eine große Höhe erhalten. Es ist Sache der Rechnung, zu ermitteln, in welchem Maße der Rauminhalt der Sperren mit wachsender Höhe zunimmt und bei welcher Sperrenhöhe mit den aufzuwendenden Kosten die günstigste Stauwirkung erzielt werden kann. Da für die Stausperren vorwiegend enge Profile mit steilen Ufern in Betracht kommen, wird das Ergebnis meist für höhere Werke günstiger sein. Hohe Stauwerke erbaut man zweckmäßig nicht gleich auf die volle Höhe, sondern erhöht sie nach und nach.

Bei Konsolidierungssperren ist von Fall zu Fall zu beurteilen, ob es zweckmäßiger ist, zur Erzielung der erforderlichen Wirkung eine oder wenige hohe oder mehrere niedrige Werke zu erbauen.

Häufig beschränken schon die Profilverhältnisse die Höhe auf ein bestimmtes Maß. Auch wo dies nicht zutrifft, geht man — von

Ausnahmsfällen abgesehen — bei Wildbachverbauungen nur selten über eine aufgehende Höhe von 10 bis 12 m hinaus, ja die meisten gemauerten Sperren übersteigen eine Höhe von 5 bis 6 m nicht; Holzsperren sollen nicht über 2 m hoch gemacht werden.

Abb. 46. Konsolidierungswerke, Fendlermure. Oberinntal.

Die Höhe der Konsolidierungswerke muß sich nach den örtlichen Verhältnissen und dem Zweck des Baues richten. Wo es sich nur um eine Festigung der Sohle oder um die Verhütung einer weiteren Eintiefung handelt, reichen niedere, allenfalls auch ganz versenkte Grundschwellen vollkommen aus, hingegen sind dort höhere Werke notwendig, wo eine größere Sohlenhebung erzielt werden soll (Abb. 46).

Handelt es sich um Bruchflächen, auf denen nur oberflächliche Nachbrüche zu erwarten sind, so ist die erforderliche Werkshöhe verhältnismäßig leicht zu bestimmen: sie muß so groß sein, daß die Neigung der Böschungen nach eingetretener Verlandung und Abböschung den natürlichen Neigungswinkel des Materials nicht oder nicht wesentlich übersteigt. Hierbei ist zu beachten, daß das Gefälle der Lehnen normal zu den Schichtenlinien den größten Wert erreicht und die senkrecht zur Bachachse aufgenommenen Profile nicht immer das größte Gefälle zeigen. Je steiler das Gelände in der Richtung zur Grabenachse abfällt, desto mehr übertrifft auch die größte Neigung der Bruchflächen das in den Querprofilen zum Ausdruck kommende Gefälle.

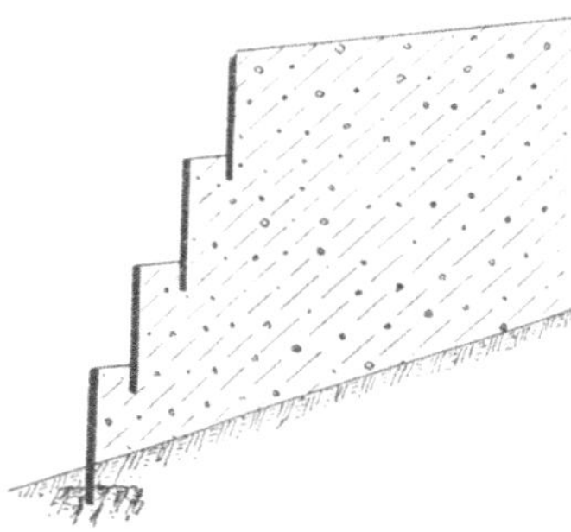

Abb. 47. Ausgiebige Sohlenhebung durch eine Sperrenfolge.

Bei tief eingeschnittenen Gräben reicht ein Werk oft nicht aus, sondern es müssen mehrere solche hintereinander gestellt werden, um die erforderliche Sohlenhebung zu erzielen (Abb. 47). In solchen Fällen sind die einzelnen Sperren möglichst nahe aneinander zu rücken und ist ihr gegenseitiger Abstand nur so groß zu wählen, daß der Wasserabsturz über die obere Sperre die nächst untere nicht mehr beeinflußt (Abb. 48). Bei einer solchen Werks-

Abb. 48. Sperrenfolge zur Sohlenhebung im Schesatobel bei Bludenz. (Nach einer Aufnahme des Postkartenverlages Josef Hegenbart in Bludenz.)

anordnung kommen die oberen Sperren auf die Verlandung der nächst unteren zu stehen. Kann man die obere Sperre nach Abb. 49 auf ein Gewölbe stellen, so wird sie unabhängig von den Setzungen des Untergrundes. Ist dies nicht möglich, so müssen die Werke auf die Verlandungen gegründet werden, und zwar, da man nicht jahrelang mit ihrer Erbauung zuwarten kann, auf die frischen Verlandungen. Wie langjährige Erfahrung beweist, kann dies ohne Bedenken geschehen, wenn der Verlandungskörper der Hauptsache nach aus Steinen und Schotter besteht, deren Zwi-

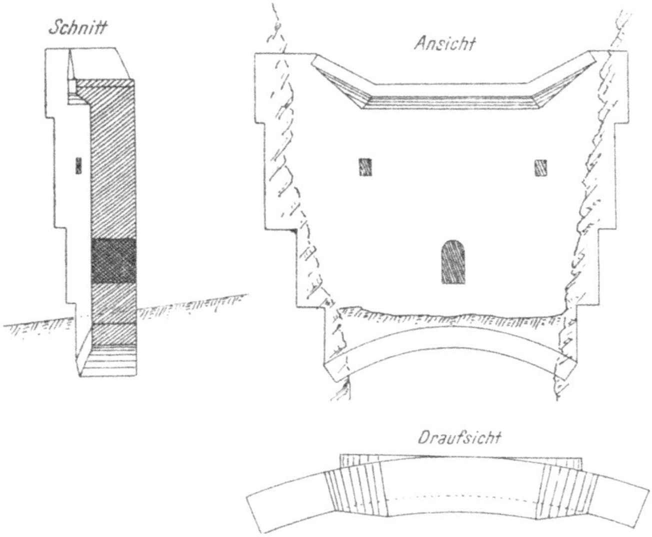

Abb. 49. Sperre auf Fundamentgewölbe.

schenräume mit feinem Material ausgefüllt sind, wie dies bei Murgängen meist der Fall ist. Solches Material ist festgelagert, setzt sich sehr wenig und wird in kurzer Zeit tragfähig. So werden seit Jahrzehnten die Sperren im Schesatobel bei Bludenz auf

Abb. 50. Unvollendete Sperrenreihe im obersten Bruchkessel des Schesatobels bei Bludenz.

ziemlich frische Verlandungen gegründet. Unregelmäßige Setzungen oder Rißbildungen im Mauerwerk wurden trotzdem niemals beobachtet (Abb. 50).

Wo aber im Fundamentbereiche der Sperren nicht sicher tragfähige Schichten auftreten, muß natürlich entsprechende Vorsicht bei der Fundierung angewendet werden (tiefe Fundamentgräben, liegende oder stehende Roste, Eisenbetongründungen u. dgl.).

Schwierig zu bestimmen ist die erforderliche Hebung der Grabensohle in jenen Strecken, wo die Lehnen vernäßt und in Rutschung sind und starken Seitendruck ausüben. Sie muß ein solches Maß erreichen, daß die Lehnen eine entsprechend flache Neigung annehmen können und der Druck der Hauptsache nach nicht auf die Sperren wirkt, sondern von den Verlandungen aufgenommen wird. Nebenbei sei bemerkt, daß selbstverständlich auch getrachtet werden muß, diesen Druck durch Entwässerungsarbeiten abzuschwächen.

Bei Abstaffelungen ist die Werkshöhe nach dem Verlandungsgefälle zu bestimmen.

4. Grundrißform der Querwerke.

Die Form der Querwerke ist vom Baumaterial und der Konstruktion abhängig. Was die Grundrißform betrifft, so kommt für die gemauerten Sperren hauptsächlich das liegende Gewölbe in Betracht, dessen Scheitel nach aufwärts gerichtet ist (Abb. 51 b). Ge-

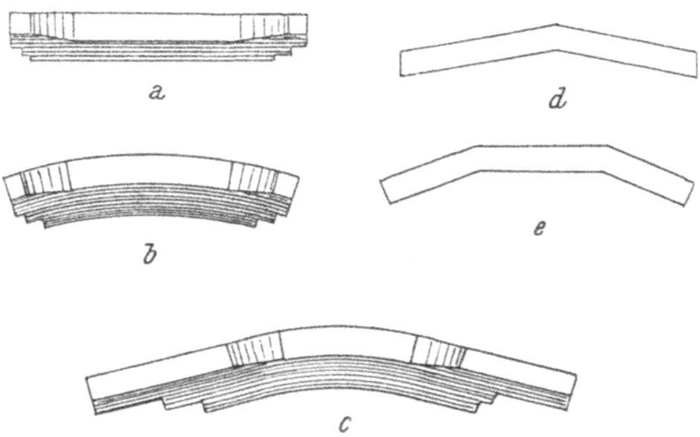

Abb. 51. Sperrengrundrisse.

wölbte Sperren zeichnen sich durch große Widerstandsfähigkeit gegen Druck und Stoß aus. Die Gewölbewirkung setzt aber außer einer tadellosen Bauausführung auch voraus, daß die Widerlager imstande seien, den Gewölbedruck aufzunehmen. Dies trifft bei Fels und höchstens noch bei breccienartig verfestigtem Glazialschutt zu. Auch bei größeren Spannweiten der Sperren ist auf eine Gewölbeverspannung, die den Wasser- und Materialdruck auf die Widerlager überträgt, nicht zu rechnen. Als obere Grenze für diese Spannweite gibt Prof. Kreuter (176) etwa 25 m an, unter der Voraussetzung, daß die Grundrißform einem Viertelkreis entspricht. In diesem Falle erreicht die Pfeilhöhe etwas mehr als 20 und der Radius rund 70 % der Spannweite. Gewöhnlich gibt man den Sperren aber nur eine Pfeilhöhe von 10 bis 14 % der Spannweite, entsprechend einem Halbmesser von 110 bzw. 100 % derselben und einem Zentriwinkel von 50 bis 60°. Die Spannweite ist hiebei in der Höhe der Abflußsektion an der inneren Sperrenlaibung zu messen. Für solche Sperren kann man 18 bis 20 m als obere Grenze für eine verläßliche Gewölbeverspannung annehmen.

Abb. 52. Betonsperre, Galgentobel bei Bludenz.

Obschon Sperren, die eine größere Spannweite besitzen oder nicht in felsige Widerlager eingebunden sind, nicht als Gewölbe berechnet werden können, sondern als Schwergewichtsmauern anzusehen sind, werden sie doch beinahe immer bogenförmig erbaut, weil sie dann auf alle Fälle widerstandsfähiger sind als geradlinige (Abb. 52).

Falls die Lehnen an den Einbindungsstellen verhältnismäßig flach ansteigen, erhalten die Sperren an der Krone bedeutend größere Spannweiten als in der Sohle, daher lange Flügel, die — wenn nach demselben Krümmungsradius fortgeführt — aus dem Hange heraustreten würden oder wenigstens eine unverhältnismäßig große Länge erhalten müßten. Dies läßt sich dadurch vermeiden, daß man diese Flügel von einer entsprechenden Stelle an in der Bogentangente nach Abb. 51 c fortsetzt.

Wo mit starkem Seitendruck der Lehnen zu rechnen ist, dem das gerade Mauerwerk leichter zu widerstehen vermag als ein Gewölbe, gibt man den Sperren einen geradlinigen Grundriß; auch kleinere Werke, Grundschwellen u. dgl. werden häufig geradlinig ausgeführt (Abb. 51 a). Diese Grundrißform ist auch für die

Holzsperren die meist angewendete, doch werden manche Bautypen, wie z. B. Prügelsperren, nach einer einfach oder doppelt gebrochenen Grundrißlinie erbaut (Abb. 51 d u. e).

Flechtwerks- und Faschinensperren werden entweder geradlinig oder bogenförmig ausgeführt.

Eine starke Krümmung der Querwerke ergibt größere Kubaturen und lenkt den Wasserabsturz gegen die Mitte, schwach gekrümmte und geradlinige Werke konzentrieren den Wasserabsturz nur so weit, als dies durch die Form der Abflußsektion bedingt wird.

5. Querschnittsform.

Die Sperren und Grundschwellen müssen einen derartigen Querschnitt erhalten, daß sie imstande sind, dem Wasserdruck und, nach eingetretener Verlandung, dem Druck des Verlandungsmaterials einschließlich des überströmenden Wassers Widerstand zu leisten. Hierbei ist zu berücksichtigen, daß das im Verlandungsmaterial enthaltene Wasser dessen natürlichen Böschungswinkel verkleinert.

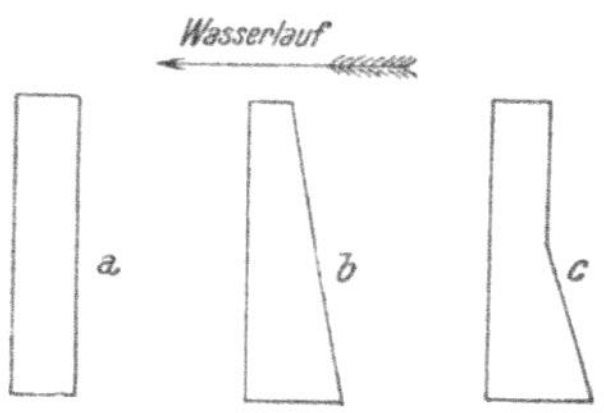

Abb. 53. Querschnitte gewölbter Sperren.

Den Wasser- und Erddruck übertragen die Querwerke entweder durch die Gewölbewirkung auf ihre Widerlager oder aber als Schwergewichtsmauern auf den Untergrund. In beiden Fällen müssen die bekannten Bedingungen für die Standfestigkeit erfüllt sein: Es soll also die Drucklinie nicht aus dem Kern heraustreten, das Kippen und Gleiten auf der Unterlage ausgeschlossen sein, und der Maximaldruck darf die Festigkeit des Baumaterials und die Widerstandskraft des Baugrundes nicht übersteigen.

Maßgebend für die Gestaltung des Querprofils ist ferner die Rücksicht auf die tunlichste Hintanhaltung von Beschädigungen und die leichte Bauerhaltung.

Den als Gewölbe zu betrachtenden Sperren gibt man am besten einen rechteckigen oder trapezförmigen Querschnitt, talseits mit lotrechter, bergseits mit lotrechter oder geneigter Stirnwand (Abb. 53 a und b). Allenfalls kann auch der oberste Sperrenteil bis hinab zu jenem Gewölbering, der bei der angenommenen Kronenstärke der Inanspruchnahme noch genügt, eine Rechtecksform erhalten und die notwendige Verstärkung erst von hier nach abwärts platzgreifen (Abb. 53 c). Die erforderlichen Mindestabmessungen ergeben sich aus der statischen Berechnung.

Werke mit lotrechter talseitiger Stirnwand sind keinerlei Beschädigungen derselben durch die über die Krone abstürzenden Steinblöcke ausgesetzt. Diese Sicherheit kann noch durch die Anbringung einer Wassernase oder Überfallskonsole an der Krone erhöht werden. Auf solche Weise können auch Stirnwände mit Anzug geschützt werden.

Unter der Voraussetzung einer entsprechenden Stärke können gewölbte Sperren später jederzeit leicht erhöht werden. Ist auf eine Erhöhung zu rechnen, so muß von vornherein bei der Stärkenbemessung auf sie Rücksicht genommen werden. Falls bei der ersten Herstellung der Wasserdruck in Rechnung gestellt wurde, ist schon deshalb die Möglichkeit der Erhöhung gegeben, weil ja der Materialdruck der Verlandung wesentlich geringer ist.

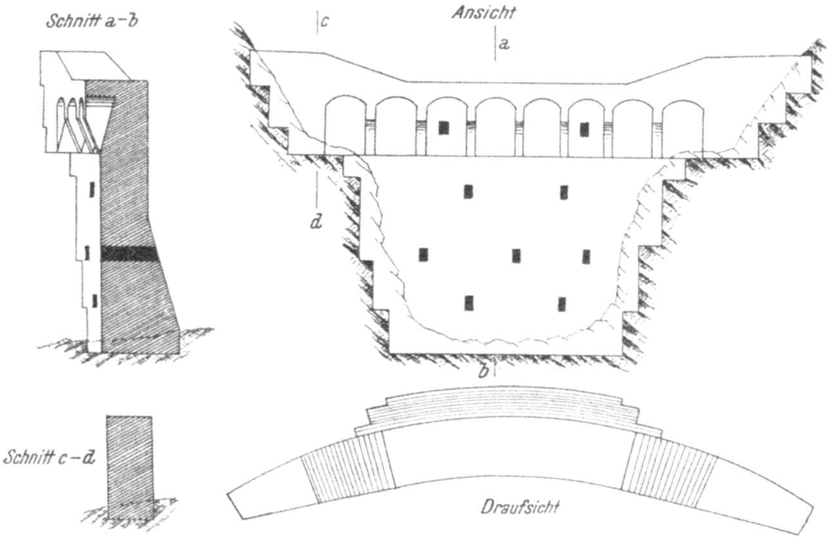

Abb. 54. Bogensperre mit Erhöhung als Schwergewichtsmauer.

Überschreitet der obere Sperrenteil das für die Gewölbewirkung anzunehmende Höchstmaß der Spannweite, so kann dieser Teil als Schwergewichtsmauer berechnet und dimensioniert werden (Abb. 54). Es muß aber dann der nach unten folgende Sperrenring, also der oberste als Gewölbe wirkende Ring, nicht allein den auf ihn selbst wirkenden, sondern auch jenen Druck aufnehmen, der auf die Schwergewichtsmauer entfällt. Der Berechnung dieses Ringes kann eine der Mauerstärke gleiche Höhe zugrunde gelegt werden.

Den Schwergewichtsmauern gibt man gewöhnlich einen trapezförmigen Querschnitt, und zwar hält man die bergseitige Stirnwand meist lotrecht und gibt der talseitigen einen Anzug.

Nach Demontzey (54) erhalten die trockengemauerten Sperren bei den Verbauungen in Frankreich in der Regel einen talseitigen Anzug von 25 % und die halbe aufgehende Höhe als Kronenstärke (Abb. 55 a), die Sperren in Mörtelmauerwerk hingegen einen Anzug von 20 % und die halbe Höhe als Stärke in der Höhenmitte (Abb. 55 b).

In Österreich werden die trockengemauerten Sperren zumeist mit einem Anzug von $^1/_4$ bis $^1/_5$, die Sperren in Mörtelmauerwerk mit einem solchen von $^1/_5$ bis $^1/_{10}$ erbaut (Abb. 55 c). Bei höheren

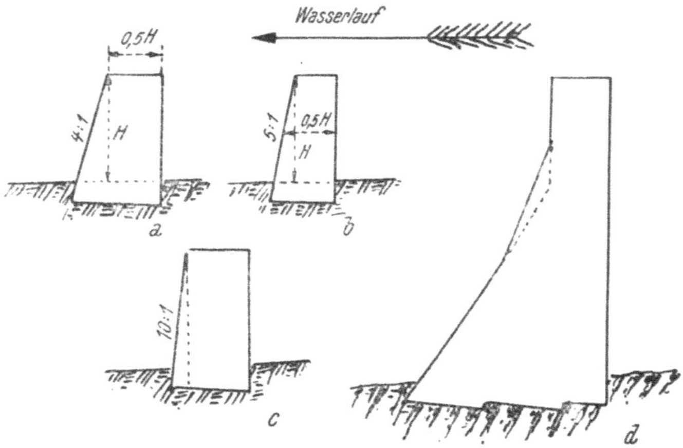

Abb. 55. Querschnitte von Schwergewichtssperren.

Schwergewichtssperren (über 5 bis 6 m) soll die talseitige Stirnwand nach der Drucklinie ausgestaltet werden (Abb. 55 d). Den in der Großen Schliere erbauten, mit Steinen verkleideten Betonsperren gab Ingenieur O. Seiler eine Kronenstärke von $^1/_3$ der Höhe bei 20 % Anzug der talseitigen Stirnwand. Hohe Sperren erhielten weitausladende Überfallskonsolen.

Für die Bemessung der Sperrenstärken gibt Wang (325) die in den Tab. 5 und 6 angegebenen Maße an:

Tab. 5. Sperrenstärken für geradlinige Schwergewichtsmauern.

Größte Sperrenhöhe h in m	Höchster zulässiger talseitiger Anzug	Stärke der Basis		Obere Stärke des Profils	
		fünfseitiges Profil*	trapezförmiges Profil	fünfseitiges Profil*	trapezförmiges Profil
	0,25 h	0,67 h	0,60 h	0,42 h	0,35 h
	0,20 h	0,67 h	0,61 h	0,47 h	0,41 h
12,00	0,15 h	0,67 h	0,61 h	0,52 h	0,46 h
28,00	0,10 h	0,67 h	0,63 h	0,57 h	0,53 h
über 28,00	0,05 h	0,67 h	0,65 h	0,62 h	0,60 h

* In Figur 55 d punktiert.

Tab. 6. Sperrenstärken für gewölbte Sperren.

Größte Sperrenhöhe h in m	Höchster zulässiger talseitiger Anzug	Stärke der Sperren an der Krone	Stärke der Sperren an der Basis
4,50	0,25 h	0,08 h	0,33 h
7,00	0,21 h	0,13 h	0,33 h
12,00	0,15 h	0,18 h	0,33 h
28,00	0,10 h	0,23 h	0,33 h
über 28,00	0,05 h	0,28 h	0,33 h

Der Anzug der talseitigen Stirnwand, so günstig er für die Druckverteilung wirkt, hat den Nachteil, daß die über die Sperre

Abb. 56. Betonsperre mit Überfallskonsole, Kalmbach bei Saalfelden, Salzburg.

abstürzenden Wasser- und Geschiebemengen auf die Stirnwand aufschlagen und sie beschädigen können.

Diese Gefahr liegt namentlich bei Bächen vor, die grobes Geschiebe führen, und sie wächst mit der zunehmenden Sturzhöhe. Das Aufprallen von Wasser und Geschiebe auf die Stirnwand kann nicht stattfinden, wenn sie mit einer solchen Geschwindigkeit über die Sperrenkrone hinausgeschleudert werden, daß sie erst talseits des Sperrenfußes auffallen und die Stirnwand nicht treffen. M. Vaultrin hat in einer Studie in der Revue des eaux et forêts, 1884, für den Höchstwert n des Böschungsverhältnisses, das diesen Voraussetzungen entspricht, nach der Fallparabel die Gleichung aufgestellt:

$$n \quad v\sqrt{\frac{2}{g \cdot h}}.$$

In derselben bedeutet v die Geschwindigkeit, mit der das Geschiebe die Sperrenkrone passiert, g die Beschleunigung der Schwere und h die Sperrenhöhe. Eine Sicherheit bietet aber diese Berechnung keineswegs, weil größere Steine und Blöcke beinahe stets eine Geschwindigkeitsverminderung gegenüber der Rechnung erfahren. Um den Aufprall der abstürzenden Massen abzuschwächen, hat man früher mitunter die talseitige Stirnwand der Sperren staffelförmig gestaltet und den einzelnen Stufen nur eine geringe Höhe von je 2 bis höchstens 3 m bei einer Stufenbreite von 0,5 bis 0,8 m gegeben. Diese Bauweise hat sich aber nicht bewährt, vielmehr wurden auch bei Verwendung von vorzüglichen Bausteinen die vorspringenden Stufen durch aufprallende Blöcke schwer beschädigt, die Steine zertrümmert und das Bauwerk erschüttert; bei Verwendung minder harter Steine ergaben sich selbst bei geringer Geschiebeführung schon nach kurzem Bestande schwere Schäden durch Abschleifung und Auswaschung. In beiden Fällen wurden schwierige und kostspielige Erhaltungsarbeiten nötig.

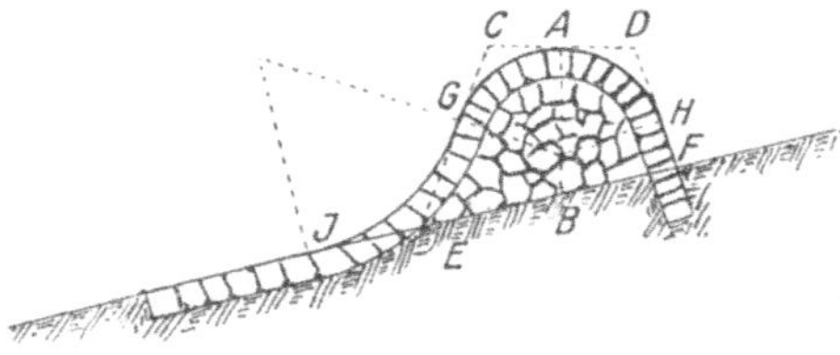

Abb. 57. Grundschwelle nach Ing. Aebi.

Abb. 58. Sinoidalschwelle, Rote Rüfe, Vorarlberg.

Eine Beschädigung der Stirnwand kann man, wie schon erwähnt, durch Anbringung von Wassernasen oder Überfallskonsolen (Abb. 56) u. dgl. verhüten. Bei trocken gemauerten Sperren gibt man mitunter auch der bergseitigen Stirnwand einen geringen Anzug.

Will man einen Absturz vermeiden, so kann man die talseitige Stirnwand der Werke nach der Sinuslinie gestalten, bzw. ihr eine S-Form geben. Diese Art von Querbauten wurde von dem Schweizer Ingenieur Aebi empfohlen (Abb. 57). Nach seiner Angabe wird das Profil wie folgt konstruiert: CD = AB, die Geraden CE und DF erhalten die Neigung 1 : 3: CG = AC = AD = DH. EI = EG, die Schnittpunkte der in den Punkten G, H und I errichteten Normalen auf CE, DF und EI geben die Mittelpunkte der die Profilsform begrenzenden Kreisbögen (325). Bei ähnlich gestalteten Werken gleiten das Wasser und das Geschiebe über den Bau hin und es bildet sich an dessen Fuß eine stehende Welle oder Wasserwalze aus, welche die lebendige Kraft des Wassers aufzehrt. Die oben angegebene Querschnittsform ist aber nicht allgemein anwendbar, weil sie die Wassergeschwindigkeit unberücksichtigt läßt. Die Form muß vielmehr je nach dieser so gewählt werden, daß sich der Wasserstrahl nirgends von der Oberfläche des Baues ablöst (Abb. 59).

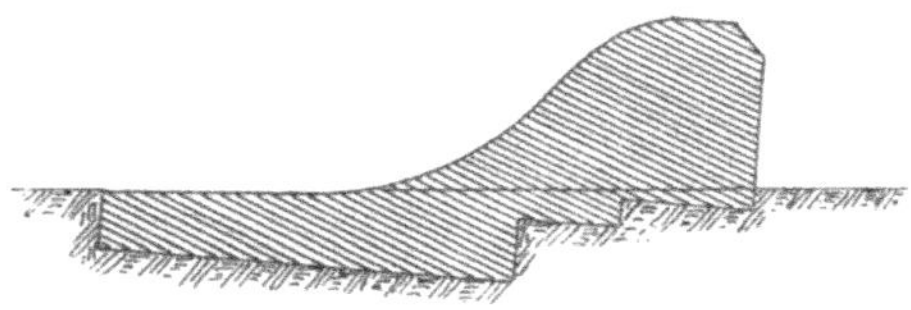

Abb. 59. Sinoidenförmige Grundschwelle.

L. Hoffmann gibt zur Ermittlung der Form S-förmiger Grundschwellen nachstehendes Verfahren an (Abb. 60):

Vom Scheitel S der Schwelle zieht man eine Normale zur Bachsohle, auf ihr trägt man das Maß $r = 0{,}159\, v^2 . \sqrt{(1 + \operatorname{tg} \alpha)}$ nach O_1 auf und schlägt von diesem Punkt einen Kreisbogen durch S bis zum Schnittpunkte P mit der Parallelen zur Bachsohle durch Punkt D. Dieser wird in der Regel in $^2/_3$ der Schwellenhöhe, bei kleiner Wassergeschwindigkeit jedoch höher angenommen. Nun bringt man die Tangente durch P mit der Geraden gu, das ist der unteren Sohlenlinie, im Punkte W zum Schnitte. Von hier trägt man auf ihr das Maß $\overline{PW}$ auf und erhält den Punkt T. In diesem errichtet man eine Normale auf die Bachsohle, die sich mit der verlängerten Linie $\overline{O_1P}$ in O_2 schneidet, und erhält so den Mittelpunkt des unteren Kreisbogens, dessen Halbmesser $\overline{O_2P}$ ist. Bei Gefällen unter 20 % kann tg α vernachlässigt werden. Die Pflasterung muß aber wohl noch über den Punkt T hinaus verlängert werden. Wenn mit großen Wassergeschwindigkeiten zu rechnen ist, bedingt dies eine sehr flache Ausgestaltung der Oberfläche (Abb. 59), so daß sich große Mauerkubaturen ergeben, welche diese Art von Werken für ausgiebige Sohlenhebungen unzweckmäßig erscheinen lassen. Sie eignen sich für höhere Werke nur

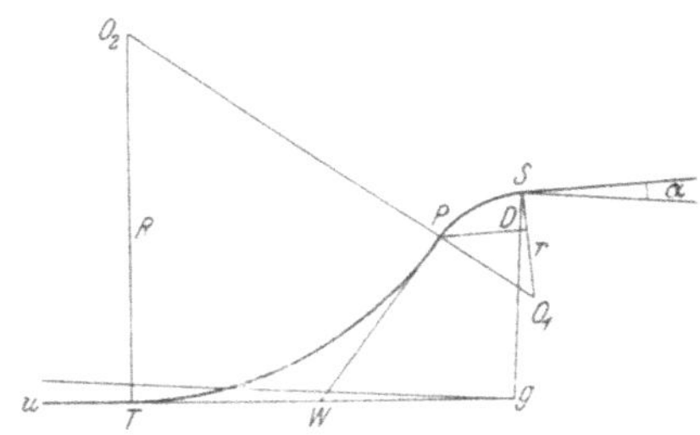

Abb. 60. Konstruktion der S-förmigen Querwerke nach L. Hoffmann.

dann, wenn eine vorhandene Gefällstufe zu fixieren ist. Zur Abtreppung geschlossener, mit geringem Gefälle ausgestatteter Gerinne und zur Sohlenfixierung in solchen haben sie sich gut bewährt. Sie vermeiden eine Stoßwirkung auf den Vorgrund der

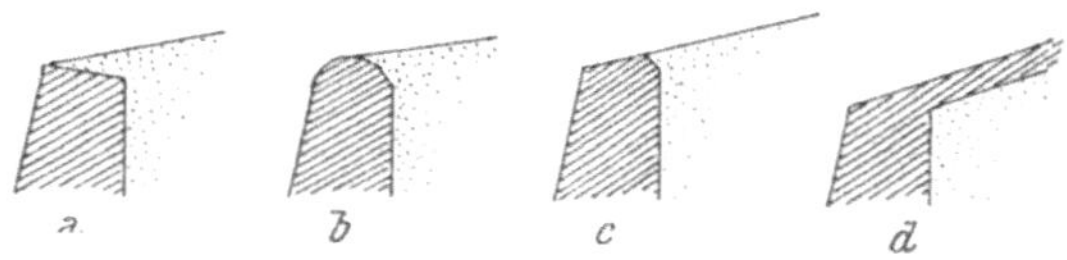

Abb. 61. Kronenquerschnitte der Sperren.

Werke, doch ist auch bei ihnen der konkave Pflasterteil einer verhältnismäßig starken Abnützung unterworfen. Das Wasser kommt hier mit großer Geschwindigkeit am Fuße des Baues an und kann, wenn das Pflaster nicht weit genug bachabwärts reicht.

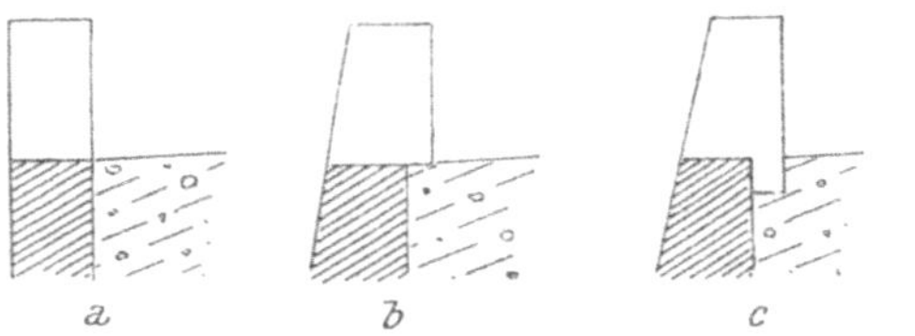

Abb. 62. Sperrenerhöhungen.

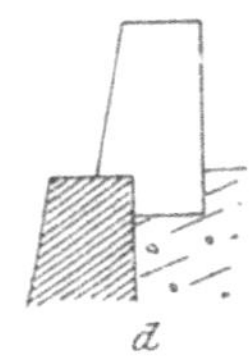

Abb. 63. Unzweckmäßige Sperrenerhöhung.

leicht Auskolkungen bewirken. Große Rauhigkeit des Pflasters oder die Anbringung von etwa 30 cm hohen Schikanen oder einer Zahnschwelle vermindern diese Gefahr.

Die Krone der gemauerten Sperren wird in der Längsrichtung

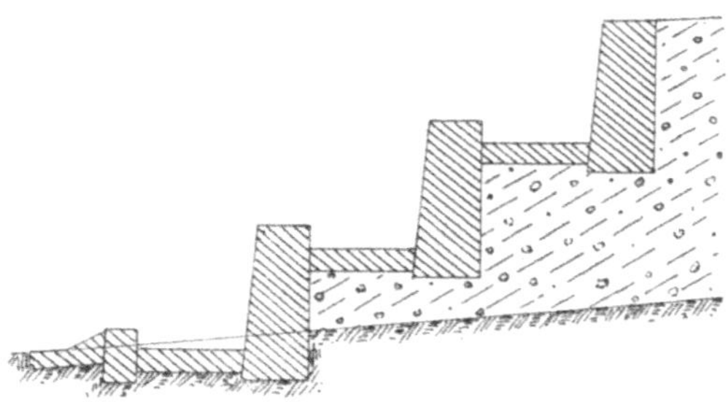

Abb. 64. Sperrenstaffel.

des Baches zumeist waagrecht gehalten. Bei jenen Werken, an die sich bergseits eine geneigte Pflasterung anschließt, ist deren Gefälle auch für die Kronenneigung maßgebend (Abb. 61 d). Abb. 61 zeigt auch andere mitunter zur Anwendung gelangende Kronenformen. Für Kanten, die dem Anprall von großen Steinen oder schweren Baumstämmen ausgesetzt sind, empfiehlt sich deren Abschrägung oder Abrundung.

Die Gründungssohle macht man entweder waagrecht oder läßt sie in der Bachrichtung mäßig ansteigen. Das Fundament hoher Schwergewichtssperren soll nach Abb. 55 d abgestuft werden, um ein Gleiten des Mauerwerkes auf dem Fundament sicher auszuschließen.

Ob eine Erhöhung der Schwergewichtssperren zulässig ist, ist nach den statischen Bedingungen zu beurteilen: allenfalls kann bei stärkerem Anzug eine Verstärkung nach Abb. 62 b angeordnet werden. Eine solche Verstärkung unterliegt aber einer nachteilig wirkenden Setzung. Keinesfalls darf die talseitige Stirnwand bei Erhöhungen nach Abb. 63 stufenförmig gestaltet werden.

An Stelle einer Erhöhung der Sperren kann unter Umständen die Errichtung weiterer Stufen nach Abb. 64 zweckmäßig sein.

6. Abflußsektion.

Um dem abfließenden Wasser einen bestimmten Weg zu weisen und die Stelle festzulegen, an der der Absturz erfolgen soll, werden durch Erhöhung der Sperrenflügel die Abflußsektionen gebildet. Bei ganz in Fels eingelassenen Sperren ist dies zwar von geringerer Wichtigkeit, doch ist es auch hier zweckmäßig, die Flügel zum Schutze der Einbindungen wenigstens so weit ansteigen zu lassen, daß diese dem Hauptangriff des Wassers entzogen

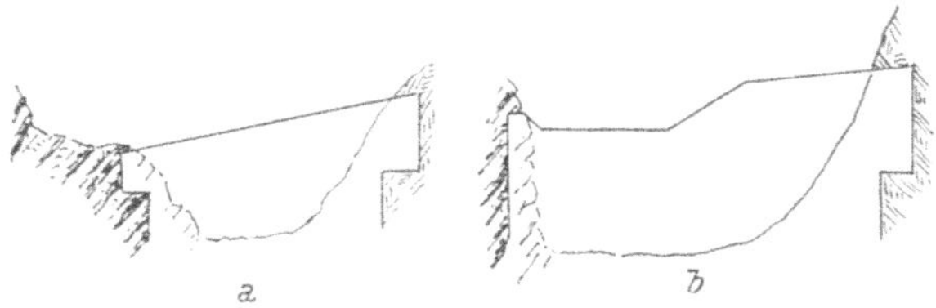

Abb. 65. Unsymmetrische Abflußsektionen.

sind. Bei Vorhandensein von Fels nur an einem Ufer ist es meist vorteilhaft, die Abflußsektion gegen dieses zu verlegen (Abb. 65 a und 65 b), um das andere zu schützen. Hiebei ist aber darauf zu achten, daß das Wasser nicht etwa durch den Felsverlauf abwärts der Sperre auf das gefährdete Ufer zurückgeworfen werden kann. Liegt diese Gefahr vor, so ist ihr durch Absprengung der betreffenden Felsvorsprünge entgegenzuwirken.

Die Abflußsektionen der nicht ganz in Fels eingebundenen Sperren müssen so groß bemessen werden, daß sie den Höchstabfluß einschließlich des Geschiebes fassen können. Zu ihrer Berechnung stehen nur ziemlich unsichere Grundlagen zur Verfügung, da weder die Höchstwassermenge noch die Geschiebemenge und deren Einfluß auf die Wassergeschwindigkeit mit Sicherheit zu ermitteln sind; auch können Steine auf der Sperrenkrone liegen bleiben und das Fassungsvermögen der Kroneneinschnitte vermindern. Bei dieser Berechnung ist daher ein entsprechender Sicherheitsfaktor in Rechnung zu stellen. Der größeren Sicherheit halber

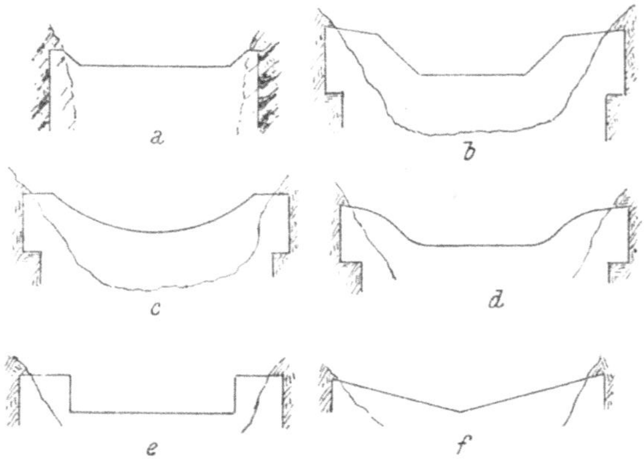

Abb. 66. Symmetrische Abflußsektionen.

läßt man die Sperrenkronen seitwärts dieser Einschnitte noch gegen die Einbindungsstellen ansteigen oder setzt an diesen neue Steinscharen an.

Die Breite der Abflußsektionen richtet sich nach der Breite der Bachsohle unterhalb der Sperren und soll, wenn möglich, so bemessen werden, daß sich ein erweiterter Fallkessel ausbilden kann, ohne die Lehnen zu gefährden.

Abb. 67. Abtreppung mit gemauerten Sperren, Zwerenbach, Bregenzer Wald.

Die symmetrischen Abflußsektionen erhalten verschiedene Formen, wie Kreissegment, Trapez, Trapez mit abgerundeten oder abgeschrägten Ecken, Rechteck oder Dreieck (Abb. 66 a bis f).

Das Kreissegment mit entsprechend großem Zentriwinkel hält das Wasser am besten zusammen und erschwert das Liegenbleiben von Steinen im Abflußeinschnitt. Diese Form hat aber den Nachteil, daß sich bei ihr nicht nur die Kraft des Wassers, sondern auch der Geschiebetrieb an der tiefsten Stelle konzentriert, die infolgedessen der Abnützung stark ausgesetzt ist. Abflußsektionen mit ebener Sohle gestatten, wenn sie weit sind, dem

Wasser, sich auszubreiten, der Wasserstrahl wird dadurch abgeschwächt, die Wassertiefe vermindert und es wird auch der Anprall auf den Fallboden — die Inanspruchnahme des Pflasters und die Kolkwirkung — schwächer. Es bleiben aber Steinblöcke in der Abflußsektion leichter liegen und können sie verlegen. Kroneneinschnitte von rechteckiger oder sich dem Rechteck nähernder Form sollen nur in Verbindung mit anschließenden bergseitigen Einfangflügeln oder Leitwerken erstellt werden, weil die freistehenden Kronenflügel dem Anprall von Muren u. dgl. stark ausgesetzt sind und leicht beschädigt oder abgeschert werden können. Es sollen daher die Abflußsektionen der Holzsperren, soweit sie nicht mit Einfangflügeln versehen werden, nach Abb. 96 ausgebildet werden.

Bei manchen Bautypen der Holzsperren, insbesondere jenen, die nach einer einmal gebrochenen Grundrißlinie ausgeführt werden, so z. B. bei den Prügelsperren, ergeben sich dreieckige Abflußsektionen. Diese Form ist wegen der zu starken Konzentrierung des Wassers an einer Stelle sehr ungünstig.

7. Dolen und Durchlässe.

Je feinkörniger das Verlandungsmaterial ist und je mehr Wasser es enthält, desto größer ist der Druck, den es auf die Sperre ausübt. Es soll daher bei den höheren Querwerken dem Wasser die Möglichkeit geboten werden, aus dem Verlandungskörper auszutreten. Zu diesem Zwecke werden in den Sperren Dolen und Durchlässe angebracht, deren Form, Größe, Anzahl und Verteilung sich nach den jeweiligen Verhältnissen richtet. Die kleinen Dolen erhalten eine Rechtecksform mit 30 bis 60 cm Höhe und 20 bis 40 cm Weite, die großen Durchlässe die Form eines Bogenfensters, eine Höhe von 2 bis 3 m und eine Weite von 1 bis 1,5 m.

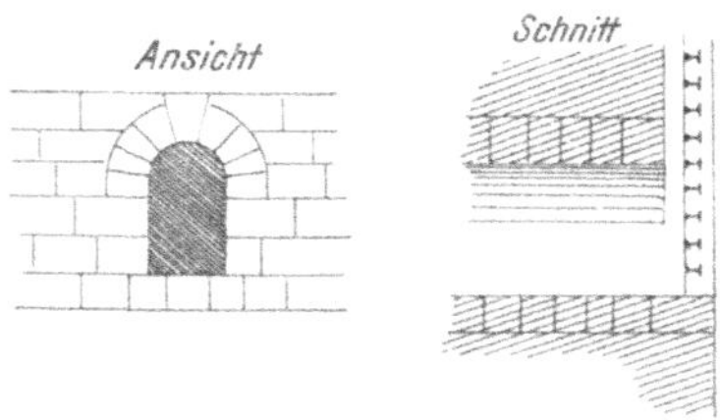

Abb. 68. Sperrendurchlaß.

Um ein rasches Verlegen der Dolen und Durchlässe durch eingeschwemmtes Treibzeug, Steine u. dgl. zu verhindern, bringt man hinter tief liegenden Dolen mitunter Steinschlichtungen an, deren große Zwischenräume dem Wasser den Durchtritt gestatten. Größere Durchlässe werden an der bergseitigen Stirnwand mittels hölzerner oder eiserner Rechen abgeschlossen. Die Wiedereröffnung verlegter Durchlässe wird erleichtert, wenn man an Stelle der Rechen eiserne Körbe anbringt, die bis zur Krone reichen.

Besser wird der letzterwähnte Zweck aber erreicht, wenn man nach Abb. 68 an der bergseitigen Stirnwand über dem Durchlaß einen bis zur Krone reichenden Schacht ausspart, der an der Wasserseite durch eingelegte waagrechte Schienenstücke abgeschlossen wird. Diese letzteren können nach Bedarf ausgehoben werden, um etwa eingedrungene Fremdkörper zu entfernen. Um dies zu erleichtern, können ihnen steil gestellte Rechenstäbe vorgesetzt werden. Eine solche Anordnung empfiehlt sich namentlich, um Durchlässe von Entleerungssperren funktionsfähig zu erhalten.

Bei Wehren, die zur Ableitung von Betriebswasser aus einem Gerinne erbaut werden, oder wenn der Grundwasserstand etwa zur Begünstigung der Vegetation gehoben werden soll, kann es sich auch darum handeln, unterirdisch abfließendes Wasser zu stauen. In solchen Fällen sind die Stauwerke möglichst wasserdicht herzustellen und ist die Anbringung von Dolen untunlich. Allenfalls kann auch der Untergrund durch Einpressung von Zementmilch oder von Natriumwasserglas und Chlorkalzium unter starkem Druck undurchlässig gemacht werden.

Aus den Dolen hoher Talsperren kann zuweilen Trinkwasser gewonnen werden.

8. Sicherung der Sperren gegen Beschädigungen.

Von allen Gefahren, denen die Querwerke ausgesetzt sind, ist die der Unterwaschung die größte. Sie kann verursacht werden durch die nach oben fortschreitende Vertiefung der talseits anschließenden Bachstrecke, viel häufiger aber durch die Kolkwir-

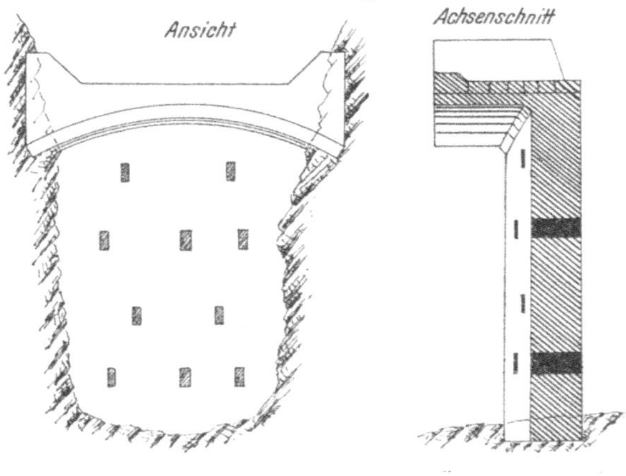

Abb. 69. Bogensperre mit gewölbter Überfallskonsole.

kung des abstürzenden Wassers. Gegen die erstere Art muß dadurch angekämpft werden, daß man der Einwühlung rechtzeitig Schranken setzt oder, wenn erforderlich, die Bachsohle wieder hebt. Der Stoßwirkung aus großer Höhe abstürzender Wassermassen vermag auch der Fels auf die Dauer nicht zu widerstehen. Während sich aber in festem, hartem Fels Auskolkungen nur sehr langsam entwickeln, wird verwitterbarer, weicher oder lassiger Fels unter

Umständen rasch zerstört. Am Fuße der Pont'-alto-Sperre bei Trient, die schließlich eine Höhe von 38 m erreichte, wurde innerhalb von 345 Jahren in die dort anstehenden Scagliaschichten ein Kolk von nur 1,8 m Tiefe ausgeschlagen, hingegen unter-

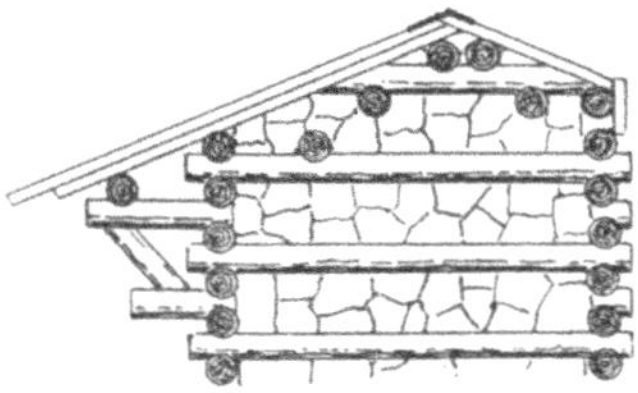

Abb. 70. Steinkastensperre mit Schußtenne.

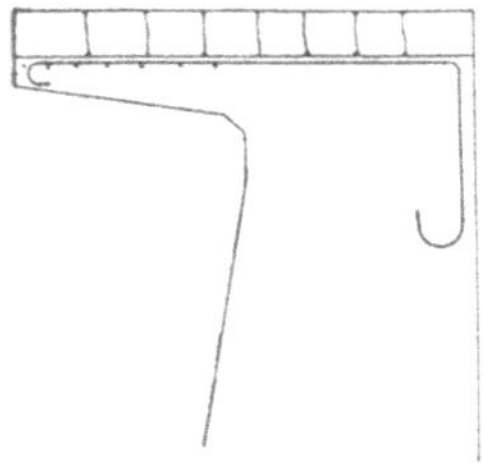

Abb. 71. Wassernase aus Eisenbeton.

halb einer 5 m hohen Sperre des Sylvesterbaches bei Toblach in weichem Tonschiefer innerhalb von fünfzehn Jahren ein solcher von 4 m Tiefe (298). Es sei auch verwiesen auf die tiefen Kolke, welche die aus großer Höhe abstürzenden Wassermassen am Fuße der Wilsonstaumauer und an der Calderwood-Bogenstaumauer am Tennesseeflusse in Amerika aus Fels ausgeschlagen haben (169, 289).

Abb. 72. Betonsperre mit Wassernase, Gunzmoosriese bei Dornbirn, Vorarlberg.

Begünstigt wird die Auskolkung des Felsens durch unvorsichtige Sprengarbeit, weshalb bei der Aushebung der Fundamentgräben starke Erschütterungen des Felsens zu vermeiden sind, und das Ausbrechen womöglich ohne Sprengmittel, sonst aber nur mit schwachen Ladungen erfolgen soll.

Tiefe Kolke in Fels sind nur seltene Ausnahmsfälle, und bei Gründung auf Fels wird in Wildbächen eine Gefährdung der Sperren kaum zu fürchten sein, vielmehr Zeit genug bleiben, rechtzeitig etwa notwendig gewordene Unterfangungen durchzuführen.

Weitaus die meisten Sperren können aber nicht auf Fels gegr[illegible] det werden, trotzdem muß man ihnen oft eine ansehnliche Höhe [illegible] ben. In solchen Fällen ist mit der Entstehung eines Fallkess[illegible] zu rechnen, der für den Bestand der Werke um so gefährlicher ist, je näher an der talseitigen Stirnwand der Wasserstrahl den Sturzboden trifft. Diese Gefahr kann man dadurch vermindern, daß man den Wasserabsturz möglichst weit vom Fuße des Werkes entfernt und zu diesem Zwecke Schußtennen nach Abb. 70 anordnet, Wassernasen nach Abb. 71 und 72 herstellt oder den Sperren Überfallsgewölbe vorsetzt (Abb. 69).

Reicht der Fallkessel unter das Fundament des Baues herab, so wird dieser unterspült, es bildet sich unter ihm ein Hohlraum und der Bau kann sich setzen oder einstürzen. In Felsschluchten kann eine derartige Zerstörung dadurch verhütet werden, daß man das Bauwerk auf ein Fundamentgewölbe stellt, welches das Bachbett überspannt (Abb. 49). Der Bestand solcher Sperren ist auch bei Unterwaschungen nicht gefährdet. Eine solche kann aber trotzdem insoferne verhängnisvoll werden, als durch sie die Gefahr der Entleerung der Sperre herbeigeführt wird. Es ist schon wiederholt vorgekommen, daß sich mit Kalkschotter bereits verlandete Sperren durch so entstandene, verhältnismäßig kleine Öffnungen vollständig entleert haben. Um dieser Gefahr vorzubeugen, müssen auch auf Gewölbe gestellte Sperren entsprechend tief fundiert werden, und es empfiehlt sich, entweder eine das Fundamentgewölbe ausreichend deckende Vorsperre zu errichten, oder aber hinter der Sperre eine nachgiebige starke Bettung von Faschinen oder Rauhbäumen anzubringen, die im Falle einer Unterwaschung in den Kolk nachsinkt, dessen weitere Vergrößerung einschränkt und das Abtreiben der Verlandung hindert.

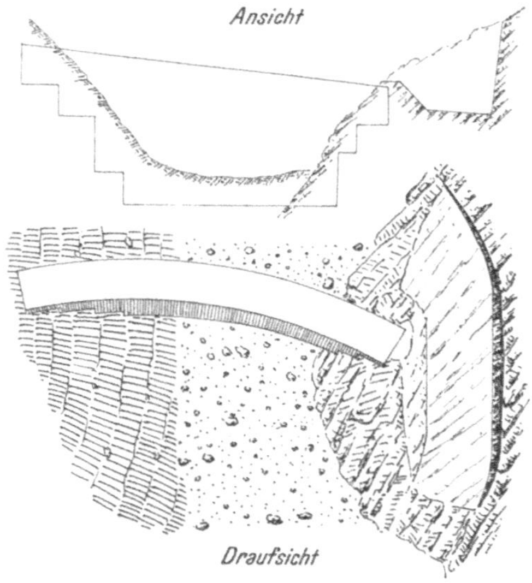

Abb. 73. Sperre mit seitlichem Umlaufkanal.

Findet sich Fels nur an einer Seite der Baustelle, so ist es mitunter zweckmäßig, den Wasserabsturz über die Sperre dadurch zu vermeiden, daß im Fels ein Entlastungs- oder Umlaufkanal ausgehoben wird (Abb. 73 u. 74), in dem das Hochwasser abgeleitet wird, so daß es erst in einer solchen Entfernung von der Sperre in das Wildbachbett abstürzt, daß diese durch den Kolk nicht mehr gefährdet wird. Es ist aber dafür zu sorgen, daß das Entlastungsgerinne nicht durch liegenbleibendes Geschiebe verlegt werden kann. Um die sichere Einleitung des Wassers in den Kanal zu gewährleisten, muß die Sperrenkrone ausreichend über die Kanalsohle erhöht werden und kann es auch zweckmäßig sein, die Sperre schräg zur Bachachse zu stellen. Es ist nicht unbedingt nötig, daß das Umlaufgerinne die ganze Wassermenge aufnimmt, eine leichte Überströmung der Sperrenkrone ist meist unschädlich.

In diesen Umlaufgerinnen fließt das zusammengedrängte Wasser mit großer Geschwindigkeit ab; sie sind daher einer starken Inanspruchnahme ausgesetzt und erleiden häufig Beschädigungen. Je enger das Gerinne und je wasserreicher der Bach, je schwerer und härter das Geschiebe und je weicher der Fels, desto größer ist die Beschädigungsgefahr. Es ist schon vorgekommen, daß die Felsnasen, in die solche Gerinne eingeschnitten waren, vollständig durchsägt wurden (305).

Abb. 74. Betonsperre mit Umlaufkanal, Schloßbach bei Zirl, Tirol.

Eine Ableitung des Wassers leistet namentlich dort vorzügliche Dienste, wo vorspringende Felsköpfe den Wasserlauf gegen einen Anbruch leiten. Zur Einleitung des Wassers in die Umlaufgerinne sind an Stelle der Sperren mitunter leitwerkartige Bauten oder auch zu Halbsperren ausgebaute Buhnen zweckdienlich.

In ähnlicher Weise kann das Wasser auch über große Felsblöcke abgeleitet werden, wenn sie eine ausreichende Größe besitzen, festgelagert sind, und ihre Unterwaschung nicht zu befürchten ist oder durch entsprechende Maßnahmen ausgeschlossen werden kann.

In Bächen, die auch bei Elementarfällen nur geringe Wassermengen führen, und woselbst eine Vertiefung der unterhalb anschließenden Bachstrecke ausgeschlossen ist, kann eine Sicherung der Sperren gegen Unterwaschung bei nicht zu großen Fallhöhen durch tiefe Fundierung des Baues erreicht werden, auch liegende oder stehende Roste mindern die Beschädigungsgefahr. In wasserreichen Bächen reicht diese Maßnahme zur Sicherung der Werke aber nicht aus, und es müssen andere Mittel angewendet werden. Als eines der zweckmäßigsten ist die Erbauung von Vor- oder Gegensperren zu nennen, welche die Hauptsperre auf eine entsprechende Höhe decken (Abb. 75 u. 76). Bleibt die Sturzbettsohle unbefestigt, so entsteht zwischen beiden Werken ein Tosbecken, das dem Wasser die Möglichkeit bietet, sich zu beruhigen. Künst-

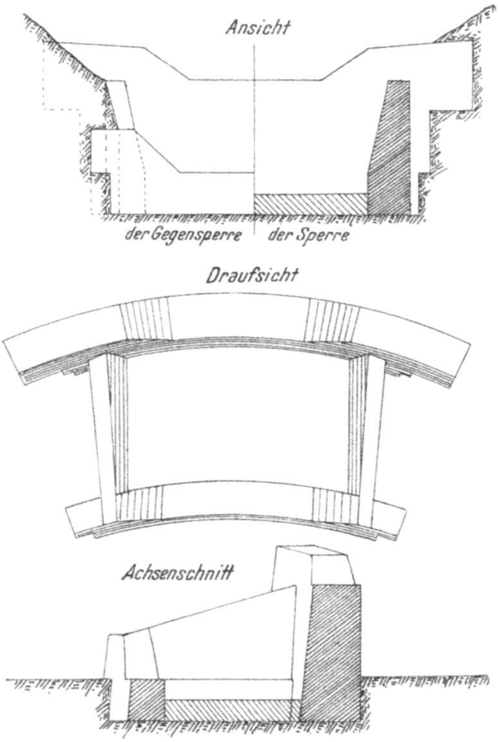

Abb. 75. **Sperre mit Gegensperre und versenktem Sturzboden.**

liche Tosbecken sollen nicht allein eine ausreichende Länge, sondern auch eine entsprechende Breite erhalten, also gegenüber der Abflußsektion kesselförmig erweitert sein. Sie werden, wenn nötig, durch seitliche Uferschutzbauten begrenzt, die gegen die Ufer zurückgesetzt werden. Jedenfalls sind die talseitigen Flügelmauern so anzuordnen, daß sie vom abstürzenden Wasser nicht getroffen werden.

Den Mindestabstand zwischen Haupt- und Gegensperre berechnet A n g e r h o l z e r nach der Formel

$$x = (v - \sqrt{2gh}) \cdot \sqrt{\frac{2H}{g}} + h = (v + 4{,}4\sqrt{h}) \cdot 0{,}49\sqrt{H} + h,$$

in welcher H die freie Sturzhöhe und h die Überflutungshöhe der Krone bedeuten. Wo die Gefahr vorliegt, daß das Hochwasser Holzstämme mit sich führt, ist die Beschädigungsgefahr für die Vorsperre besonders groß und empfiehlt es sich, den Werksabstand weiter zu vergrößern. Die Beschädigungsgefahr für Gegensperren kann durch ein Hinaufziehen des Sturzbettpflasters zu ihrer Krone vermindert werden.

Abb. 76. Sperre mit Tosbecken. Vordernbergerbach im Gailtal in Kärnten.

Zwecks Hintanhaltung einer Kolkbildung greift man auch häufig zu einer Befestigung des Sturzbodens. Diesem Zwecke dient eine Pflasterung (Abb. 77), für welche große, harte und gesunde Steine nötig sind. Die Pflasterstärke richtet sich nach der Fallhöhe und der Wasserhöhe. Die Sturzbettpflasterungen sind einer sehr starken Inanspruchnahme ausgesetzt. Sie werden in der Regel trocken hergestellt; der Mörtel hält den fortgesetzten starken Erschütterungen nicht lange stand. Die Widerstandsfähigkeit gegen Beschädigungen wird durch ein Versenken des Pflasters unter die Krone der Gegensperren wesentlich erhöht (Abb. 77 a). Es bildet sich dann auf dem Sturzbett ein Wasserpolster, welches den Absturz schwächt und das Pflaster schützt. Zur Beschränkung von

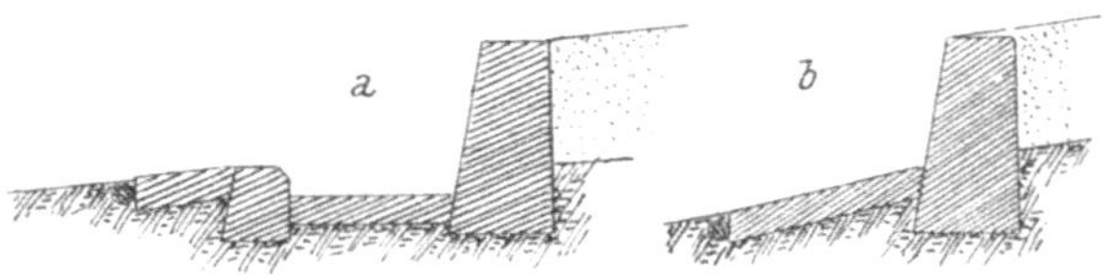

Abb. 77. Anordnung der Sturzbettpflasterungen.

eintretenden Beschädigungen werden häufig auch liegende Roste mit etwa 2 × 2 m messenden Feldern (Abb. 78) eingebaut oder es kann das Pflaster nach einem Vorschlag Ing. Z a r b o c h s durch gemauerte Zwischenwände in Zellen abgeteilt werden. Nach einem von diesem erworbenen Patent können die Pflasterungen auch durch eine auswechselbare Bedielung gegen das Aufprallen der Geschiebe- und Wassermassen auf die Pflastersteine geschützt werden (Abb. 79). Bewährt hat sich ein Versenken des Steinpflasters tief unter diesen Holzrost. Auch Holzpflasterungen mit stehenden Stammabschnitten wurden an Stelle der Steinpflasterungen mitunter ausgeführt.

Bei S-förmigen Querwerken wird der Wasserabsturz vermieden und das Wasser gleitet über die Oberfläche ab; aber auch hier

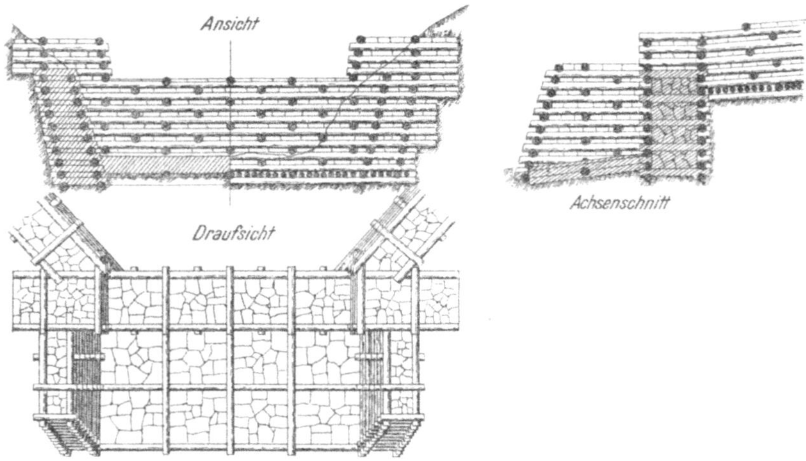

Abb. 78. Steinkastensperre mit in Felder geteiltem Sturzbettpflaster.

macht sich eine Kolkwirkung im Vorfelde geltend. Zu ihrer Einschränkung dient die Anbringung von Schikanen oder „Igeln", das ist die unregelmäßige Einmauerung hochkantig gestellter Steine, die etwa 30 bis 40 cm über die Pflaster-Oberfläche emporragen, oder die Erbauung von Zahnschwellen nach Rehbock oder Ludin (Abb. 80). Sie teilen den Schußstrahl und lenken ihn nach oben ab (16, 245, 246, 273, 275, 345).

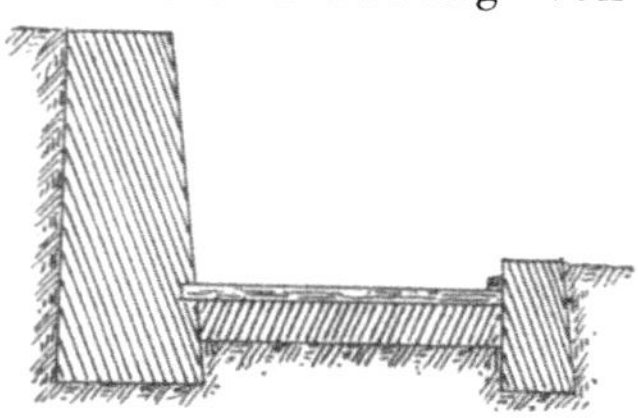

Abb. 79. Auswechselbare Sturzbettbedielung nach Ingenieur A. Zarboch.

Für wasserreiche, wildbachartige Flüsse empfiehlt sich die Anbringung von Kolkabwehrtafeln zum Schutze der Vorfelder. Als solche sind u. a. zu nennen die Floßfeder nach Hofbauer (130), die Kolkabwehrtafeln nach Patent Huber und Lutz, Zürich (224), kolksichere Sturzböden nach System Pfletschinger (65). Für eigentliche Wildbäche kommen solche Abwehrtafeln wegen der geringen Wasserstände nicht wohl in Betracht. An ihrer Stelle kann ein Absturzboden durch nebeneinander in der Bachrichtung gelegte Stammstücke hergestellt werden, deren oberes Ende mittels Kettenglieder an der Sperre oder an einem Vorlegestamm befestigt wird, und die frei im Wasser spielen. Diese

Stämme sind befähigt, auszuweichen und nachzugeben, begünstigen aber die Bildung von Wirbeln, welche die lebendige Kraft aufzehren, gestatten dem Geschiebe den Durchtritt und schränken die Tiefe des Fallkessels ein.

Eine solche probeweise ausgeführte Sicherung hat zwar die Bildung eines tiefen Kolkes verhindert, wurde aber in verhältnismäßig kurzer Zeit unwirksam, weil die Stammstücke durch den Wasserstrahl aus ihrer parallelen Richtung abgelenkt, kreuzweise übereinandergeworfen und abgebrochen wurden.

Eingehend befaßt sich Schoklitsch mit der Kolkabwehr (275).

In Bächen mit sehr geringer Wasserführung kann das Vorfeld niedriger Querwerke auch durch Graß- und Faschinenbettungen gesichert werden.

Die Ausfüllung etwa entstandener Kolke durch Einwerfen von Steinen hat nur dann den gewünschten Erfolg, wenn sehr große

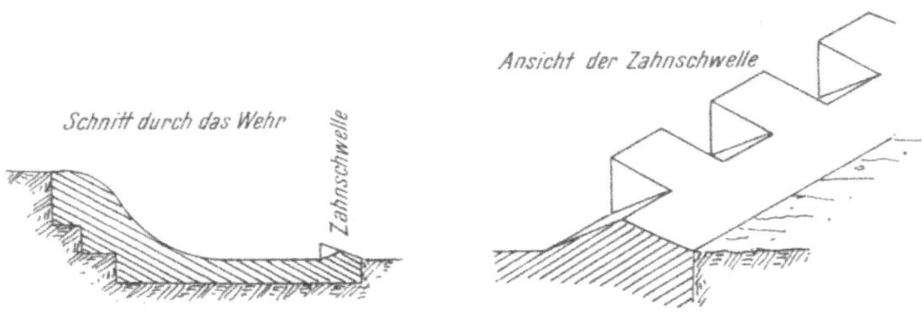

Abb. 80. Zahnschwelle nach Prof. Rehbock.

Blöcke in ausreichender Menge tief unter den Spiegel des Niederwasser versenkt werden können. Anderenfalls werden sie aus dem Fallkessel herausgeschleudert und vor diesem in Form eines Steinriegels abgelagert. Mitunter kann das Einbringen und Versenken von Rauhbäumen und ihre Beschwerung mit großen Steinen der weiteren Vertiefung eines Fallbettes ein Ziel setzen. Besser ist die von Dr.-Ing. Ph. Krapf empfohlene Anbringung einer starken, tief versenkten und durch einen Rost aus Eisenbahnschienen verstärkten und beschwerten Faschinenbettung, der eine gewisse Elastizität zukommt.

Holzsperren sind gegen Unterwaschung viel weniger empfindlich als Steinsperren. Wenn gut gebaut, senken sie sich zwar bei geringer, breiter Unterwaschung, erhalten sich jedoch lange, ohne zu brechen. Rauhbaum- und Faschinensperren sind gegen Unterwaschung ziemlich unempfindlich, da sie nachgiebig sind und, wenn gut beschwert, nachsinken können. Wegen der geringen Höhe dieser Werke ist die Kolkgefahr gering. Letzteres trifft auch für die Flechtwerkssperren zu, doch fehlt diesen die Möglichkeit der Setzung, denn sie werden, so lange nicht gut verwachsen, nur durch die Pfähle gehalten und nach deren Unterwaschung leicht durchbrochen und zerstört.

Eine besondere Art der Unterspülung tritt mitunter bei Bauwerken auf, die auf Lehmboden gegründet sind. Hier können sich Wasseradern unter dem Fundament ausbilden und allmählich erweitern, den Lehm aufweichen, auswaschen und das Mauerwerk zum Einsturz bringen. Auf die Gefahr der durch das „Auslaugen" des Bodens entstehenden Beschädigungen, wenn das Wasser unter hohem Druck durch enge Rinnen unter die Bauwerke gepreßt wird, hat schon Ing. H. E. Gruner aufmerksam gemacht.

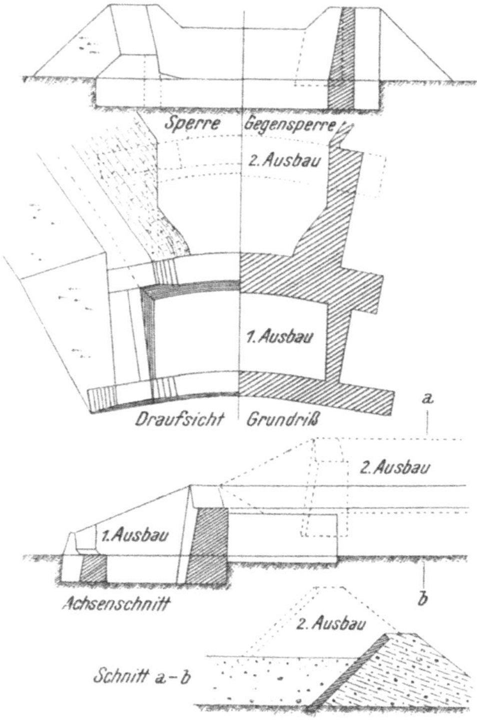

Abb. 81. Gemauerte Sperre mit Gegensperre und Einfangflügeln.

Eine weitere Gefahr für die Sperren bildet der Seitendruck der Lehnen, der unter Umständen einzelne Steine zerdrückt, Steinscharen hebt und ganze Sperrenteile verschiebt.

Betonierte Sperren widerstehen einem nicht zu starken Lehnendruck besser als gemauerte; am häufigsten ist das Abscheren von aufgesetzten Flügeln längs der Arbeitsfugen zu beobachten. Am wenigsten leicht beschädigt werden elastische, nachgiebige Bauten. Holzsperren sind gegen Seitendruck und Verschiebungen unempfindlicher als starre Mauersperren und verfallen, auch wenn sie schon beschädigt sind, nicht so leicht der Zerstörung wie die letzteren. In steilen Gräben mit beweglichen Lehnen trifft der Druck schief auf die Sperrenflügel und gefährdet die Einbindungen. Der Seitendruck wirkt sich auf hohe Werke besonders stark aus, weil talseits derselben ein widerstandsfähiger Verlandungskörper, der den Druck aufnehmen könnte, nicht vorhanden ist. Infolge der Kohäsion wirkt auf diese Sperren der Druck eines viel größeren Erdkörpers, als der Sperrenstärke entsprechen würde.

Werke, an denen sich Anzeichen stärkeren Druckes zeigen,

müssen sorgfältig beobachtet werden. Läßt der Seitendruck, wie das häufig zu beobachten ist, allmählich nach, so sind sie durch rechtzeitig einsetzende Ausbesserungen unschwer vor dem Verfall zu retten. Läßt der Druck nicht nach, so sind Ausbesserungen zumeist vergeblich und es muß getrachtet werden, den Druck von den Bauten abzulenken und ihn durch die Verlandungen aufnehmen zu lassen, die die alte Bachsohle ausreichend hoch überdecken. Zu diesem Zwecke darf aber die Sohlenhebung nicht erst in der gefährdeten Strecke beginnen, sondern muß schon an deren unterem Ende ein ausreichendes Maß erreicht haben.

Ist es nötig, in der Druckstrecke selbst Sperren zu erstellen, so erbaue man bei genügender Breite des Bachbettes in einiger Entfernung vom Lehnenfuß künstliche Widerlager, zwischen welche die Sperre gestellt wird, und schließe sie durch entsprechend versicherte Einfangflügel an die Lehnen an (Abb. 81 u. 82). Den Zwischenraum zwischen beiden fülle man allenfalls durch Materialanschüttung aus. Diese und die Verlandung nehmen den Lehnendruck auf, übertragen ihn aber wegen ihrer Nachgiebigkeit nicht oder nur zum kleinen Teile auf das Sperrenmauerwerk. Einer Druckbeschädigung sind dann höchstens die Einbindungen der Flügeldämme ausgesetzt, die nötigenfalls leicht ausgebesssert werden können.

Abb. 82. Betonsperre mit Einfangflügeln, Galgentobel bei Bludenz, Vorarlberg.

Nicht verlandete Sperren und freistehende Sperrenflügel sind ferner der Stoßwirkung abgehender Muren, Steinschläge und Lawinen ausgesetzt. Zur Abschwächung derselben empfiehlt es sich, das Mauerwerk durch Erdschüttungen oder Hinterbeugungen zu decken.

Murgänge üben eine starke Reibung auf das Mauerwerk der Abflußsektionen aus, welche bei trocken gemauerten Sperren mitunter einzelne Steine, sogar solche von bedeutender Größe, aus der Krone etwas vorschiebt. Ist der Sperrengrundriß gekrümmt, so tritt sehr bald eine Verspannung ein. Bei sorgfältig ausgeführtem Mauerwerk führt eine derartige Steinverschiebung nicht zu schweren Schäden, ist aber das Mauerwerk minder gut, so können einzelne Steine aus der Krone herausgerissen werden, was den Beginn der Zerstörung bedeutet. Um solche Beschädigungen zu vermeiden, verbindet man öfter die Kronensteine durch eiserne Dübel und Klammern miteinander und fixiert sie auf diese Weise.

Zum Schutze der Kronen gemauerter Sperren gegen schwere Murgänge wurden z. B. im Bretterwandbach bei Matrei in Osttirol mit bestem Erfolge Kronenbedielungen ausgeführt (Abb. 83). Sie bestehen aus schwachen Rundhölzern, die seitlich so weit behauen sind, daß sie gut aneinander schließen und an Querschwellen befestigt werden. Sie werden parallel zur Bachachse so gelegt, daß sie in der Richtung bachabwärts ansteigen

Abb. 83. Sperrenfolge im Bretterwandbach bei Matrei in Osttirol.

und das bergaufwärts gekehrte Ende durch die Verlandung gedeckt ist. Mitunter werden zwei Lagen übereinander angebracht, von denen die obere die untere und diese die Kronen nach vorne überragt (Abb. 84). Die vorkragenden Dielhölzer schützen auch die talseitige Stirnwand vor dem Aufprallen abstürzender Geschiebemassen.

Eine weitere Beschädigung der Sperren kann durch scharfkantigen Sand verursacht werden, der in manchen Wildbächen bei jedem mittleren und größeren Wasserstand abgeführt wird und Fugenausschleifungen an der Krone verursacht, die sich mitunter rasch vergrößern. Bei Holzsperren im Stampfangergraben in Nordtirol wurden in den Kronenstämmen und Vorlegestämmen von Pflasterungen durch solchen Sand tiefe Einkerbungen ausgefeilt, ja einzelne Stämme vollständig durchschnitten. Der Langbathbach in Ebensee führte nach dem Hochwasser im Jahre 1899 durch längere Zeit feinen Schotter und Sand und durchschliff innerhalb von drei Wochen die neue, 7 cm starke, bachabwärts abfallende Bedielung eines Salinenwehres und den 7 mm starken Blechbeschlag des ihren rückwärtigen Abschluß bildenden Wandbaumes so, daß sie ausgewechselt werden mußten.

Besonders stark unterliegen Betonbauten einer solchen Abschleifung. Um sie zu verhüten, empfiehlt sich die Kronenabdekkung mittels Steinen oder mit einer Bedielung; auch eine Armierung der Überfallskanten mittels gut verankerter Eisenbahnschienen (Abb. 85) oder mit Stahlplatten kann diesem Zwecke

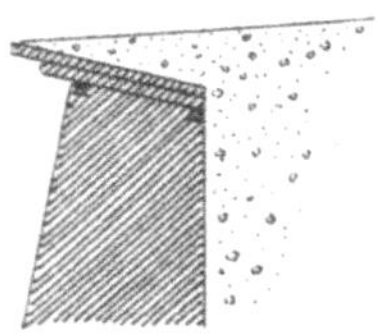

Abb. 84. Gemauerte Sperre mit Kronenbedielung.

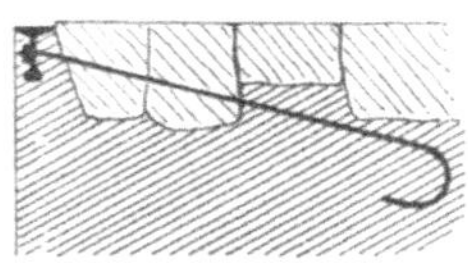

Abb. 85. Kronenbewehrung mit Eisenbahnschienen.

dienen. Zum Schutz der Holzsperren gegen eine solche Abschleifung wurden sie mitunter mit einer Steinkrone versehen oder es wurden die Kronenstämme durch einen Blechbeschlag geschützt.

Weitere Beschädigungen der Sperren in steilen, tief eingeschnittenen Gräben erfolgen mitunter durch Steinschläge. Zum Schutz gegen solche kann man die Sperrenkronen abdecken, indem man die Abflußsektionen mit einer Bedielung versieht und die Flügel mit Erdschüttungen deckt, die durch einen Holzrahmen fixiert werden.

Aggressive Wässer zerstören Mörtel und Beton und greifen auch Kalksteine an. Sie erweitern und vertiefen in kurzer Zeit die Fugenausschleifungen, und selbst ein verhältnismäßig geringer Gehalt des Wassers an Humusstoffen oder Kohlensäure kann z. B. in der Oberfläche der Sinoidalsperren Rinnen auswaschen. Man muß daher trachten, schon beim Bau die Mörtelmischungen durch chemische Zusätze widerstandsfähig zu machen, und kann die Rückwand der Sperren durch Aufbringen eines Bitumenbelages schützen, die Krone und die S-förmige Oberfläche der Querwerke kann man aber nur durch ein widerstandsfähiges Steinpflaster, eine gut schließende Bedielung oder eine Verkleidung mit Stahlblech den Wasserangriffen entziehen.

9. Bautypen.

Soweit die einzelnen Bautypen einer Erklärung bedürfen, die nicht schon aus obigen Ausführungen und den Abbildungen erhellt, ist folgendes zu sagen:

Abb. 86 zeigt zwei S-förmige Querwerke mit eingebauter, 30 cm tiefer Triftrinne, wie solche in Oberösterreich von der Wildbachverbauungssektion mehrfach erbaut wurden. Sie ermöglichen Sohlenabtreppungen, ohne die Trift zu hindern.

Die in Abb. 81 dargestellte Sperre ist mit beiderseitigen Einfangflügeln an die Berglehnen angeschlossen. Wenn die durch ein

Abb. 86. Querwerke mit eingebauter Triftrinne, Weißeneckbach, Oberösterreich.

solches Werk erzielte Sohlenhebung nicht genügt oder wenn sich eine Vergrößerung des Stauraumes als nötig erweist, so kann nach eingetretener Verlandung hinter dem ersten Werk ein zweites in ähnlicher Bauweise errichtet und sein Anschluß an die Lehnen durch Erhöhung der Einfangflügel hergestellt werden. Allenfalls können hinter dieser zweiten noch weitere Sperren in gleicher Weise errichtet werden und kann so die Bachsohle in weiten Profilen, wo die Einbindung der Flügel auf Schwierigkeiten stoßen würde, und an Stellen, die starkem Lehnendruck ausgesetzt sind, ausgiebig gehoben werden.

Abb. 87 stellt eine geradlinige, pilotierte Grundschwelle mit anschließenden Flügeldämmen dar, wie sie im bayrischen Allgäu zwecks Regulierung breiter Tallaufgerinne zur Anwendung gekommen ist. Derartige Sperren sind eigentlich nur eine Verbindung von zwei einander gegenüberstehenden Buhnen und sichern deren Kopf vor Unterwaschungen sowie die Gerinnsohle gegen Vertiefung. In breite Bachbette dürfen sie nicht vereinzelt eingestellt werden, sondern nur reihenweise in nicht zu großen Abstän-

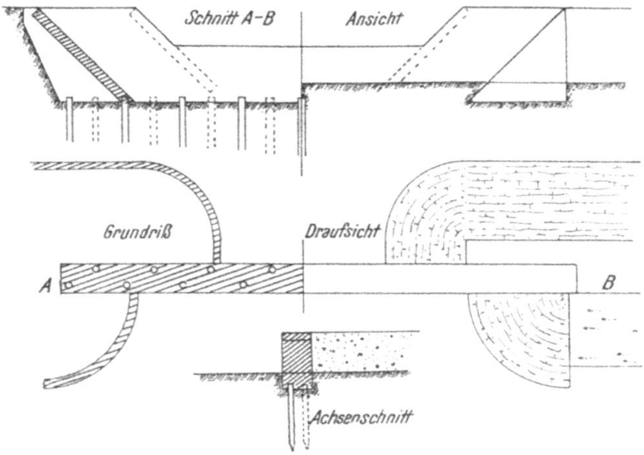

Abb. 87. Betonschwelle mit Flügeldämmen, bayrische Type.

den voneinander, so daß die Abflußsektionen eine Begrenzung für das anzustrebende Rinnsal ergeben. In dieser Hinsicht wird auch auf die weiter unten folgenden Ausführungen über Buhnenbauten verwiesen. Für stürmisch fließendes Wasser ist diese Type

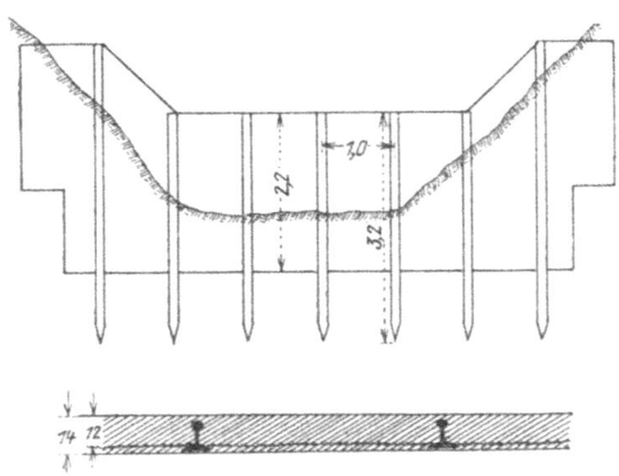

Abb. 88. Eisenbetonschwelle nach Ingenieur F. Angerholzer.

wohl nicht geeignet und müßte für reißende Wildbäche verstärkt werden.

Abb. 88 stellt eine geradlinige Betonsperre nach dem Vorschlage Angerholzers (15) dar, die mit Eisenbahnschienen und einem an diesen befestigten Tragnetzblech armiert ist. Es ist auch möglich, statt der Betonwand hinter die Schienen Holzbalken — allenfalls auch Eisenbahnschwellen — einzulegen. Bei dieser Type müssen die Schienen den Wasser- und Materialdruck auf-

Abb. 89. Eisenbetonsperre, System Lenz-Braun, Winklergraben, Salzkammergut.

nehmen. Sie werden auf Biegung beansprucht und sind als eingespannte Träger zu betrachten. Da jede Kolkung am Fuße solcher Werke die Voraussetzungen, von denen bei ihrer Berechnung ausgegangen wurde, grundlegend ändert, hängt die Widerstandsfähigkeit dieser

Abb. 90. Eisenbetonsperre mit Kragträgerplatte, Winklergraben, Salzkammergut.

Bauweise davon ab, daß derartige Kolkungen ausgeschlossen bleiben. Sie ist daher nur dort anwendbar, wo obige Bedingung erfüllt ist, also in kleinen Runsen mit nur sehr geringer Wasserführung, und wo außerdem eine Inanspruchnahme der Werke durch Murstöße und eine starke Abnützung der Krone durch Geschiebe ausgeschlossen ist. Einige solcher Werke wurden in den Runsen des Riesengebirges erbaut.

Abb. 91. Eisenbetonsperre, Keerbach bei St. Ägyd, Niederösterreich.

Die Verwendung von Eisenbeton ermöglicht die Ausführung von Sperren als schlanke Gewölbe, Plattenbalken oder in aufgelöster Bauweise als Reihengewölbe mit lotrechten oder schrägen

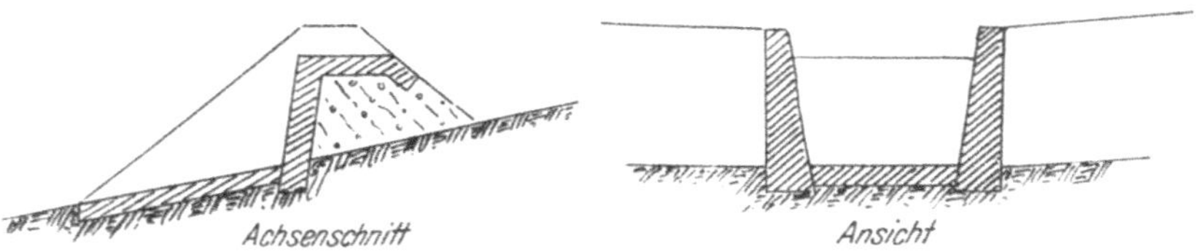

Abb. 92. Erdsperre nach Dr. A. Hofmann.

Achsen oder als Kragträgerplatten, die sich an Widerlager anlehnen. Eine Konstruktion, die im Steinebach bei Dornbirn zur Ausführung gelangt ist, zeigt Abb. 177; sie wird im

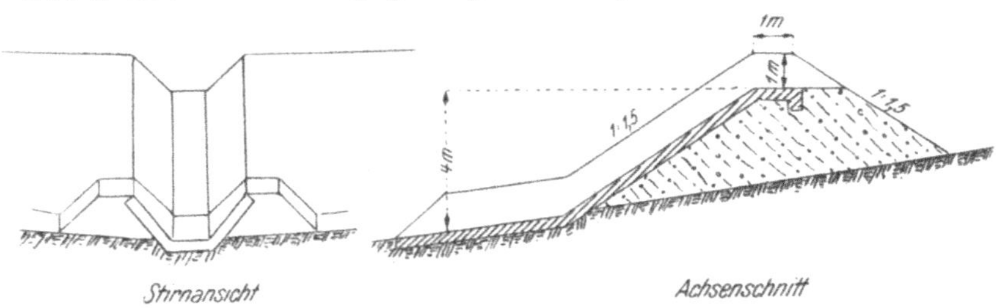

Abb. 93. Erdsperre, italienische Form.

neunten Abschnitt über die Bauerhaltung zur Besprechung gelangen. Eine nach dem System Lenz-Braun im Winklergra-

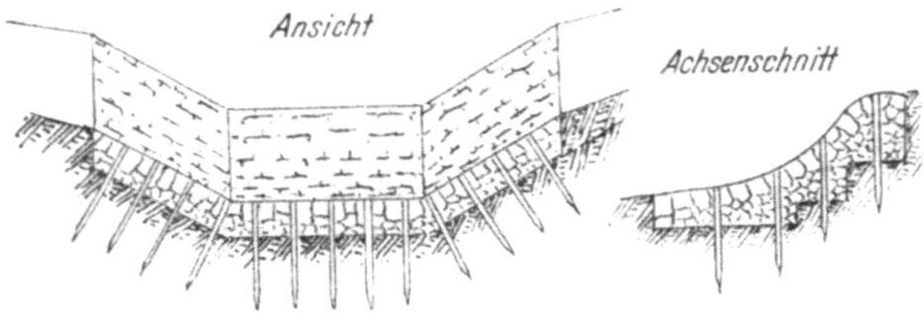

Abb. 94. Pfahltraverse.

ben im Salzkammergut erbaute Sperre zeigt Abb. 89, eine als Kragträgerplatte ausgebildete Sperre im selben Graben

Abb. 95. Abtreppung mit Pfahltraversen, Schmittenbach bei Zell am See, Salzburg.

Abb. 90 und eine im Keerbach in Niederösterreich erbaute Sperre Abb. 91. Eine eingehende Behandlung dieser Konstruktionen würde zu weit führen.

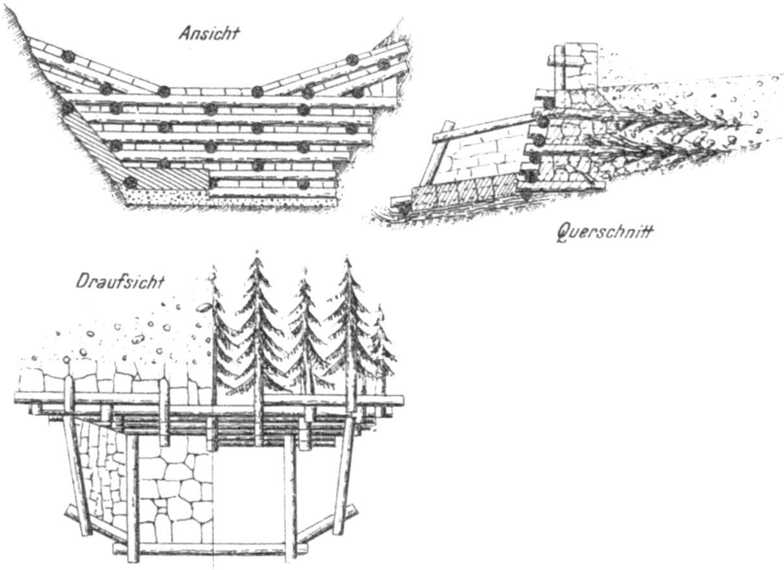

Abb. 96. Rauhbaumschwelle.

Bei Wildbachverbauungen hat der Eisenbetonbau bisher nur selten Anwendung gefunden. Wenn auch die mit ihm bisher gemachten Erfahrungen keineswegs ungünstig sind, so obwalten gegen die besonders schlanken Bautypen doch schwere Bedenken, denn es ist noch keineswegs erwiesen, daß sie auch schweren Murstößen standhalten. Auch die Kronenabnützung und der Angriff aggressiver Wässer muß bei ihnen rascher zu weitgehenden Beschädigungen führen als bei stärkeren Bauten.

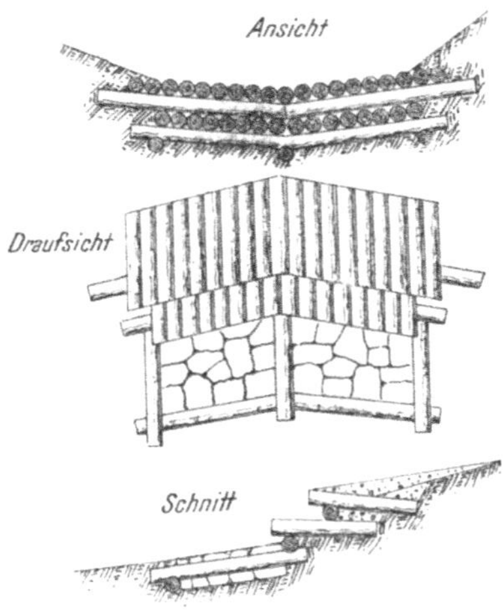

Abb. 97. Prügelsperre.

Gegen die aufgelöste Bauweise ist ferner noch einzuwenden, daß sie sich nicht in das Landschaftsbild einfügen, sondern stets als störende Fremdkörper wirken werden.

Zur Verbauung der im kompakten Lehm eingeschnittenen Calanchi im Apennin sind seit langer Zeit Querwerke aus gestampftem Lehm in Anwendung, auch in Japan sind sie zur Beruhigung von Runsen, die sich in sandigen Boden einwühlen, weit verbreitet, und Hofmann (135) empfiehlt sie wärmstens für kleinere Rinnsale, in denen die Erzeugung gröberen Geschiebes ausgeschlossen ist. Es kommen verschiedene Ausführungen in Betracht, von denen Abb. 92 und 93 zwei Beispiele zeigen. Die Erdsperren müssen einen Kern aus gestampftem Lehm, einen durch Pflasterung, Betonierung oder sonstwie befestigten Abflußkanal mit Vorfeldversicherung und je nach den Verhältnissen Dolen zur Wasserabführung erhalten oder es muß die Krone und talseitige Wand gemauert werden. Die Krone beiderseits der Abflußsektion soll hochwasserfrei sein. Die talseitigen Dammböschungen und die Krone werden entweder durch eine Pflasterung oder durch Anpflanzung von Weiden u. dgl. befestigt. Diese Werke sind billig und eignen sich sehr gut für breite Gerinne, deren Begrünung sie ermöglichen, jedoch nicht für geschiebeführende oder solche Bäche, die größere Wassermengen führen.

Abb. 98. Abtreppung mit Prügelsperren, Riedbach, Zillertal, Nordtirol.

Abb. 94 zeigt eine Pfahltraverse. Bei denselben werden drei oder vier parallele Pfahlreihen quer über das Bachbett geschlagen, die Zwischenräume mit Klaubsteinen gefüllt und die Oberfläche roh abgepflastert. Diese Bautype eignet sich zur Abtreppung (Abb. 95) von Tallaufgerinnen und Festhaltung von Schotterbarren, doch ist ihre Erhaltung sehr schwierig.

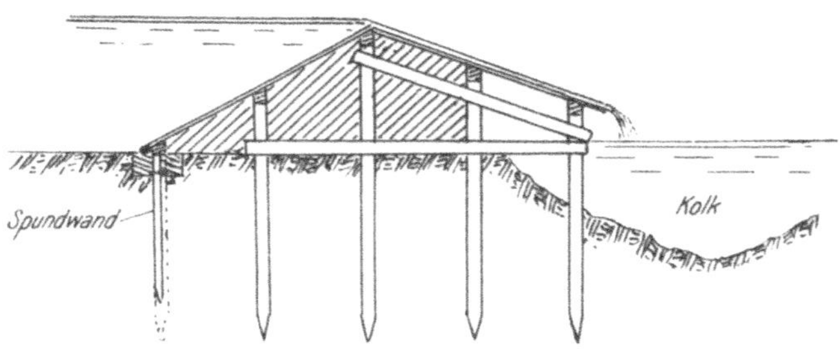

Abb. 99. Schemelwehr.

Abb. 96 stellt eine einwandige Rauhbaumschwelle mit Sohlenpflaster dar. Einer Berechnung derartiger Werke und der doppelwandigen Steinkastensperren ist nach H a u s k a ein Eigengewicht von 75 % des gleichen Ausmaßes von Mauerwerk zugrunde zu legen. Eine besondere Art von Rauhbaumschwellen bilden die „Scherensperren“, wie sie von Ob.-Ing. S o l c a im Oberlaufe der N o l l a bei T h u s i s eingebaut wurden. Es sind dies einwandige, aus schwachen Laubholzstämmen, hauptsächlich Erlen, erbaute Holzsperren, deren quer zum Wasserlaufe angeordnete Wandbäume mit schrägen, sich scherenartig kreuzenden Zangen aus beasteten Stämmen zurückgebunden und mit Strauchwerk und Steinen hinterfüllt werden. Diese kunstlosen Bauten haben die Aufgabe, die Sohle einer Bachstrecke zu heben, in der der Lehnendruck früher hergestellte Stein- und Holzsperren zertrümmert hat.

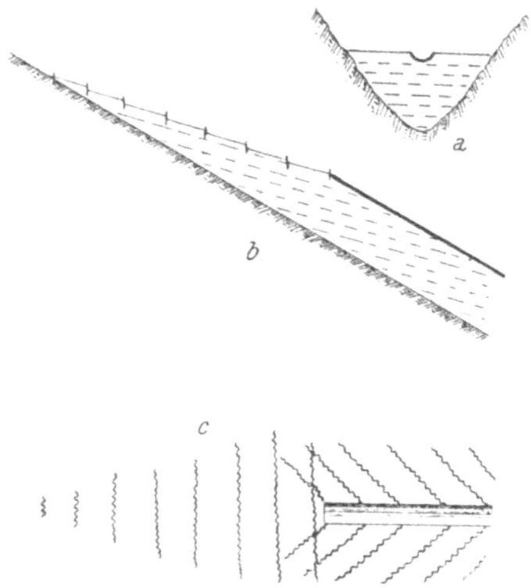

Abb. 100. Flechtwerksbauten, System J e n n y.

Sie sind elastisch, geben dem Lehnendruck nach, ohne zerstört zu werden, und haben sich nach einer Mitteilung des kantonalen Bauamtes in C h u r gut bewährt. Sie erfüllen auch in beschädigtem Zustande noch die Aufgabe, die Eintiefung des Baches zu verhindern, bzw. die Sohle zu heben. Nach dem Aufhören oder der wesentlichen Verminderung des Lehnendrukkes sollen diese Provisorien durch definitive Bauten ersetzt werden.

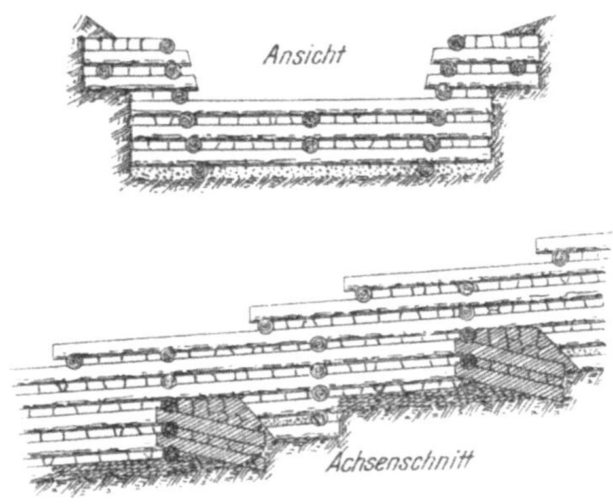

Abb. 101. Einwandige Leitwerke und Grundschwellen.

Abb. 97 stellt eine Prügelsperre dar. Diese Bauweise wurde vor ungefähr 75 Jahren in Tirol vielfach und mit Erfolg angewendet. Sie braucht aber außerordentlich viel Holz geringer Stärke und die

Konzentration des Wasserlaufes im dreieckigen Abflußprofil wirkt sehr ungünstig, so daß bei einzelnen Abstaffelungen steiler Gräben die Werke in der Mitte durchrissen wurden. Diese Gefahr liegt besonders dann vor, wenn die Werke bereits durch Vermorschung gelitten haben.

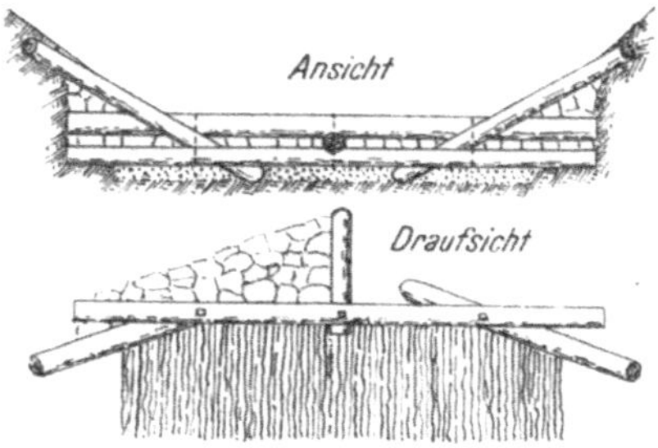

Abb. 102. Hölzerne Sohlschwelle.

Abb. 99 zeigt ein Schemelwehr, bei denen drei bis sechs Pilotenreihen quer über das Bachbett geschlagen werden: die zwei äußersten Reihen werden vollständig in den Boden eingetrieben, die mittlere bildet die Überfallskante. Alle Reihen tragen Kappbäume, die Bedielung fällt von der mittleren nach beiden Seiten dachartig ab. Der so abgeschlossene Wehrkörper wird mit Senkfaschinen, Steinkästen oder Drahtnetzkörpern ausgefüllt, welche bei eintretender Vertiefung nachsinken können. Es ist aber darauf zu achten, daß die unterste Pilotenreihe nicht auf Druck beansprucht werden darf. An die bergseits abfallende Gegentafel soll

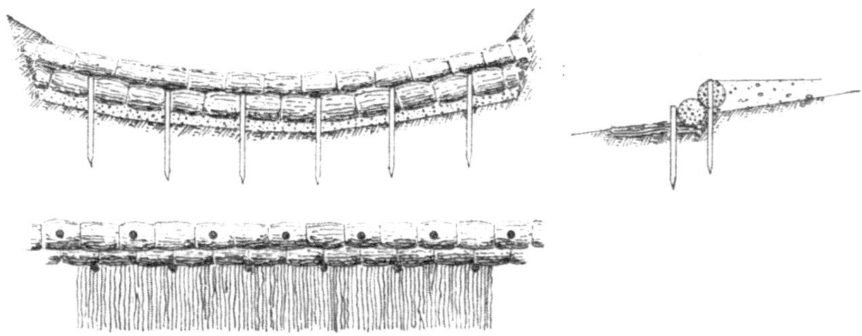

Abb. 103. Flechtwerksschwelle.

sich eine Spundwand anschließen, um einen Grundbruch zu verhindern.

Ein Vorteil dieser Bauweise ist, daß keine Baugrube benötigt wird, der Bau auch bei höherem Wasserstand ausgeführt werden und eine Vorfeldversicherung entfallen kann, weil die Schemelwehre gegen Unterwaschung durch den Wasserabsturz ziemlich unempfindlich sind. Ihr Hauptnachteil besteht in der Vermorschung des Holzwerkes und kann weitgehend ausgeschaltet werden, wenn an Stelle der hölzernen Piloten, Kappschwellen und

Zangen, der Gegentafel und allenfalls auch der Schußtafel solche aus Eisenbeton zum Einbau gelangen (194).

Abb. 100 stellt das System J e n n y zur ausgiebigen Hebung der Sohle von Runsen mittels kleiner, einfacher Werke dar, welches der Schweizer „T a g w e n v o i g t" J e n n y ausgebildet hat, und das nach ihm den Namen führt (51, 325). Es besteht darin, daß quer über die Runsen in Abständen von je 3 bis 4 m mehrere Reihen von starken Flechtzäunen hergestellt werden. Wenn auch durch abgehende Muren die obersten Flechtzäune vielleicht durchrissen werden, so bleibt doch Geschiebe liegen und erhöht die Sohle, die dann neuerdings mit Flechtzäunen befestigt wird. Nach neuerlichen Verschüttungen wird jeweils eine neue Serie von Flechtzäunen hergestellt, bis die erforderliche Sohlenhebung erreicht ist und die Hänge sich abböschen können. Auf diese Weise erzielte J e n n y Sohlenhebungen bis zu 15 m. Haben diese eine genügende Höhe erreicht, so wird die Sohle durch eine mit Stützschwellen verstärkte Schale befestigt, welche das Wasser abzuführen hat.

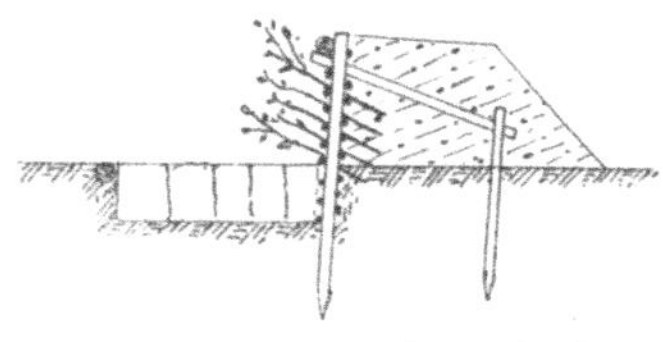

Abb. 104. Verstärkte Flechtwerksschwelle.

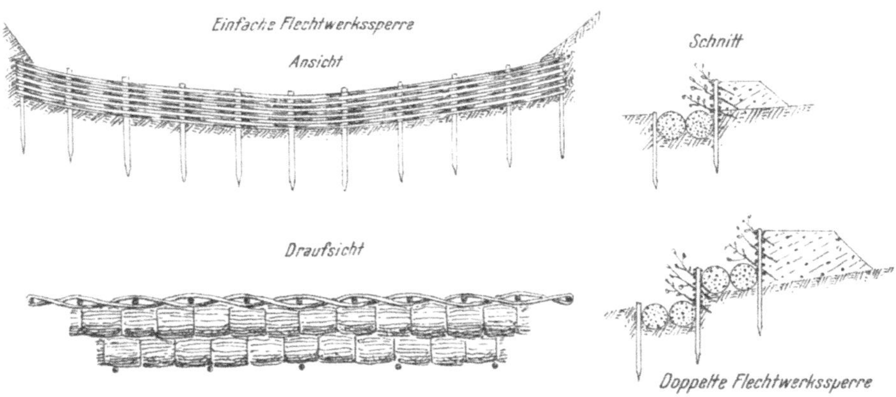

Abb. 105. Faschinenwerk.

Aus dieser etwa austretendes Wasser und Geschiebe wird durch flügelartig angeordnete Flechtzäune wieder in die Schale zurückgeleitet.

Die Herstellung der Verlandungszäune, die unter Verwendung von 1,5 bis 2 m langen Pfählen bogenförmig so angelegt werden, daß die Flügel schwach ansteigen, also eine muldenförmige Verlandung erzielen, beginnt am unteren Runsenende und schreitet bachaufwärts fort.

Nach C u l m a n n erzielte diese Bauweise, die erstmals 1838 in der Niederurner Runse zur Anwendung kam, in mehreren kleinen Bächen des Glarnerlandes gute Erfolge. Für wasserarme Bäche, namentlich trockene Runsen, ist sie empfehlenswert, für wasserreiche Bäche aber nicht anwendbar.

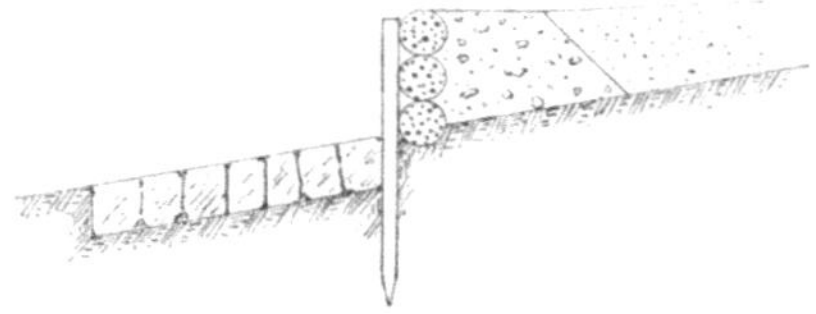

Abb. 106. Faschinenschwelle mit Vorpflaster.

Den vorerwähnten Scherensperren ähneln die Graßsperren, die in trockenen Runsen durch Zusammenschlichten von Astwerk, das mit Steinen und Material beschwert wird, erbaut werden. Hierzu werden, wenn möglich, Äste von Holzarten verwendet, die durch starken Harzgehalt gegen Vermorschung widerstandsfähig sind, wie z. B. die Krummholzkiefer.

Die Abb. 101 bis 106 für weitere Querwerksbauten bedürfen wohl keiner näheren Erklärung. Die Darstellung der Bautypen ist natürlich keineswegs erschöpfend; es gibt vielmehr noch eine große Zahl derartiger Typen, auf die jedoch nicht weiter eingegangen werden kann.

B. Längsbauten.

Die Längsbauten haben den Zweck, dem Wasser einen bestimmten Lauf anzuweisen, ein unerwünschtes Rinnsal abzusperren oder — soweit dies nicht schon durch den Einbau von Querwerken erreicht wurde — bestimmte Uferstellen, den Fuß von Lehnen und Anbrüchen usw. vor Wasserangriffen zu schützen oder endlich als Stütze für in Bewegung befindliche Hänge zu dienen, also Bodenbewegungen zur Ruhe zu bringen.

Man unterscheidet zwischen Uferdeckbauten oder Leitwerken und Buhnen oder Spornen. Die ersteren verlaufen annähernd parallel zum Stromstrich, bzw. bei Bachverlegungen zur künftigen Bachachse und begrenzen eine mehr oder minder lange Strecke des Wasserlaufes ohne Unterbrechung. Sie können hochwasserfrei oder überflutbar sein.

Die erstere Art bildet in den Wildbächen die Regel. Sie verhindert die Ausbreitung des Wassers über das geschützte Gelände. Wenn die Leitwerke einander gegenüber an beiden Ufern erbaut werden, konzentrieren sie auch den Wasserlauf.

Nicht hochwasserfreie Bauten kommen für steile Wildbäche nicht in Betracht, können aber in sanft geneigten Strecken oder in wildbachartigen Flüssen zweckmäßige Verwendung finden. Sie halten das Nieder- und Mittelwasser zusammen, geben auch dem Hochwasser eine gewisse Führung, gestatten aber dessen Ausbreitung. Solange sich die Geschiebeführung in engen Grenzen hält, wirken sie auch bei Hochwässern günstig, bei starker Geschiebeführung aber halten sie den auf der Sohle sich bewegenden Geschiebestrom zusammen, während das Wasser infolge seiner Ausbreitung an Schleppkraft verliert. Es kommt dann im eigentlichen Gerinne zu Geschiebeablagerungen, die Sohle erhöht sich, das Hochwasser fällt über die niedrigen Leitwerke in die dahinter liegenden Becken, beginnt dort zu kolken, und wenn sich eine Strömung ausbilden kann, kommt es zur Entwicklung seitlicher Rinnen, während das eigentliche Rinnsal verschottert.

Eine derartige Erscheinung war bei den Hochwässern der Jahre 1897 und 1899 am Traunfluß zwischen Ischl und Ebensee zu beobachten, woselbst niedrige Holzbauten die Aufgabe hatten, die kleineren Mittelwässer für Zwecke der Flößerei zusammenzuhalten.

Eine solche schädliche Wirkung läßt sich vermeiden oder wenigstens einschränken, wenn durch entsprechende Anschlüsse an die Hochufer die Strömung in der gewünschten Richtung erhalten wird.

Für die Leitwerke gilt der Grundsatz, daß scharfe Krümmungen nach Möglichkeit vermieden werden sollen, weil sich in ihnen das Wasser zu sehr an die einbiegenden Ufer anlegt, was zu gefährlichen Kolkungen und Bachverwerfungen Anlaß geben kann. Die Kolkung macht sich namentlich in der unteren Hälfte der Krümmung geltend und bringt die Bauten dortselbst in Unterwaschungsgefahr. In scharfen Krümmungen sind dieselben auch mehr der Überflutungsgefahr ausgesetzt als in schwach gekrümmten oder geraden Strecken.

Die Höhe der Leitwerke muß unter Bedachtnahme auf zu erwartende Sohlenschwankungen festgesetzt werden. Im allgemeinen sollen die Längsbauten in den Wildbächen nicht überströmbar sein, weil sich sonst gefährliche Auskolkungen und Hinterspülungen ergeben können, die nicht allein die Erreichung des Bauzwekkes beeinträchtigen, sondern auch den Bestand der Bauten selbst gefährden können. Freistehende Leitwerke sind in angemessenen Abständen durch Traversen an die Hochufer anzuschließen.

Die Standfestigkeit der Längsbauten hängt ab von der Tragfähigkeit des Untergrundes, von dessen Widerstandsfähigkeit gegen Lehnendruck und von der Sicherheit der Fundamente gegen Unterwaschung. Unterwaschungen lassen sich am sichersten durch Querwerke verhüten; örtliche Kolke können aber ziemlich tief unter die allgemeine Sohlenlinie hinabreichen. Sie entstehen in leichtem Geschiebe infolge scharfer Krümmungen, unvermittelter Bacherweiterungen u. dgl. sehr häufig. Stark konkave Leitwerke. Spornköpfe u. dgl. müssen in wasserreichen Bächen daher besonders tief gegründet werden. Zum Schutze gegen örtliche Auskolkungen lagert man den Fundamenten der Längsbauten schwer bewegliche Körper vor, die, wenn sie unterwaschen sind, nachsinken können und den entstandenen Kolk wieder ausfüllen. Sie dürfen daher mit dem Bau selbst nicht in Verbindung stehen.

Hieher gehören fortlaufende Vorgrundversicherungen, wie Steinkästen, Drahtschotterbehälter, durch Roste befestigte Vorpflaster, Steinwürfe und -schlichtungen, Senkfaschinen u. dgl., ferner Vorgrundsporne und Abweiser (Abb. 107). Sie sollen die Ausbildung einer Bachrinne vor dem Längsbau verhüten. Diesen Zweck erfüllen sie um so besser, je unregelmäßiger sie sind. Da sich die Wasserströmung an die glatte Oberfläche von Bauten an-

Abb. 107. Rellsbach, Vorarlberg. Abgesunkener Vorgrundsporn und Leitwerk nach einem Hochwasser.

legt, empfiehlt es sich überhaupt, bei Längsbauten glatte Flächen zu vermeiden und ihre Oberfläche möglichst rauh zu gestalten.

Die Tragfähigkeit der Fundamente ist bei den Wildbächen in der Regel gegeben; sollte dies nicht der Fall sein, so ist sie durch die allgemein bekannten Mittel, wie Pilotierungen, liegende oder stehende Roste, Fundamentverbreiterungen, Eisenbetonplatten u. dgl., herzustellen.

Die Sicherheit gegen Lehnendruck setzt eine entsprechende Stärke des Bauwerkes, das den Grundsätzen der Statik entsprechen muß, voraus. Besonders zu beachten ist hiebei auch ein eventuell auftretender Wasserdruck bei Wasseransammlungen hinter dem Bau. Zur Verhütung eines solchen sind Durchlässe anzulegen. Freistehende Bauten müssen selbstverständlich auch dem Druck der das Gerinne füllenden Wassermengen Widerstand zu leisten vermögen. In der Regel lehnen sich die Längsbauten an Materialdämme an, die diesen Druck aufnehmen.

Ein Abscheren bzw. eine Beschädigung der Krone kann verursacht werden durch Überflutungen oder durch Materialschübe aus Bruchflächen und Seitenrunsen sowie durch Steinschläge. Es ist daher die Krone der Bauten entsprechend widerstandsfähig zu gestalten und allenfalls mit Erde zu überschütten. Fundament und Krone sind jene Teile der Bauten, die einer Inanspruchnahme am meisten ausgesetzt sind. Wenn sie widerstehen, ist auch der Bestand des Werkes in der Regel gesichert.

Die Buhnen oder Sporne begrenzen den Wasserlauf nur an bestimmten Punkten oder doch nur auf kurze Strecken, während sich das Wasser unmittelbar oberhalb und unterhalb dieser Bauten in seinem natürlichen Gerinne ausbreiten kann. Sie eignen sich nur für Bachstrekken mit geringem Gefälle und werden entweder normal zur Bachachse oder schief gegen diese gestellt, letzteren Falles entweder deklinant, das ist spitzwinklig, oder inklinant, das ist stumpfwinklig zur Bachrichtung (Abb. 108).

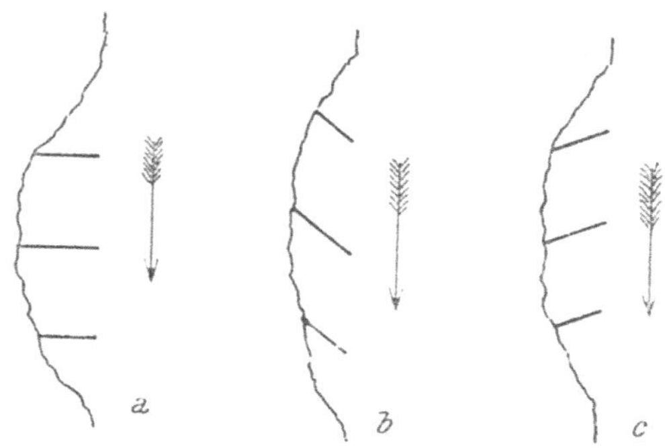

Abb. 108. Stellung der Buhnen.

Sind sie normal zur Bachachse gerichtet, so sperren sie einen Teil des alten Rinnsales ab, drängen das Wasser auf dem freibleibenden Teile zusammen und bewirken dadurch einen Aufstau, der einerseits Geschiebeablagerungen oberhalb der Buhne begünstigt, anderseits eine gewisse Gefällskonzentration und die Neigung zu Kolkungen beim Buhnenkopfe bewirkt.

Die Auflandungen sind erwünscht, wenn sie seitliche Becken auffüllen und so zur Ausbildung der Flußrinne beitragen. In wasserreichen Gerinnen ist bei großen gegenseitigen Abständen normal gestellter Buhnen jedoch die Gefahr vorhanden, daß sich unerwünschte Querströmungen bilden und den gleichmäßigen Fortschritt der Auflandung stören. Bei stärkerem Gefälle kann durch das Rückströmen des von den Buhnen gestauten Wassers sogar eine Unterwaschung der letzteren eintreten.

Bei überströmbaren Buhnen ist die Gefahr von Querströmungen minder naheliegend, doch müssen sie gegen einen Wasserangriff und eine Auskolkung des Sturzfeldes gesichert werden. Selbstverständlich muß die Wurzel der Sporne hochwasserfrei und vor einer Umgehung geschützt sein.

Bei der Situierung der normalen als auch der schrägen Buhnen ist darauf zu achten, daß sie nicht eine nachteilige Bachverwerfung verursachen. Sie sind daher entweder nur kurz zu halten oder in einer Serie derart anzuordnen, daß die in der Richtung der angestrebten Uferlinie gelegenen Spornköpfe nicht eine schroffe Richtungsänderung oder plötzliche Einengung des Wasserlaufes erzwingen.

Deklinante Buhnen (Abb. 108 b) streben, den Wasserlauf in die eigene Richtung abzulenken. Sie sollen hochwasserfrei sein. Ihre Wirkung hängt von ihrer Länge und dem Winkel ab, den sie mit der Bachachse einschließen; je spitzer dieser, desto sanfter die Ablenkung. Weit ins Rinnsal vorspringende Buhnen bewirken ebenfalls Stauungen. Je mehr sich das schwere Wasser gegen diese Buhnen legt. und je mehr sich das Bachprofil talseits des Buhnen-

Abb. 109. Buhnenbauten im Valschavielbach, Montafon, Vorarlberg.

kopfes erweitert, desto näher rückt die Gefahr einer Unterwaschung des letzteren und des an diesen anschließenden Teiles des Baues.

Inklinante Buhnen (Abb. 108 c) wirken als Fangbuhnen; sie verlanden leichter als normal gestellte Buhnen und die Unterwaschungsgefahr beschränkt sich ausschließlich auf den Kopf. Man kann sie auch überflutbar herstellen, wobei dasselbe gilt wie für normale Buhnen. Der Winkel zum Stromstrich darf nicht zu groß sein (höchstens etwa 120°), weil sie sonst eine bedeutende Länge erhalten und bei größeren Gefällen an der nicht überströmbaren Wurzel sehr hoch werden müßten.

In Wildbächen kommen längere Buhnen nur sehr selten zur Anwendung, in wildbachartigen Flüssen können sie gute Dienste leisten. Letzteres trifft auch unter Umständen für kurze Sporne in Wildbächen zu (Abb. 109).

Ist ein Ufer anbrüchig, während das andere von flach ansteigenden Felsen gebildet wird, so kann man die Sporne zu Halbsperren ausgestalten, die das alte Bett absperren und den Wasserlauf ganz auf den Felsen drängen, woselbst für ihn ein neues Bett ausgehoben wird.

Zur Versicherung angebrochener oder gefährdeter Uferstrecken und zum Schutze von Leitwerken gegen Unterwaschung dienen kurze Vorgrundsporne verschiedenster Bauart. Für den ersteren Zweck müssen sie gut in das Ufer eingebunden werden, so daß sie nicht umgangen werden können. Jene für den letzteren Zweck lehnen sich an das Leitwerk an, ohne mit ihm in Verbindung zu stehen; sie sind allenfalls so konstruiert, daß sie in entstehende Kolke

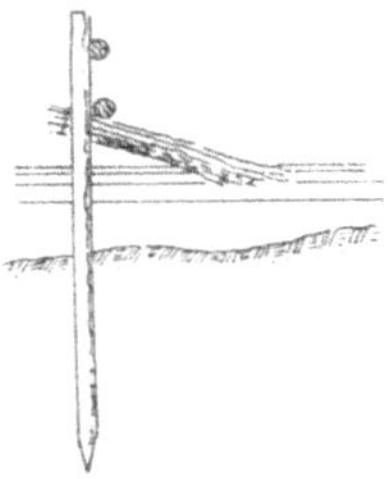

Abb. 110. Wolfscher Gehängebau.

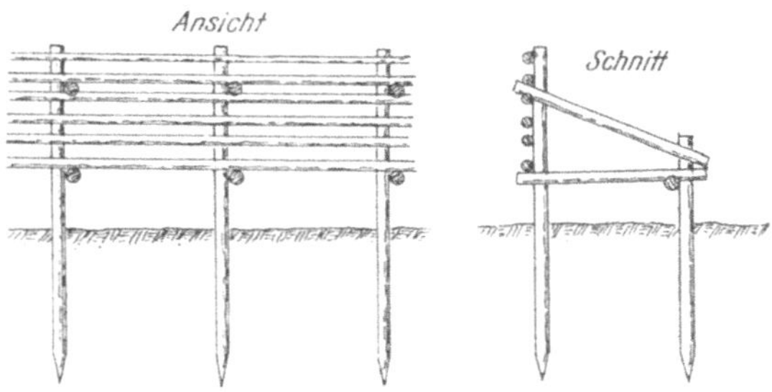

Abb. 111. Pfahlbauprovisorium.

nachsinken können und ragen meist nicht oder kaum über das Niederwasser empor.

Gelegentlich von Hochwässern entstehen zuweilen Auflandungen im Bachbett, die man durch Querbauten nicht binden kann oder will, in denen man aber wieder ein Rinnsal ausbilden muß. In solchen Fällen kann es zweckmäßig sein, zunächst provisorische Bauten zu erstellen, die eine Rinnsalausbildung begünstigen oder auch wertvolle Objekte unmittelbar schützen sollen. Zu solchen Provisorien verwendet man Bockbauten, an Pfählen befestigte Verplankungen, durch Piloten verstärkte Faschinenbauten u. dgl. Sie müssen gegen Unterwaschung ziemlich widerstandsfähig sein. In wildbachartigen Flüssen führt man auch durchlässige Bauten, nämlich Wolfsche Gehänge nach Abb. 110 oder Pfahlbauten nach Abb. 111, aus, welche die Strömung in der Hauptsache zusammenhalten, dem Geschiebe aber den Durchtritt gestatten (176). Dieses lagert sich dann in der ruhigen Strömung hinter den Bauten ab. Hat sich das neue Rinnsal ausgebildet und die Sohle eine entsprechende Tiefe erreicht, dann sind diese Provisorien durch definitive Bauten zu ersetzen. Auf diese Weise kann häufig nicht allein Zeit für den Schutz bedrohter Objekte gewonnen, sondern wegen der verringerten Gründungskosten der endgültigen Bauten auch an Aufwand erspart werden.

Bauweise und Bauart.

Die Längsbauten werden unter Verwendung der verschiedensten Baustoffe und je nach dem Zweck in mannigfachen Typen zur Ausführung gebracht. Für Wildbäche kommen hauptsächlich in Betracht:

1. Ufermauern in Zement- oder Trockenmauerung oder in Stampfbeton. Sie können, wenn nötig, auf stehende oder liegende

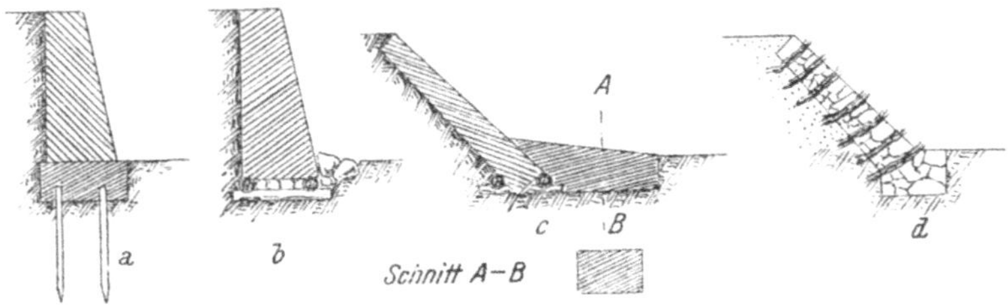

Abb. 112. Uferschutzbauten.

Roste (Abb. 112 a, b) oder auf Fundamentplatten aufgesetzt werden, entweder freistehen oder sich an das Gelände oder an Dämme anlehnen.

2. Böschungspflasterungen (Abb. 112 c u. 113) in verschiedenen Neigungen. Sie dienen zur Verkleidung von Damm- und Anschnittsböschungen, werden in Stein oder Beton hergestellt und sollen in Abständen von etwa 4 bis 5 m durchgehende Fugen erhalten, um Rißbildungen infolge ungleichmäßiger Setzungen zu

Abb. 113. Böschungspflasterungen.

vermeiden. Auf lehmigem Untergrund aufruhende Pflasterungen werden durch Setzung leicht beschädigt und auf wasserhältigem Boden werden durch Gefrieren desselben Steine gehoben und ihr Verband gelockert, und eventuell zerstört. Um derartige Schäden hintanzuhalten, sind Pflasterungen auf solchen Böden mit einer Unterbettung von Schotter oder Kies zu versehen. Betonpflaster wird durch Geschiebe und reißende Wasser rasch abgenützt und leidet in der Höhe des Wasserspiegels auch durch Frostwirkung.

3. Steinschlichtungen und Steinwürfe, erstere als Steinschlauen in regelmäßiger, gewöhnlich prismatischer Form; letztere in ziemlich unregelmäßiger Anordnung. Sie können allenfalls auch aus

Kunststeinen ausgeführt werden. Die dazu verwendeten Steine sollen so groß und schwer sein, daß sie vom Wasser nicht vertragen werden, sondern in etwa entstehende Kolke nachsinken. Die Steine können auch durch Kettenglieder oder nach einem Vorschlag A. Zarbochs als Verhängmauerwerk durch Drahtverschnürung, Drahtseile oder Ketten oder durch Eisenstäbe miteinander verbunden werden.

4. Graßbauten (Abb. 112 d), das sind Steinschlichtungen mit Zwischenlagen von Astwerk und ausschlagfähigen Weiden-, Pap-

Abb. 114. Graßbauten, Gödnacherbach, Osttirol.

pel- oder Erlruten, die sich bewurzeln und anwachsen sollen (Abb. 114). Diesen Bauten kommt eine gewisse Elastizität und Widerstandsfähigkeit gegen Unterwaschung zu.

5. Steinberollungen mittels kleiner Steine zum Schutze von Böschungen an ruhig fließenden Bächen.

6. Doppelwandige Steinkastenbauten (Abb. 115 a), die freistehen können, allenfalls in Verbindung mit Pilotierungen und Vorpflasterherstellungen. Sie können auch zu Buhnen (Abb. 116) Verwendung finden.

7. Einwandige Holzbauten nach Abb. 115 b oder in einer ähnlichen Bauweise, die sich an das Gelände anlehnen müssen.

8. Bohlenwände und Verplankungen, das sind geschlossene Wände aus an Piloten befestigten Bohlen oder Stangen. Sie sind

nicht sehr widerstandsfähig, sehr glatt und daher einer Unterwaschung stark ausgesetzt.

9. Von den Schutzbauten aus Eisenbetonkästen nach Andreocci und

10. Schutzbauten mittels Drahtschotterbehältern wird später die Rede sein.

11. Beläge aus Eisenbetonplatten, wenigstens etwa 25 × 25 cm groß, die mittels eiserner Klammern oder durch starken Draht zusammengehängt sind und die Böschungen nach Art einer Matratze verkleiden. Sie werden nach verschiedenen Systemen ausgeführt, schmiegen sich dem Terrain gut an und sind nachgiebig. Meist verwendet man nur schwache Platten, die aber für Bäche mit schwerem Geschiebe nicht geeignet sind.

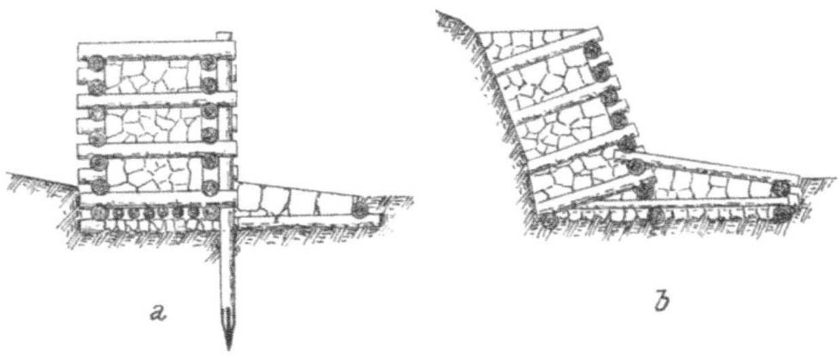

Abb. 115. Hölzerne Uferschutzbauten.

12. Längsflechtwerke nach Abb. 117, und zwar entweder einfache oder mehrreihige. Sie sollen aus ausschlagfähigem Material hergestellt werden, das anwächst und einen lebenden Uferschutz bildet. Sie eignen sich für Bäche mit geringem Gefälle und sind gegen Geschiebebewegung nicht sehr widerstandsfähig. Da sich Ausschläge auch in wasserarmen Gerinnen bilden, können sie den Wasserablauf stören. Zur Vermeidung dieses Übelstandes kann man die Flechtwerke mit einem ihnen vorgelegten Pflastersaum kombinieren.

13. Ähnliches trifft auch für die Faschinenbauten (Abb. 118) zu, die sich hauptsächlich zur Verwendung unter Wasser eignen, aber in Wildbächen nicht sehr häufig Anwendung finden, weil sie durch die Geschiebeführung leiden. Je nach den Verhältnissen kann man entweder schwache Faschinenwülste oder starke Senkfaschinen verwenden. Diese sinken, wenn sie angewachsen sind, nicht mehr nach, was zu Schäden Anlaß geben kann.

14. Eine besondere Art ähnlicher Schutzbauten sind die Leitwerke nach Seeling (238, 325 und Abb. 119). Bei ihrer Herstellung werden 1,5 bis 2 m lange und etwa 8 cm starke Pfähle reihenweise in Abständen von ungefähr 1,3 m in den Boden eingetrieben. Der Zwischenraum zwischen den Pfählen wird mit Faschinen-

material und Reisig möglichst dicht gefüllt und mit starken Ruten bogenförmig überdeckt. Die Ruten berühren beiderseits des so gebildeten Körpers den Boden und werden an den Pfählen befestigt. Statt der Ruten kann auch Draht verwendet werden. Um eine Hinterwaschung der so gebildeten Leitwerke zu verhüten, werden sie mittels Verlandungsbuhnen ans Gelände angeschlossen. Ver-

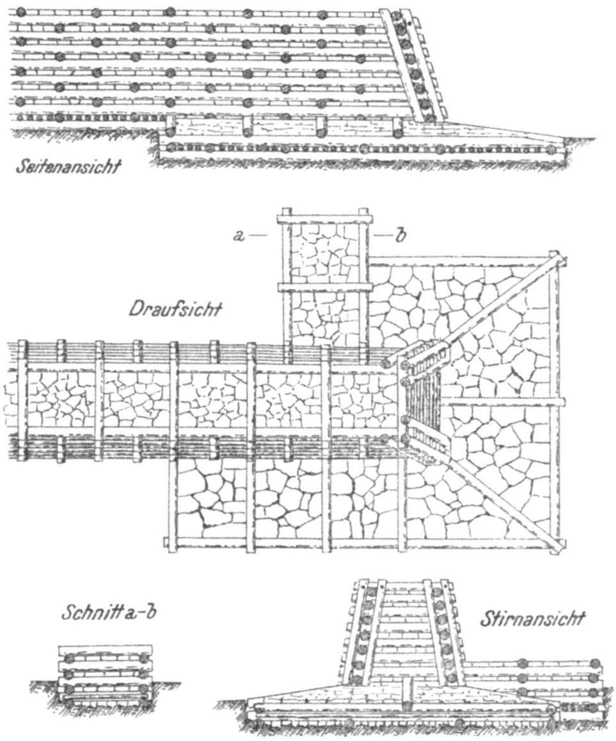

Abb. 116. Steinkastenbuhne.

tieft sich das Bachbett vor diesen Leitwerken, so können in den ersten beiden Jahren die Pfähle nachgeschlagen werden, später zersplittern sie. Wo Unterwaschungen zu fürchten sind, können hinter den Pfählen Faschinenwülste in den Boden versenkt werden. Durch die Hochwässer füllen sich die Zwischenräume zwischen dem Reisig mit Sand, Schlamm und Schlick, und es bildet sich so ein fester Dammkörper. Vorteilhaft ist es, ausschlagfähiges Material mitzuverwenden, das entsprechend verteilt wird. Diese Bauweise ist natürlich nur dort anwendbar, wo die benötigte große Menge des erforderlichen Reisigs zur Verfügung steht. Sie eignet sich nur für Bäche mit schwachem Gefälle, ständiger Wasser- und geringer Geschiebeführung.

15. Spreitlagen und Berauhwehrungen, das sind Bettungen von ausschlagfähigem Faschinenmaterial, die durch Wippen oder Flechtzäune auf den geebneten Böschungen niedergehalten und mit Erde beschwert werden: die ersteren aus parallel gelegten, schlanken Ruten, die letzteren aus verzweigten Ästen. Sie bewachsen sich und bilden lebende Deckungen; eine starke Geschiebeführung vertragen sie nicht und Unterwaschungen lassen sie erst erkennen, wenn sie schon einen größeren Umfang angenommen haben.

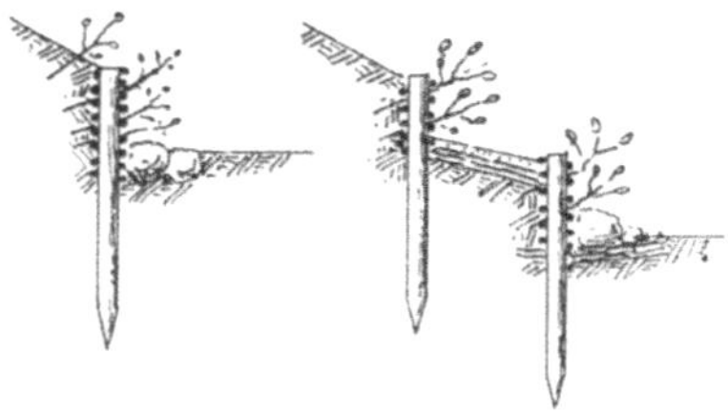

Abb. 117. Längsflechtwerke.

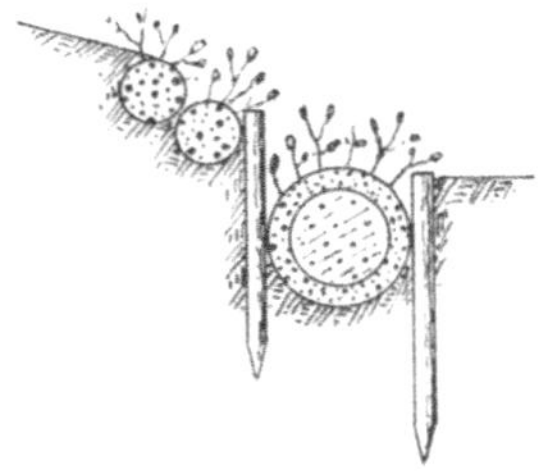

Abb. 118. Faschinenbau.

16. Rasenbeläge werden aus 30 bis 40 cm messenden quadratischen Rasenziegeln von 7 bis 10 cm Stärke hergestellt, die auf die vorher geebnete Böschung reihenweise angelegt, festgeschlagen und mittels Pflöcken an den Untergrund befestigt und mit Erde überstreut werden, um sie in der ersten Zeit gegen Austrocknung zu schützen und die Fugen zu schließen. Mitunter werden diese Rasenflächen mit einem weitmaschigen Drahtnetz überspannt. Bei Uferschutzbauten in Oberösterreich wurden zum Schutze des Fußes solcher Rasenbeläge Eisenbetonbretter nach Abb. 120 eingebaut. Nicht zu starken Wasserangriffen (Schleppkraft höchstens 2 bis 3 kg/m^2) leistet einmal angewachsener Rasen guten Widerstand, wo er gegen Angriffe durch Geschiebe geschützt ist, also in Bächen, die kein Geschiebe führen, oder in geschiebeführenden Bächen zur Erhöhung eines anderen Schutzbaues, wie z. B. einer Pflasterung. Etwas widerstandsfähiger sind Verkleidungen durch Anschlichten von Kopfrasen.

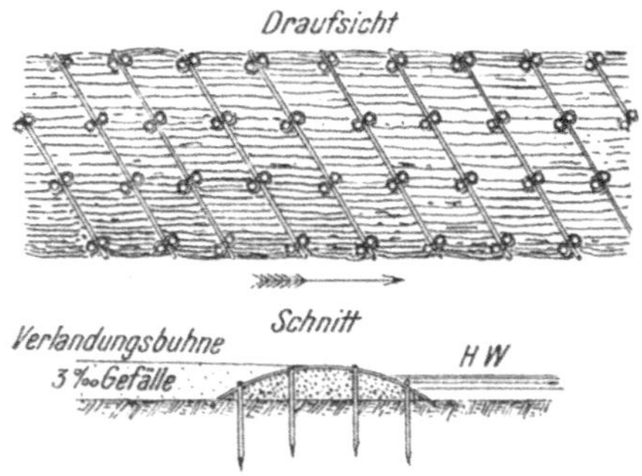

Abb. 119. Faschinenbau nach Seeling.

Berasungen, Spreitlagen, Flechtzäune und Faschinenbauten werden sehr häufig miteinander kombiniert und nach den verschiedensten Typen ausgeführt, auf welche hier aber nicht näher eingegangen werden soll. Mit solchen Bauten wurden z. B. bei der Ennsregulierung in Steiermark sehr schöne Erfolge erzielt. In Wildbächen finden sie, wie schon in Abschnitt VI ausgeführt, zweckmäßige Anwendung in Runsen und bei Unterlaufregelungen. Zusammen mit den Begrünungsarbeiten auf Bruchflächen und sonstigen kulturellen Maßnahmen bilden sie das Hauptmittel der lebenden oder biologischen Verbauung (91, 92. 93, 116, 200, 293).

17. Hier sind auch die Bachräumungen zu erwähnen. wenngleich sie keine eigentlichen Bauten darstellen. Sie umfassen das Ausziehen von Holz, die Entfernung von Steinen, von den Bach verwerfenden Schotterbarren und sonstigen Hindernissen.

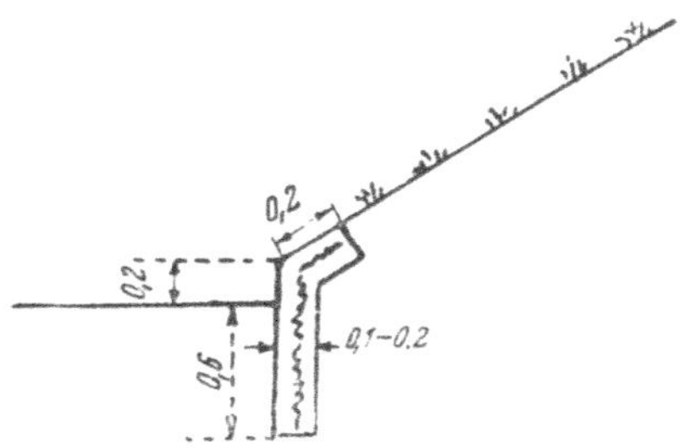

Abb. 120. Betonbrett als Fußschutz von Böschungen.

In früheren Zeiten haben sich vielfach die Bachanrainer zusammengetan und in gemeinsamer Arbeit zur Zeit des niedrigsten Wasserstandes die größten Steine aus den Bachunterläufen ausgezogen und an die Ufer angelegt. Hierdurch wurde nicht allein die Wiedereintiefung des Bachbettes, sondern auch ein roher, aber oft ausreichender Uferschutz erzielt. Leider sind diese Bachräumungen in den letzten Jahrzehnten meistens unterblieben und die Gerinne vernachlässigt worden. Es ist kein Zweifel, daß die Zunahme von Wildbachverheerungen durch diese Vernachlässigung mitverschuldet wurde.

Im Sammelgebiet ist eine Eintiefung des Bachlaufes unerwünscht. Hier soll sich daher die Räumung nur auf die Entfernung jener Hindernisse beschränken, die den Bachlauf ablenken. gegen die Ufer werfen und diese in Abbruchgefahr bringen. Tief eingebettete Steine sind um so weniger zu entfernen, als sie zur Sohlenbefestigung beitragen. Ragen solche Blöcke in den Wasserlauf empor und verwerfen sie ihn, so soll nur der über die Sohle emporragende Teil abgesprengt werden und sind die anfallenden Steine an die gefährdeten Uferstellen anzulegen. Auch bei der Ausräumung von Wildholz genügt meist die Entfernung der über die Sohle vorragenden Hölzer. Der im Boden eingebettete Teil ist hingegen zu belassen, da sonst die Sohle gelockert und Anlaß zu unerwünschten Bachvertiefungen geboten würde. Wird das belassene Wildholz dann vom Wasser ausgewaschen, so ist es später in gleicher Weise zu entfernen. Bei den Schotterbarren genügt es meist, nur die größeren Steine zu entfernen und an die Ufer anzulegen; das zurückbleibende feinere Material wird in den Wildbächen eine Ablenkung des Wasserlaufes kaum mehr zu bewirken vermögen, sondern abgespült werden.

Derartige Räumungen sind auch auf den Verlandungen größerer Querwerke sehr zweckmäßig, wo die Steine aus dem eigentlichen Rinnsale ausgezogen und zum Schutze der Ufer verwendet werden sollen.

C. Schalenbauten und Sohlwerke.

Zweck derselben ist entweder die tunlichst glatte und rasche Abfuhr der Wasser- und Geschiebemengen über eine Strecke mit schwachem Gefälle oder durch eine Ortschaft oder aber der Schutz des Bachbettes gegen Vertiefung und seitliche Auswaschung oder endlich der, dem Wasserlauf einen bestimmten Weg zu weisen. Der ersterwähnte Zweck wird nur dann erreicht, wenn die Stoßkraft des Wassers zur Geschiebeabfuhr ausreicht, und wenn außerdem nicht etwa ein Geschieberückstau vom unteren Schalenende her eintreten kann. In den Schalen fließt das Wasser konzentriert und daher zumeist mit einer großen oder wenigstens gegenüber einem anderen Rinnsale vermehrten Geschwindigkeit ab. Von Schalen mit geringem Gefälle abgesehen, vollzieht sich der Abfluß schießend, und die zulässige Geschwindigkeit wird oft überschritten. Bei höheren Wasserständen steigt das Wasser an der Außenseite der gekrümmten Strecken höher an, worauf durch Erhöhung der Außenwand Rücksicht zu nehmen ist. Bei großer Geschwindigkeit findet auch die im dritten Abschnitt erwähnte Luftaufnahme statt.

Die theoretische Erwägung, daß die Wassergeschwindigkeit bei hohem und niedrigem Wasserstande gleich bleibt, wenn sich der hydraulische Radius nicht ändert, führte, wie Hofmann (135) erwähnt, zur Ausmittlung von Profilen, die dieser Bedingung entsprechen. Sie haben eine waschbeckenähnliche Form, bei der sich an das Niederwassergerinne beiderseits Rampen anschließen, die sich hyperbelförmig verflachen und eine übermäßige Breite beanspruchen. Schon diese letztere schließt ihre häufige Verwendung aus, und obige Erwägung übersieht, daß bei zwar gleichbleibender mittlerer Profilsgeschwindigkeit sich die Geschwindigkeit über der Niederwasserrinne doch wesentlich steigert und ein hohes Maß erreichen kann.

Die Form der Schalen (Abb. 122) wird einerseits durch ihren Zweck, anderseits durch die Wasser- und Geschiebemenge bestimmt. Wenn die Vermehrung der Schleppkraft erstrebt wird, so muß ein enges Profil mit tunlichst großem hydraulischem Radius gewählt werden. Bei derselben Flächengröße ist dieser beim Halbkreis am größten, Halbkreisprofile (Abb. 122 a) kommen aber

Abb. 121. Schalenbauten am Rivo Lazer bei Primiero. Trentino.

höchst selten zur Ausführung, da man lotrechte Schalenränder in der Regel vermeidet; man verlängert vielmehr die Pflasterung entweder in der Richtung der Tangente eines Kreisabschnittes oder man wählt ein Trapezprofil, etwa von der Form eines halben regelmäßigen Sechseckes, also mit ebener Sohle und unter 60° geneigten Seitenwänden (Abb. 122 d), dessen hydraulischer Radius ebenfalls verhältnismäßig groß ist. Für Bäche, in denen man mit sehr starker Geschiebeführung rechnen muß, wählt man noch engere trapezförmige oder eiförmige Profile (Abb. 122 c), damit bei Materialablagerungen, die in flachen Profilen schon eine bedeutende Verbreiterung des Wasserspiegels und eine Schwächung der Schleppkraft zur Folge haben, das Wasser tunlichst zusammengehalten wird und seine Kraft erhalten bleibt.

Rechnet man nur mit mäßiger Geschiebeführung, so wählt man häufig ein Trapez mit unter 45° ansteigenden Seitenwänden (Abb. 122 a), dessen untere Ecken mitunter abgerundet oder abgeschrägt

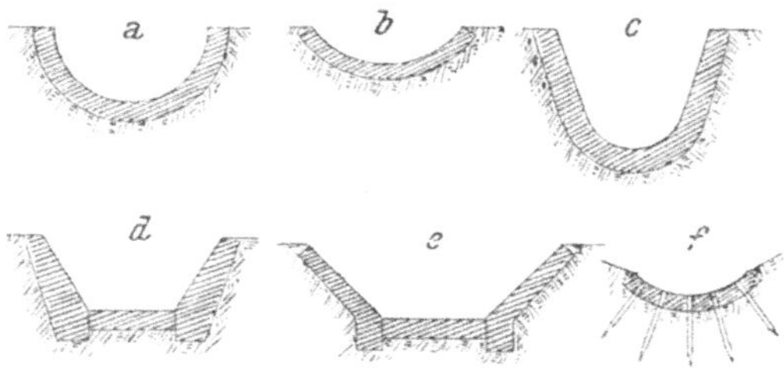

Abb. 122. Schalenformen.

werden. Anstatt ebener Sohlen erstellt man mitunter schwach eingesenkte. Rechteckige oder sich dieser Form nähernde Profile kommen wohl nur dort zur Ausführung, wo wenig Raum zur Verfügung steht.

Den Schalen, die zur Verhinderung der Einwühlung erbaut werden, gibt man in der Regel die Form eines flachen Kreisabschnittes (Abb. 122 b); für Unterlaufbauten kommt diese Form dagegen selten zur Anwendung. Sind die Seitenwände der Schalen steiler als der natürliche Böschungswinkel des umgebenden Materials, so müssen sie imstande sein, dessen Druck aufzunehmen, was bei steilen Wänden die Errichtung von Mauern bedingt und höhere Kosten erfordert als die sonst ausreichende Pflasterung.

Je nach dem verfügbaren Baumaterial, den Zulieferungsmöglichkeiten für dieses, dem Gefälle, der Wassermenge des Baches und der Wichtigkeit des Baues wird dieser in trockener oder in Mörtelpflasterung bzw. Mauerwerk, das Sohlenpflaster allenfalls auch in Quadern ausgeführt. Die Steine, besonders des Sohlenpflasters, müssen von guter Beschaffenheit und sollen härter sein als das zur Abführung kommende Geschiebe. Es empfiehlt sich deshalb, wenn nötig, die Zufuhr harter Steine, z. B. von Granit-

oder Quarzporphyrplatten für die Sohle, die häufig ebenso wie auch andere Pflastersteine auf eine Betonbettung versetzt werden.

Im Gänsgraben bei Kitzbühel in Nordtirol, woselbst das früher hergestellte Steinpflaster rasch abgenützt und wiederholt beschädigt worden war, ließ die Gemeinde die Sohle mit

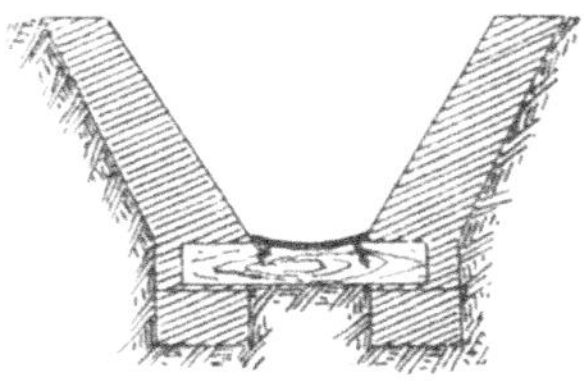

Abb. 123. Gerinne mit gußeisernen Sohlplatten.

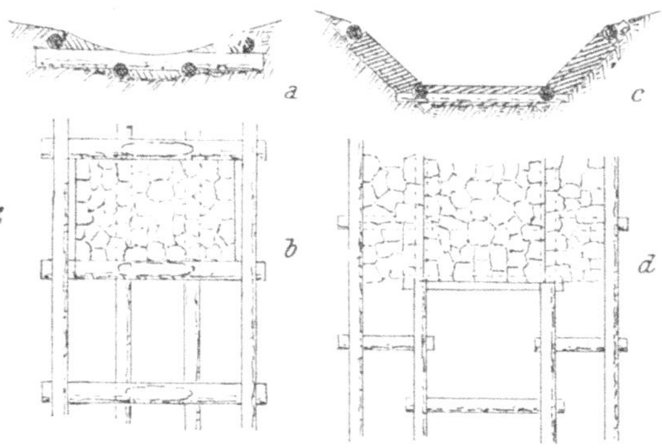

Abb. 124. Schalen mit Holzrost.

gußeisernen Platten befestigen, die auf Holzschwellen verschraubt wurden (Abb. 123). Sie haben sich vorzüglich bewährt und seit Jahrzehnten keine Erhaltungsarbeiten erfordert.

Die starke Abnützung des Sohlenpflasters veranlaßte den Kantonsingenieur O. Seiler in Lungern, Kanton Obwalden, und auch anderwärts, die Sohle von Betonschalen durch 5 bis 10 mm

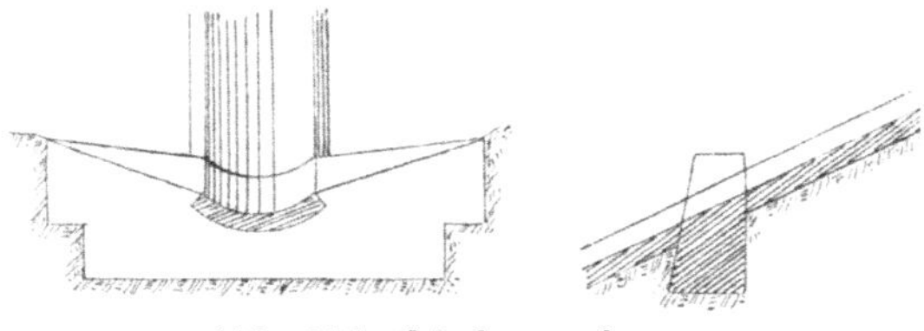

Abb. 125. Schalenstützbauten.

starke, gekupferte Stahlplatten zu schützen, die auf Holzschwellen aufgeschraubt wurden und sich seit vielen Jahren gut bewährt haben.

Mehrere Wildbäche zwischen Großreifling und Gußwerk, welche die Straße kreuzen, ließ die Straßenbauverwaltung an den Kreuzungsstellen in 3 mm starke Blechrinnen aus Siemens-Martinstahl fassen (220), deren Glätte die Geschiebeabfuhr begünstigt. Damit wurden zwar anfänglich gute Erfolge erzielt, doch sollen die Rinnen binnen weniger Jahre durchgeschliffen worden sein.

Trockenpflasterungen werden häufig durch Holzroste verstärkt (Abb. 124); diese versteifen auch in nicht ganz ruhigem Boden den Bau und sichern ihn gegen Verschiebung. Sie begrenzen auch entstandene Beschädigungen und erleichtern ihre Ausbesserung, erfordern aber wegen der Vermorschung eine sorgfältige Überwachung und eine rechtzeitige Auswechslung der vermorschten Hölzer.

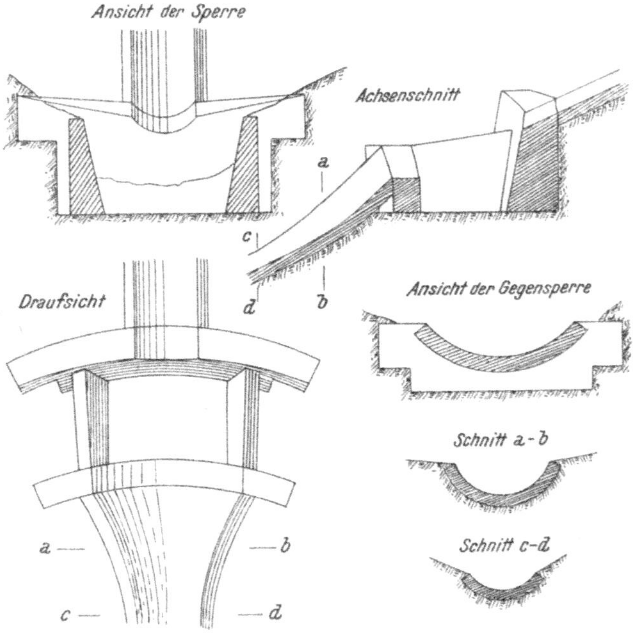

Abb. 126. Schalenstützwerk mit Tosbecken.

Wo nur Klaubsteine u. dgl. für den Schalenbau zur Verfügung stehen, kann man diesen durch Einschlagen von Pfählen verstärken. Abb. 122 f zeigt eine solche Pfahlkünette.

Zur Verstärkung und Stütze der Schalen sind in nicht zu großen Abständen voneinander (20 bis 30 m) Querwerke einzuziehen (Abb. 125); selbstverständlich sind auch obere und untere Abschlußwerke nötig. Die Hauptwerke werden zweckmäßig mit der Herstellung von Tosbecken verbunden (Abb. 126), in denen sich die Wassergeschwindigkeit brechen soll. Dieser Zweck wird aber nur dann erreicht, wenn diese Becken eine ausreichende Größe erhalten, so daß sich das Wasser in ihnen bis zu einem gewissen Grade beruhigen kann. Bei ausreichender Größe fangen sie auch wenigstens die größten in die Schale gelangten Steine auf und vermindern dadurch die Gefahr von Beschädigungen.

Die Zwischenwerke sollen über die Sohle der Schalen nicht vorragen, sohin in dieser keinen Absturz bilden. Jeder Absturz verursacht Unregelmäßigkeiten im Abfluß, ohne in steilen Gerinnen die Wassergeschwindigkeit wesentlich zu verringern, konzentriert den Wasserangriff und den Aufprall des Geschiebes auf eine bestimmte Stelle und kann dadurch Anlaß zu Beschädigungen geben. Solche Abstürze sind nur dort unbedenklich, woselbst auch bei außergewöhnlichen Elementarereignissen nur geringe, geschiebefreie Wassermengen zur Abfuhr gelangen. Selbst da werden sie besser vermieden oder wenigstens sehr niedrig gehalten. Bei trockengepflasterten Schalen, die nicht stark beansprucht werden, genügt es, an Stelle der Zwischenwerke in Zementmörtel gelegte Verstärkungsringe einzuziehen.

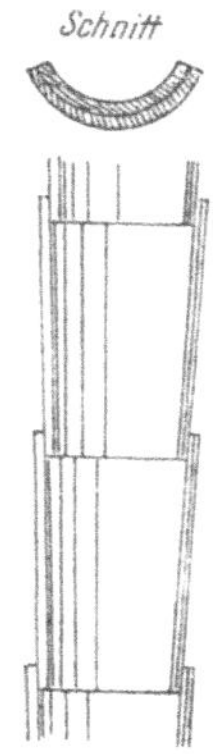

Abb. 127. Stückrinnen.

Beton wird wegen der starken Abnützung durch rasch fließendes Wasser und Geschiebe für Schalen selten verwendet; namentlich gilt dies für die Sohle und den unteren Teil der Böschungen. Schalen für geschiebefreies, langsamer fließendes Wasser können hingegen unbedenklich aus Beton erbaut werden. Zur Wasserabführung über Bruchflächen können Betonstückrinnen nach Abb. 127 verwendet werden; geringen Bodenbewegungen können sie nachgeben und sind dann, je nach Bedarf, wieder in Ordnung zu bringen. Zum gleichen Zwecke verwendet man häufig auch Holzrinnen. Ausnahmsweise werden an Stelle von Pflasterschalen auch hölzerne Schußtennen (Abb. 128) erbaut. Der Grund hiefür kann im Mangel an geeignetem Steinmaterial oder darin liegen, daß man an der Mündung der Wildbäche in Seen eine starke Belastung der in das Wasser vorgebauten Schwemmkegel vermeiden oder die Möglichkeit einer Verschwenkung des betreffenden Schalenteiles, also die Verlegung der Mündungsstelle, offen halten will. Auch die größere Glätte des Holzes gegenüber dem Steinpflaster kann für die Wahl des ersteren bestimmend sein. Trifft dies zu, so genügt es meist, nur die Sohle zu bedielen, die Seitenwände hingegen in Mauerung oder Pflasterung herzustellen. Hölzerne Schußtennen unterliegen einer raschen Vermorschung und müssen öfter ausgewechselt werden.

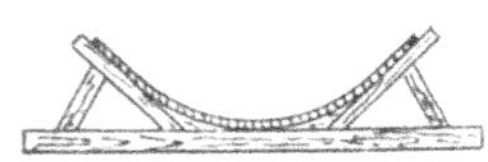

Abb. 128. Holzgerinne.

Bei allen Schalen ist darauf zu achten, daß der Untergrund für das Pflaster bzw. die Schußtenne nicht ausgewaschen werden kann. Falls dieser etwa lehmig oder sandig ist, so ist eine Unterbettung von Kies u. dgl. aufzubringen, welche die Ausbildung von Rinnen verhindert.

Die Bewegung des Geschiebes, das auf der Sohle fortgeschoben oder -gerollt wird, nützt die Sohle stark ab. So berichtet Doppler (176), daß ein beim Bau der Brennerbahn im Silltunnel bei Matrei hergestelltes, 0,75 m starkes Bruchsteinpflaster in Granit und Wassermörtel in kaum sechs Monaten so abgenützt wurde, daß es an einer Stelle durchrissen wurde.

Entstandene Beschädigungen des Sohlenpflasters können sich rasch vergrößern und auf das Böschungspflaster übergreifen. Um dies zu verhüten, soll letzteres nicht auf das Sohlenpflaster, sondern auf von diesem getrennte Fundamentsockel oder Roste aufgesetzt werden, die gleichzeitig eine feste Begrenzung für das Sohlenpflaster bilden.

In Schalen mit stark eingebauchter Sohle konzentriert sich das Geschiebe in der Mitte, die einer besonders starken Abnützung unterliegt und schwer auszubessern ist. Durch Einschaltung eines ebenen Mittelstreifens läßt sich die Abnützung abschwächen und die Ausbesserung erleichtern.

Die Pflasterabnützung nimmt mit der Wassergeschwindigkeit und Geschiebebelastung zu. Eine Geschwindigkeit von etwa 8 m kann als Grenzwert angenommen werden, bei dem gut gebaute Schalen längere Zeit standzuhalten vermögen. Geschiebefreies, mit Luft vermischtes Wasser nützt selbst bei größerer Geschwindigkeit das Pflaster nur wenig ab.

Gefällsbrüche in den Schalen geben sehr leicht Anlaß zur Festsetzung und zur Stauung von Geschiebe. Wenn eine Gefällsabnahme von oben nach unten nicht zu umgehen ist, so darf man das größere Gefälle nur möglichst langsam und allmählich in das kleinere übergehen lassen. Stauungen können zu Wasseraustritten und seitlichen Auswaschungen Anlaß geben und zur Zerstörung des Baues führen. Auch von den Lehnen herabkommende Wassermengen oder zutage tretende Sickerwässer, die nicht in die Schale einfließen, können seitlich derselben Rinnen auswaschen und Beschädigungen verursachen. Es ist deshalb auf eine gute Einbettung der Schalen in den Boden zu achten. Der Schalenrand soll tiefer liegen als das anstoßende Terrain; allenfalls ist der Anschluß an dieses mittels einer Steinberollung zu bewerkstelligen.

Die Schalenbauten besitzen mannigfache Vorzüge, aber auch verschiedene Nachteile. Sie sind das beste, mitunter das einzige Mittel, Geschiebe über eine flache Bachstrecke weiterzubefördern: in Erosionsstrecken oder in zur Verwilderung neigenden Bachstrecken gewährleisten sie eine gleichmäßige Hebung der Bachsohle und ihre Fixierung in gleichmäßiger Höhenlage sowie einen fortlaufenden Schutz der Sohle und Ufer; auch erfordern sie bei ungünstigen Querprofilen und großen Gefällen wesentlich geringere Kosten als eine Abtreppung. Sie gewährleisten ferner eine glatte Wasserabfuhr, welche die Anhäufung von Unrat und Abfällen aller Art im Bachbette verhindert, ein Umstand, auf den in Ortsstrecken häufig großer Wert gelegt werden muß.

Diesen Vorteilen steht als Nachteil gegenüber, daß die Wassergeschwindigkeit häufig eine unerwünscht große Beschleunigung erfährt, die zu rascher Abschleifung und zur Beschädigung der Schale führen und kostspielige Erhaltungsarbeiten erfordern kann, sowie, daß eine Verlegung der Schale sehr leicht ausgedehnte Beschädigungen zur Folge haben kann. Aus diesen Gründen ist die Herstellung von Schalen in wasserreichen Bächen eine nicht unbedenkliche Maßnahme und nur anzuwenden, wenn gewichtige Gründe gegen eine andere Bauweise sprechen. Die rasche Abnützung gab auch schon öfter Anlaß, Schalen durch Abtreppungen zu ersetzen.

Natürlich unterliegt es keinem Bedenken, die Schalen zur Abführung verhältnismäßig geringer Wassermengen kleiner Seitengräben oder von gesammelten Queil- und Sickerwässern zu verwenden, was sich gut bewährt hat. Handelt es sich hierbei um nur zeitweilig sich einstellende und sehr geringe Wassermengen, so genügen unter Umständen auch mit Rasenziegeln ausgekleidete Künetten, die allerdings die erforderliche Widerstandsfähigkeit erst einige Zeit nach der Ausführung erlangen, nachdem der Rasen fest an den Untergrund angewachsen ist. Widerstandsfähiger sind Faschinenmulden, das heißt mit Astwerk, Graß und ausschlagfähigem Faschinenmaterial ausgekleidete Mulden, die zur Abführung von Meteor- und Sickerwässern zuweilen gute Dienste leisten. Nach Härtel (112) hat sich auch die Auskleidung trockener, Schutthalden durchziehender Runsen mit klaubsteingefüllten Drahtnetzmatratzen bewährt.

Ähnlich wie Schalen wirken auch künstliche Felsgerinne. Solche können bei entsprechendem Verlauf der Felsoberfläche zur Abhaltung des Wassers von Anbrüchen hergestellt werden. Durch sie wird das alte Rinnsal außer Gebrauch gesetzt; dieses muß jedoch durch Sporne, Halbsperren oder Stützmauern abgeschlossen werden.

An Stelle einer regelmäßigen Ausschalung wurde im Ursprungsgebiete des Gampergrabens bei Schlanders eine Auskleidung des steilen Bachbettes mit großen, unbearbeiteten Steinblöcken, die sich schindelartig übergreifen, durchgeführt und so ein Zustand hergestellt, der einem natürlichen, durch Steinpanzer geschützten Gerinne ähnelt. Diese Arbeit hat bisher ihren Zweck erfüllt.

Für größere Wasserläufe ist die Ausschalung ungeeignet. Ihre Sohle unterliegt aber mitunter einer starken Auskolkung, die man bekämpfen muß. Abtreppungen konzentrieren das Gefälle auf einzelne Stellen und setzen diese einer erhöhten Wühlkraft aus. Diesen Übelstand sucht man durch fortlaufende Sohlwerke zu vermeiden, die das Gefälle auf die ganze Strecke verteilen und ausgleichen. Hieher gehört die Herstellung von Matratzen. Eine Art dieser Matratzen besteht aus einer sehr kräftigen Berauhwehrung des Bachbettes, die mit großen Steinen beschwert und gedeckt wird. Nach Ing. O. Lanser hat sich ein derartiges in der sehr unterwühlungsfähigen Steilstrecke des wasserreichen Gschnitzbaches bei Trins in Nordtirol im Jahre 1927 ausgeführtes Sohlwerk vorzüglich bewährt und bis damals (1942) keine Erhaltungsarbeiten erfordert (183).

D. Geschiebeablagerungsplätze.

Die Aufgabe der Ablagerungsplätze, auch Kiessammler oder Ausschüttplätze genannt, ist die, die Bäche zu zwingen, mitgeführtes Geschiebe wieder abzulagern (Abb. 129). Die hiezu erforderliche Herabminderung der Schleppkraft muß um so ausgiebiger sein, je feineres Material wieder zur Ausscheidung gebracht

Abb. 129. Ablagerungsplatz, Kalmbach bei Saalfelden, Salzburg.

werden soll. Zur Herstellung solcher Plätze eignen sich jene Stellen, wo sich das Gefälle der Wasserläufe bricht und wo eine Verbreiterung des Gerinnes schon vorhanden oder möglich ist.

Im Talinnern finden sich solche Stellen nur äußerst selten; auch beim Austritt des Baches aus seiner Schlucht, an der Spitze der Schwemmkegel, ist das Gefälle meist noch zu groß. Dieses bricht sich in der Regel erst am Fuße des Schwemmkegels so ausgiebig, daß die Anlage eines Ablagerungsplatzes zweckmäßig erscheint, der dann aber natürlich nur den Tallauf günstig beeinflußt.

Ablagerungsplätze für wasserreiche Bäche müssen, wenn sie nicht durch natürliche Terrainwellen begrenzt sind, künstlich umgrenzt werden. Dies geschieht durch Dämme, die je nach den zu erwartenden Wasserangriffen mit den nötigen Versicherungen versehen werden müssen. Als solche kommen in Betracht Mauern, Böschungspflasterungen, Flecht- und Faschinenwerke, Rasenbelag usw.

Abb. 130. Kiessammler, Roggia di Romagnano, Trentino.

Von großer Wichtigkeit ist eine entsprechende Ausbildung der Ein- und Auslaufstellen. Die ersteren müssen so gestaltet werden, daß die zu erwartende Auflandung nicht in das Zulaufgerinne zurückstaut und dort Überflutungen und seitliche Bachausbrüche verursachen kann. Es erfolgt deshalb die Einführung am besten über Sperren oder Schwellen oder mittels steiler Gerinne, die mit der fortschreitenden Auflandung unter diese untertauchen.

Die Auslaufbauwerke erhalten zweckmäßig eine über das Terrain emporragende Abschlußschwelle mit Einfangflügeln, welche in die Umfassungsdämme übergehen, deren Kronenhöhe sich der zu erwartenden Auflandung anpassen muß. Die Einfangdämme sollen sich vom Einlaufbauwerk nach abwärts trichterförmig öffnen, den Platz bogenförmig umschließen und unten, trichterförmig sich verengend, zum Auslaufbauwerk führen (Abb. 131).

Wenn der Ablagerungsplatz voll ist und das Gefälle beim Einlauf dies gestattet, so kann später durch Erhöhung der Auslaufschwelle und der Dämme neuer Fassungsraum gewonnen werden.

Ist dies nicht möglich, so muß eine Verlegung des Ablagerungsplatzes oder die Anlage eines neuen ins Auge gefaßt werden. Auf diese Möglichkeit soll schon bei der ersten Anlage, namentlich bei der Herstellung des Zu- und Ablaufgerinnes, Bedacht genommen werden.

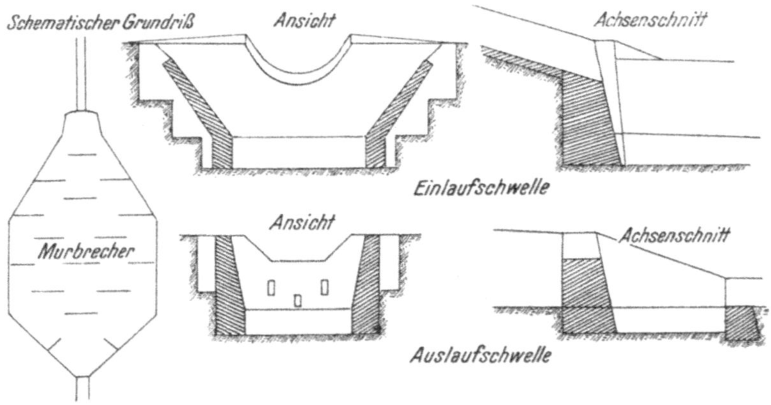

Abb. 131. Ablagerungsplatz.

Die Geschiebeablagerung kann allenfalls durch Erbauung von Schotterfängen oder Murbrechern begünstigt werden (Abb. 132). Es sind dies senkrecht zum Wasserlauf meist schachbrettartig angeordnete Dämme oder Mauerstücke. Sie bilden für den abfließenden Murstrom Hindernisse, stauen ihn und lenken ihn aus seiner Richtung. Die dickflüssigen Muren werden dadurch aufgehalten, das Material setzt sich und das Wasser läuft ab.

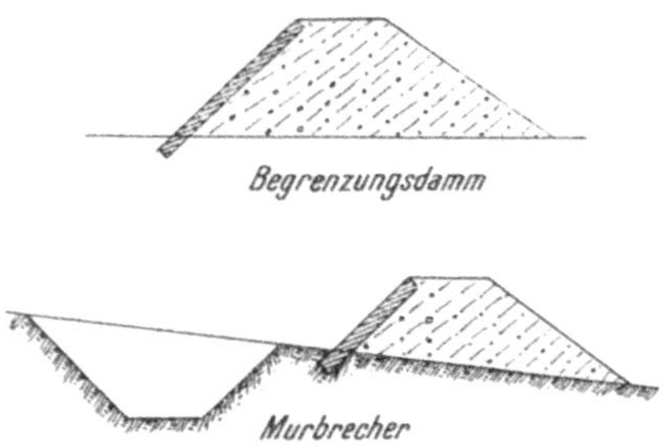

Abb. 132. Ablagerungsplatz, Begrenzungsdamm und Murbrecher.

Die Lückenbreite soll etwa die halbe Länge nicht übersteigen, die Entfernung der Reihen etwa die anderthalbfache bis zweifache Länge der Schotterfänge erhalten. Die Kronen dieser Bauten werden meist waagrecht angeordnet.

Für die Wahl der Bauweise ist das verfügbare Material entscheidend. Die Dämme sollen nicht überströmbar sein. Trifft dies zu, so genügt es, die Wasserseiten durch trockene Pflasterungen zu schützen. Muß hingegen auf eine Überströmung gerechnet werden, so ist es nötig, auch die Krone und die talseitige Böschung zu schützen, anderenfalls genügt für diese eine Berasung oder Bebuschung. Am meisten gefährdet und deshalb auch mit gutem Schutze zu versehen sind die Dammköpfe; sie werden unter Umständen abgerundet. Das Material zur Dammschüttung wird am bergseitigen Fuß der Dämme mit Aussparung einer Berme aus blinden Materialgräben gewonnen, die als Fanggräben für die Geschiebemassen dienen und den Anprall der Muren abschwächen. Man gibt ihnen in der Regel deshalb keine Abflußöffnung, weil das wenige Wasser normalerweise versickert. Sind die Schotterfänge verlandet, so können sie erhöht werden oder es können die zwischen den Murwülsten verbliebenen Gräben durch neue Dämme abgebaut werden.

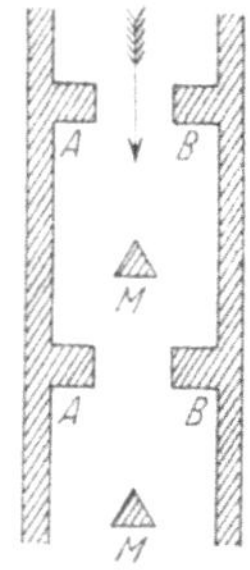

Abb. 133. Labyrinth nach Scipion Gras.

Bei trockenen Muren kann die Anlage eines Ablagerungsplatzes auch im obersten Teil des Schuttkegels zweckmäßig sein und die Herstellung von Umfassungsdämmen mitunter entfallen.

Sammelt sich in den Ablagerungsplätzen wasserreicher Bäche hauptsächlich Kies an, der zu verschiedenen Zwecken Verwendung finden kann, so ist es möglich, durch dessen Gewinnung die Sammler kostenlos zu räumen. Eine Räumung, die nur den Zweck verfolgt, neuen Stauraum zu schaffen, ist sehr teuer, und die Wiederabtreibung des in den Ablagerungsplätzen aufgefangenen Materials nur in Ausnahmefällen durchführbar, wenn es sich hauptsächlich um sandiglehmiges oder erdiges Material handelt, das zu Kolmatierungen verwendet werden kann. Außer den Ablagerungsplätzen müssen mitunter noch eigene Kies- und Schlammfänge angelegt werden, wenn es sich nicht vermeiden läßt, Wildbäche in ein Entwässerungsnetz oder dgl. einzuführen, woselbst auch Schlammabsetzungen Mißstände verursachen können. Solche Schlammfänge müssen eine ausreichende Größe erhalten, um die Wassergeschwindigkeit weitgehend herabzusetzen, und müssen durch eine erhöhte Auslaufschwelle abgeschlossen werden. Selbst unter diesen Voraussetzungen wird es meist nur möglich sein, Sand, nicht aber auch Schwebstoffe aufzufangen.

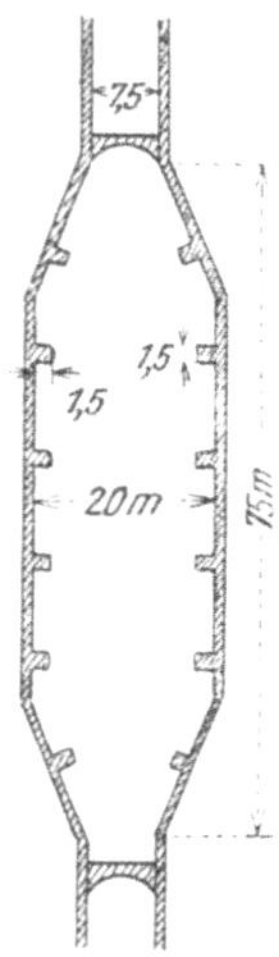

Abb. 134. Kammer nach Ing. Venetz.

Abb. 133 stellt die von Scipion Gras zur Ausführung empfohlenen „Labyrinthe“ dar, von denen Wang (325) nachstehende

Beschreibung gibt: „Es sollen das Talsperren A B sein, die höher angelegt sind, als die höchsten Wasserstände reichen, und eine größere Dole, Abflußöffnung, in der Mitte aufweisen. Vor jeder Dole befindet sich ein Mauerstock M von zumeist dreieckigem Grundriß, vor welchem sich die Strömung in zwei Teile teilt. Die Dolen sind so groß, daß bei Mittelwasser kein Rückstau stattfindet, wohl aber bei Hochwasser. Die mit dem Rückstau bei diesem verbundene Verminderung der Geschwindigkeit hat Geschiebeablagerung zur Folge. Bei Mittelwasser werden die abgelagerten Sinkstoffe allmählich wieder fortgeführt."

Abb. 134 stellt die vom Walliser Ingenieur Venetz erbauten „Kammern" dar. Es sind dies Erweiterungen des Gerinnes, in welchen Murgänge zur Ruhe gelangen sollen.

Zwar nicht als Geschiebeablagerungsplätze, aber doch zur Ausgleichung des Gefälles und der Geschiebefracht wirken die mäanderartigen Krümmungen, die manche Bäche beim Übergang vom Schwemmkegel in den Tallauf ausgebildet haben. Sie sind zwar nicht imstande, neues Geschiebe aufzunehmen, doch tragen sie durch den hier erfolgenden Geschiebeaustausch zur Besserung der Verhältnisse des Tallaufes bei und ihre Abschneidung würde die letzteren auf das nachteiligste beeinflussen.

E. Unterlaufbauten.

Die Unschädlichmachung der Wildbäche erfordert, wie schon im sechsten Abschnitt ausgeführt, außer der Verbauung der Geschiebeherde im Sammelgebiet meistens auch noch Maßnahmen auf dem Schwemmkegel bzw. am Unterlauf, um den Liegenschaften dortselbst einen unmittelbaren Schutz zu bieten oder um Verwilderungen zu verhüten oder zu beheben (Abb. 135).

Je nach der Aufgabe, welche die Unterlaufbauten zu erfüllen haben, kommen örtliche Schutzbauten oder geschlossene Regulierungen zur Ausführung. In jenen Bächen, in denen noch mit starker Geschiebeführung oder gar mit Murgängen zu rechnen ist, liegt die Hauptschwierigkeit einer sicheren und zweckentsprechenden Herstellung in den großen Sohlenschwankungen, die sich infolge von Geschiebeablagerungen, Bachverwerfungen und örtlichen Kolken einstellen und einerseits zu Überflutungen, anderseits zu Unterwaschungen der Bauten führen können.

Der Schutz gegen die ersteren erfordert große Höhen der betreffenden Bauwerke und eine gute Einwurzelung derselben. Da die Auflandungen sich nicht sicher berechnen lassen, ist die Bestimmung der Bauhöhe eine mehr oder minder unsichere. Ähnliches trifft auch für die Sohlenvertiefungen zu, die nur dann mit Sicherheit begrenzt werden können, wenn die Erbauung von Querwerken an geeigneten Stellen möglich ist.

Örtliche Schutzbauten werden nach verschiedenen Typen als Mauern, gepflasterte Erddämme, Steinkastenbauten, pilotierte Bohlenwände u. dgl. erbaut, von denen die Steinkastenbauten einer Überflutung am ehesten Widerstand zu leisten vermögen und gegen Unterwaschungen am wenigsten empfindlich sind. Wenn möglich, sind diese Schutzbauten so anzuordnen, daß sie sich einer später zur Ausführung kommenden Regulierung einfügen lassen.

Abb. 135. Unterlaufschale, Schmittenbach bei Zell am See, Salzburg.

Den Gegensatz zu solchen örtlichen Schutzbauten bilden geschlossene Regulierungen, die dem Bach ein bestimmtes, beiderseits durch Bauten begrenztes Rinnsal anweisen. In ihnen wird das Wasser zusammengehalten, seine Stoßkraft vermehrt, was bedingt, daß die Gerinnsohle meist durch Sohlschwellen oder Pflasterungen geschützt werden muß. Allenfalls werden solche Regulierungen auch als Schalenbauten ausgeführt.

Bei der Planung der Unterlaufregelung sind die Trasse und das Längenprofil genau festzulegen und müssen zunächst der Anfangs- und Endpunkt bestimmt werden. Der erstere ist meist in der Natur gegeben als Mündung der Schlucht bzw. Spitze des

Schwemmkegels oder durch eine andere geeignete Stelle, woselbst sich die Möglichkeit eines gesicherten Anschlusses an das Gelände ergibt. Der untere Endpunkt der Regulierungen ist nach dem Zweck der Anlage und den örtlichen Verhältnissen zu wählen. Mündet die Regulierung in einen Ablagerungsplatz, so ist dessen Lage bestimmend; mündet sie in das Wildbett des Baches oder in einen Fluß, so ist der Endpunkt möglichst so festzusetzen, daß ein Geschieberückstau in die Regulierung nicht zu fürchten ist. Für die Geschiebeabfuhr durch Flüsse sind einbiegende Uferstellen der letzteren, an die sich die Strömung anlegt, am günstigsten, ausbiegende Uferstellen nachteilig, weil der Fluß dort die geringste Schleppkraft entwickelt. Für den Einmündungswinkel hat E. Landolt (182) die Regel aufgestellt: „Man nähere den Mündungswinkel um so mehr dem rechten, je mehr Geschiebe der Seitenbach führt und je kleiner er im Verhältnis zum Hauptbach ist, mache ihn dagegen um so spitzer, je kleiner der Unterschied im Wasserstand und je geringer die Geschiebeführung ist.“ Kleine Bäche kann man bedenkenlos ungefähr senkrecht zur Richtung des Vorfluters in diesen einführen. Dies hat gegenüber spitzen Mündungswinkeln in der Regel auch den Vorteil der kürzeren Linie.

Die Regulierungslinie soll einen gestreckten Verlauf erhalten und scharfe Krümmungen vermeiden. Der Krümmungsradius soll, wenn irgend tunlich, nicht weniger betragen als das Zehn- bis Fünfzehnfache der Profilbreite, wobei der kleinere Faktor für Bäche von mehr als 10 m, der größere für Bäche von weniger als 4 m Breite als ungefähres Maß gelten kann und für die Zwischenbreiten mittlere Werte zu wählen sind. In geschlossenen Ortschaften wird die Einhaltung dieses Mindestmaßes freilich nicht immer möglich sein; auch andere Umstände können ein Abgehen von dieser Regel bedingen.

Sehr wichtig ist die Bestimmung der Sohlenhöhe an den Mündungsstellen der geschiebeführenden Wildbäche. Staut das Hochwasser des Hauptbaches den Seitenbach zurück, so verliert dieser seine Schleppkraft und lagert das Geschiebe ab. Wenn irgend möglich, soll daher die Mündung so hoch angesetzt werden, daß ein solcher Rückstau nicht eintritt. Dies empfiehlt sich auch aus dem Grunde, weil bei hohen Mündungen das Geschiebe mehr gegen die Flußmitte vorgetrieben und von der Strömung leichter fortgeführt wird.

Größere Bedeutung als der Trasse kommt aber noch dem Längenprofil zu. Eine Verschlechterung der ersteren ist wohl in Kauf zu nehmen, wenn dadurch eine Verbesserung des letzteren erzielt werden kann; es darf aber eine Trassenverbesserung auf Kosten des Längenprofils nicht vorgenommen werden. Am besten wäre ein vollkommen gleichmäßiges Gefälle vom Beginn bis zum Ende der Regulierung. Ein solches wird aber nur in seltenen Ausnahmefällen zu erzielen sein, denn im allgemeinen nimmt das Gefälle der Bäche von der Spitze des Schwemmkegels bis zu dessen Fuß ab. Die sich hieraus ergebende Gefahr von Geschiebeablagerungen ist besonders groß in gepflasterten Gerinnen ohne Sohlenabstürze, während sich in den abgetreppten Gerinnen wenigstens bis zu einem gewissen Grad ein Gefällsausgleich in den Strecken zwischen den Werken durch Abänderung der Höhe und des gegenseitigen Abstandes der letzteren erzielen läßt.

Unvermeidliche Gefällsminderungen soll man auf eine tunlichst lange Strecke so verteilen, daß sich keine starken Gefällsbrüche, sondern langsame und allmähliche Übergänge ergeben. Teilweise kann die Wirkung der Gefällsabnahme unter Umständen durch eine Änderung des Bausystems, der Profile und der Bauweise, also durch eine Vergrößerung des hydraulischen Radius und eine größere Glätte des Gerinnes, oder durch eine Änderung des Bausystems ausgeglichen werden, indem beispielsweise bergseits geschlossener Gerinne das breite Bachbett abgetreppt oder durch einander gegenüberstehende Buhnen in Felder abgeteilt wird, welche die Geschiebeablagerung gestatten (Abb. 136).

Abb. 136. Unterlaufregulierung. Kokrabach. Kärnten.

Der Gefällsausgleich ist auch bei der Regulierung verbauter Wildbäche anzustreben, weil eine vollständige Unterbindung der Geschiebeführung ein fast nie erreichbares Ziel ist, und weil immer mit der Möglichkeit gerechnet werden muß, daß durch irgend ein Ereignis eine neue Geschiebequelle erschlossen wird. Obiger Grundsatz wurde bei Kreuzungen von Eisenbahnlinien mit Wildbächen sehr häufig außer acht gelassen, und das Längenprofil der Bäche zwecks Erzielung einer günstigen Bahnnivellette stark eingesenkt, ja mitunter sogar geknickt, was oft zu großen Übelständen geführt hat.

Der Gefällsausgleich erfordert häufig ein Abweichen von der Profillinie des Geländes, indem einerseits tiefe, anderseits minder tiefe Einschnitte, ja vielleicht sogar Aufdämmungen hergestellt werden müssen. Sohlenaufdämmungen sollen aber nach Möglichkeit vermieden, jedenfalls aber auf das kleinste unumgängliche Maß beschränkt werden. In einzelnen Fällen wurden auch Stollenbauten hergestellt, um günstige Gefälls- und Richtungsverhältnisse zu erzielen.

Wenn tunlich, ist bergseits des Gerinneanfanges ein kleines Stauwerk zur Zurückhaltung von großen Steinen zu erstellen.

Wo überschüssige Schleppkraft vorhanden ist, vermeidet man es, den Wasserlauf in ein enges Gerinne zusammenzudrängen, man wählt vielmehr lieber breite Profile mit flachen Böschungen.

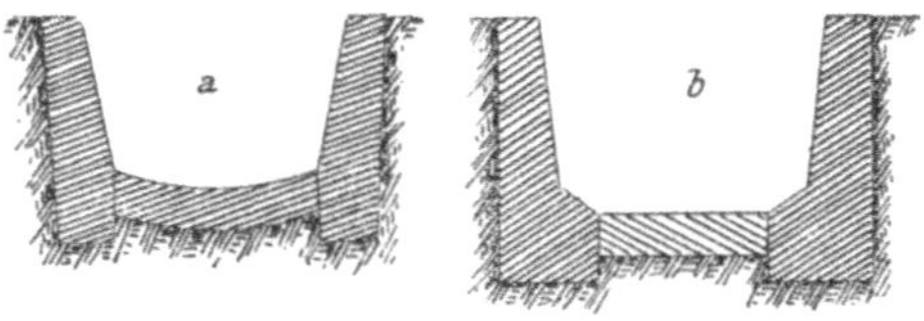

Abb. 137. Geschlossene Gerinne mit Sohlenpflaster.

Wo der Bach die Neigung hat, Geschiebe abzulagern, muß hingegen die Kraft des Wassers durch enge Gerinne (Abb. 137) erhalten werden. Flache Böschungen wirken in solchen Strecken doppelt ungünstig, weil jede Sohlenhebung eine wesentliche Vergrößerung der Sohlenbreite und eine Verringerung der Wassertiefe zur Folge hat.

Die am häufigsten zur Anwendung kommende Profilsform ist das Trapez. Rechteckige oder sich dem Rechteck nähernde Profile erfordern sehr starke seitliche Wandungen, also, soweit nicht etwa Holzbauten in Frage kommen, Ufermauern, und sind daher sehr kostspielig; ihre Anwendung wird in der Regel auf Ortsstrecken beschränkt.

Abb. 138. Doppelprofil.

Doppelprofile können für wildbachartige Flüsse zweckmäßig sein, für Wildbäche kommen sie dort in Betracht, wo man die gewöhnlichen Hochwässer in Schalen abführt, aber auch mit Muren rechnen muß, die ein weit größeres Profil beanspruchen. Dieses muß durch Mauern oder Dämme seitlich der Schale begrenzt werden (Abb. 138).

Die Bauweise richtet sich nach den örtlichen Verhältnissen, unter denen namentlich das Gefälle und die Wassermenge eine ausschlaggebende Rolle spielen. Je größer die letztere und die Geschwindigkeit sind, desto solider muß die Uferversicherung sein und desto besser muß auch die Sohle vor Kolkungen durch Pflasterungen oder Abtreppungen geschützt werden. Letzteren Falles sind in wasserreichen Bächen erweiterte Fallkessel oder Tosbecken anzuordnen und kann nur auf ein minimales Verlandungsgefälle gerechnet werden. Hiebei sind im allgemeinen niedrige Werke den höheren vorzuziehen.

Auch in Gerinnen, woselbst eine durchgreifende Sohlenvertiefung nicht zu befürchten ist, können örtliche Auswaschungen und Vertiefungen entstehen, die die Böschungen gefährden. Dem trachtet man durch Vorgrundversicherungen und Einziehen versenkter Sohlgurten vorzubeugen, welch leztere eine gleichmäßige Ausbreitung des Wassers über die ganze Profilsbreite erzwingen sollen. Aber selbst bei diesen versenkten Schwellen bildet sich beinahe immer ein Absturz, dessen Tiefe und Ausdehnung in erster Linie von der Beschaffenheit des Untergrundes und in zweiter Linie von der Wassermenge abhängt. Es wird daher auch bei versenkten Schwellen notwendig sein, ihr Sturzbett zu versichern, und man gelangt so auch in solchen Bächen häufig zu Abtreppungen.

Abb. 139. Lebende Uferschutzbauten, Traunkirchner Mühlbach, Salzkammergut.

Die Sohlenbefestigung steiler, wasserreicher Gerinne gehört zu den schwierigsten Aufgaben und verursacht hohe Kosten.

In den abgetreppten Gerinnen kann es zweckmäßig sein, die beiderseitigen Uferschutzbauten nicht gleichlaufend anzuordnen, sondern sie von der Abflußsektion jedes Querwerkes bis zum verbreiterten Fallkessel des nächst oberen Werkes, allenfalls auch zum Anschluß an vorhandene Hochufer trichterförmig auseinanderzuziehen. Diese Anordnung begünstigt die Zurückhaltung schweren Geschiebes, das sonst abgetrieben würde, und vermindert die Unterwaschungsgefahr für die Längsbauten.

Als Böschungsschutz in geschlossenen Regulierungen kommen in Betracht: Mauerungen, Pflasterungen und Betontaludierungen, allenfalls auch Steinkästenbauten oder entsprechend verstärkte Bohlenwände; für ruhig fließendes Wasser genügen Berauhwehrungen, Flechtwerke, Faschinenbauten, Steinwürfe, Drahtschotterbehälter, Berasungen u. dgl. (Abb. 139).

F. Andere Bauwerke.

Im Zusammenhang mit den Verbauungsarbeiten müssen mitunter noch besondere Bauwerke zur Ausführung gebracht werden, die im Nachstehenden, wenn auch nicht näher behandelt, so doch kurz erwähnt werden sollen. Es sind dies Brücken, Furten, Wegdurchlässe durch Ufermauern, Über- und Unterführungen von Wasserläufen, Dücker, Wehre u. dgl.

1. Brücken.

Für die Abführung des Wassers und des Geschiebes ist es natürlich am besten, wenn das Wildbachgerinne ohne Änderung des Querprofils und ohne Gefällsbruch unter der Brücke durchführt. Ausgiebige Profiländerungen und Gefällsbrüche verursachen Unregelmäßigkeiten im Abfluß und können Anlaß zu schädlichen Geschiebeablagerungen und Kolkungen geben. Es ist daher zu trachten, bei den Brückenherstellungen das Querprofil regelmäßiger Gerinne möglichst wenig zu ändern und Gefällsbrüche zu vermeiden. Auch für die Überbrückung der Wildbetten sind ähnliche Gesichtspunkte maßgebend. Mitunter benützt man die entsprechend erhöhten Flügel einer Sperre oder Grundschwelle als Brükkenwiderlager. Den Durchflußprofilen ist eine ausreichende Breite und Höhe zu geben, um Verklausungen von Wildholz tunlichst hintanzuhalten. Mittelpfeiler bilden Hindernisse für den Wasserlauf; wenn sie sich bei großen Spannweiten nicht vermeiden lassen, so sollen sie tunlichst schlank gehalten werden.

Bei der Überbrückung von Gerinnen, in denen mit Muren zu rechnen ist, die sich an starren Konstruktionen leicht stauen könnten, wählt man zweckentsprechend leichte Konstruktionen, die sich im Falle eines Hochwassers abziehen lassen oder, wenn dies bei Zeitmangel nicht möglich sein sollte, vom Hochwasser oder der Mure selbst abgehoben werden können, wobei sich, wenn möglich, der Zusammenhang der Konstruktion lösen soll.

2. Furten.

Über breite Gerinne, die in normalen Zeiten nur wenig oder gar kein Wasser, bei Elementarfällen aber Hochwasser oder Muren führen, legt man für Straßen und Wege am zweckmäßigsten gepflasterte Mulden an, die unten durch eine Grundschwelle abgeschlossen sind. In diesen Mulden sich ablagerndes Geschiebe wird nach Ablauf des Hochwassers von der Fahrbahn wieder abgeräumt. Diese Pflastermulden haben sich sowohl am Unterlauf der Bäche als auch in steilen Gräben gut bewährt und bilden in den Quellgräben zahlreicher Wildbäche die Regel; sie dienen auch zur Querung von Ablagerungsplätzen (Abb. 140).

3. Wegdurchlässe.

Wenn diese Pflastermulden auch gegen die Ufer zu ansteigen, so erreichen sie doch nur selten die Höhe der Uferdämme und es müssen in diesen Durchlässe für Straßen und Wege angebracht werden. Um gefährliche Bachaustritte an diesen Stellen hintanzuhalten, genügt bei steilen Bächen oft eine Zurücksetzung der unteren Mauerstücke gegen die oberen, dies besonders dann, wenn die Abschlußschwelle des Muldenpflasters einen Absturz aufweist. Ist dies nicht der Fall, so müssen die Durchlässe bei Hochwasser geschlossen werden. Dies geschieht gewöhnlich durch Dammbalken, die an Ort und Stelle vorrätig gehalten und nach Bedarf in die vorbereiteten Nuten der Mauerköpfe eingeschoben werden. Durchlässe für schmale Wege werden mitunter durch starke hölzerne Tore abgeschlossen, die sich gegen die Bachrichtung öffnen;

Abb. 140. Furt und Wegdurchlaß, Partellstobel bei Braz, Vorarlberg.

sie werden gewöhnlich offen gehalten, lassen das normale Wasser unter sich durchfließen und werden durch den Anprall eintretender Hochwässer oder Murgänge selbsttätig geschlossen.

4. Unter- und Überführungen von Wasserläufen.

Das hochgelegene Bett geschiebeführender Bäche verhindert sehr oft den Abfluß von Binnengewässern, staut diese zurück und verursacht Versumpfungen des Talbodens. Um diesem Übelstande abzuhelfen, müssen oft tiefe Abzugsgräben das Wildbachbett kreuzen und erweisen sich Unterführungen unter dem letzteren als nötig. An der Kreuzungsstelle wird der Abzugsgraben überwölbt und der Wildbach in einer Schale über das Gewölbe hinweggeführt. Ist der Höhenabstand zwischen der Gewölbeunterkante und der Sohle des Abzugsgrabens zu gering, so kann unter der Voraussetzung, daß dieser kein Geschiebe führt, durch Herstellung eines Dückers dieser Schwierigkeit abgeholfen werden.

Die Überführungen von Bewässerungskanälen und anderen Wasserläufen über die Wildbäche sind als Überbrückungen zu behandeln.

5. Wehre und Wasserausleitungen.

Feste Wehre sind nach den für Querbauten maßgebenden Grundsätzen herzustellen und dem besonderen Zweck anzupassen. Bei ihnen erfolgt die Wasserentnahme entweder durch seitliche Einlaßöffnungen oberhalb des Staukörpers oder durch hinter diesem angebrachte, mit Rechen überdeckte Kanäle, in die das Wasser abfällt, während grobes Material über den Rechen und die Sperrenkrone geschoben wird. Diese Kanäle müssen ein zur Abführung feinen Materials ausreichendes Gefälle und Sandkästen erhalten, aus denen es in das Bachbett geschleußt werden kann. Ohne auf die besondere Ausgestaltung der Wehre und der Einlaßöffnungen näher einzugehen, sei nur erwähnt, daß zur Abhaltung des Geschiebes nächst den seitlichen Oberwassereinläufen sogenannte Schottergassen im Wehrkörper ausgespart werden und daß in Wasserläufen, in denen die Flößerei betrieben wird, Floßgassen und in Triftbächen S-förmige Triftrinnen über den Wehrkörper geführt werden müssen.

Auch bewegliche Wehre kommen zur Wasserentnahme aus Wildbächen öfter zum Einbau. Sie werden gewöhnlich als einfache Schützenwehre erbaut und sollen so eingerichtet werden, daß es unter allen Umständen möglich ist, das Bachbett rasch freizulegen, und zwar auch dann, wenn die Aufzugsvorrichtung versagen sollte oder wegen Zeitmangels nicht betätigt werden könnte. Diese Sicherung kann erreicht werden durch den Einbau von umlegbaren Griessäulen, an die sich die Schützentafeln anlegen. Um bei größeren Stauhöhen und Stauweiten den Wasserdruck mittels der Aufzugswinden, die in der Regel von Hand betätigt werden, leichter überwinden zu können, empfiehlt es sich, die Schützentafeln der Höhe nach jalousieartig zu teilen. Auch Wehrverschlüsse, die sich bei Hochwasser selbsttätig öffnen, kommen zur Ausführung. Wo es auf die genaue Einhaltung der Maximalstauhöhe ankommt, können unter Umständen heberartige Saugüberfälle von Nutzen sein.

6. Fischeinstände und Fischwege.

Niedere Querwerke können von Fischen leicht übersprungen werden, besonders aus Tosbecken und Fallkesseln, und Forellen sind imstande, mehrere Meter hohe Sperren zu übersteigen. Höhere Sperren bilden aber auch für sie ein Hindernis. Die zur Überwindung eines solchen dienenden Fischleitern funktionieren in den Wildbächen wohl kaum verläßlich. Das Aufsteigen der Fische in Schalen mit schießendem Abfluß begegnet großen Schwierigkeiten, soll aber durch Einschaltung niedriger Schwellen mit etwa 0,3 m Höhe erleichtert werden können.

Der Fischbestand leidet unter starker Schlammführung des Wassers und kann auch durch Hochwässer stark gefährdet werden. Es sollen daher in den Uferschutzbauten nischenartige Fischeinstände angelegt werden, die bei den Hochwässern den Fischen einigen Schutz bieten.

G. Entwässerungsarbeiten.

Je mehr der Boden von Wasser durchtränkt ist, desto mehr neigt er zu Bewegungen und Rutschungen. Besonders trifft dies zu für Sand, lehmiges und toniges Material, die ins Rutschen und sogar ins Fließen geraten können. Da der vollgesogene Boden kein Wasser mehr aufnehmen kann, sondern das Regenwasser rasch ablaufen läßt, wirkt er auch sehr ungünstig auf den Wasserabfluß.

Die Bodenvernässung zeigt sich an im Auftreten von Wassertümpeln, die sich lange halten, von Naßgallen, die auch in regenlosen Zeiten nicht austrocknen, in den kümmerlichen Wuchsformen, die z. B. die Fichte auf nassen Stellen zeigt, und im Vorkommen verschiedener Sumpfpflanzen, wie Wollgras, Sumpfbaldrian, Ranunkel-, Juncus- und Scirpusarten u. dgl.

Um den Wasserabfluß zu bessern und den Boden wieder zu festigen, ist es nötig, ihm das überschüssige Wasser zu entziehen.

Der entwässerte Boden kann in seinen vielen Poren beträchtliche Wassermengen aufnehmen und speichern und läßt das Regenwasser viel langsamer ablaufen als undräniertes, schwer durchlässiges Erdreich. Durch die Entwässerung werden in Rutschung befindliche Lehnen wieder fest und ruhig und die Struktur des Bodens ändert sich in vorteilhafter Weise: seine Krümelung wird gefördert, seine Wasserkapazität sinkt, seine Luftkapazität und sein Wasseraufsaugungsvermögen steigen, der Boden wird besser durchlüftet und wärmer, das Bodenleben gefördert und die Vegetation begünstigt.

In durchlässigem Boden macht sich diese Wirkung sehr bald geltend, in schweren Böden aber nur in der obersten, 10 bis 20 cm starken Schicht, während sie sich in 30 bis 40 cm Tiefe erst nach 5 bis 10 Jahren, in 50 bis 60 cm Tiefe nach 25 bis 40 Jahren, ja mitunter noch später, einstellt.

Anfänglich, bis der Boden trockener geworden ist, beschleunigt die Entwässerung den Wasserabfluß, später, unter Umständen erst nach 2 bis 3 Jahren, verzögert sie ihn und gleicht ihn aus.

Eine große Bedeutung besitzen die Entwässerungen auch als Vorbeugungsmittel gegen das Entstehen von Rutschungen. Viele ausgedehnte Bodenbewegungen hätten sich durch eine rechtzeitige Entwässerung verhüten lassen.

Die Entwässerung schwerer, undurchlässiger Lehm- und Tonböden zeitigte zwar oft gute Anfangserfolge, die aber bald wieder verlorengingen, und die Aufforstungen auf den entwässerten Flächen kränkelten und gingen bald wieder ein. Hauptursachen dieser Mißerfolge waren zu große Abstände, zu geringe Tiefe, zu kleines Gefälle und mangelhafte Erhaltung der Entwässerungsgräben und -schlitze sowie Verstopfungen derselben und bezüglich der Aufforstungen der Umstand, daß sie der Entwässerung zu rasch folgten. Schutzhölzer finden zwar schon ein bis zwei Jahre nach dieser ihr Gedeihen (10), edlere Holzarten jedoch erst nach etwa fünf Jahren, innerhalb welcher Zeit die Sumpfvegetation verschwunden ist, und andere Pflanzen den Boden verbessert haben.

Für die Planung der Entwässerungen ist es von größter Wichtigkeit, festzustellen, auf welche Umstände die Vernässung zurückzuführen ist, ob auf die Ansammlung von Niederschlagswasser, das, am Abfluß gehindert, sich ansammelt und in den Boden eindringt, oder auf das Auftreten von Sickerwässern, die den Boden durchziehen, oder auf den Zufluß von Tagwässern, die versickern und den Boden durchweichen.

Je nach dem Ursprung des Wasserüberschusses, der Bodenbeschaffenheit und der Art der etwa eingetretenen Bodenbewegung hat sich die Abhilfe zu richten. Während zur Ableitung stagnierender Wässer meist Schalen, oberflächliche Gräben und seichte Schlitze genügen, erfordert die Sammlung der Sickerwässer mehr oder minder tiefe, bis auf den undurchlässigen Untergrund reichende Dränungen und die Beruhigung von Erdschlipfen, die auf einer tiefliegenden Gleitfläche abrutschen, die Aufsuchung der letzteren und die Entwässerung durch Stollen.

Über den Zusammenhang der in verschiedenen Höhenlagen auftretenden Wässer geben in Mineralböden Färbeversuche mit Uranin, Fluoreszin oder Eosin Aufschluß, in Humusböden, deren Gehalt an Humussäuren die Entfärbung dieser Färbemittel bewirkt, hingegen die Verwendung von Kochsalz und dessen Ausfällung mit Silbernitrat. Unter Umständen können auch Bohrungen wichtige Aufschlüsse liefern.

Für umfangreiche Entwässerungsarbeiten ist ein Plan zu entwerfen, der die Ausführung von Saug- und Sammeldräns vorsieht. Erstere werden meist mit ausreichendem Gefälle schief über die Lehnen geführt, so daß sie das von oben kommende Wasser auffangen, letztere führen das gesammelte Wasser ab und werden, wenn nicht örtliche Verhältnisse etwas anderes bedingen, in der kürzesten Linie, also in der Richtung des stärksten Gefälles, dem Aufnehmer zugeführt. Diese Anordnung gilt aber nur als allgemeine Richtschnur und in jedem einzelnen Falle hat die Festlegung des Entwässerungsnetzes nach den örtlichen Verhältnissen zu erfolgen.

Seichte Gräben und Schlitze müssen sich nach der Bodenoberfläche richten, für tiefe Schlitze ist die Richtung vorher sorgfältig festzulegen, da sie, einmal begonnen, nicht mehr verschwenkt werden können. Für den Verlauf tiefer Dräns ist die Bodenoberfläche nicht allein entscheidend. Sie können vielmehr Rücken und Mulden in wechselnder Tiefe durchschneiden, notwendig ist aber, daß die Sohle ein entsprechendes Gefälle erhält und eine solche Tiefe erreicht, daß nicht Stellen zurückbleiben, die eine Entwässerung nötig hätten.

Die Sickerwässer, die eine Rutschung durchfeuchten, sollen möglichst an ihrem oberen Rande, allenfalls auch in ziemlicher Höhe über demselben abgefangen werden. Im allgemeinen sind die Entwässerungen oben zu beginnen und, erst nachdem sich die Wirkung gezeigt hat, nach Bedarf in den unteren Partien durchzuführen. Dieser Arbeitseinteilung stehen aber oft insoferne Schwierigkeiten entgegen, als die Lehnen infolge ihrer Durchweichung in Bewegung sind und die sichere Anbringung von Schlitzen nicht gestatten. Es braucht auch oft längere Zeit, bis sich die Wirkung erkennen läßt. Deshalb empfiehlt es sich mitunter, provisorische Wassersammlungen und Ableitungen auszuführen, um dem Boden die Möglichkeit zu geben, sich zu setzen und so weit zu festigen, daß man an die definitive Entwässerung schreiten kann, deren Bestand nicht mehr gefährdet ist. Zur provisorischen Ableitung eignen sich am besten Holzrinnen, die sich leicht überwachen und nötigenfalls wieder in Ordnung bringen lassen.

Die den Rutschflächen zufließenden Tagwässer sind tunlichst oberhalb des Bruchrandes zu sammeln und in geeigneten Gerinnen abzuleiten, um das Eindringen der Wässer in offene Bodenspalten zu verhindern.

Zur definitiven Entwässerung dienen offene Gräben, gedeckte Dräns und Stollen.

Unbefestigte, offene Gräben finden Anwendung zur Aufschneidung von Tümpeln und Naßgallen und zur oberflächlichen Entwässerung nicht zu steilen Bodens und von Mooren. Sie können sich dauernd nur halten, wenn sie nicht zu tief und steilwandig sind und ihr Gefälle und ihre Wasserführung Auswaschungen nicht befürchten lassen. Die Tiefe der Sauggräben beträgt im allgemeinen 0,5 bis 0,8 m, jene der Sammelgräben 0,9 bis 1,2 m. Burger empfiehlt, alle Gräben so tief anzulegen, daß sie noch 20 bis 30 cm tief in den unter den vernäßten Lehmschichten liegenden Mineralboden einschneiden, damit sich die Bäume in diesem verwurzeln können.

Die offenen Gräben erhalten gewöhnlich eine Sohlenbreite von 20 bis 30 cm und einfüßige, tiefere Gräben $1^1/_4$- bis $1^1/_2$füßige Böschungen. Nachdem der Boden durch den Wasserentzug oder durch Aufforstungen ausgetrocknet ist, oder sich das Bodengefüge so weit geändert hat, daß das Regenwasser unterirdisch abfließt, werden manche Gräben wieder entbehrlich. Ist dieses vorauszusehen, dann können diese Gräben mit steileren Böschungen hergestellt werden.

Der gegenseitige Abstand der Sauggräben soll in Moor- und schweren Lehmböden 5 m nicht übersteigen, in leichteren kann er 6 bis 8 m, in durchlässigen Böden noch wesentlich mehr betragen. In regenreichen Gegenden muß das Entwässerungsnetz enger gehalten werden als in trockenen.

Unbefestigten Gräben gibt man meist ein Gefälle von 5 bis 10 % und führt sie auf steileren Lehnen allenfalls in Zickzacklinien schief über dieselben (262). In leicht auswaschbarem Material kann dieses Gefälle noch zu groß sein und bei Moorentwässerungen kann es bis auf 0,5 %, ja sogar noch darunter herabgesetzt, in steinigen Böden ausnahmsweise auf etwa 15 % erhöht werden (10). Eine bestimmte Vorschrift für das Gefälle läßt sich nicht geben. Es muß um so kleiner sein, je größer die abzuführende Wassermenge und je leichter aufwühlbar der Boden ist.

Die Abmessungen der Sammelgräben haben sich nach dem Gelände und der abzuführenden Wassermenge zu richten. Da mit der Zunahme dieser letzteren die Beschädigungsgefahr wächst, ist es ratsam, in einen Sammelstrang nicht allzu viele Sauggräben einzuleiten.

Wo größere Wassermengen abzuführen und die Gräben steiler sind, müssen deren Böschungen und namentlich ihre Sohle vor Auswaschungen geschützt werden. Als Sohlenschutz kommen je nach den Verhältnissen in Betracht: hölzerne Sohlschwellen, die, wenn nötig, eine Vorfeldversicherung durch Faschinen- oder Graßbettungen, Pflasterungen u. dgl. erhalten, oder ein fortlaufender Schutz durch Graßlagen, verpfählte Steinschlichtungen, Pflasterungen, Drahtschottermatratzen oder Bedielungen, bei nur zeitweilig wasserführenden Gräben auch ein Rasenbelag. Als Böschungsschutz dienen Pflasterungen, Flechtzäune, Faschinen, Berauhwehrungen, Rasenplaggen oder Humisierung und Besamung. Mitunter werden auch Brettergerinne in die offenen Gräben eingebaut. Sie leisten bis zu ihrer Vermorschung gute Dienste. In der Zwischenzeit können sich die Böschungen allmählich mit Vegetation bekleiden, die die Seitenwände entbehrlich macht, während die stets vom Wasser überronnenen Sohlenbretter lange erhalten bleiben.

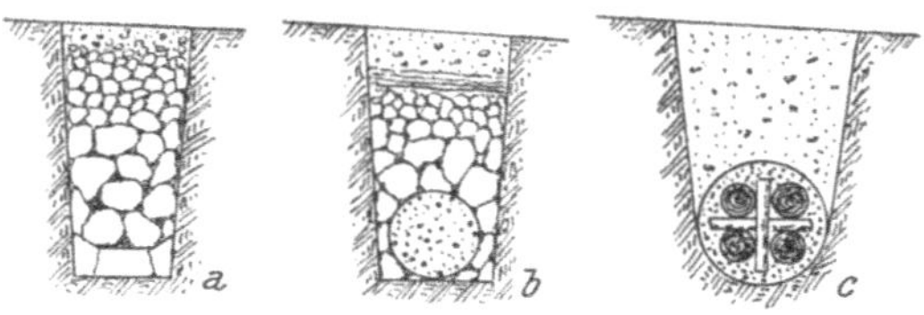

Abb. 141. Sickerschlitze.

Die offenen Gräben sind einfach herzustellen, leicht zu überwachen und im Bedarfsfall auszubessern, in steilem Gelände aber nur beschränkt anwendbar. Sie nehmen das Wasser rasch auf, beanspruchen aber viel Boden und werden leicht durch Viehtritt, Auswaschungen und Nachbrechen der Böschungen beschädigt. Sie erfordern eine sorgsame Erhaltung einschließlich des Ausräumens allfälliger Verschotterungen und Verunkrautungen.

Den offenen Gräben gegenüber wirken die geschlossenen Entwässerungsanlagen günstiger auf den Wasserhaushalt, weil das Regenwasser bei ihnen durch den Boden, daher langsamer, abfließt und dieser besser durchlüftet wird; auch sind mit ihrer Anlage auf Kulturflächen, wenn sie mit Kulturerde überdeckt werden, weder Bodenverluste noch Wirtschaftserschwernisse verbunden. Sie sind aber schwieriger zu überwachen, eingetretene Beschädigungen zeigen sich mitunter erst, wenn sie bereits einen größeren Umfang angenommen haben, und ihre Behebung verursacht mitunter ansehnliche Kosten.

Zu den geschlossenen Entwässerungsarbeiten gehören:

1. Gräben mit voller Faschinenbettung, Astwerkfüllung oder in diese eingebaute Stangen (Abb. 141 b u. c);
2. Gräben mit Steinfüllung, Ausmauerung oder Füllung mit Drahtschotterkästen (Abb. 141 a);
3. Dränungen mit gelochten oder ungelochten Ton- oder Zementröhren;
4. Entwässerungsanlagen mit Holz-, Eisen- oder Eternitröhren und
5. Stollenbauten.

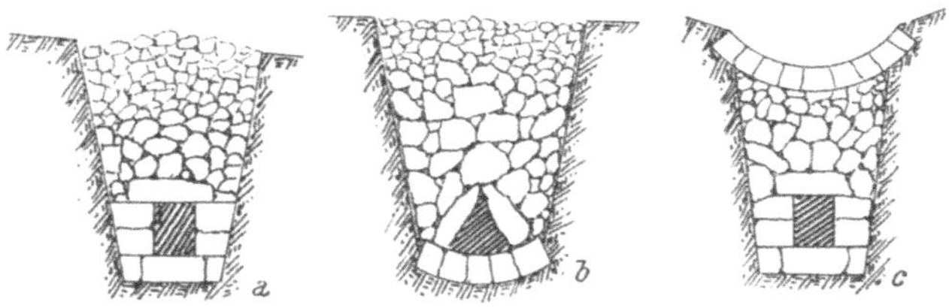

Abb. 142. Sickerdolen.

Die Erstgenannten sind nur für geringe Wasserführung geeignet und neigen zur Verlegung und Verstopfung. Zur Füllung soll sperriges Astwerk ohne Laub und Nadeln verwendet werden, das sich minder leicht verlegt. Dasselbe soll, wenn möglich, aus Holzarten gewonnen werden, die sich durch Harzreichtum auszeichnen, wie z. B. die Krummholzkiefer, und daher weniger der Vermorschung unterliegen.

In Bayern wurden Rutschlehnen mittels Stangendolen (Abb. 141 c) mit gutem Erfolg entwässert. Vier Stangen werden 1,5 bis 2 m tief in den Boden gebettet und mit abwechselnden Stößen neben- und übereinandergelegt, durch Querhölzer auseinander gehalten und mit Reisig umhüllt (176). Diese Dolen sind nachgiebig, sollen sehr wirksam und den steingefüllten Dolen mitunter vorzuziehen sein. Ihre Dauer beträgt etwa zehn Jahre.

Die steingefüllten Gräben werden entweder voll ausgeschlichtet oder unten mit Steinen und Schotter, oben mit Erde angefüllt oder es wird in die Steinfüllung eine Faschine eingebettet oder unter ihr eine Dole hergestellt. Letzteren Falles nennt man sie Sickerdolen.

Die voll ausgeschlichteten Sickerschlitze und jene mit eingebetteten Faschinen dienen als Saugdräns und sind nur für geringe Wasserführung geeignet. Die Sickerdolen dienen als Sammelstränge zur unterirdischen Ableitung gefaßter Quellen und als Saugdräns in sehr wasserreichen Böden. Sie werden in verschiedenen Ausführungen erstellt, für welche die Abb. 142 einige Beispiele zeigt.

Sowohl bei den Schlitzen als bei den Dolen besteht die Gefahr einer Auswaschung der erdigen Sohle und der Grabenwände. Um sie auszuschalten, ist die Sohle pflasterartig auszukleiden und die Steinfüllung so anzubringen, daß das Wasser gegen die Mitte geleitet wird, woselbst zwischen den Steinen größere Zwischenräume bleiben sollen als seitlich.

Abb. 143. Sickerdole mit eingebauter Holzrinne.

Die Dolen sind aus gutem Mauerwerk zu erstellen. Wenn die Trasse nicht in der Richtung des größten Gefälles verläuft, muß außer der Sohle auch die talseitige Wand gut abgedichtet, allenfalls in Mörtel gelegt werden. Je nach der abzuführenden Wassermenge erhalten die Dolen verschiedene Abmessungen von mindestens 15 cm lichter Weite und 20 cm Höhe bis etwa 30 × 40 cm, schliefbare Dolen 60 × 80 cm.

Die Gefahr der Ausspülung des Untergrundes und der Verlegung kann durch den Einbau von Holzrinnen (Abb. 143) verringert werden oder man treppt die steilen Dolen ab (Abb. 144) und erhält dadurch auch ein besseres Auflager für die Steine. Bei Steinmangel werden an Stelle gemauerter Dolen mitunter geschlossene, mit Einlauföffnungen versehene Holzkästen in die Gräben eingebaut; sie halten sich in Moorwasser sehr lange. Wenn bei Steinmangel Erde zur Grabenfüllung verwendet werden muß, empfiehlt E. R a m s e r, in diese aufrechtstehende Nadelholzäste zur Auflockerung einzubetten (239).

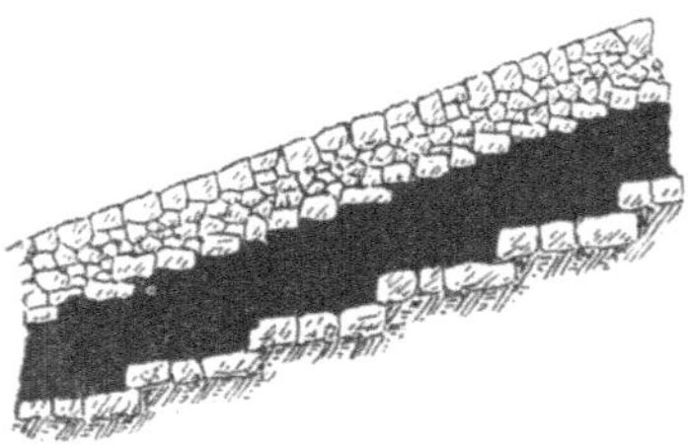

Abb. 144. Abgetreppte Sickerdole im Längsschnitt.

In beweglichem Boden können Sickerdolen auch durch Steinkastenbauten verstärkt und gegen Verschiebungen widerstandsfähig gemacht werden (Abb. 145). In steilen Lagen sind auch diese Steinkastendolen abzutreppen.

Zweckmäßig ist es, die gesammelten Wässer in Schalen offen abzuführen, um das Funktionieren der Anlage jederzeit kontrollieren zu können. Ist der Untergrund unter der Schale wasserführend, so kann unter dieser noch ein Saugdrän angeordnet werden (Abb. 142 a), doch soll in diesem Falle das Schalenpflaster wasserdicht sein, da sonst die Dole überlastet und durch Auswaschungen beschädigt werden kann. Die Sickerdolen und Sammelstränge sollen mit Beobachtungsschächten versehen werden.

Zur Ausführung tiefer Schlitze sind Pölzungen notwendig. Da bei diesen mitunter 7 bis 8 m Tiefe erreichenden Gräben ein mehrmaliges Überwerfen des Aushubes notwendig wird, muß ihre Weite 1,2 bis 1,5 m erreichen. Ziehen diese Gräben nicht auf die ganze Tiefe Wasser, tritt dieses also nur aus bestimmten Schichten aus, so brauchen die darüber befindlichen Partien nicht für die Wasseraufnahme eingerichtet zu werden und können mit dem Aushubmaterial wieder angefüllt werden, doch ist es nötig, die Steinpackung mit Astwerk u. dgl. zu überdecken (Abb. 146), um das Eindringen von Erdreich in sie zu verhindern. Bei Steinmangel kann die Packung auch eine geringere Stärke erhalten als die Grabenweite und der Raum an der Talseite mit Erde ausgefüllt werden. Tiefe Gräben sollen eine sehr sorgfältig gemauerte, schliefbare Dole erhalten, deren Sohle und talseitige Wand gut abzudichten sind, während die bergseitige Wand dem Wasser Eintritt gewähren muß.

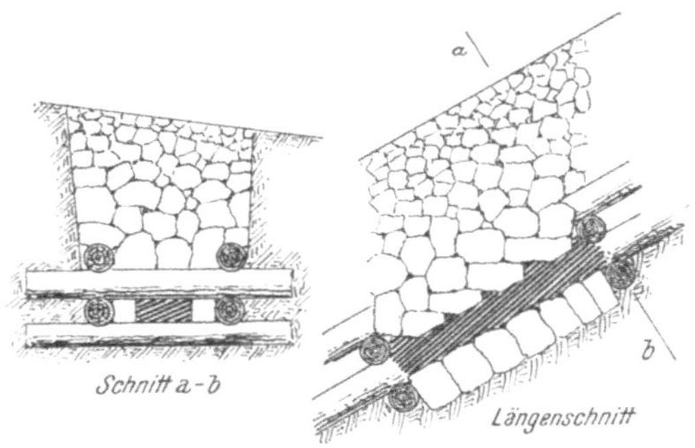

Abb. 145. Mittels Steinkastenbau verstärkte Sickerdole.

Sickerschlitze und -dolen, wenn an Hängen erstellt, müssen am unteren und oberen Ende Abschlußwerke und in entsprechenden Abständen voneinander (20 bis 30 m) Stützwerke erhalten, um der Pflasterung und Füllung Halt zu bieten und Verdrückungen hintanzuhalten. Diese Werke dienen auch zur Abdichtung und verhindern Auswaschungen unter dem Pflaster.

Zur Ausführung tiefer Schlitze in Rutschböden und Schlipfen eignen sich die kalten Wintermonate am besten, weil in dieser Jahreszeit erfahrungsgemäß die Bodenbewegungen am langsamsten sind, und der Frost den Grabenwänden größere Standfestigkeit verleiht.

Ton- und Zementrohre gelangen bei Wildbachverbauungen selten zur Verwendung, weil sie gegen Verdrückung und Verschiebung sehr empfindlich sind. Die Rohrstränge geraten schon bei kleinen Bodenverschiebungen in Unordnung und sind dann nutzlos. Sie eignen sich nur zur Entwässerung flachen Geländes und der Wasserablauf in ihnen leidet häufig durch die Bildung von Wurzelzöpfen.

Eisen- und Eternitrohre sowie hölzerne Röhren können gegebenen Falles mit Vorteil zur Ableitung von gesammelten Sicker- und Quellwässern verwendet werden.

Entwässerungsstollen (Abb. 147) gelangen zur Anwendung, um das auf einer tiefliegenden Gleitfläche zirkulierende Wasser abzufangen und diese zur Verheilung zu bringen. Solche Stollen werden im festen Boden angeschlagen, bis zur Gleitfläche vorgetrieben und folgen dieser, stets in festem Boden bleibend, so daß sie vom First geschnitten wird, und das Wasser in den Stollen eintreten

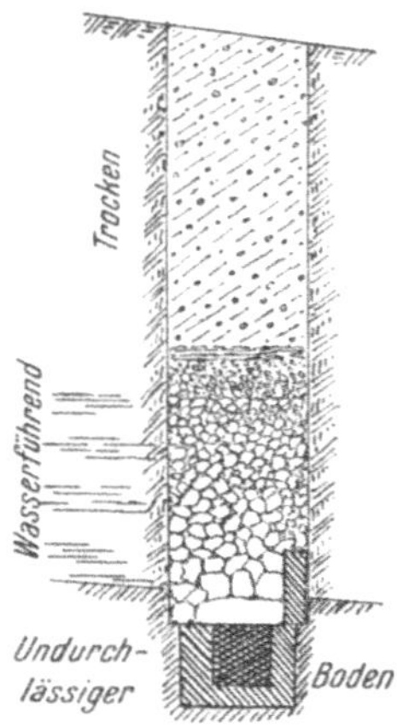

Abb. 146. Tiefe Sickerdole.

Abb. 147. Entwässerungsstollen.

kann. Diese Anordnung sichert sie vor Verdrückung und Verschiebung. Der Stollenverlauf kann daher von vornherein nur in seiner Hauptrichtung festgestellt werden und muß sich nach dem Streichen der angeschnittenen Gleitfläche richten; die oberflächliche Bodengestaltung ist für den Stollenverlauf belanglos. Die Stollenzimmerung wird bei der Ausmauerung am First unterbrochen, bleibt aber sonst erhalten. Die Stollen erhalten eine Höhe von 1,8 bis 2,0 m, eine lichte Weite von 1,2 bis 1,5 m und eine große schliefbare Dole und werden mit Steinen ausgeschlichtet. Zweckmäßig führt man von den Stollen Beobachtungsschächte bis an den Tag empor und versieht sie mit schliefbaren Kaminen. Es stellt sich dann durch Stollen und Schächte ein Luftstrom ein, der bei warmem Wetter abwärts und bei kaltem aufwärts zieht. Besonders die kalte Winterluft, die sich im Stollen auf die mittlere Jahrestemperatur erwärmt, wirkt austrocknend auf den Boden. Bei Ausführung der Stollen ist auf etwa im Material vorhandene Wasserblasen zu achten, deren Anschneiden starke Wasseraustritte und eine Gefährdung der Arbeiter zur Folge haben kann.

Stollen können nur dann mit Vorteil angewendet werden, wenn der in Bewegung befindliche Erdkörper selbst kein oder nur äußerst wenig Wasser führt. Ist er selbst wasserführend, so müssen tiefe Entwässerungsanlagen vom Tag aus niedergebracht werden, um das gesamte Wasser zu sammeln und abzuleiten.

Mit sehr gutem Erfolge wurden solche Stollen u. a. hergestellt im Rohrleitengraben am Attersee in Oberösterreich (304), in einer großen Rutschung bei Doren im Bregenzer Wald, am Meßnerbühel im Silbertal in Vorarlberg und im Töllgraben bei Meran, woselbst vom Hauptstollen kurze, die einzelnen Wasseradern verfolgende Seitenstollen abzweigen.

Ein im Oberlauf der Nolla in Graubünden erbauter Stollen dient zur Ableitung des Wassers aus dem 1940 m hoch gelegenen Lüschersee, dessen Versickerung vermutlich die Abrutschungen in der Schwarzen Nolla verursacht hat. Dieser Stollen wurde mit ovalen Eisenbetonringen ausgekleidet, die im Freien hergestellt und dann eingebaut wurden (68).

Alle Entwässerungsanlagen sollen so ausgeführt werden, daß sie möglichst wenig Erhaltungsarbeit erfordern. Gefährdet werden sie einerseits durch Auswaschung, anderseits durch Verstopfung. Auswaschungen treten am häufigsten in Ton-, Lehm- und Sandboden auf; ihnen ist durch sorgfältige Ausführung und Abdichtung vorzubeugen. Verstopfungen sind auf die Einschwemmung von Material oder auf Gleitbewegungen der Steinfüllungen oder andere Bauschäden zurückzuführen. Dem Gleiten ist, wie oben erwähnt, durch Sohlenstaffelungen oder Erbauung von Stützwerken vorzubeugen.

Im Jahre 1941 machte L. Casagrande auf die Elektro-Entwässerung zur Austrocknung feinkörniger Böden aufmerksam (48), in denen Gräben und Schlitze nur eine schwache Wirkung ausüben. Diese Entwässerung besteht darin, daß positive und negative Elektroden, letztere in Form einzölliger Eisenröhren, in gegenseitigen Abständen von mehreren Metern lotrecht in den Boden eingebracht und in einen Stromkreis eingeschaltet werden. Dieser bewirkt einen starken Wasserzustrom zu den negativen Elektroden, aus denen das Wasser ausgepumpt wird. Dieses neue Verfahren kann der Kosten halber wohl nur zur Entwässerung vernäßter Erdmassen Anwendung finden, deren neuerliche Durchfeuchtung nicht zu befürchten ist.

Erwähnenswert ist weiter noch der Umstand, daß aus vernäßtem, feinkörnigem Boden bei stärkerem Frost Bündel von Eisnadeln herauswachsen (58), die eine Länge von mehreren Zentimetern erreichen können. Dies beruht darauf, daß sich in Haarröhrchen der Gefrierpunkt des Wassers desto mehr erniedrigt, je enger sie sind. Bei starkem Frost scheiden sich aus dem unterkühlten Wasser Eisnadeln aus und diese werden infolge der hiebei stattfindenden Volumvergrößerung aus dem Boden herausgeschoben. Diese Eisbildung, die Verdunstung dieser Nadeln und der oberflächliche Abfluß bei ihrem Schmelzen wirken austrocknend auf den Boden.

Während die gute Wirkung der Entwässerung auf die Mineralböden unbestritten ist, sind die Ansichten über die Entwässerung der Gebirgsmoore und Filze geteilt. Hochmoore sind, selbst wenn sie mit Wasser angefüllt sind, immer noch imstande, weitere Wassermengen aufzunehmen und zu speichern, wobei sie hoch anschwellen und sich uhrglasförmig aufwölben. Übersteigt diese Aufwölbung ein gewisses Maß, so zerreißt das Moor und ergießt seinen Inhalt als sogenannte Moormure (296).

Werden Moore gründlich entwässert, so kann es in regenlosen, heißen Sommern vorkommen, daß sie zu stark austrocknen, das Material staubartig und flüchtig wird und dann der Benetzung einen derartigen Widerstand entgegensetzt, daß das Regenwasser nicht mehr eindringt, sondern rasch abfließt.

Mit der Entwässerung der Moore in Böhmen sollen, wie aus den Verhandlungen des österreichischen Forstkongresses hervorgeht, ungünstige Erfahrungen gemacht worden sein (83) und Wang verweist auf ähnliche Ergebnisse der Entwässerung von Hochmooren im Jura (325). Die Verschlechterung der Wasserführung der sächsischen Flüsse wurde zum Teil der Trockenlegung von Hochmooren zugeschrieben und Prof. Süßenguth, H. Schurmann und R. Bohn bezeichnen die Moore als Wasserregulatoren und erheben Bedenken gegen ihre Entwässerung (180).

Gegen diese Ansichten wendeten sich u. a. H. Schreiber und A. F. Meyer. Der erstere betont, daß die nicht entwässerten Moore in nassen Zeiten das Wasser ungehemmt abfließen lassen, es dagegen in Trockenzeiten mehr als alle anderen Bodenarten festhalten und verweist auf die durch die Entwässerung des Sebastiansberger Moores in Böhmen erzielte Besserung der Abflußverhältnisse (323). H. F. Meyer (210) führt aus, daß sämtliche Moorforscher einen die Wasserführung der Flüsse irgendwie regelnden Einfluß der nicht entwässerten Moore verneinen, weil sich die Moorböden vorwiegend aus Humusstoffen kolloidaler Natur zusammensetzen, die mit großer Quellfähigkeit ein außergewöhnlich großes Festhaltungsvermögen für Wasser verbinden. Hochmoore können bis etwa 95 % ihres Volumens Wasser enthalten, sind aber in nassem Zustande für Wasser beinahe ebenso undurchdringlich wie Lehmboden und geben Wasser nicht an den Untergrund ab.

Niedermoore können das verdunstete Wasser durch Kapillartätigkeit wieder ersetzen und vermindern dadurch die Quellschüttung; vollgesogen gleichen sie in ihrer Wirkung den Hochmooren.

Durch die Entwässerung der Hoch- und Niedermoore verringert sich der Wassergehalt ihrer obersten Schichten von 95 auf 60 %, so, daß sie neuerdings Wasser aufnehmen und speichern können, wodurch sich der Abfluß verzögert und ausgleicht.

Die Entwässerung hat eine Setzung der Moore zur Folge, was bei den in Mulden eingebetteten Niedermooren unter Umständen das Funktionieren der Entwässerungsgräben beeinträchtigen und den Erfolg in Frage stellen kann.

Zu erwähnen ist schließlich noch die austrocknende Wirkung von Aufforstungen. Diese werden aber erst durch die Entwässerung aussichtsreich und in ihrem Gedeihen gefördert, weil die Moorböden trotz ihres Wasserreichtums wegen ihres Gehaltes an Humussäuren zu den physiologisch trockenen Böden gehören.

H. Bodenbindungsarbeiten.

Eine sehr wichtige Ergänzung der baulichen Herstellungen bilden die Bodenbindungsarbeiten, die auf die Herstellung einer geschlossenen, starken Pflanzendecke abzielen. Eine solche übt nicht nur eine vorteilhafte Wirkung auf die Verzögerung und den Ausgleich des Wasserabflusses aus, wie bereits im fünften Abschnitt ausgeführt, sondern bindet auch die Bodenoberfläche und schützt sie vor Abschwemmung und der Wirkung des Windes, der auf vegetationslosen, steilen Bruchflächen sehr häufig feines Material in die Höhe reißt und entführt und das Abkollern von Steinen verursacht.

Die zur Bekämpfung der Geschiebebildung äußerst wichtige Begrünung umfaßt die Berasung, Bebuschung und Aufforstung der kahlen Flächen, hat aber zur Voraussetzung, daß deren Boden vorher befestigt ist. Soweit dieses Ziel nicht schon durch die oben besprochenen baulichen Herstellungen erreicht ist, müssen noch Ergänzungsarbeiten durchgeführt werden. Diese bilden den Gegenstand der nachfolgenden Ausführungen, während die Begrünungsarbeiten selbst im achten Abschnitt über wirtschaftliche und kulturelle Maßnahmen besprochen werden. Bei allen diesen Arbeiten ist Bedacht auf die möglichste Schonung und die Wiederverwendung guter Muttererde zu nehmen.

Diese vorbereitenden Arbeiten erstrecken sich sowohl auf die Bruchflächen unterwühlender Wildbäche als auf verwitternde Felsflächen.

Tiefgreifende Bodenbewegungen kann die Vegetationsdecke nicht zur Ruhe bringen, sie kann nur die oberflächliche Abtragung des Bodens hindern, wenn die Bedingungen für seine Standfestigkeit gegeben sind. Zu diesen gehört in erster Linie ein entsprechender Neigungswinkel der Oberfläche, der bei den Bruchflächen, namentlich an ihren Rändern, meist überschritten ist.

Dieser Neigungswinkel beträgt nach Stiny (298)

Für losen, trockenen Sand	30—33°
„ mäßig feuchten oder frischen Sand	34—37°
„ wassersatten Sand	20—25°
„ mit Humus gemischte Erde	38—40°
„ trockenen Lehmboden	40—45°
„ nassen Lehmboden	18—25°
„ naturfeuchte Dammerde	39—44°
„ trockenen Kies	35—40°
„ eckigen Gehängeschutt	35—45°

Verkitteter Gehänge- und Glazialschutt hält sich durch längere Zeit in nahezu lotrechten Wänden, die nur sehr langsam abwittern.

Überläßt man die Bruchflächen ihrer natürlichen Entwicklung, so böschen sie sich allmählich ab, erreichen aber je nach der Beschaffenheit des Materials oft erst nach längerer Zeit den natürlichen Neigungswinkel. Um nicht zu lange zuwarten zu müssen, greift man daher oft zur künstlichen Abböschung. Dies ist aber mit dem Übelstande verbunden, daß sie eine mehr oder minder große Menge lockeren Materials erzeugt, das sich erst im Laufe der Zeit setzt und wieder eine gewisse Festigkeit erhält.

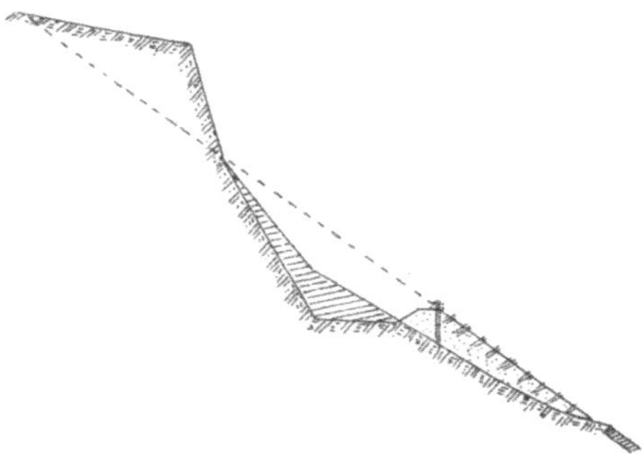

Abb. 148. Lehnenbindungsarbeiten.

Das Vorhandensein derartiger lockerer Materialmassen bedeutet stets eine Gefahr. Wenn ihr Fuß nicht ausreichend geschützt ist oder wenn sie sich bei ausgiebigen Niederschlägen mit Wasser vollsaugen, können sie leicht in Bewegung geraten und — wie es schon vorgekommen ist — als Mure zu Tal gehen. Oberflächliche Bodenbindungsarbeiten vermögen diese Gefahr nicht sicher zu beseitigen. Es ist daher bei diesen künstlichen Skarpierungen Vorsicht geboten und es empfiehlt sich meistens, der natürlichen Abböschung nicht allzusehr vorzugreifen. Diese geht langsam vor sich, das oben abbrechende Material lagert sich am Fuße der Hänge wieder an, und die einzelnen Materialpartien haben Zeit, sich zu setzen und zu festigen, bevor sie mit neuen Massen überdeckt werden.

Das Abwarten der natürlichen Entwicklung ist allerdings mit einem Zeitverlust für die vollständige Bodenbindung verbunden, weil die junge Vegetation auf den unfertigen Böschungen stets der Verschüttungsgefahr ausgesetzt ist. Man greift daher häufig doch zur künstlichen Abböschung, die aber nur im beschränkten Umfang ausgeführt werden soll. Große, tiefeingebettete Steine bilden eine Stüţe für das Material und einen Schuţ für die Vegetation unterhalb. Man soll sie nur dann entfernen, wenn man nicht damit rechnen kann, daß sie sich in ihrer Lage erhalten.

Sowohl bei der natürlichen als bei der künstlichen Abböschung lagert sich das Material am Fuße der Bruchfläche in einem kleineren als dem natürlichen Böschungswinkel wieder ab. Dies ist zwar für die Stabilität des Lehnenfußes günstig, bedingt aber

Abb. 149. Begonnene Lehnenbindung, Langbathbach, Salzkammergut.

einen Höhenverlust für die Stüţe der Bruchränder. Einen solchen kann man vermeiden, wenn das Böschungsmaterial am Fuße der Lehnen dammartig aufgeworfen wird, so daß dahinter eine Berme entsteht (Abb. 148). Die Böschung erhält eine entsprechende Neigung und kann sogleich mit Vegetation verkleidet werden. Sie kann mittels Flechtzäunen oder durch Einbettung von Spreitlagen aus ausschlagfähigem Material befestigt werden (Abb. 149). Diese Dämme werden mit dem nachbrechenden Material allmählich erhöht und die Erhöhung jeweils sofort gebunden. Man muß aber stets dafür sorgen, daß sich hinter ihnen keine Wasseransammlung bilden kann. Eine solche könnte das Entstehen von Ausrissen in der neuen Böschung, eine Durchweichung des Materials und ein Abrutschen desselben herbeiführen.

Selbst wenn kahle Materialhänge den natürlichen Böschungswinkel keineswegs übersteigen, treten auf ihnen immer noch geringe Bodenbewegungen, Abschwemmungen, unbedeutende Rutschungen u. dgl. auf und es bilden sich Regenrisse. Diese an und für sich ziemlich bedeutungslosen Vorgänge erschweren aber das Aufkommen der Vegetation. Um ihnen vorzubeugen, dienen Flechtzäune. Die Pfähle sollen 0,8 — 1,5 m lang, 8 bis 10 cm stark sein und werden zu $^{2}/_{3}$ bis $^{4}/_{5}$ in den Boden geschlagen, und zwar entweder lotrecht oder auf steilen Hängen in einer Richtung, die zwischen der Lotrechten und der zur Böschung normalen die Mitte hält. Die Höhe der Flechtzäune soll 0,25 m nicht übersteigen, ja zuweilen versenkt man sie bis auf etwa 5 bis 10 cm in den Boden. Zur Verflechtung soll ausschlagfähiges Material verwendet und das Stockende der Flechtruten gut ins Erdreich eingebettet werden. Stehen solche nicht in genügender Menge zur Verfügung, so müssen sie durch lange, tote Äste ersetzt werden, und es werden die ausschlagfähigen Ruten auf die ganze Zaunlänge gleichmäßig verteilt oder wenigstens die Zäune ausgiebig mit Stecklingen besetzt. Derartige Flechtzäune entwickeln sich rasch zu lebenden Hecken, die den Boden gut befestigen. Pfähle aus ausschlagfähigem Material haben sich nicht bewährt. Sie schlagen zwar aus und bewurzeln sich, werden aber durch die Flechtruten in der Entwicklung gehemmt.

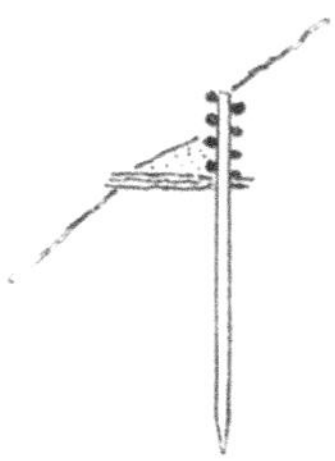

Abb. 150. Bankett, Verflechtung und Spreitlage.

Die Flechtzäune werden entweder in waagrechten Linien über die Lehne geführt oder aber schief, allenfalls kreuzweise in quadratischem oder rhombischem Verband. Die waagrechten Flechtzäune führt man entweder ununterbrochen quer über die Hänge oder man ordnet sie zwecks Ersparung mit Unterbrechungen an, derart, daß die Zäune jeder unteren Reihe die Lücken der oberen decken. Auf steilen Bruchflächen legt man sehr oft zunächst horizontale Bankette nach Abb. 150 quer über die Lehnen, stellt in diesem Falle die Flechtzäune knapp an die Anschnittswand und läßt sie nur ganz wenig über den Boden emporragen. Die Bankettsohle unter den Flechtzäunen wird oft noch mit einer Spreitlage versehen, die mit lockerem, durch die Abböschung oder den Aushub des oberen Bankettes zu gewinnendem Material gedeckt wird. Die schiefe Entfernung der Flechtzäune voneinander wechselt je nach den Böschungsverhältnissen zwischen 1 und 3 m.

Flechtzäune, die das abrinnende Niederschlagswasser Schalenbauten oder anderen Gerinnen zuleiten sollen, führt man schief über die Lehnen, jedoch in einer Richtung, die nicht zu sehr von der waagrechten abweichen darf, da sie anderenfalls unterwaschen werden könnten.

Kreuzweise angeordnete Flechtzäune sind bedeutend widerstandsfähiger als einfache, die in Mulden häufig durchbrochen werden, wenn sich bei heftigen Schlagregen ansehnliche Wassermengen sammeln und über die Böschung abrinnen.

Die Verflechtung der Bruchflächen ist eine ziemlich kostspielige Maßnahme, die sich nur lohnt, wenn es sich darum handelt, eine Lehne rasch zu binden. Anderenfalls nimmt man oft eine

Abb. 151. Bodenbindungsarbeiten, Bäckenwaldrunse bei Laterns, Vorarlberg.

kleine Verzögerung der Begrünung und die Notwendigkeit der Wiederzufüllung allenfalls entstandener Regenrisse in Kauf, um die Kosten der Verflechtungen zu ersparen. Dieser stehen oft auch Schwierigkeiten bezüglich der Beschaffung der nötigen großen Menge von Holz und Flechtmaterial entgegen. Man darf sich auch keineswegs der Hoffnung hingeben, daß es gelingen könne, übersteile Bruchflächen durch Verflechtungen dauernd zu binden.

Widerstandsfähiger als Flechtzäune sind Rahmenbauten, bei denen Stangen in waagrechten Reihen in den Boden eingebettet und durch gleicherweise in der Gefällsrichtung eingebettete Rundholzabschnitte gestützt werden. Hinter den waagrechten Stangen kann man Flechtzäune anbringen oder Rasenziegel anlegen, die an ihnen eine gute Stütze finden. Bei Mangel an Flechtruten kann man an Stelle von Flechtzäunen auch Schwartlinge, Stangen, alte Rüstbretter u. dgl. in den Boden einbetten, die durch Pflöcke festgehalten werden. Diese Herstellungen sind aber nur dann zu empfehlen, wenn darauf gerechnet werden kann, daß während der Dauer ihres Bestandes, die naturgemäß nur eine sehr beschränkte ist, sich die betreffende Fläche begrünt. Sie sind gegen Steinschläge sehr empfindlich und werden durch solche leicht durchbrochen, wenn die Bretter nicht ganz im Boden stecken.

Als Ersatz für das Flechtmaterial können auch Drahtgeflechte verwendet werden, die man an durch Pflöcke gehaltenen Stangen befestigt. Über derartige, im Kanton Bern ausgeführte Herstellungen hat Fankhauser berichtet (77). Wegen des geringen Gewichtes können solche Geflechte unschwer in Hochlagen gebracht werden, wo die Beschaffung von Flechtruten oder auch nur toten Reisigs unverhältnismäßig hohe Kosten erfordern würde. Zum vorerwähnten Zwecke empfiehlt Stiny (302) dort, wo Schieferplatten zur Verfügung stehen, solche auf bergeinwärts geneigte, waagrecht verlaufende Bankette reihenweise anzulegen und mit Material zu überdecken.

Bruchflächen, deren allgemeine Neigung den Böschungswinkel keineswegs übersteigt, können noch übersteile Stellen aufweisen, die einer weiteren Sicherung gegen Bodenbewegungen bedürfen. Eine solche kann geboten werden durch die Errichtung von Stützwerken (Abb. 151) (ein- oder doppelwandige Holzwerke, Stützmauern, Drahtnetzkästen u. dgl.). Die Anwendung von Holzbauten empfiehlt sich nur dort, wo man hoffen darf, daß bis zu ihrer Vermorschung die Vegetation so weit erstarkt ist, daß sie den Boden binden kann. Dies wird unter gewissen Voraussetzungen für niedrige Werke zutreffen. Von der Erbauung hoher hölzerner Stützwerke in den Lehnen sollte um so mehr abgesehen werden, als sie einem starken Wechsel von Nässe und Trockenheit unterworfen sind, daher sehr rasch vermorschen und nur schwer auswechselbar sind. Die Auswechslung niedriger Werke ist, wenn überhaupt nötig, leicht durchführbar. Man kann bei ihnen auch bei Herstellung der Steinfüllung ausschlagfähige Ruten von Weiden, Pappeln und Erlen zwischen die Stämme derart einlegen, daß sie mit dem Stockende in die Erde eingebettet werden und das freie Ende nur wenig über die Stirnwand des Baues vorragt. Derartige Ruten und Setzlinge bewurzeln sich, schlagen aus und bilden eine dichte Hecke vor dem Querbau, die bis zur Vermorschung des Holzwerkes erstarkt und, wenn dieses mit einem nicht zu steilen Anzuge erbaut wurde, häufig das Stützwerk vollständig zu ersetzen vermag.

Mitunter gelingt es auch, abgerutschte Erdschollen, große Rasenstücke u. dgl. durch kräftige Pflöcke an den Untergrund anzuheften, so daß sie nicht neuerdings in Bewegung geraten; auch zur Festigung beweglicher Hänge wird eine solche Verpfählung von manchen Seiten empfohlen.

Besser als die Holzbauten eignet sich für höhere Stützwerke die Mauerung, und zwar kommt hauptsächlich Trockenmauerwerk zur Anwendung. Auch in nicht zu steile Trockenmauern kann man solche Stecklinge einlegen. Bei diesen Stützwerken ist auf gute Fundierung besonders Bedacht zu nehmen, um einerseits ein tragfähiges Fundament zu erhalten, anderseits auch der Gefahr zu begegnen, welche etwa unterhalb der Mauern eintretende Materialbewegungen durch Entblößung des Fundamentes herbeiführen könnten. Die Fundierung geschieht am besten auf Beton- oder Eisenbetonplatten. Die Werke müssen imstande sein, dem Materialdruck auf die Dauer zu widerstehen. Ein solcher stellt sich stets ein, auch wenn das Material hinter den Stützwerken gelegentlich der Werkserbauung sehr standfest scheinen sollte. Es treten wohl auf allen übersteilen Lehnen mit der Zeit geringfügige Bewegungen ein, und die Folge ist ein allmählich einsetzender und wachsender Druck. Einem solchen kann durch gewölbte, in den Boden versenkte Steinrippen entgegengearbeitet werden.

Abb. 152. Lehnenbindungsarbeiten im Rivo San Pietro bei Primiero, Trentino.

Die Stützwerke dürfen keineswegs zu schwach gehalten, etwa nur Verkleidungsmauern sein. Man gibt ihnen zweckmäßig einen großen Anzug und muß durch Dolen für den ungehinderten Wasserablauf sorgen.

Derartige Stützwerke werden mitunter auch nötig, um steilen Böschungen einen sicheren Fuß zu geben, wenn dies durch die Sohlenhebung im Gerinne nicht möglich ist. Sind steile Lehnen durch Fußunterwaschungen angeschnitten und übersteile Bruchränder vorhanden, deren Abböschung weit in die Lehnen hinaufreichen würde, so empfiehlt es sich, dortselbst durch derartige Stützwerke der Vergrößerung der Anbrüche ein Ziel zu setzen. Ihre Anordnung muß sich nach den örtlichen Verhältnissen richten. Kleinere Stützwerke in den die Bruchfläche durchziehenden Runsen werden auch als Flechtwerksperren, Faschinenwerke oder unter Verwendung von Drahtschotterbehältern ausgeführt oder es werden die Runsen durch Pflasterungen oder Ausbuschungen gesichert.

Ausbuschungen werden hergestellt aus Faschinenmaterial oder Ästen, und zwar entweder als fortlaufender Sohlenschutz der Runsen oder in Form von kleinen Querwerken. Bei Herstellung letzterer wird auf die geebnete Runsensohle eine Lage von Ästen eingebracht, die bachabwärts gekehrten Stockenden werden mit einer Querlage von Stangen oder starken Ästen überdeckt, die durch Pfähle festgehalten werden, die Zweigenden mit Steinen oder Erde überdeckt. Darüber kommt dann eine weitere, in gleicher Weise hergestellte Doppellage.

Die fortlaufenden Ausbuschungen, in Frankreich „garnissage" genannt, werden als einfache Bettungen so ausgeführt, daß sich die Astlagen schindelartig überdecken. Die Bettungen werden durch Stangen festgehalten, die seitlich gut eingebunden und erforderlichen Falles an Pfählen befestigt werden.

I. Eisenbetonkästen, System Andreocci.

Die verschiedenen Vorzüge, die den Holzbauten eignen, namentlich ihre Nachgiebigkeit, lösten das Bestreben aus, eine Bauweise ausfindig zu machen, welche diese Vorzüge gleichfalls besitzt, ohne den großen Nachteil der Vermorschung des Holzwerkes. Die Ingenieure Eugenio Miozzi und Dr. Aldo Andreocci des italienischen Genio Civile in Bozen bzw. Meran arbeiteten in diesem Bestreben eine Bauweise aus, bei der das Holz durch Eisenbetonbalken ersetzt wird (12, 13). Diese unter Verwendung besten Zementes hergestellten Balken besitzen eine einheitliche Länge von 3,1 m bei 0,15 m Höhe und 0,20 m Stärke und an beiden Enden je eine 10 cm weite Lochung (Abb. 153 a u. b). Sie werden nach Abb. 153 c, d, e zu Kästen in der Weise zusammengebaut, daß die Lochungen der Längs- und Querbalken übereinander zu liegen kommen und eine lotrechte Röhre bilden. Die Verbindung der Bauglieder miteinander erfolgte ursprünglich durch Bündel aus je vier in diese Röhre eingeführten Rundeisenstäben, die im Bau selbst je nach seiner wachsenden Höhe mit Zementmörtel umgossen wurden. Später verwendete man je zwei 18 mm starke Drahtseile (153 f) zum selben Zweck und umgoß sie mit Asphalt, wobei zwischen diesem Verguß und den Lochwandungen Zwischenräume bleiben sollen. Die Eiseneinlagen der so gebildeten Verbindungsstäbe werden oben in Eisenbetonwürfeln, die auf die Krone des Baues aufgesetzt werden, verankert. Die Drahtseile, die unten mit waagrechten, den Schwerboden tragenden Rundstäben in Verbindung stehen, sollen nicht zu stark angespannt werden. Die Rundstäbe sind 8,5 cm stark, mit je einem Drahtseil von 18 mm und je vier Rundeisen von 10 mm Stärke armiert und werden durch die Lochungen der auf die hohe Kante gestellten Eisenbetonbalken eingeschoben.

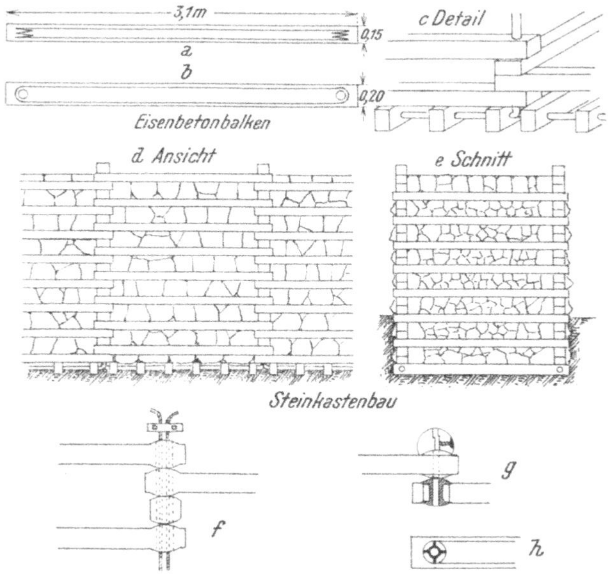

Abb. 153. Eisenbetonkasten nach Ing. Andreocci.

Die Eisenbetonkästen werden mit Klaubsteinen gefüllt, die seitwärts durch die Zwischenräume der Balken hervorragen sollen, um diese gegen den Anprall von Geschiebe zu schützen. Die Krone der Bauten wird sorgfältig abgepflastert.

Durch entsprechenden Zusammenbau der Bauglieder können nachgiebige Uferschutzbauten verschiedener Form, Bermen, Sperren und Grundschwellen erbaut werden; nach Belieben können diese Bauten auch durch Holz- oder Eisenbetonpfähle verstärkt werden. Unter Verwendung solcher Eisenbetonbalken wurden im Passeiertal nach dem Hochwasser des Jahres 1927 sowohl Uferschutzbauten an der Passer als auch Grundschwellen in einem Seitengraben ausgeführt, wobei sich die Kosten je Kubikmeter eines 4,2 m hohen und 3,1 m starken Uferschutzbaues auf

56 — 57 Lire stellten, einschließlich der Pilotierung eines Spornkopfes.

Später empfahl Andreocci (13), die Bauglieder an den Berührungsstellen nach Abb. 153 f vorzuwölben, um den Bauten eine größere Elastizität und Nachgiebigkeit zu verleihen. Ingenieur C. Reindl in München schloß hieran den Vorschlag an, in die Enden der Bauglieder Tüllen aus schwer rostendem Metallguß einzusetzen, um ein Ausbrechen des Betons zu vermeiden. Dieselben wären beiderseits kugelig zu wölben (Abb. 153 g, h); an Stelle der Betonwürfel wären halbkugelförmig gestaltete Seilklemmen zu verwenden. Reindl hält ein Umgießen der Drahtseile, falls sie mit einem Rostschutzüberzug versehen werden, für entbehrlich und bemerkt, daß sich hierdurch auch die Möglichkeit ergäbe, die Lochungen enger zu halten.

In der Provinz Piemont und in Deutschland soll diese Bauweise mit gutem Erfolg angewendet worden sein und sie wird sich zweifellos in manchen Gewässern bewähren. Die erwähnten Schutzbauten im Passeier haben sich, soweit sie nicht unterwaschen wurden, ebenfalls gut gehalten; Beschädigungen durch den Anprall reißender Hochwässer wurden nicht beobachtet. Die Erwartung, daß sie bei Unterwaschungen nachsinken, hat sich aber nicht erfüllt. Wo solche eingetreten sind, sollen die Schwerböden zerstört worden und die Bauten eingestürzt sein. Die sichere Gründung bildet also auch bei dieser Bauweise eine Voraussetzung für ihren Bestand.

K. Drahtnetzbauweise.

Seit etwa 1890 wurde in Italien versucht, Uferschutzbauten mit Hilfe von Drahtnetzen auszuführen, aus denen Gefäße verschiedener Form gebildet werden. Diese werden mit Steinen gefüllt, dann

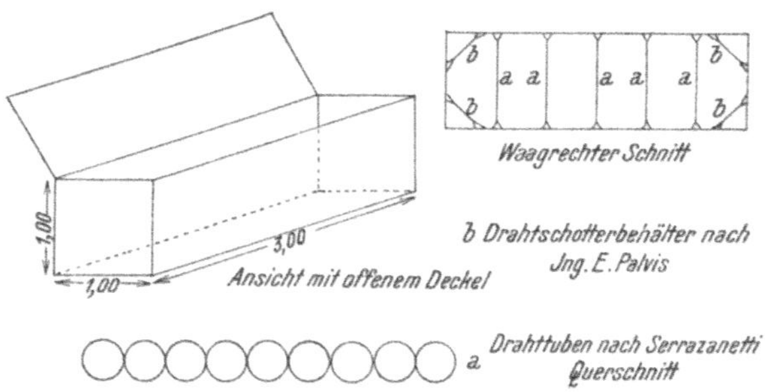

Abb. 154. Drahtschotterbehälter.

geschlossen und nach Bedarf zusammengebaut. Diese Bauweise ist durch die Abb. 154 — 157 veranschaulicht. Nach dem System Serrazanetti werden aus solchen Geflechten Matratzenstücke aus aneinandergefügten Drahtnetzröhren, „Drahttuben", von 25—50 cm Durchmesser und in der Regel 2—3 m Höhe hergestellt (Abb. 154 a). Diese Stücke werden auf die vorbereitete Böschung aufgebracht. Die Röhren sind unten geschlossen, werden von oben mit Klaubsteinen gefüllt und dann vernäht. Die Matratzenstücke werden mittels Draht aneinandergeheftet. Falls die Röhrenlänge zur Deckung der ganzen Böschungshöhe nicht ausreicht. werden zwei Stück aneinandergefügt und durch Drähte miteinander verbunden, die vom unteren geschlossenen Rohrende durch die Steinfüllung nach oben laufen. Diese Matratzen sind nachgiebig, schmiegen sich den Unebenheiten des Bodens an und

Abb. 155. Spornbauten mit Drahtschotterbehältern, Röthgraben, Frauenweißenbach, Salzkammergut.

sinken bei Unterwaschungen nach. Die Matratzenstücke werden auch aus Röhrenstücken zusammengesetzt, die einen halbkreisförmigen oder rechteckigen Querschnitt besitzen, mitunter auch nicht unmittelbar zusammenstoßen, sondern durch einfache Geflechtstreifen zusammenhängen.

An Stelle dieser Matratzen hat Ing. E. Palvis die Verwendung von Drahtschotterkästen (Abb. 154 b) vorgeschlagen, welche gewöhnlich etwa 3 m Länge und je 1 m Höhe und Breite besitzen und nach Belieben zu Querbauten, Buhnen und sonstigen Uferschutzbauten zusammengebaut werden oder auch zur Füllung von Sickerschlitzen Verwendung finden können (115, 158, 163, Abb. 155).

Das Drahtgeflecht wird aus feuerverzinktem Flußeisendraht von 2 bis 4,2 mm Stärke hergestellt, und zwar empfiehlt es sich, nicht das einfach verwundene Maschinengeflecht nach Abb. 156 a, sondern das doppeltverwundene Handgeflecht mit sechseckigen Maschen nach Abb. 156 b zu verwenden. Die Maschenweite ist verschieden, sie steigt von 3 × 7 bis auf 18 × 21 cm. Das Füllmaterial, wenigstens soweit es am Drahtnetz unmittelbar anliegt. muß größer sein als die Maschenweite, weshalb weite Maschen Bruch- oder ziemlich große Klaubsteine zur Füllung erfordern, die nicht immer leicht zu beschaffen sind. Das Geflecht wird von den Firmen im zusammengelegten Zustande, und zwar auch für andere als die oben angegebenen Kastenabmessungen und Formen, sowie für Platten geliefert. Die Kisten werden dann an Ort und Stelle durch Zusammennähen der Seitenwände mittels Draht gebildet, in leerem Zustande nach der Baulinie aufgestellt und gefüllt, wobei waagrechte Kreuz- und Querbänder aus Draht (Abb. 154 b, waagrechter Schnitt a u. b) zwischen den Seitenwänden und ähnlich angeordnete lotrechte Zugbänder zwischen Boden und Deckel angebracht werden. Nach dem Füllen werden die Deckel geschlossen und vernäht. Die einzelnen Kisten werden ebenfalls durch Drähte miteinander verbunden. Um im Innern der Bauten doppelte Drahtwände zu vermeiden, werden auch Netze für Kisten geliefert, denen eine oder zwei Seitenwände fehlen.

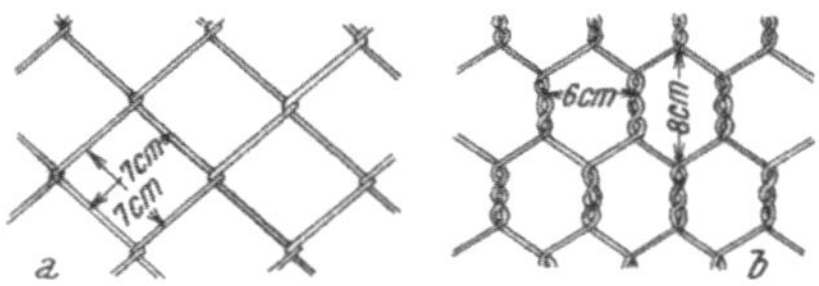

Abb. 156. Drahtgeflechte.

Weitere Formen von Drahtschottermatratzen nach Volga zeigt Abb. 157, und zwar a eine Matratze mit streifenweiser Drahtabsteppung, b eine Matratze mit taschenförmigen Gefässen, die seitlich offen sind, sich leicht füllen lassen und nach der Füllung durch Vernähen der Deckel geschlossen werden. Auch nahtlose Drahtschotterwalzen in zylindrischer Form (Abb. 157 c) mit 0,8 bis 1,0 m Durchmesser, mit etwa 3 bis 5 m Länge und Füllschlitzen kommen zur Ausführung, ähnlich wie Senkfaschinen; sie eignen sich besonders zur Ausfüllung örtlicher Kolke. Unter der Voraussetzung. daß das Geflecht an Ort und Stelle vorrätig ist, ist diese Bauweise auch zu Wehrarbeiten bei Hochwässern, zur Schließung von Dammbrüchen u. dgl. zu verwenden; sie kann ferner dienen als Ersatz für hölzerne Schwerböden und zur Herstellung provisorischer Leitwerke zwecks Ausbildung eines geregelten Wasserlaufes in verwilderten, schutterfüllten Bachbetten.

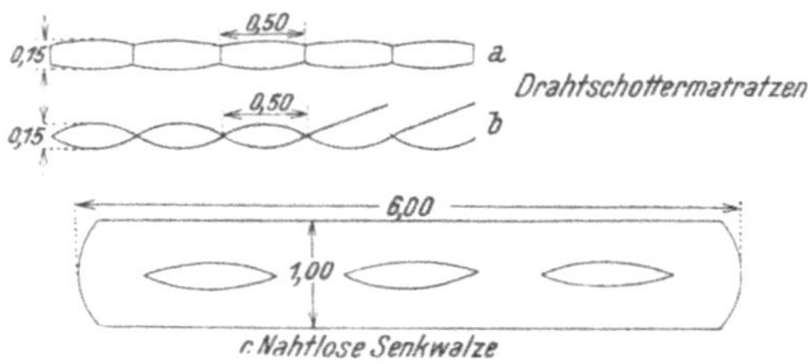

Abb. 157. Drahtschotterbehälter.

Die zusammenhängenden großen und schweren Baukörper, die aus solchen Behältern gebildet werden können, sind biegsam. schmiegen sich dem Untergrund an, zeichnen sich durch große

Nachgiebigkeit aus und besitzen sofort nach ihrer Fertigstellung die volle Widerstandsfähigkeit und Festigkeit. Sie können in entstandene Kolke nachsinken, ohne von der Strömung vertragen zu werden, und besitzen den Vorteil, daß sie auch von ungeschulten Arbeitern unter entsprechender Anleitung rasch hergestellt werden können sowie, daß das Geflecht wegen seines geringen Gewichtes an entlegene, schwer zugängliche Baustellen leicht hingebracht werden kann.

Nach vorliegenden Berichten hat diese Bauweise in vielen Ländern Eingang gefunden und wurde besonders an Flüssen mit Vorteil angewendet. Die bei Wildbachverbauungen in Österreich gemachten Versuche haben aber nicht durchwegs befriedigt, und es wurde in Bächen mit reißender Strömung und starker Geschiebeführung eine rasche Zerstörung des Geflechtes infolge Abscheuerung der Verzinkung und Durchrostens der Drähte oder des Abquetschens derselben durch den Anprall von Steinen beobachtet. Auch elektro-chemische Vorgänge begünstigen das Abrosten des Drahtes und Trift- oder Wildholz kann das Geflecht aufreißen.

Diese Gefahr kann beseitigt werden durch einen Betonüberzug oder durch Bedielung, doch wird dadurch die Nachgiebigkeit der Baukörper ausgeschaltet oder doch stark vermindert. In Bächen mit geringer Wassergeschwindigkeit und nur sehr schwacher Geschiebeführung ist die Drahtnetzbauweise unter Umständen mit gutem Erfolg anwendbar, so z. B. in hochgelegenen Runsen und an schwer zugänglichen Baustellen, wo guter Baustein und Holz nicht zu beschaffen sind, auch an Baustellen mit starkem Lehnendruck bietet sie Vorteile, doch ist sie keineswegs billig und wo nicht Bedenken gegen andere Bauweisen bestehen, sind diese im allgemeinen vorzuziehen. Billiger stellt sich die Verwendung gewöhnlichen Drahtgeflechtes, das an Ort und Stelle zu Bauten zusammengesetzt wird und auch zum Schutze von Rasenverkleidungen und als Ersatz für Flechtzäune vorteilhaft Verwendung finden kann (158, 163).

L. Die Pfahlbauweise nach A. Schindler.

Unter dem Titel „Die Wildbach- und Flußverbauung nach den Gesetzen der Natur“ (266) hat A. Schindler seinerzeit ein eigenes Verbauungssystem aufgestellt, das vor wenigen Jahren neuerdings zur Anwendung empfohlen wurde (155, 156). Es will die Sohlenhebung in den in Einwühlung begriffenen Bachstrecken nicht durch Sperrenbauten erzielen, sondern durch eine Folge von Pfahlreihen, die quer über die Bachsohle geschlagen werden, in der Mitte aufgewölbt sind, über die Bachsohle emporragen und mit Steinen ausgeschlichtet werden (Abb. 158). Diese Pfahlreihen sollen das Wasser teilen, seine Kraft brechen und den Aufbau von Schuttkegeln erzwingen. In ähnlicher Weise soll die Geschiebeablagerung auf den Schwemmkegeln durch Teilung des Wassers bewirkt, und sollen die kleinen Runsen im Oberlauf zugefüllt und auch durch in der Mitte aufgewölbte Pfahlreihen befestigt werden. Den Uferschutz an Flüssen strebt Schindler gleichfalls durch mehrere parallele, zum Teil bis auf Hochwasserhöhe reichende Pfahlreihen an, die mit Steinen ausgepackt werden.

In Erosionsstrecken würden diese Herstellungen unbedingt die Ablenkung des Wassers gegen den Fuß der Lehnen bewirken und

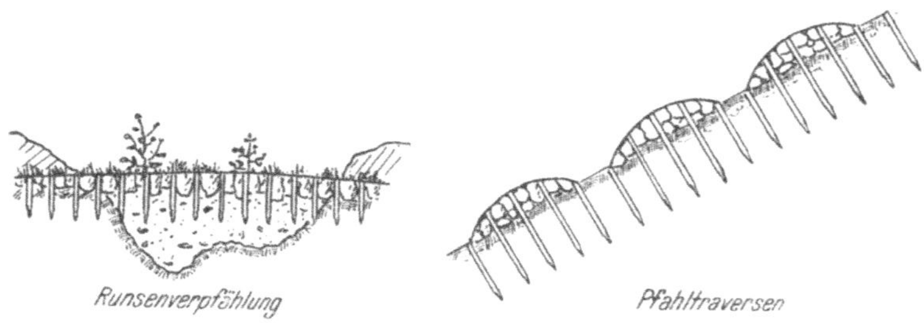

Abb. 158. Bauweise nach A. Schindler.

diese gefährden und das über die Hänge abfließende Wasser würde neben den außer Funktion gesetzten alten Runsen neue auswühlen. Auf den Schwemmkegeln hingegen müßten wertvolle Grundstücke geopfert werden. Dieses System ist über Versuchsbauten kaum hinausgekommen, weil sich diese keineswegs, wie Schindler meinte, als „unangreifbar" erwiesen haben, sondern großenteils von Hochwässern zerstört wurden (VfF. 1898, H. 3/4). Seiner Anwendung stehen auch der sehr große Holzaufwand und die schwierige Erhaltung der Bauten entgegen.

M. Die Tauschwandbauweise nach A. Zarboch.

Sie bezweckt, die Schwierigkeiten zu umgehen, die sich bei der Auswechslung vermorschter Holzbauwerke ergeben, und besteht darin, daß ortsfeste Widerlager und Pfeiler aus Mauerwerk, Beton u. dgl. erbaut werden, die der Stauwand als Stütze dienen (Abb. 159). Diese wird aus Tauschbalken gebildet, die auf einer in den Boden versenkten Verbundplatte aufruhen, welche einen Grundbruch verhindern soll. Die seitlichen Widerlager, „Wangen", werden entweder massiv oder allenfalls als Hohlkörper mit Materialfüllung erstellt und müssen zusammen mit den Pfeilern den auf sie von den Tauschbalken übertragenen Wasser- und Erddruck aufnehmen. Die Tauschbalken können entweder waagrecht in Nischen oder Nuten der Wangen und Pfeiler eingeschoben oder auch an sie angelegt und durch Bügel oder Führungsstangen festgehalten werden; sie sind leicht auswechselbar. Es ist auch möglich, zwischen die Widerlager und Pfeiler zwei oder mehrere starke Riegel einzuziehen und die Tauschbalken lotrecht oder schräg an sie anzulehnen. Die Tauschwand kann lotrecht, nach vorne oder nach rückwärts geneigt hergestellt, allenfalls auch wie die Oberfläche einer Sinoidalschwelle gestaltet oder auch etappenweise entweder in einer Flucht oder staffelförmig erbaut werden. Als Tauschbalken kommen hauptsächlich runde, allenfalls auch behauene Holzbalken in Betracht. Auch Eisenbetonbalken, Altschienen, Eisenträger oder Röhren können verwendet werden, wodurch permanente Bauwerke entstehen, die zur Schotter- oder Sandgewinnung und bei ausreichender Wasserführung des betreffenden Baches auch als Entleerungssperren dienen können. Bei geringer Bachbreite genügen die seitlichen Widerlager, in breite Profile müssen Mittelpfeiler eingeschaltet werden. Letzteren Falles ist es möglich, den Querwerken eine gebrochene Grundrißlinie zu geben. Eventuell können auch zwei Wände hintereinander erstellt werden. Werden die Tauschbalken nicht satt aufeinandergelegt, so dienen die Zwischenräume zur Entwässerung des Verlandungskörpers. Auf die Sturzbettsicherung, Ausgestaltung der Abflußsektionen, Anbringung von Wassernasen u. dgl. ist in der sonst üblichen Weise Bedacht zu nehmen (342).

Abb. 159. Sperre in Tauschwandbauweise nach A. Zarboch, Keerbach bei St. Ägyd, Niederösterreich.

Abb. 160. Uferschutzbau in Tauschwandbauweise, Keerbach bei St. Ägyd, Niederösterreich.

Diese Bauweise ist anwendbar für Sperren, Grundschwellen, Stützwerke in Bruchlehnen, für Buhnen und andere Uferschutzbauten (Abb. 160) usw. Sowohl die Tauschbalken und Riegel als Pfeiler und Wangen sind nach statischen Grundsätzen zu dimensionieren.

Wegen der engbegrenzten Biegungsfestigkeit besonders der Holzbalken ist diese Bauweise der Hauptsache nach wohl auf niedere Werke in kleinen Wasserläufen beschränkt, denn Bedenken bezüglich der Widerstandsfähigkeit höherer Werke gegen Murgänge und große Hochwässer sind nicht zu unterdrücken, so lange nicht ausreichende Erfahrungen gesammelt sind. Solche liegen naturgemäß noch nicht vor, weil das erste derartige Bauwerk erst im Jahre 1936 in Niederösterreich erstellt wurde und sich die Notwendigkeit einer Auswechslung bisher noch nicht ergeben hat.

Achter Abschnitt.

Kulturelle und wirtschaftliche Maßnahmen.

Die kulturellen und wirtschaftlichen Maßnahmen sind äußerst wichtig; sie haben die Aufgabe, einerseits den in Abbruch befindlichen Boden zu beruhigen und zu festigen und anderseits die Wasserabflußverhältnisse zu verbessern, sowie die Erhaltung der Gebirgsgründe zu sichern. Der ersten Aufgabe dient die Begrünung jener Flächen, auf denen die Geschiebebildung stattfindet, also der Bruch- und Rutschflächen, der Verlandungen u. dgl., während die Lösung der zweiten Aufgabe durch die Aufforstung sonstiger Flächen und durch andere wirtschaftliche Maßnahmen angestrebt wird.

A. Begrünung der Ödflächen.

Sie umfaßt Berasungen, Bebuschungen und Aufforstungen und bildet eine wichtige Vervollständigung der baulichen Vorkehrungen. Kein Wildbach, dessen Bruchflächen noch kahl und gegen oberflächliche Abschwemmungen und Bewegungen nicht durch die Vegetation geschützt sind, kann als vollständig und dauernd beruhigt angesehen werden. Die Erzielung eines Ertrages auf diesen Ödflächen tritt der Bodenbindung gegenüber weit in den Hintergrund.

Unter den die Standortsverhältnisse mitbestimmenden Bodeneigenschaften spielen seine chemische und physikalische Beschaffenheit und die Wasserführung die wichtigste Rolle. Sie werden in hervorragendem Maße von der Tätigkeit der Bodenfauna und der Bodenbakterien beeinflußt, welche den Boden lockert und zur Durchmischung seiner Bestandteile sowie zur chemischen Aufschließung des Mineralbodens wesentlich beiträgt.

Die Begrünungsarbeiten auf den Bruchflächen haben häufig mit höchst ungünstigen Verhältnissen zu kämpfen: durch die natürliche und künstliche Abböschung gelangen Schichten toten Erdreichs an die Oberfläche, die nur unaufgeschlossene Mineralbestandteile, aber keinen oder nur äußerst wenig Humus enthalten und der Tätigkeit der Bodenfauna und der Bodenbakterien bisher nicht zugänglich waren. Deshalb entsteht ein meist aus einem Gemisch von Mineralkörnern verschiedenster Größe und oft auch verschiedener chemischer Zusammensetzung bestehender lockerer Boden, welcher der oberflächlichen Abschwemmung um so mehr unterliegt, je feinkörniger und steiler seine Oberfläche ist.

Abb. 161. **Blasibach, Kärnten.** Verbauungsarbeiten in Ausführung begriffen.

Abb. 162. **Dieselbe Bachstrecke nach Vollendung und Berasung.**

Diese Böden bieten zunächst in der Regel nur den genügsa
sten Pionieren der Pflanzenwelt eine Lebensmöglichkeit und
Vegetation kann nur schwer und langsam darauf Fuß fassen. E
im Laufe der Jahre bessern sich die Bodenverhältnisse. Besonder

der die Halden im Kalk und Dolomit aufbauende Witterschutt setzt beim Fehlen lehmiger und erdiger Beimischungen der Ansiedlung einer Pflanzendecke große Schwierigkeiten entgegen, und erst im Laufe vieler Jahrzehnte sammeln sich in den Lücken zwischen den Gesteinsbrocken Sand, Staub, Pflanzenabfall u. dgl. an und bilden einen zur Ansiedlung von Pflanzen geeigneten Boden, der dann im Schatten der Steine für die Keimung anfliegender Samen und die Entwicklung der zarten Keimlinge nicht ungünstig ist. Bessere Bedingungen für die Entwicklung der Pflanzenwelt bietet der aus Mergel, Tonschiefer u. dgl. entstandene Boden.

Voraussetzung für die Begrünung ist, daß die betreffende Lehne durch Verbauungen geschützt und so weit beruhigt ist, daß die Überrieselung mit Schutt, die besonders bei feinkörnigem Boden auftritt, ziemlich ausgeschlossen ist.

Wegen der geschilderten Verhältnisse ist es auch geboten, bei den Abböschungs- und Planierungsarbeiten, die auf natürlichem Wege bereits angesiedelten Sträucher, Rasenschöpfe u. dgl. nach Möglichkeit zu schonen. Sie bilden Mittelpunkte für die weitere Entwicklung der Pflanzennarbe, die sich von hier aus weiter ausbreiten kann. Auch die Wurzelteller etwa von den Bruchrändern abgerutschter Stämme und Stöcke, die sich im unteren Teil der Lehne wieder festgesetzt haben, ebensolche Sträucher, Rasenstücke u. dgl. bilden willkommene Stützpunkte für die Ausbreitung des Pflanzenlebens. Sie haben bessere Erde und Humus mitgerissen, halten sie auf den kahlen Schotterflächen fest und leisten ebenso wie eingebettete Stein- und Felsblöcke gute Dienste zur Zurückhaltung weiterhin abrutschenden Erdreichs.

Viele Pflanzen tragen selbst zur Bodenbesserung bei, andere finden erst, wenn diese bereits erfolgt ist, ihr Gedeihen. Es ist daher die Erforschung der natürlichen Pflanzenfolgen für die Ödlandsbegrünung von größter Wichtigkeit.

Die zur Bodenbindung verwendeten Pflanzen sollen nicht nur genügsam, derb und widerstandsfähig gegen Kälte, Hitze und Trokkenheit, sondern auch raschwüchsig sein und ein kräftiges, tief- und weitreichendes Wurzelgeflecht bilden. Sie sollen entweder ausdauernd sein oder sich durch reichliche Samenbildung, durch Wurzelausläufer oder Wurzelbrut leicht vermehren.

Als solche Pflanzen sind beispielsweise zu nennen: für lehmige und tonige Böden der Huflattich, Tussilago farfara, und in höheren Lagen der Alpenlattich, Adenostyles albifrons und alpina, dann die schneeige Pestwurz, Petasites paradoxus, für Schotterböden und Steingeröll die Waldplatterbse, Lathyrus silvestris, das Alpenleinkraut, Silene alpina, die Esparsette, Onobrychis sativa und viceafolia, der Kalkfarn, Aspidium Robertsianum, Poa-, Oxytropis- und Cerastiumarten u. a. Auch der bodenvage Hafer, Avena sativa, der aber im zweiten Jahr ausstirbt, ist ein guter Bodenbinder. Je ärmer und schlechter der Boden, desto besser sollen den anzubauenden Pflanzen die klimatischen Verhältnisse zusagen. Für solche Örtlichkeiten sind daher Pflanzen tunlichst aus der Mitte ihres klimatischen Verbreitungsgebietes auszuwählen. Besonders wichtig ist auch die Eignung der Pflanzenrasse für die betreffenden Standortsverhältnisse.

Den besten Bodenschutz bildet der Wald. Die Aufforstung ist daher überall anzustreben, wo auf solchen großer Wert gelegt wird und die klimatischen Verhältnisse die Entwicklung des Baumwuchses gestatten, der bekanntlich in einer gewissen Höhenlage seine natürliche Grenze findet. Diese wechselt sehr stark, je nach der Lage und der Massenhebung des betreffenden Gebirgsstockes usw. Während der Baumwuchs z. B. an geschützten Stellen der Ötztaler- und Ortleralpen über 2400 m hinaufreicht, findet er am Rande der Alpen bereits in 1800 bis 1900 m seine Grenze und in den mehr isolierten und rauhen Stürmen ausgesetzten Kuppen des Riesengebirges reicht er kaum auf 1200 m empor. In eine bedeutend größere Höhe steigen hingegen die niederen Holzgewächse, Kräuter und Gräser hinan. Oberhalb der Grenze des geschlossenen Waldes und der Kampfzone breiten sich noch die üppigsten Alpenmatten aus. Die mit einer dichten Grasnarbe bedeckten Weideböden lassen die letzten, nur noch kümmerlich vegetierenden Bäume weit hinter sich und einzelne Arten von Kräutern und Gräsern, ja sogar von Kleinsträuchern sind in den Alpen noch in Seehöhen von über 3000 m anzutreffen.

Aber nicht nur nahe der Baumgrenze, sondern auch in den tieferen Lagen entwickeln sich die Forstpflanzen, namentlich die Nadelhölzer, nur langsam und es vergeht eine lange Reihe von Jahren, bevor sich die Aufforstungen geschlossen haben und den Boden zu schützen vermögen; auch die Wurzelentwicklung ist eine langsame. Demgegenüber entwickeln sich die Gräser und Kräuter viel rascher, so daß durch die Berasung der Schutz des Bodens zwar minder vollkommen, aber viel rascher erreicht wird als durch die Aufforstung. Die Bebuschung steht in der Mitte zwischen beiden. Oberhalb der Waldgrenze hat auch sie schon mit großen Schwierigkeiten zu kämpfen und es fällt hier die Aufgabe der oberflächlichen Bodenbindung hauptsächlich der Berasung zu.

1. Berasungen.

Die Berasung hat die Entwicklung einer ausdauernden, geschlossenen Narbe aus nicht verholzenden Pflanzen, also von Gräsern und Kräutern, zum Ziele. Diese soll nicht allein den Boden rasch decken und oberflächlich schützen, sondern auch — und darauf ist noch mehr Wert zu legen — durch Entwicklung eines kräftigen, weit ausstreichenden Wurzelgeflechtes rasch binden. Allerdings reicht die Wurzeltiefe der meisten Gräser und Kräuter nicht über 10 cm, bei einigen bis etwa 30 cm, und nur einzelne, wie z. B. Kleearten, entwickeln Wurzeln, die 1 bis 2 m tief reichen.

Bei der Berasung der Bruch- und Rutschflächen ist es keineswegs Aufgabe, hochwertige Futtergräser anzusiedeln und die Flächen vielleicht in Wiesen oder gute Weiden umzuwandeln. Dies kann wohl manchmal als Nebenzweck angestrebt werden, auf den man, soweit es die Standortsverhältnisse gestatten, bei der Pflanzenauswahl Rücksicht nehmen wird. In vielen anderen Fällen ist es aber gar nicht erwünscht, auf den Bruchflächen hochwertige Futterpflanzen zu erzielen, bevor sich der Boden wieder vollständig gefestigt hat, weil es dann noch schwerer wäre, Weidevieh und Wild von diesen Flächen fernzuhalten und eine Beschädigung der noch zarten Pflanzendecke oder eine neuerliche Bodenverwundung durch den Tritt des schweren Viehes zu verhüten.

Auch bilden die Berasungen häufig nur ein Hilfsmittel, um die Entwicklung der anzustrebenden Bestockung mit Bäumen und Sträuchern zu begünstigen, die den Boden noch besser bindet und festigt. Hier wird die Berasung nach dem Erstarken des Baum- und Strauchwuchses wieder entbehrlich, die Rasendecke verliert mit zunehmender Beschattung ihre Lebensbedingungen und muß schattenertragenden Pflanzen weichen.

Die Berasung kann ausgeführt werden entweder durch Anlegen von Rasenplaggen oder durch Besamung; zur Vervollständigung wird wohl ab und zu auch zur Auspflanzung von Rhyzomen sowie von Grasbüscheln gegriffen, die unweit der Verwendungsstelle gewonnen werden. Die großen Büschel mancher Grasarten können zerteilt und dann ausgesetzt werden. Gute Erfahrungen wurden z. B. mit der Teilung von Wurzelstöcken von Stipa Calamagrostis gemacht. Der Rasenbelag erzielt einen raschen Erfolg, ist aber wegen der hohen Kosten, die der Plaggentransport verursacht, nur dort ausführbar, wo geeigneter Rasen in der Nähe der Verwendungsstelle gewonnen werden kann, ohne die dadurch entblößten Stellen der Erosion auszusetzen. Dies setzt einen geeigneten Boden voraus. Am besten sind stark lehmige Böden geeignet, die den festesten Zusammenhalt geben; auf sandigen Böden gestochene Plaggen zerfallen sehr leicht, auf Schotterboden ist eine Gewinnung nicht möglich. Vorteilhaft ist es, wenn die Rasenziegel mit Pflanzenarten besetzt sind, die Ausläufer treiben. Die 30 bis 40 cm im Quadrat messenden, 7 bis 10 cm starken Plaggen werden meist in waagrechten Streifen auf den zu berasenden Hängen in vorbereiteten seichten Gräben angelegt und, wenn nötig, mittels kurzer Pflöcke an den Boden angeheftet oder mit Drahtnetzen überdeckt. Die gegenseitige Entfernung der Streifen wechselt nach der Steilheit der Lehne, der Menge der verfügbaren Plaggen usw. Als ungefähres Maß des Abstandes kann man 1 bis 3 m annehmen; nur ausnahmsweise werden kleine Flächen vollständig mit Rasenplaggen bedeckt. Die Zwischenräume zwischen den Reihen werden besamt und allenfalls bepflanzt oder mit Stecklingen besetzt. Man kann auch schon unter die Samen von Gräsern und Kräutern solche von Bäumen und Sträuchern mischen.

Mitunter werden die Plaggen auch schachbrettartig so angeordnet, daß die sich kreuzenden Reihen entweder schief oder horizontal und in der Richtung des größten Gefälles angelegt werden. Um die Bildung von Rillen neben den Plaggen zu verhüten, sollen sich diese um einige Zentimeter übergreifen. Sind die Böschungen durch Flechtzäune befestigt, so legt man die Plaggen an diese an. Zum Schutze gegen Austrocknung sind sie schwach zu übererden. Auf trockenen Böden und, wenn regenlose, warme Tage dem Anlegen folgen, empfiehlt es sich, um das Anwachsen des Rasens zu begünstigen, ihn etwa zehn Tage lang zu begießen. Ist der Rasen einmal angewachsen, so ist er nicht mehr sehr empfindlich gegen Witterungseinflüsse. Er breitet sich aus und wirkt stauend auf das feine Material, das bei heftigem Regen aus den ungedeckten Zwischenräumen abgeschwemmt wird.

Da man bei Anlage solcher Rasendeckungen auf das in der Nähe zu gewinnende Material angewiesen ist, hat man nicht viel Auswahl bezüglich der Pflanzenart; man soll aber trachten, den Rasen an Stellen zu gewinnen, die ähnliche Standortsverhältnisse aufweisen wie die Verwendungsstellen.

Im Gegensatz hiezu hat man bei Besamungen zwischen verschiedenen Pflanzenarten freie Wahl und kann die Standortsverhältnisse, also Boden, Lage und Klima, berücksichtigen. Über die einschlägigen Momente, die Eigenschaften der einzelnen Pflanzen und ihre Standortsansprüche, besonders auch über die Ausbildung des Wurzelsystems gibt Stiny (294) gute Aufschlüsse, die er später speziell für Hochlagen noch ergänzt hat (302). Sehr wertvoll sind die einschlägigen Schriften von Prof. H. Gams (91, 92, 93), von denen das für die Wildbachverbauungsämter unter dem Kennworte „Die Wahl der zur künstlichen Berasung und Bebuschung von Bachbetten, Schutthängen und Straßenböschungen geeigneten Pflanzen des Alpengebietes" verfaßte Manuskript in einer Anzahl von Diagrammen die Standortsansprüche verschiedener Pflanzen in übersichtlicher Weise darstellt.

Die Gräser zeichnen sich im allgemeinen durch leichte und rasche Keimung und große Ausbreitungsfähigkeit aus. Sie bilden Kriechtriebe, Wurzelausschläge und dichte Schöpfe und Büschel, die den Boden gut decken. Schmetterlingsblütler sind Stickstoffsammler, verbessern den Boden und sind deshalb für die Begrünung der Bruchflächen sehr wertvoll.

Nach Briot und Boitel wurden in den französischen Wildbächen zur Berasung in erster Linie verwendet (325): das französische Raygras (Avena elatior), der Goldhafer (Avena flavescens), das Knaulgras (Dactylis glomerata), der Wiesenschwingel (Festuca pratensis), das Timotheusgras (Phleum pratense), das englische Raygras (Lolium perenne), das gemeine Rispengras (Poa trivialis), das Wiesenrispengras (Poa pratensis), der Wiesenfuchsschwanz (Alopecurus pratensis), dann die Schmetterlingsblütler: der gemeine Wundklee (Anthyllis vulneraria), die Luzerne (Medicago sativa), die Hopfenluzerne oder der Hopfenklee (Medicago lupulina), die Esparsette (Onobrychis sativa), der Wiesenklee (Trifolium pratense), der Weißklee (Trifolium repens) und der Bastardklee (Trifolium hybridum).

Alle diese Arten zeichnen sich durch Härte gegen Witterungseinflüsse, Anspruchslosigkeit in Bezug auf Boden und Klima, Festigkeit, rasche Entwicklung und große Verbreitungsfähigkeit aus. Sie werden mit Vorteil in Mischungen angebaut, weil sich dann ein etwaiger Mißgriff in der Auswahl weniger stark geltend macht und sich die Pflanzen in Bezug auf Deckung und Bindung des Bodens in ihrer Wirkung gegenseitig ergänzen.

Eine für die Berasung besonders wertvolle Art ist die Esparsette, die rasch wächst, sich kräftig entwickelt und lange, weit ausstreichende Wurzeln treibt. Sie kommt noch auf trockenen, steinigen und felsigen Standorten vor und dient den anderen Pflanzen zum Schutze, ist aber nicht ausdauernd. Wang betont auch die guten Erfahrungen, die in Österreich mit der veredelten Waldplatterbse (Lathyrus silvestris) gemacht wurden. Sie entwickelt sich auf sandigen, steinigen Böden, erzeugt reichlich Samen und bildet seilartige Wurzeln, die eine Länge bis zu 10 m erreichen sollen und tief in den Boden eindringen.

Für Rutschflächen auf Kalkunterlagen haben sich nach Weinzierl (334) nachfolgende Samenmischungen bewährt, bei denen gleichzeitig auf den Futterwert Bedacht genommen ist.

Für tiefere Lagen:

Weißklee, Trifolium repens	10 %	der Reinsaat
Schoten- oder Hornklee, Lotus corniculatus	15 %	„ „
Schafgarbe, Achillea millefolium	5 %	„ „
Franz. Raygras, Avena elatior	10 %	„ „
Rohrglanzgras, Phalaris arundinacea	10 %	„ „
Wehrlose Trespe, Bromus inermis	10 %	„ „
Goldhafer, Avena flavescens	10 %	„ „
Knaulgras, Dactylis glomerata	10 %	„ „
Wiesenrispengras, Poa pratensis	10 %	„ „
Wiesenschwingel, Festuca pratensis	10 %	„ „

In etwas höheren Lagen:

Schotenklee, Lotus corniculatus	20 %	„ „
Weißklee, Trifolium repens	10 %	„ „
Hopfenklee, Medicago lupulina	10 %	„ „
Wehrlose Trespe, Bromus inermis	20 %	„ „
Rohrglanzgras, Phalaris arundinacea	10 %	„ „
Franz. Raygras, Avena elatior	10 %	„ „
Michelis Lieschgras, Phleum Michelii	10 %	„ „
Violettes Rispengras, Poa violacea	10 %	„ „

Für die gewöhnlichsten Samenarten stellt sich nach Weinzierl der Samenbedarf pro ha für Einzelsaaten wie folgt:

Rotklee	21	kg bei	85 %	Gebrauchswert
Bastardklee	13	„ „	81 %	„
Weißklee	12	„ „	74 %	„
Luzerne	31	„ „	85 %	„
Hopfenklee	23	„ „	73 %	„
Esparsette	196	„ „	69 %	„
Schotenklee	15	„ „	58 %	„
Englisches Raygras	55	„ „	78 %	„
Französisches Raygras	66	„ „	56 %	„
Goldhafer	10	„ „	52 %	„
Wiesenschwingel	57	„ „	76 %	„
Schafschwingel	29	„ „	50 %	„
Knaulgras	35	„ „	64 %	„
Timothègras	18	„ „	87 %	„
Honiggras	19	„ „	52 %	„
Wiesenfuchsschwanz	14	„ „	47 %	„
Wiesenrispengras	17	„ „	51 %	„
Gemeines Rispengras	18	„ „	55 %	„
Rohrglanzgras	22	„ „	63 %	„
Aufrechte Trespe	76	„ „	53 %	„
Wehrlose Trespe	71	„ „	57 %	„
Schafgarbe	14	„ „	51 %	„

Hierzu ist bei Mischung von drei bis sechs Arten ein Zuschlag von 25 %, bei mehr Arten ein solcher von 50 % der Menge zu machen, der sich bei Mischungen zur Bindung von Rutschflächen auf 100 %, unter ungünstigen Umständen sogar noch weiter erhöht.

Stiny (294) hat zur Berasung von Ödflächen unter verschiedenen Standortsbedingungen Samenmischungen empfohlen, von denen nur die folgenden, für ungünstige Verhältnisse bestimmten Mischungen angeführt seien:

1. Für arme, trockene Kiesböden in mittelwarmen bis kühlen Lagen:

Hornklee, Lotus corniculatus	5 %	der Reinsaat
Wundklee, Anthyllis vulneraria	10 %	„ „
Esparsette, Onobrychis sativa	20 %	„ „
Schafgarbe, Achillea millefolium	10 %	„ „
Königskerze, Verbascum thapsus	5 %	„ „
Gemeine Felsennelke, Tunica saxifraga	5 %	„ „
Klebriges Kreuzkraut, Senecio viscosus	5 %	„ „
Deutsche Porstbirke, Myricaria germanica	5 %	„ „
Feldbeifuß, Artemisia campestris	5 %	„ „
Gemeine Quecke, Agropyrum repens	10 %	„ „
Kahler Wiesenhafer, Avenastrum pratense	5 %	„ „
Aufrechte Trespe, Bromus erectus	15 %	„ „

2. Für trockene Sand- und Schotterböden in wärmeren Klimaten:

Besenpfrieme, Cytisus scoparius	10 %	der Reinsaat
Luzerne, Medicago sativa	20 %	„ „
Silber-Reitgras, Calamagrostis argentea	15 %	„ „

Riedgrasartiges Rauhgras, Lasiagrostis Calamagrostis	10 %	der Reinsaat
Gelbe Lupine, Lupinus luteus	10 %	„ „
Grünes Borstengras, Setaria viridis	15 %	„ „
Robinie, Robinia pseudacacia	20 %	„ „

3. Für trockene Rutschflächen mit feinerem Korn:

Gemeines Straußgras, Agrostis vulgaris	10 %	der Reinsaat
Grünerle, Alnus viridis	5 %	„ „
Weißerle, Alnus incana	5 %	„ „
Ruchgras, Anthoxanthum odoratum	8 %	„ „
Gefiederte Zwenke, Brachypodium pinnatum	8 %	„ „
Drahtschmiele, Deschampsia flexuosa	8 %	„ „
Weißliche Hainsimse, Luzula angustifolia	6 %	„ „
Violettes Rispengras, Poa violacea	10 %	„ „
Sauerampfer, Rumex Acetosella	5 %	„ „
Felsenleimkraut, Silene rupestris	10 %	„ „
Gemeiner Gamander, Teucrium Chamaedrys	5 %	„ „
Weißklee, Trifolium repens	10 %	„ „
Zweiteiliger Goldhafer, Trisetum distichophyllum	10 %	„ „

4. Für trockene Bruchflächen in 1700 bis 2000 m Seehöhe:

Hornklee, Lotus corniculatus (Alpenform)	10 %	der Reinsaat
Feldspitzkiel, Oxytropis campestris	5 %	„ „
Bergspitzkiel, Oxytropis montana	5 %	„ „
Rasiger Klee, Trifolium Thalii	10 %	„ „
Alpen-Wegerich, Plantago alpina	6 %	„ „
Alpen-Leinkraut, Linaria alpina	5 %	„ „
Alpen-Drüsengriffel, Adenostyles glabra	4 %	„ „
Brillenschötchen, Biscutella laevigata	2 %	„ „
Niedrige Glockenblume, Campanula pusilla	3 %	„ „
Wucherblume, Chrysanthemum Leucanthemum	3 %	„ „
Bärenkraut, Senecio abrotanifolius	2 %	„ „
Gemsenschwingel, Festuca rupicaprina auf Urgebirge oder Hallers-Schwingel, F. Halleri auf Kalk	2 %	„ „
Felsen-Windhalm, Agrostis rupestris	2 %	„ „
Alpen-Lieschgras, Phleum alpinum	5 %	„ „
Michelis Lieschgras, Phleum Michelii	5 %	„ „
Gefiederte Zwenke, Brachypodium pinnatum	5 %	„ „
Gelbe Hainsimse, Luzula lutea auf Urgebirge oder braune Hainsimse, L. Spadicea auf Kalk	5 %	„ „
Ährige Hainsimse, Luzula spicata	5 %	„ „
Vielblütige Hainsimse, Luzula multiflora	5 %	„ „
Steifes Hirschhaar, Nardus stricta	5 %	„ „
Alpen-Goldhafer, Trisetum alpestre	5 %	„ „

5. Für Seehöhen von etwa 2000 bis 2300 m:

(Die eingeklammerten Namen gelten für Kalkböden.)

Campanula pusilla	2 %	der Reinsaat
Carex sempervirens	3 %	„ „
Cerastium alpinum	5 %	„ „
Chrysanthemum alpinum	5 %	„ „
Crepis pigmaeus (oder C. terglowiensis)	2 %	„ „
Dianthus glacialis	3 %	„ „
Doronicum Clusii (oder D. glaciale bzw. Halleri)	2 %	„ „
Dryas octopetala	3 %	„ „
Leontodon taraxaci	5 %	„ „

Agrostis alpina	2 %	der Reinsaat
Agrostis rupestris	3 %	„ „
Poa alpina	10 %	„ „
Avenastrum versicolor	5 %	„ „
Avenastrum alpinum	5 %	„ „
Helianthemum alpestre	2 %	„ „
Helianthemum obscurum	3 %	„ „
Carex rupestris	2 %	„ „
Festuca Halleri (oder F. rupicaprina)	5 %	„ „
Festuca rubra	5 %	„ „
Oxyria digyna (oder Gypsophila repens)	5 %	„ „
Hedysarum obscurum	20 %	„ „
Thlaspi rotundifolium	3 %	„ „

Stiny empfiehlt, den Samenmischungen außerdem Hafer beizugeben (etwa 100 kg pro ha), der in Bezug auf die Bodenansprüche sehr genügsam ist und tiefe Wurzeln bildet, aber im zweiten Jahre verschwindet.

Gams (91) bemerkt, daß in diesen Verzeichnissen zum Teil seltene und nicht rasenbildende Pflanzen genannt seien, und empfiehlt, an ihrer Stelle typische Geröllgräser zu verwenden. Als solche verdienen größte Beachtung die Ausläufer treibenden Schuttwanderer und Schuttstauer, von denen sich folgende durch große Anpassungsfähigkeit auszeichnen: Agrostis alba-stolonifera, Calamagrostis varia, Poa compressa, Sesleria coerulea resp. varia, Carex sempervirens und glauca; für subalpines Kalkgeröll kommen in Betracht: Poa cenisia und Trisetum distichophyllum, Stipa Calamagrostis, Lasiagrostis Calamagrostis und Calamagrostis argentea. Schuttstauende Horstgräser sind: Festuca sulcata, violacea und versicolor für carbonatreiche, Festuca varia für kalkarme, trockene Böden; die Forstunkräuter Calamagrostis epigeos und varia, ferner Brachypodium pinnatum sind gleichfalls für die Bodenbindung wertvoll, ebenso einige andere Carex- und Festucaarten.

Zur Berasung von 1 ha Kalkschutt im Gebiete des Seslerio-Semperviretums über der Waldgrenze empfiehlt Gams folgende Samenmischung:

Blaugras, Sesleria varia	20 kg
Horstsegge, Carex sempervirens	30 kg
Hornklee, Lotus corniculatus	5 kg
Großköpfiger Klee, Trifolium pratense nivale	5 kg
Kleiner Rasenklee, Trifolium Thalii	5 kg
Alpenwundklee, Anthyllis alpestris	10 kg

Die Samen der vorgenannten sowie anderer geeigneter Arten sind in Samenhandlungen meist nicht zu erhalten, es empfiehlt sich daher, sie selbst zu sammeln, wobei man auch schon Fingerzeige darüber erhält, welche Arten in der Nachbarschaft der betreffenden Örtlichkeiten am besten gedeihen.

Sehr häufig werden auch „Heublumen“ zur Aussaat verwendet, die in der Nähe des zu berasenden Ödlandes in Heustadeln gesammelt werden. Sie enthalten viele Samen von guten Bodenbindern, die aber wenig Futterwert besitzen. Der Erfolg ihrer Aussaat ist nicht immer befriedigend.

Erfahrungsgemäß ist auf Bruchflächen bei nicht allzu ungünstigen Standortsverhältnissen auch mit der Selbstbesamung von benachbarten Grundstücken aus zu rechnen. Sie trägt wesentlich dazu bei, daß sich die Lücken der Berasung allmählich selbst schließen, wenn der Boden ruhig bleibt.

Die Saaten werden ausgeführt als Vollsaat, Streifensaat, Plätze- oder Punktsaat. Letztere eignet sich nur für besonders schwere Samen. Bei der Vollsaat wird der Samen breitwürfig ausgestreut, und zwar bei Mischungen die Sorten verschiedenen Gewichtes gesondert, da die Pflanzenverteilung sonst unregelmäßig werden kann. Die Saat erfordert eine entsprechende Bodenvorbereitung, die sich bei der Vollsaat auf eine oberflächliche Lockerung der ganzen Fläche, bei Streifen- oder Plätzesaat nur auf die Saatstellen selbst erstreckt. Für die Punktsaat ist eine Bodenvorbereitung nicht nötig, bei ihr wird das einzelne Samenkorn unter die Erde eingestuft.

Die Aussaat erfolgt am besten im Frühjahr bei feuchtem Wetter. Es ist vorteilhaft, die Fläche nachher mit Reisig, am besten vom Nadelholz, leicht zu überdecken. Dies hat den Zweck, eine zu starke Besonnung abzuhalten und auf leichtbeweglichem Boden den Keimlingen einigen Schutz zu gewähren. Die Saat auf beweglichen Bruchflächen läßt nur bei den sich rasch entwickelnden Pflanzen ein gutes Gelingen erhoffen; langsam wachsende Keimlinge sind hier zu vielen Gefahren ausgesetzt und werden leicht vernichtet. Solche Mißerfolge sind bei den ungünstigen Verhältnissen in den Wildbächen überhaupt nicht selten, dürfen aber nicht abschrecken.

Einen raschen Erfolg der Berasung auch bei ungünstigen Bodenverhältnissen kann man durch folgendes, aber nur für kleine Flächen unter besonderen Umständen anwendbares Verfahren erzielen: Humuserde und Lehm werden zu gleichen Teilen mit Wasser und den Samen innig gemischt, bis sie eine mörtelartige Konsistenz annehmen, dann als dichte Schicht auf die vorher ausgeglichene und angefeuchtete Böschung aufgebracht und niedergeklopft. Diese Schicht bildet ein gutes Keimbett und ist, falls sie stark austrocknen sollte, zu begießen.

2. Bebuschungen.

Die Bebuschung zielt ab auf die Bodendeckung durch verholzende Pflanzen, die aber meist nur Sträucher bilden. Diese entwickeln sich rascher als Bäume, sind den Angriffen der Stürme weniger als diese ausgesetzt und belasten auch den Boden weniger stark. Eine scharfe Grenze zwischen Bebuschung und Aufforstung ist nicht zu ziehen, da zu ersterer auch Holzarten verwendet werden, die sich zu Bäumen entwickeln können und unter Umständen auch forstmäßig genutzt werden.

Die Bebuschung wird ausgeführt mit Hilfe von Flechtzäunen und Faschinenwerken, durch Spreitlagen, Berauhwehrungen und Cordonpflanzung, dann auch durch Pflanzung von Stecklingen oder bewurzelten Pflanzen und mit Wurzelbrut.

Eine ins einzelne gehende Anleitung zur Bebuschung von Ödflächen geben Dr. Ing. Becker, Dr. Ing. F. Frank und H. Czermak im Heft „Die lebende Verbauung" (94).

Spreitlagen und Berauhwehrungen werden hergestellt durch Einlegen von Zweigen und Ästen auf vorbereitete Bodenstreifen oder in seichte Gräben, und zwar die ersteren durch gleichsinniges Anlegen schlanker Ruten derart, daß ihre Enden nach der Übererdung nur wenig über die vorbereiteten Flächen emporragen. Hat man nicht genügend ausschlagfähiges Material zur Verfügung, so verwendet man auch totes Reisig, in das die lebenden Äste und Zweige gleichmäßig verteilt werden. Die Überdeckung mit Erde darf bei Spreitlagen und Berauhwehrungen nur leicht sein.

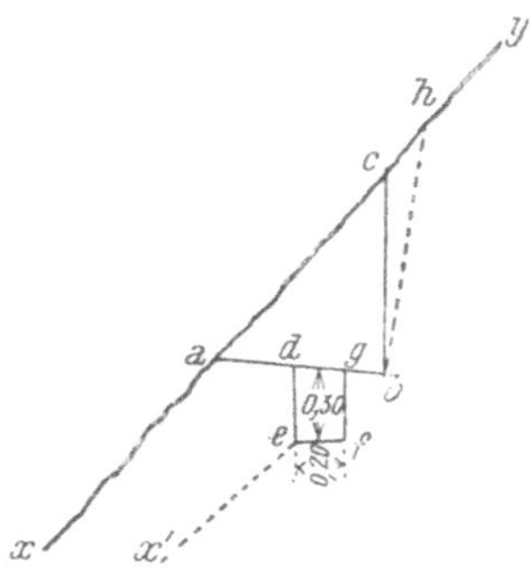

Abb. 163. Bankettherstellung.

Die in Frankreich ausgearbeiteten Methoden der Cordonpflanzungen beschreibt Demontzey wie folgt (54): „Der Heckenanlage geht die Herstellung kleiner Fußsteige, Bankette, voraus. Je steiler der Hang, desto geringer ist die Bankettbreite; je mehr der Hang zum Abrutschen geneigt ist, desto enger wird die Heckenanlage. Ist der Boden des Banketts (Abb. 163), der gegen die Bergseite etwas geneigt ist, zur Kultur nicht geeignet, so wird ein Teil desselben d e f g umgebrochen, die Erde ausgehoben und es werden in die Furche die Pflanzen sehr dicht eingesetzt. Die Böschung b c wird nach b h ausgeglichen und mit der gewonnenen Erde die Pflanzrinne ausgefüllt." Dieses Verfahren ist aber an und für sich auch deshalb kostspielig, weil zur Verhinderung des Einsturzes der Böschung b h diese gewöhnlich durch Flechtwerke gestützt werden muß. Trotzdem haben sich bei ausgiebigem Regen häufig Böschungsablösungen nach der Linie x'e eingestellt.

Einfacher ist das folgende Verfahren: „Es seien auf der steilen Lehne x y der Abb. 164 in H, H' und H" lebende Hecken treppenförmig anzulegen. Man beginnt damit, das Bankett bei H nach dem Profil a b c auszuheben, in welchem die Linie a b gegen den Horizont 20 bis 30 % geneigt ist, während die Böschung b c lotrecht gehalten wird, und wirft die Erde in den Runsengrund. Ist dies geschehen, so legt ein Pflanzer seine Pflanzen auf die Oberfläche des Banketts derart, daß sie normal zur Grabenrichtung zu liegen kommen. Der Wurzelknoten jeder Pflanze kommt dabei etwa 10 cm nach innen von a gegen b zu liegen. Hierauf befestigt der Arbeiter die Pflanze zunächst mit etwas Erde, die er der Böschung b c mit einigen Hackenschlägen entnimmt und diese so nach d b überführt. Ein zweiter bei H' aufgestellter Arbeiter hebt das zweite Bankett derart aus, daß ihm der Pflanzer, der die jungen Pflanzen bei H verteilt, in seiner Arbeit stets voraus ist. Den

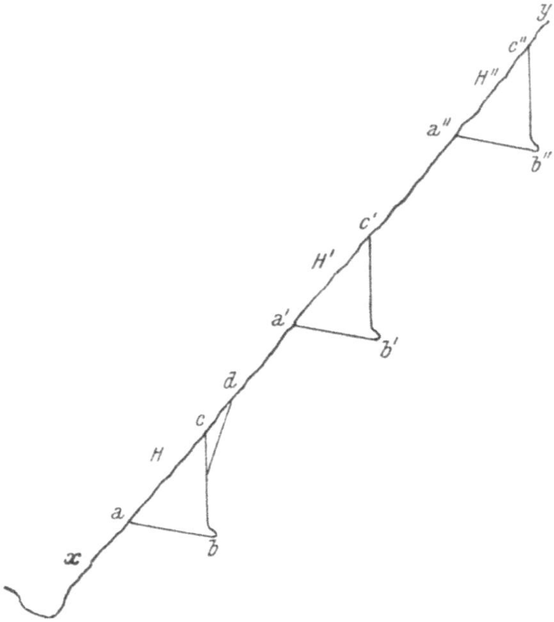

Abb. 164. Bankettherstellung.

erhaltenen Abtrag läßt er langsam zum ersten Bankett hinabrollen. Auf diese Weise werden die auf dem unteren Bankett a b d verteilten Planzen mit Erde bedeckt und das geöffnete Loch vollständig ausgefüllt. In gleicher Weise wird bei H'' vorgegangen. Es ist auf diese Weise der Vorteil erreicht, daß, wenn man am oberen Rande des Abhanges angelangt ist, die Hecken eingepflanzt sind, ohne daß sich das Profil des Abhanges merklich geändert hat."

Zur Heckenbildung verwendet man in Frankreich hauptsächlich Robinie, Weißdorn, Ulme, Ahorn, Hasel, Weide, Erlen, auch Hagebuttensträucher und die Briançonpflaume (Prunus brigantiaca), die bis auf 2200 m ansteigt. Statt der Pflanzen können auch Stecklinge verwendet werden. Die Böschung wird dann noch besamt. Nach zwei bis drei Jahren ist der Boden bergseits der Hecke so verwittert, daß dort auch Nadelhölzer angepflanzt werden können und sich die in Abb. 165 versinnbildlichte Entwicklung ergibt.

Dieses zuerst von N. Couturier angewandte und nach ihm benannte Verfahren, das auch unter dem Namen der „wahren Cordonpflanzung“ bekannt ist, macht die Verflechtung entbehrlich und liefert sehr gute Ergebnisse.

Zur Bebuschung werden vorwiegend Stecklinge verwendet, das sind etwa 20 bis 40 cm lange Abschnitte von Zweigen, Ästen und Trieben. Besitzen diese Abschnitte eine Länge von etwa 2 m, so nennt man sie Setzreiser, bei einer Länge von 3 m und darüber Setzstangen. Zur Vermehrung durch solche Abschnitte sind nur Holzarten verwendbar, die die Fähigkeit besitzen, sich zu bewurzeln: es sind dies hauptsächlich Weiden- und Pappelarten, ferner Erlen, Sanddorn u. a. Die Stecklinge werden am besten aus zweijährigen Zweigen und Trieben, allenfalls auch aus älteren Ästen schon im Nachwinter oder Vorfrühling geschnitten. Hat der Safttrieb bereits begonnen, so sind sie empfindlicher und ihre Reproduktionskraft leidet. Können die Stecklinge erst später als eine Woche nach ihrer Gewinnung verwendet werden, so sind sie in der Zwischenzeit an möglichst kühlen Orten, allenfalls in Kellern, in Sand oder unter Schnee, aufzubewahren. In diesem Falle empfiehlt es sich, sie vor der Verwendung in Wasser einzulegen. Vor dem Versetzen sind die Schnittflächen nachzuschneiden.

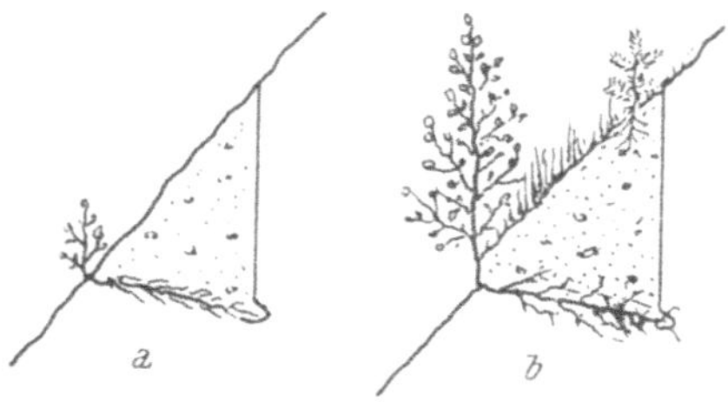

Abb. 165. Cordonpflanzung nach Couturier.

Die Stecklinge sind entweder in vorgebohrte Löcher zu stekken oder in vorbereitete Bankette einzulegen und mit Erde zu bedecken. Beim Stecken ist auf Schonung der Rinde zu achten und die Erde an die Stecklinge fest anzudrücken. Diese sind so weit in die Erde zu versenken, daß höchstens etwa 5 cm vorschauen: sie können sich dann leichter bewurzeln und sind der Vertrocknungsgefahr weniger ausgesetzt.

Setzreiser und Setzstangen verwendet man nur in flacheren Lagen, z. B. zur Bepflanzung von Verlandungen u. dgl. auf frischeren Böden; sie beanspruchen zum kräftigen Gedeihen mehr Bodenfeuchtigkeit.

Die Stecklingskultur zeichnet sich durch ihre Billigkeit aus. Das erforderliche Material ist verhältnismäßig leicht zu beschaffen, nicht sehr empfindlich gegen das Vertrocknen, verträgt daher weite Transporte und längeres Lagern. Die beste Zeit zur Ausführung der Stecklingskultur ist zwar das Frühjahr, doch können solche Kulturen auch zu anderen Zeiten noch, mit allerdings geringerem Erfolge, ausgeführt werden. Bei Trocknis und schlechtem Boden muß wohl mit größeren Eingängen gerechnet werden als bei der Kultur mit bewurzelten Pflanzen, doch ist dieser Nachteil leicht in Kauf zu nehmen, da man bei der Stecklingspflanzung eine weit größere Zahl von Pflanzen verwendet als bei jeder anderen Kultur. Die gegenseitige Entfernung der Stecklinge wählt man

Abb. 166. Langbathbach, Salzkammergut. Bachstrecke vor Beruhigung der Bruchflächen. Aufnahme 1901.

meistens mit 60—80 cm, so daß sich eine Anzahl von ungefähr 28 000 bzw. 15 000 Stück je Hektar Fläche berechnet.

Finden sich auf den zu bebuschenden Flächen Laubholzsträucher vor, so ist es zweckmäßig, sie zunächst auf den Stock zu setzen, um einen reichlichen und kräftigen Ausschlag zu erzeugen. Die sich hierauf entwickelnden langen Triebe kann man umbiegen, in 15 bis 20 cm tiefe Rinnen versenken und befestigen. Die Zweigspitzen bleiben frei. Die Triebe bewurzeln sich und können später vom Mutterstock abgetrennt werden. Durch derartige Absenkerbildung kann die Bebuschung sehr gefördert werden. Besonders geeignet für die Bildung solcher Absenker ist die wilde Rose (Rosa canina); auch andere Straucharten, so die Himbeere und Brombeere, die aber humosen Boden beanspruchen, eignen sich hiezu.

Zur Heckenbildung kommen hauptsächlich in Betracht: Weiden, Erlen und Pappeln. Von den Weiden sind nach Gams in erster Linie zu nennen als sehr anpassungsfähig, aber trockenen, alkalischen bis neutralen Boden bevorzugend und von den Talsohlen bis zur subalpinen Stufe verwendbar: Salix purpurea, cinerea und nigricans; nicht so hoch reichen Salix appendiculata, grandifolia und caprea, welch letztere im Gegensatz zu den anderen Weiden nicht als Steckling zu verpflanzen ist, endlich für trockene Böden Salix daphnoides, ferner pentandra und incana für feuchte Böden.

Abb. 167. Dieselbe Bachstrecke. Aufnahme 1927.

Von den genannten ist incana besonders kräftig, aber etwas anspruchsvoller. Für die alpine Stufe kommen u. a. in Betracht: Salix glauca und Laponum-helvetica auf kalkarmem Gestein und Salix arbuscula Waldsteiniana und appendiculata auf Kalk. Von den für die Hochlagen geeigneten Arten besitzt Salix retusa den weitesten Lebensraum, sie eignet sich vorzüglich zur Festigung lange schneebedeckter Schutthänge. Gut geeignete Arten sind weiter Salix reticulata auf alkalischen und Salix herbacea auf sauren Böden. Auf besseren, feuchten Böden in der Sohle der Haupttäler führt auch die Kultur von Edel- und Korbweiden. Salix alba, fragilis, viminalis und triandra auf alkalischen Böden und Salix aurita und repens auf saurem Boden zu gutem Erfolge.

Etwas höhere Ansprüche als die Weiden besonders an Gehalt von Kali stellen die Erlen, die aber immer noch genügsam sind, und zwar ist die sehr anpassungsfähige Weißerle (Alnus incana) für tiefere, die Grünerle (Alnus viridis) für schattige, feuchte Hochlagen und lehmige Böden geeignet. Sie bilden ein kräftiges Wurzelgeflecht und reichliche Wurzelbrut, besitzen gute Ausschlagfähigkeit und bessern durch ihre Bakterienknöllchen den Boden. Sie sind ziemlich raschwüchsig und werden zweckmäßig auch zum Voranbau bei Aufforstungen verwendet. Die Schwarzerle eignet sich nicht zur Besiedelung von Rohböden. Die Erlenarten werden am besten als Stummelpflanzen versetzt. Sie sind auch durch Saat zu vermehren, doch ist die Keimfähigkeit des Samens meist gering.

Von den Pappelarten gehen die Schwarzpappel (Populus nigra) und die Aspe (Populus tremula) bis auf etwa 1600 bis 1800 m Höhe, während die Weißpappel (Populus alba) früher zurückbleibt; sie treiben kräftige Wurzeln und reichliche Wurzelbrut; am wenigsten geeignet ist die Aspe, die oft eingeht.

Der kalkliebende Sanddorn (Hippophae rhamnoides) ist genügsam und gedeiht sowohl auf feuchtem Alluvium als auf magerem, trockenem Boden, den er durch seine Knöllchenbakterien bessert. Er entwickelt reichliche Wurzelbrut, treibt weit ausstreichende Wurzeln und aus diesen wieder Schoße, ist daher zur Bodenbindung vorzüglich geeignet. Er läßt sich durch Samen, Stecklinge und Ableger vermehren, verträgt aber keine Beschattung (139).

Für wärmere Lagen, die das Verbreitungsgebiet des Weinstockes nicht allzusehr überragen, und besonders für sonnige Hänge ist die Robinie (Robinia pseudacacia) zu empfehlen, die noch mit armen und dürren Standorten vorliebnimmt und gleichfalls weit ausstreichende Wurzeln treibt. Sie gewährt den unter ihrem lichten Schatten heranwachsenden Pflanzen Schutz und wirkt durch ihre stickstoffspeichernden Wurzelknöllchen bodenbessernd. Zur Bodenbindung ist sie gleichfalls vorzüglich geeignet.

Im Gebirge verwendet man zu Bebuschungen auch die rostfarbige und die behaarte Alpenrose (Rhododendrum ferrugineum und hirsutum), erstere auf Urgestein, letztere auf Kalkböden. Sie steigen über die Waldgrenze empor, stellen aber ziemlich hohe Ansprüche an den Humusgehalt des Bodens. Sie gedeihen nur auf sauren Böden und sind — wie alle Ericaceen — wegen ihrer Symbiose mit Wurzelpilzen nicht leicht zu kultivieren. Am besten lassen sie sich verpflanzen, wenn es gelingt, die Sträucher samt den Bodenschollen von Bruchrändern herabzuziehen und auf der Böschung anzulegen. Sie decken und festigen den Boden gut und wirken günstig auf den Wasserabfluß, bedürfen aber im Winter Schutz durch Schnee.

Die Bergkiefer (Pinus montana) wirkt bodenbefestigend, gedeiht noch ober der Kampfzone des Waldes und ist zur Bodenbindung gut geeignet.

Als sehr hoch ins Gebirge steigender Strauch ist der Zwergwacholder (Juniperus nana) zu nennen, der den Boden gut festigt und schuttstauend wirkt. Auch die Bärentrauben (Arctostaphylus

Uva ursi und Arct. alpina), die sich durch Kriechtriebe weit ausbreiten, sind zu nennen. Sie gedeihen auch ohne Schneeschutz noch in Höhen bis etwa 2500 m sowohl auf humusarmem Carbonatgestein als auf saurem, trockenem Boden und lassen sich durch Stecklinge vermehren.

Bodenbefestigend wirkt ferner die Deutsche Porstbirke (Myricaria germanica), die aber an feuchte Talböden, die zeitweise überflutet werden, gebunden ist.

Auch die blaue Heckenkirsche (Lonicera coerulea), der Besenginster (Sarothamnus scoparius) und eine große Anzahl anderer Sträucher können zur Bebuschung verwendet werden. Zu derselben auf Flächen ober der natürlichen Waldgrenze kommt auch die Rauschbeere (Empetrum nigrum) in Betracht. Vorzügliche Schuttbinder in den Hochlagen, namentlich auf Kalk, sind das Steinrösel (Daphne striata) und die Silberwurz (Dryas octopetala), welche aber ebenso wie die sehr frostharte Alpenazalee (Azalea procumbens) mykotroph und deshalb für die Erstbesiedlung nicht wohl verwendbar sind.

3. Aufforstung von Ödflächen.

Durch die Aufforstung wird nicht allein die beste oberflächliche Deckung des Bodens erzielt, sondern die Wurzeln der Bäume gewähren ihm auch den ausgiebigsten Halt, weil sie viel weiter ausstreichen und tiefer in den Boden eindringen als die Wurzeln der Gräser und Sträucher und diese auch an Festigkeit und Zähigkeit übertreffen. Es kann zwar nicht erhofft werden, daß die Baumwurzeln der Bewegung einer mächtigen Bodenschichte Widerstand zu leisten vermöchten oder imstande wären, übersteile Bruchflächen dauernd zu binden, doch kann durch die Aufforstung der Erfolg von baulichen Maßnahmen ausgebaut und gesichert werden, und, wenn sich die Kulturen einmal gekräftigt haben, können sie vorher in den Lehnen ausgeführte andere Bodenbindungsarbeiten, wie kleine Stützwerke, Flechtzäune u. dgl., entbehrlich machen. Es braucht jedoch sehr lange Zeit, bis ihre Wirkung zur Geltung kommt. Nur soweit es sich um oberflächliche Bindung von Rutschflächen durch Schutzhölzer handelt, tritt unter günstigen Umständen eine solche Wirkung verhältnismäßig rasch ein.

Hochstämmige Bäume bieten den Angriffen der Stürme einen längeren Hebelarm als die Sträucher und können dadurch zur Lockerung des beweglichen Bodens beitragen. Sie sind der Gefahr von Windwürfen ausgesetzt, die eine Unterbrechung der Bodendecke und eine Bodenverwundung zur Folge haben. Auf beweglichen Böden ist deshalb, sowie wegen der Belastung durch das große Gewicht der Bestände zunächst keineswegs die Erziehung langschäftigen Holzes anzustreben, sondern vielmehr die Erziehung von Niederwäldern, die außerdem den Vorteil bieten, daß sich die

Bestände nach dem Abtrieb durch Entwicklung der Ausschläge aus den lebenden Stöcken bald wieder schließen, viel rascher, als die Neubegründung von Beständen durch junge Pflanzen möglich ist.

Abb. 168. Bruchkessel des Schesatobels, Vorarlberg, bei Beginn der Verbauungsarbeiten.

Aus diesem Grunde treten die Nadelhölzer bei der Aufforstung von Bruchflächen gegen die Laubhölzer an Bedeutung weit zurück. Diese besitzen vor den Nadelhölzern auch noch den Vorzug des rascheren Wachstums; sie sind ferner widerstandsfähiger gegen Beschädigungen durch Insekten und Schnee und besitzen ein größeres Reproduktionsvermögen bei Beschädigungen, die auf Bruchflächen durch Steinschlag nicht selten verursacht werden.

Die für die Aufforstung von Ödflächen zu verwendenden Holzarten müssen bodenständig, einerseits genügsam, anderseits tunlichst raschwüchsig sein und ein starkes Wurzelgeflecht bilden. In ihrer Jugend schutzbedürftige Holzarten eignen sich zu diesem Zweck erst nach dem Anbau von Schutzhölzern.

Abb. 169. Derselbe Bruchkessel im Jahre 1928 nach teilweiser Aufforstung.

Unter Hinweis auf das oben bei der Bebuschung Erwähnte sei nochmals auf die besondere Eignung der Erlen und der Robinie verwiesen, die durch die Bildung von stickstoffsammelnden Wurzelknöllchen auch bodenbessernd wirken. Die Weißerle (Alnus incana) ist bodenvag, sehr genügsam und besiedelt einen großen Wuchsraum. Die Grünerle (Alnus viridis) ist namentlich auf feuchten Silikatböden bis in große Seehöhe verwendbar. Während die kalkscheuende, feuchtigkeitsliebende Schwarzerle (Alnus glutinosa), wie schon erwähnt, sich für Rohböden nicht eignet. Die Robinie (Robinia pseudacacia) begnügt sich auch mit trockenen, unfruchtbaren Rohböden und bildet sowohl weitausstreichende, kräftige Wurzeln als auch Stockausschläge.

Von den Nadelhölzern sind zur Ödlandsaufforstung einige Föhrenarten am besten geeignet, und zwar in erster Linie die Weißkiefer (Pinus silvestris), die sehr anspruchslos ist, auch mit trockenen, mageren Standorten vorliebnimmt und tiefreichende Wurzeln entwickelt. Die kalkliebende Schwarzföhre (Pinus Laricio) ist die wertvollste Holzart für die Karstaufforstung und die Bergkiefer (Pinus montana oder mugo) stellt gleichfalls geringe Bodenansprüche; sie liebt zwar humusreiche Böden, zählt aber doch zu den Erstsiedlern auf Kalk- und Dolomitschutthalden, die sie gut bindet; doch ist sie sehr langsamwüchsig. Sehr genügsam sind ferner der gemeine Wacholder (Juniperus communis) und der bis in große Seehöhe steigende Zwergwacholder (Juniperus nana).

Abb. 170. Teilstrecke des Schieflingbaches am Ossiachersee, Kärnten, vor der Aufforstung.

Die Fichte (Picea excelsa) ist flachwurzelig, daher zur Bodenbindung minder geeignet. Die Tanne (Abies pectinata) ist in der Jugendzeit schutzbedürftig und daher trotz ihrer besseren Wurzelentwicklung für Erstaufforstungen nicht gut verwendbar. Die Lärche (Larix decidua oder europea) bevorzugt humusarme, lockere Mineralböden, stellt aber hohe Ansprüche an die Luftfeuchtigkeit und die Feuchtigkeit und Luftdurchlässigkeit des Bodens.

Von den Laubhölzern kommen außer den Obgenannten und den Weiden, über die bereits bei der Bebuschung gesprochen wurde, in erster Linie die raschwüchsigen Pappeln in Betracht, und zwar hauptsächlich die Schwarzpappel (Populus nigra) und die Aspe (Populus tremula), die weitausstreichende Wurzeln und Wurzelbrut entwickeln. Die Aspe stellt geringere Feuchtigkeitsansprüche als die Schwarzpappel, läßt sich aber durch Stecklinge nicht vermehren. Die Silberpappel (Populus alba) kommt wegen ihres

Feuchtigkeitsbedürfnisses wohl nur für die Bepflanzung von Verlandungen in Betracht.

Auf trockenen Böden gedeihen einige Birkenarten, von denen namentlich Betula alba mit ihren Unterarten verrucosa und pendula zu nennen sind. Sie besitzen zwar einen weiten Verbreitungsraum, bilden aber nur flachstreichende Wurzeln und sind mykotroph. Die Zwergbirken (Betula humilis, nana und andere) gedeihen nur auf Moorböden. Durch rasches Wachstum und große Reproduktionskraft zeichnet sich der wärmeliebende Götterbaum (Ailanthus glandulosa) aus.

Abb. 171. Dieselbe Strecke nach der Aufforstung.

Die Aufforstung von Bruchflächen wird nahezu ausschließlich durch Pflanzung bewerkstelligt, für die kräftige, gut entwickelte Pflanzen auszuwählen sind. Die aus den Saaten hervorgehenden jungen Keimlinge sind zu großen Gefahren ausgesetzt und gehen leicht zugrunde. Für manche Arten kommt auch die Pflanzung von Stecklingen, Setzreisern oder Setzstangen in Betracht.

Bei der Pflanzung auf Bruchflächen u. dgl. sind die bestgeeigneten Pflanzstellen auszuwählen, also namentlich solche, wo sich etwas bessere Erde vorfindet oder die durch Steine, Wurzelstöcke u. dgl. einen gewissen Schutz erfahren. Auf trockenen Lehnen ist namentlich die Erhaltung der Feuchtigkeit für die Entwicklung der Pflänzlinge wichtig. Diesem Zwecke dienen eine tiefe Lockerung der Pflanzlöcher und das Umgeben der Pflanzen mit Steinen oder Rasenziegeln, die auch die Sonnenstrahlung etwas abhalten.

Unter Umständen erscheint es zweckmäßig, nicht nur die Hänge, sondern auch die Verlandungen der Sperren zu bepflanzen. Hierzu sind Laubhölzer besser geeignet als Nadelhölzer. Die Verlandungen haben meist bessere Bodenverhältnisse als Rutschflächen und zeichnen sich durch größere Bodenfeuchtigkeit aus. Außer Erlen, Weiden und Pappeln kommen auch Esche, Ulme, Ahorn und Buche zur Verwendung, wovon die edleren Holzarten an den vor Wasserangriffen besser geschützten Stellen angepflanzt werden. Ein Schutz gegen Wasserangriffe kann auf breiten Verlandungen dadurch erzielt werden, daß man dem Bach ein bestimmtes Rinnsal anweist, indem man aus diesem Steine auszieht und an den künftigen Ufern anlegt. Der so erzielte Schutz erstreckt sich allerdings nur auf Mittelwässer, während bei Hochwässern eine Überflutung der Verlandung stattfindet. Um bei solchen Überflutungen die Schlammablagerung zu begünstigen, verwendet man das in Frankreich unter dem Namen „marcottage" bekannte Verfahren. Es besteht darin, daß man in 0,2 m breite und 0,1 m tiefe Furchen 1 bis 2 m lange Laubholzpflanzen (Weiden, Erlen, Buchen u. dgl.) derart einlegt und mittels gabelförmiger Pflöcke befestigt, daß die Wipfel nach Zuschüttung der Gräben hervorragen (325).

B. Sonstige kulturelle und wirtschaftliche Maßnahmen.

Vom Standpunkt der Wildbachverbauung aus sind an die Bewirtschaftung der einzelnen Grundstücke zwei Aufgaben zu stellen, nämlich: 1. die Erhaltung und Sicherung der Gebirgsgründe und 2. die Besserung der Wasserabflußverhältnisse. Beide Aufgaben können zusammen gelöst werden und die zu diesem Zwecke nötigen Maßnahmen stimmen großenteils überein. Die erstere ist durch entsprechende Bewirtschaftung und sorgsame Pflege aller Grundstücke anzustreben, der letzteren dient eine Verbesserung der bestehenden und die Neugründung von Beständen.

1. Bewirtschaftung der Wälder.

Die große Bedeutung des Waldes für den Wasserabfluß und die Befestigung des Bodens kommt naturgemäß im Gebirge am meisten zur Geltung, wo die Niederschläge und die Abflußgeschwindigkeit größer sind, und Bodenbewegungen wegen der Steilheit des Geländes viel leichter eintreten als im Flachlande. In diesem ist es für die Abflußverhältnisse und die Bodenfestigung von geringerer Bedeutung, ob eine Fläche mit Wald bestockt, der landwirtschaftlichen Kultur gewidmet oder allenfalls auch öd ist, hingegen übt die Pflanzendecke auf steilen Hängen einen wesentlichen Einfluß auf die Verzögerung und den Ausgleich des Wasserabflusses aus, sie schützt den Boden vor Abschwemmung und festigt ihn. Es ist daher nicht nur die Ausdehnung, sondern auch die Verteilung des Waldes von großer Wichtigkeit, und es ist günstig, daß der Wald im Gebirge im allgemeinen die steilsten, also auch am meisten gefährdeten Hänge einnimmt. Dies ist wohl in erster Linie auf die Schwierigkeit der landwirtschaftlichen Nutzung solcher Flächen oder ihre Ungeeignetheit zu einer solchen zurückzuführen. Ist die Erhaltung und die pflegliche Bewirtschaftung der

Wälder vom öffentlichen Standpunkt aus überhaupt geboten, so trifft dies für die Gebirgswälder ganz besonders zu, da das Gelände hier einer wesentlich größeren Gefährdung durch Wasserangriffe und Rutschungen ausgesetzt ist als das Flachland.

Auch der Umstand, daß die Wälder vielfach bis zu großen Höhen emporsteigen, wo sie als Schutz- und Bannwälder besondere Aufgaben zu erfüllen haben, nämlich die des Schutzes gegen Rutschungen, Lawinen, Steinschläge und das Vorrücken der Schuttmassen des Kahlgebirges gegen das Tal, verleiht ihnen eine erhöhte Bedeutung.

In diesen Hochlagen muß die Wirtschaft in erster Linie die Erhaltung und tunlichste Vermehrung der Bodenkraft anstreben: die Erzielung eines Ertrages tritt gegenüber dieser Aufgabe in den Hintergrund.

Maßgebend für die Wirkung, die der Wald auf den Abfluß und die Bodenbindung ausübt, sind, wie schon im fünften Abschnitt ausgeführt, sein Zustand und seine Bewirtschaftung. Unter sonst gleichen Verhältnissen ist die beste Wirkung von ungleichaltrigen, gemischten Beständen zu erwarten.

Vom Standpunkt der Produktion großer Holzmassen und wertvoller Sortimente sind allerdings gleichaltrige, gut geschlossene Hochwälder vorteilhafter und es ist nicht zu verkennen, daß diese auch anderweitige Vorzüge in Bezug auf die Vereinfachung der Wirtschaft, besonders der Kultur, Ernte und Holzbringung, aufweisen und daß sie auch eine bessere Übersicht gewähren, doch sind gleichaltrige, reine Bestände durch Insekten, Stürme und andere Elementarschäden weit stärker gefährdet und sehr oft mit einer Bodenentartung und einer Degradation der nachfolgenden Waldgenerationen verbunden. Jedenfalls sind gemischte, ungleichaltrige Bestände für die steileren Abdachungen im Gebirge weitaus vorzuziehen.

Damit ist auch die Frage der Betriebswahl schon insoweit beantwortet, als der Kahlschlagbetrieb nach Möglichkeit ausgeschlossen werden soll; namentlich ausgedehnte Kahlschläge sind zu vermeiden. Abgesehen von der Gleichaltrigkeit der zu begründenden Bestände haben die Kahlschläge auch sonst große Nachteile, da sie den Schlagflächen jeden Schutz entziehen, den Wasserhaushalt und das Bodenleben empfindlich stören und dem Winde den Zutritt öffnen. Die Humusschichte wird den Einwirkungen der Sonne ausgesetzt, zersetzt sich rasch und verschwindet in trokkenen, sonnigen Lagen, so daß der Mineralboden freigelegt wird. Hiezu kommt, daß die Wiederaufforstung oft großen Schwierigkeiten begegnet, so daß es vielleicht jahrzehntelanger, mühsamer Kulturarbeit bedarf, um die Schlagfläche wieder in Bestand zu bringen. Erst allmählich bildet sich auf diesen Flächen eine zunächst aus Gräsern, Kräutern und Stauden bestehende Pflanzendecke. Auf Flächen, die zur Verkarstung oder zu sonstiger Verödung neigen oder dem Aufkommen des jungen Waldes voraussichtlich Schwierigkeiten entgegensetzen, ist besondere Vorsicht bei Schlägerungen geboten. Durch die Schlägerung und Ablieferung der anfallenden großen Holzmengen wird häufig der Boden verwundet und aufgerissen und die Bildung von Wasserrissen und Rutschungen eingeleitet.

Die Bodenkraft leidet einerseits durch mangelnden Bestandesschluß, anderseits in feuchten, kühlen Lagen durch zu starke Beschattung. Der mangelnde Schluß hat beim Fehlen schützenden Unterholzes eine Verarmung und Verhagerung des Bodens zur Folge, während zu dichte Beschattung und mangelnder Luftzutritt zum Boden in Fichten- und Buchenwäldern in feuchten, kalten Lagen Anlaß zur Bildung oft mächtiger, für den Wasserabfluß und die Vegetation schädlicher Rohhumuslagen geben. Dieser Gefahr kann durch entsprechende Bestandesmischung und eine rechtzeitige, mäßige Durchlüftung vorgebeugt werden.

Nur wenige Schattenholzarten, wie Tanne und Buche und im Gebirge die Fichte, bieten in reinen Beständen dem Boden dauernd genügenden Schutz; namentlich im höheren Alter stellen sich die reinen Bestände der meisten Holzarten so licht, daß der Boden nicht mehr voll geschützt wird und sich eine der oben erwähnten waldfeindlichen und bodenverschlechternden Pflanzengesellschaften einstellt.

Die natürliche Verjüngung erfordert kräftige Samenbäume. In überalterten Beständen ist auf einen sich freudig entwickelnden Nachwuchs nicht mehr zu rechnen, schon gar nicht, wenn die Standortsverhältnisse ungünstig sind. So sehr es geboten ist, in Hochlagen die Bestände zu schonen und die Nutzungen tunlichst zu beschränken, so ist doch zu bedenken, daß die Produktion keimkräftigen Samens von Bäumen, die selbst schon dem Absterben nahe sind, nicht mehr zu erwarten ist. Es soll daher auf eine rechtzeitige Verjüngung der Bestände, besonders der schon nahe der Waldgrenze gelegenen, hingewirkt werden. Diese Aufgabe gehört allerdings zu den schwierigsten, die der Forstmann im Hochgebirge zu lösen hat. Eine besondere Fürsorge ist der Kampfzone des Waldes zuzuwenden und H e s s empfiehlt, in dieser jegliche Nutzung zu unterlassen (126, 127). Er betont auch besonders die Wichtigkeit der Weichhölzer für die Bodenbesserung und den Bodenschutz als Unterholz in Nadelholzbeständen. Dieses bilden vielenorts die Weiß- und Alpenerle, Vogelbeere, Weiden und verschiedene Sträucher, die erhalten bleiben sollen, bis sie von selbst absterben. Von den schädlichsten Folgen für den Wald sind übermäßige Nebennutzungen. Dies trifft ganz besonders für die Streunutzung und in etwas geringerem Grade auch für die Waldweide zu.

Im Gebirge, namentlich in den Hochlagen, tritt der Körnerbau in den Hintergrund, während die Viehzucht intensiv betrieben wird. Dies bringt einen großen Bedarf an Streu mit sich, der mit dem geringen Anfall an Stroh — soweit dieses nicht etwa zur Fütterung verwendet wird — nicht gedeckt werden kann. Der Bergbauer sucht daher den Abgang anderweitig, und zwar in erster Linie aus dem Walde zu decken, in welchem er Laub-, Ast- und Bodenstreu gewinnt.

Die Gewinnung von Laubstreu, insoweit sie sich auf das in Gräben, Mulden, Hohlwegen u. dgl. vom Winde zusammengewehte Laub beschränkt, ist ziemlich unschädlich, kommt aber für das Hochgebirge, woselbst die Laubhölzer den Nadelhölzern gegenüber weit zurücktreten, kaum in Betracht. Hingegen spielt hier die Gewinnung von Nadelholzaststreu in vielen Tälern eine große Rolle. Sie geschieht sowohl an gefällten als auch durch Schneiteln an lebenden Stämmen. Die erstere Art schädigt zwar den Bestand nicht, wirkt aber auf den Boden insofern schädlich ein, als ihm die in den Nadeln und Zweigspitzen angereicherten mineralischen Nährstoffe und die wertvolle Reisigdeckung sowie der Schutz verloren geht, den ihm die im Walde verbleibenden Äste und Zweige sonst bieten würden. Ähnliches trifft zu für die Schneitelung der demnächst zur Fällung gelangenden Stämme.

Außerordentlich schädlich ist hingegen die Gewinnung von Schneitelstreu an Stämmen, die noch weiter wachsen sollen. Sie ist namentlich im östlichen Teile Tirols, in Salzburg und Oberkärnten stark verbreitet, aber auch hier im Rückgang begriffen. Sie erstreckt sich hauptsächlich auf Fichten und Tannen, die schon von 30 bis 40 Jahren an in acht- bis zehnjährigem Turnus bis nahe zum Wipfel entastet werden. Die Schneitelstreugewinnung ist sowohl für den Boden als auch für die Bestände selbst von größtem Schaden, hat nicht nur Zuwachsverluste, sondern auch eine Entwertung des stehenden Holzes zur Folge und beeinflußt die Verjüngung und den Bodenzustand in ungünstigster Weise.

Sehr bedenklich ist die Gewinnung von Bodenstreu, wenn sie sich nicht in sehr mäßigen Grenzen hält. Als Bodenstreu wird außer dem Laub- und Nadelabfall auch die lebende Bodendecke, also Moos, Heidekraut, Heide und Vakziniumarten, vielfach sogar auch der Humus geworben und als Streu verwendet. Die Entnahme dieser Bodendecke schädigt den Boden und sein Rückhaltevermögen, bewirkt namentlich bei öfterer Wiederholung seine Verarmung und beeinträchtigt den Zuwachs; sie hat eine Verhärtung des Bodens und seinen Abschluß gegen die Luft zur Folge und führt zum Kümmern der Bestände, unter Umständen sogar zu ihrem Absterben. Nach G u t t e n b e r g (102) wurden sowohl in Deutschland als in Österreich durch übermäßige Bodenstreunutzung ausgedehnte Waldstrecken von vorzüglichen Laubholzstandorten zu elenden Kiefernböden herabgebracht. Leiden mithin auch gute Böden durch übermäßige Streuentnahme, so hat auf von Haus aus armen Böden und auf steilen, sonnigen Hängen schon die Ge winnung geringer Streumengen eine rasche Erschöpfung der Bodenkraft zur Folge.

Bei mächtigen Lagen von Rohhumus ist dessen teilweise Entfernung unschädlich. Ebenso ist eine mäßige und nicht zu oft wiederholte Entnahme von Mähstreu, als welche Farnkräuter einen großen Wert haben, dann von Ginster, Heidelbeergestrüpp u. dgl. mit einer pfleglichen Waldbehandlung wohl vereinbar.

Besonders schädlich wirkt die gleichzeitige Entnahme von Schneitel- und Bodenstreu auf die Bestände; sie führt rasch zur Verödung.

Zwecks Einschränkung der Waldstreugewinnung ist die Einführung von anderen Streumitteln anzustreben. Als solche kommen in Betracht Sägespäne, Holzwolle, allenfalls auch feiner Sand und als wertvollstes die Torfstreu.

In den Gebirgswaldungen spielt ferner die Waldweide eine große Rolle. Nur innerhalb mäßiger Grenzen und unter gewissen Vorsichtsmaßregeln ist sie für den Wald ohne besonderen Nachteil; sie ist aber sehr schädlich in den in Verjüngung begriffenen Beständen, weil sie das Aufkommen des Jungwuchses unmöglich macht oder doch bedeutend erschwert. Besonders trifft dies für den obersten Waldgürtel zu, wo die Waldvegetation ohnedies mit den ungünstigsten klimatischen und Bodenverhältnissen schwer zu kämpfen hat. Das Herabdrücken der Waldgrenze im Hochgebirge ist häufig auf die Weide zurückzuführen, die das Aufkommen des Waldes unmöglich gemacht hat. In steilen Lagen gefährdet der Tritt des Großviehes den Boden und bei nassem Wetter wird namentlich auf weichem Boden auch dessen Struktur ungünstig beeinflußt. Das Kleinvieh, ganz besonders die Ziege, schadet hingegen durch Verbeißen. Sowohl in Südtirol als namentlich in den Mittelmeerländern ist die Entwaldung und Verwüstung großer Flächen hauptsächlich auf die übermäßige Beweidung zurückzuführen.

In den höheren Lagen und in der Kampfzone des Waldes wäre daher vom forstlichen Standpunkt aus die Einstellung der Weide erwünscht, sie ist aber unmöglich, da der Gebirgsbauer in den meisten Fällen für sein Vieh auf die Waldweide angewiesen ist. Der Forstmann kann sich daher gegen diese nicht vollständig ablehnend verhalten, er hat vielmehr die Aufgabe, eine entsprechende Regelung des Waldweidebetriebes und die tunlichste Einschränkung der Weideschäden im Walde anzustreben. Zu diesem Zweck empfiehlt sich die Festsetzung bestimmter Höchstzahlen für das Weidevieh, die Bestellung verläßlicher Hirten, ein regelmäßiger Wechsel der Weideflächen, die Ausschließung der in Verjüngung begriffenen Bestände und der Kulturflächen, dann der steilen, rutschgefährlichen Hänge von der Beweidung und das Verbot dieser letzteren bei nassem Wetter auf weichem Boden, besonders aber die Trennung von Wald und Weide.

Die Kulturflächen sollen, wenn irgend möglich, abgezäunt werden; ist das Abhalten des Viehes von den Kulturflächen nicht möglich, so sind die Pflanzen wenigstens durch Verpflockung zu schützen, die aber häufig ihre Wirkung versagt.

In manchen Tälern hat die Gewinnung von Latschenöl aus den Zweigen der Krummholzkiefer, zumal sie einen sehr großen Anfall an solchen voraussetzt, zu ausgedehnten Schlägerungen geführt. Diese wirken auf sonnigen Hängen um so verderblicher, wenn die Krummholzbestände, wie dies sehr oft der Fall ist, auf Kalkschutthalden stocken, die wasserlos sind und nur eine sehr schwache Humusdecke besitzen, die nach dem Waldabtrieb in der Sonne verbrennt. Hierdurch wird die Entwicklung einer Pflanzendecke erschwert, ja zuweilen für geraume Zeit unmöglich gemacht, und die jedes Schutzes beraubten Lehnen können der Zerfurchung und Runsenbildung oft keinen ausreichenden Widerstand mehr leisten. Minder schädlich ist die Einlegung schmaler, waagrechter Durchhaue in den Latschenbeständen, am pfleglichsten die Schneitelung der Latschen, derart, daß an jedem Strauch genügend viele Zweige erhalten bleiben und eine Bloßlegung des Bodens vermieden wird. Erfahrungsgemäß erholen sich dann die Sträucher bald wieder (307).

Die Harznutzung, die an Kiefern, namentlich an der Schwarzkiefer, dann auch an Fichten und Lärchen geübt wird, ist ohne Einfluß auf den Boden, solche an der Weißkiefer und eine übermäßige Nutzung namentlich an jungen Stämmen schädigt aber diese und damit auch die Bestände und drückt den Wert des Holzes herab.

Der Waldfeldbau beruht auf einem Wechsel von Wald- und Ackerbau und Weidewirtschaft (die sogenannte Brandwirtschaft in Steiermark, die Reutholzwirtschaft in manchen Gegenden in der Schweiz und der Hackwaldbetrieb im Schwarzwald). Er hat durch die Ernährungsschwierigkeiten in den Kriegs- und Nachkriegsjahren erneut vermehrte Bedeutung erlangt und führt zur Verarmung und zum Abschluß des Bodens, welche schädlichen Wirkungen sich mitunter erst nach Jahren im vollen Ausmaße geltend machen; auch beeinflußt er den Wasserabfluß in ungünstiger Weise. Besonders nachteilig wirkt das Schlagbrennen auf den Boden ein.

Abweichend von diesen Arten des Waldfeldbaues wird nun eine landwirtschaftliche Zwischennutzung im Walde sogar als forstliche Kulturmaßnahme empfohlen, mit der in einigen Forstbezirken Deutschlands eine Verbesserung der Bodengüte erzielt worden sein soll. Bei diesem Verfahren erfolgt gleichzeitig mit der Aussaat der gewünschten Holzarten, und zwar ohne Stockrodung und Bodenbearbeitung, außer der Entfernung des Bodenüberzuges ein Anbau von Staudenroggen, der sich durch starke Bestockung auszeichnet. Im dritten Jahre werden sodann zwischen den Holzsaatstreifen Kartoffel und im vierten Dauerlupinen angebaut (18). Mit dem Zwischenanbau von Staudenroggen und Hafer wurden auch in Mähren gute Erfahrungen gemacht, und Kirwald empfiehlt eine Zwischenkultur von Hafer, Hirse und Kartoffeln als Bodenvorbereitung für den Anbau von Waldbäumen und zur Besserung des Wasserhaushaltes (159). Auch Hartmann u. a. erklären den kurzfristigen Getreideanbau im Walde bei gutem Bodenklima als für die Forstkultur nicht abträglich (113, 114).

Abb. 172. Dürnbach bei Neukirchen, Salzburg. Stausperre und Holzabfuhrweg.

Zu den Maßnahmen, die einen entsprechenden Waldzustand sichern sollen, gehören weiter das Verbot von Rodungen, die Sorge für die Wiederaufforstung kahler Flächen und die Verjüngung gelichteter Bestände, allenfalls der Unterbau von Bodenschutzhölzern u. dgl., die Sorge für eine schonende Ablieferung des geschlagenen Holzes unter tunlichster Vermeidung von Bodenverwundungen, die Versicherung der trotz aller Vorsicht doch entstandenen Bodenverletzungen mittels Flechtzäunen, Ausbuschungen, wenn nötig auch kleinen Schalen, Stützwerken u. dgl. Bringungsanlagen sind so zu erstellen und zu erhalten, daß sie nicht etwa Bodenbewegungen auslösen; es sind daher größere Anschnitte womöglich zu vermeiden, sonst aber zu versichern. Erfolgt die Holzablieferung zu Wasser, so sind die Triftanlagen in entsprechendem Zustand zu erhalten, gefährdete Uferstrecken zu schützen. Besonders gefährlich kann die Trift mittels Klauswässern werden. Derartige, künstlich hervorgerufene Hochwässer, die noch dazu große Holzmengen mit sich führen, greifen nicht geschützte Ufer leicht an und versetzen sie in Abbruch.

Es soll damit keineswegs die Trift als unter allen Umständen unzulässig oder schädlich bezeichnet werden, es kann im Gegenteile sogar Fälle geben, in denen sie für die Bachverhältnisse eher günstig wirkt. Dies trifft für Bäche zu, denen durch die Verwitterung große Mengen von Schutt zugeführt werden. Durch eine periodisch durchgeführte Trift mit Klauswässern wird die mehrjährige Ansammlung von Witterschutt in solchen Gerinnen verhindert und dieser in kleinen Teilmengen und daher ziemlich unschädlich abgeführt.

In Triftbächen nötige Wildbachverbauungen können auf den Triftbetrieb in der Weise Rücksicht nehmen, daß man die Querwerke S-förmig anlegt und sie mit einer Triftrinne ausstattet, was sich bei den in Oberösterreich durch die von der dortigen Sektion für Wildbachverbauung ausgeführten Bauten gut bewährt hat (vgl. Abb. 84).

Zu den Maßnahmen der Waldpflege gehört ferner der Forstschutz in vollem Umfange, besonders die Abhaltung von Schäden am Bestand. In dieser Hinsicht ist eine der wichtigsten Aufgaben der Schutz vor Sturmschäden. Er erstreckt sich auf die Erziehung möglichst sturmfester, gemischter Bestände durch Auswahl geeigneter, tief wurzelnder Holzarten unter Vermeidung einer zu dichten Bestockung und auf den Schutz der Bestände durch die Bildung von kräftigen Waldmänteln sowohl gegen das Freiland als auch längs der frei zu haltenden Wirtschaftsstreifen und Schneisen gegen die Nachbarbestände. Ein kräftiger Waldmantel, an dem sich der Wind bricht, vermindert nicht allein die Windwurfgefahr, sondern wirkt auch sehr günstig auf das Wachstum, da er die Luftruhe im Waldinnern fördert, die Verdunstung herabsetzt und das Verblasen der für die Ernährung der Bäume so wichtigen Kohlensäure verhindert.

Dem Schutz gegen Windangriffe dienen weiter eine gegen die gefährliche Windrichtung vorwärtsschreitende Schlagführung, vorbereitende Loshiebe, die Schonung von Windmänteln beim Fällungsbetrieb und eine vorsichtige Holzauszeige beim Femelschlag- und Plenterbetrieb.

Das Auftreten von Windwürfen wird begünstigt durch die Vernässung des Bodens, die die Baumwurzeln ihres Haltes beraubt: dieser Gefahr soll durch Entwässerungsarbeiten vorgebeugt werden.

Es würde zu weit führen, auf die Maßnahmen zum Schutz gegen sonstige Elementarschäden, gegen Insekten- und Pilzschäden, gegen Beschädigungen durch Menschen und Tiere usw. sowie auf die ungünstigen Einflüsse starker Servitutsbelastungen, die Schädlichkeit der Waldteilungen und die verderblichen Folgen der

Güterschlächterei einzugehen. Es sei aber noch kurz auf die Wichtigkeit einer planmäßigen, geregelten Wirtschaft, also bei großen Forsten einer Betriebseinrichtung, bei kleineren wenigstens eines Wirtschaftsplanes, sowie darauf verwiesen, daß die schonende Behandlung und die Pflege der Wälder nicht allein durch gesetzliche Maßnahmen und eine ausreichende Beförsterung, sondern auch durch eine entsprechende Aufklärung und Belehrung sowohl der Waldbesitzer als auch der Gesamtbevölkerung. die schon in den Volksschulen einsetzen sollte, zu erwirken wäre.

2. Aufforstungen im Einzugsgebiet.

Die Verjüngung der bestehenden Wälder ist, wo tunlich, auf natürlichem Wege anzustreben, die Neubegründung von Beständen muß aber durch künstliche Aufforstung erfolgen. Bei derselben ist eine Monokultur zu vermeiden und sind vielmehr gemischte Bestände zu begründen, und zwar wenn möglich von Nadel- und Laubholz, wobei natürlich die Standortsverhältnisse für die Auswahl der Baumarten den Ausschlag geben müssen.

Als Hauptbestandesbildner kommen in Mitteleuropa in Betracht: die Fichte, Tanne, Lärche, Weiß- und Schwarzföhre, im Gebirge auch die Zirbe, dann die Buche, Hainbuche, Eichen-, Erlen- und Birkenarten und der Bergahorn. Von den Laubhölzern kommt der kalkholden Buche, der „Mutter des Waldes", die größte Bedeutung zu, sowohl als Hauptholzart wie auch zur Beimischung in Nadelholzbeständen. Zu letzterem Zweck eignen sich auch noch viele andere Arten, so z. B. in wärmeren Lagen die Blumenesche (Fraxinus ornus). Es würde zu weit führen, auf die Standortsansprüche und waldbaulichen Eigenschaften der einzelnen Holzarten näher einzugehen, hier sei nur noch auf die Eignung der Eberesche (Sorbus aucuparia) für rauhe Hochlagen verwiesen.

Die Aufforstung erfolgt meist durch Pflanzung, seltener durch Saat. Auf die Technik derselben, einschließlich der Pflanzenerziehung, kann hier nicht näher eingegangen werden. Sie bildet einen wichtigen Teil des Waldbaues, auf den hiemit verwiesen werden muß. Hier sei noch betont, daß die Neubegründung von Beständen in Hochlagen der meisten Wildbachgebiete großen Schwierigkeiten begegnet. Die Standortsverhältnisse sind oft ungünstig, der Boden ist meist seichtgründig und steinig, arm an Humus und trocken, die Lage steil und sonnig, das Klima rauh und zu Extremen geneigt; die Aufforstungen werden weiter gefährdet durch Schneeschub und Steinschlag und häufig ist ein waldfeindlicher Bodenüberzug vorhanden. Einer besonderen Gefahr sind die jungen Kulturen in Hochlagen ausgesetzt, wenn die Wipfeltriebe zur Zeit der Schneeschmelze gerade über die Schneeoberfläche hinausragen und bei noch gefrorenem Boden einer starken Sonnenstrahlung ausgesetzt sind. Sie leiden dann unter Frosttrocknis.

Viele herabgekommene Böden eignen sich nicht für edlere Holzarten, sondern müssen erst durch Ansiedlung von Pionierpflanzen, wie Weiden, Erlen, Alpenheckenkirsche, Vogelbeerbaum, Wacholder u. dgl., vorbereitet werden, damit edlere Holzarten ihr Gedeihen finden. Auch im Schutze von Legföhren entwickeln sich Fichten, Lärchen und Zirben in der Regel gut. Zur künstlichen Bewaldung sollen nur Holzarten verwendet werden, die in der Nähe der Kulturorte natürlich vorkommen, und Pflanzen, die aus erprobtem, heimischem Saatgut unter Verhältnissen erzogen wurden, die jenen der Kulturfläche möglichst gleichen. Versuche mit exotischen Holzarten haben, auch wenn sie in den ersten Jahren erfolgreich erschienen, meistens zu Mißerfolgen geführt.

Auf sehr unfruchtbarem Boden wirkt die Beigabe von geringen Mengen besserer Erde in die Pflanzlöcher sehr vorteilhaft, doch ist diese Maßnahme der Kosten halber nur selten und in kleinem Maße anwendbar. Ähnliches trifft zu für Ballenpflanzen, deren Transport kostspielig ist und die wohl nur dort verwendet werden können, wo sie in der Nähe der Pflanzstelle entweder in Forstgärten oder aus natürlichem Anflug in Schlägen u. dgl. gewonnen werden können.

Wünschenswert ist es, daß die Kulturen bald in Schluß kommen und die Pflanzen sich gegenseitig schützen. Dies wurde früher durch die Büschelpflanzung angestrebt, die mitunter gut gelungen ist, oft aber auch versagt hat. In jüngerer Zeit wird hingegen von H e s s eine Gruppenpflanzung empfohlen, bei der zehn bis 20 Pflanzen in gegenseitigen Abständen von 0,3 bis 0,7 m zu einer Gruppe vereinigt werden, und zwar verschiedene Holzarten — soweit es die Standortsverhältnisse zulassen, in jeder Gruppe Nadel- und Laubhölzer. Der Gruppenabstand kann etwa 2 bis 5 m betragen. Diese Gruppen schließen sich rasch und bilden ein eigenes Kleinklima aus. Wenn auch eine oder die andere Baumart mit der Zeit eingeht, so hat sie bis dahin ihre Aufgabe erfüllt (126).

Die künstliche Aufforstung von Weideflächen, Räumden und alten Blößen mit Nadelhölzern ist oft mißlungen und hat jahrelanger Bemühungen namentlich dort gespottet, wo der Boden mit einem dichten, die Luft abschließenden Filz von Borstgras (Nardus stricta), Reitgras (Calamagrostis villosa oder varia), Drahtschmiele (Deschampsia flexuosa) oder mit Heide (Calluna vulgaris) bedeckt war. Diese waldfeindlichen Pflanzengesellschaften verschlechtern die Eigenschaften des Bodens. Dieser verhärtet und die edleren Holzarten finden nicht mehr die Bedingungen für ihr Gedeihen. Er muß durch die Anpflanzung von Strauchgesellschaften erst wieder seine richtige Gare erhalten, wozu mehrere Jahre erforderlich sind. Zum Gedeihen dieser bodenbessernden Pflanzengesellschaften ist in erster Linie eine Vernichtung der waldfeindlichen Weidegras- und Heidegesellschaften und eine oberflächliche Bodenlockerung nötig, worauf sich eine dem Wald nahestehende Pflanzengesellschaft meist schon auf natürlichem Wege ansiedelt und sich in einigen Jahren allmählich wieder die Bodengare einstellt.

Zu diesem Zweck werden in der Schweiz seit Jahren Rasenschälungen durchgeführt. An stark geneigten Hängen wird der Rasen samt den Wurzeln in waagrechten, 0,3 bis 1,0 m breiten Streifen in Abständen von 1 bis 2 m abgezogen und der Boden darunter gelockert. Auf sanft geneigten Flächen wurden die Rasenschälungen auch plätzeweise durchgeführt, und zwar in trockenen Lagen in kleinen, 2 bis 10 m^2 messenden, unter besseren Verhältnissen 100 bis 200 m^2 messenden Plätzen. Diese Rasenschälungen wurden mitunter mit der Verbrennung des Rasens und einer Düngung mit der Asche verbunden und zeitigten, wie E. Hess berichtet (126), vorzügliche Erfolge. Meist stellte sich sogar ein reichlicher natürlicher Anflug von Nadelhölzern auf Weideflächen ein, die nicht allzuweit von samentragenden Beständen entfernt sind. Der Anflug gedieh gut und machte die künstliche Aufforstung entbehrlich oder beschränkte sie doch auf geringe Ergänzungen.

Gegenüber der Wirkung älterer Bestände bleibt jene junger Aufforstungen natürlich wesentlich zurück. In den ersten Jahren macht sich eine solche überhaupt nur insoweit geltend, als durch die Einstellung einer etwa früher geübten landwirtschaftlichen Nutzung eine stärkere Humusbildung und die Entwicklung tiefer wurzelnder Stauden und Sträucher begünstigt wurde.

Die jungen Kulturen brauchen lange Zeit — die Nadelholzaufforstungen mehr als ein Jahrzehnt —, bis sich der Kronenschluß einstellt, und noch viel länger, bis die den unterirdischen Wasserablauf begünstigende Änderung der physikalischen und chemischen Bodeneigenschaften eintritt. Nach Prof. Engler (71) und Hess (125) reichen 50 bis 70 Jahre nicht hin, um dem Boden eines auf ehemaliger Weide begründeten Fichtenbestandes jenen Grad von Durchlässigkeit zu verleihen, den ältere, gemischte Bestände besitzen, und Burger (43) gibt an, daß sich bei reinen Fichtenbeständen der Einfluß der Aufforstungen noch nach 50 Jahren nur in den obersten Bodenschichten geltend zu machen vermöge. Rascher tritt die Wirkung der Aufforstungen mit Zirben, Lärchen und den meisten Laubhölzern ein.

Eine weitere Verzögerung der Wirkung entsteht dadurch, daß, wie Burger in zutreffender Weise begründet hat, der Aufforstung von landwirtschaftlichen Grundstücken und noch mehr von Ödflächen eine Bodenvorbereitung durch Ansiedlung einer Kraut-, Stauden- und Strauchvegetation, bei Flächen, die entwässert wurden, eine Bodenruhe zwecks allmählicher Änderung der Bodeneigenschaften vorausgehen soll, wofür ebenfalls mehrere Jahre erforderlich sind. Ist die Aufforstung gelungen, so haben wir einen ziemlich gleichaltrigen Bestand vor uns, dessen Überführung in die wirksamere Form des Plenterwaldes eines weiteren langen Zeitraumes bedarf. Die angestrebte Wirkung von Neuaufforstungen auf den Wasserabfluß stellt sich also erst nach vielen Jahren ein.

Es ist weiter hervorzuheben, und dies wird auch von allen Forstwirten, die sich mit dieser Frage beschäftigen, besonders betont, daß eine Verflachung der Hochwasserwellen durch die Aufforstungen nur dann erhofft werden kann, wenn sich diese auf verhältnismäßig große Flächen der Einzugsgebiete erstrecken. Den Aufforstungen sind aber enge Grenzen gezogen, einerseits durch die Höhenlage vieler Wildbachgebiete, anderseits durch die notwendige Rücksichtnahme auf die wirtschaftlichen Verhältnisse der Bevölkerung. In ersterem Belange ist darauf zu verweisen, daß von den Wildbächen des Hochgebirges sehr häufig große Flächenanteile oberhalb der natürlichen Waldgrenze liegen und daher für die Waldkultur nicht mehr in Betracht kommen. Aber auch abgesehen davon, ist es in der Regel untunlich, große Flächenanteile der Wildbachgebiete in Wald umzuwandeln, da hierdurch der Betrieb der Landwirtschaft unmöglich gemacht oder mindestens bedeutend erschwert und die Lebensbedingungen für die Gebirgsbevölkerung verschlechtert werden würden, während doch im Gegenteil mit allen Mitteln getrachtet werden muß, diese auf ihrer Scholle zu erhalten.

Es wird häufig auf die schönen Erfolge verwiesen, die in Frankreich bei der Unschädlichmachung der Wildbäche durch die Hand in Hand mit den Bauherstellungen durchgeführten Aufforstungen erzielt worden sind. Diese Aufforstungen sind sehr großzügig und umfassen ausgedehnte Flächen, betragen doch die von 1860 bis 1909 nur für die Erwerbung der letzteren bewilligten Beträge 47 000 000 frcs. Sie hatten aber, wie bereits erwähnt, die Entsiedlung der betreffenden Alpentäler zur Folge. Auch die anderwärts durchgeführten Waldneugründungen in Wildbachgebieten, welche die Erwerbung landwirtschaftlich genutzter Flächen, zum Teil auch von ganzen Bauerngütern zur Voraussetzung hatten, wurden als „Bauernlegen“ bezeichnet und heftig bekämpft, und dies auch dann, wenn es sich nur um minderwertige Grundstücke handelte. Daraus läßt sich schließen, wie groß der Widerstand sein würde, wenn man wirklich ausgedehnte Flächen der Landwirtschaft entziehen und aufforsten wollte, und dieser Widerstand wäre, sofern es sich nicht um Maßnahmen handelt, die im öffentlichen Interesse unvermeidlich sind, vollauf begründet.

Albisetti bemerkt in seiner Abhandlung „La sistemazione dei torrenti“ (9), daß von einer auf die Bewaldung der Rutsch- und Bruchflächen beschränkten Aufforstung eine entsprechende Wirkung auf den Wasserabfluß nicht zu erwarten sei, er fordert daher die Aufforstung großer Flächen, stellt aber zugleich auch die Forderung auf, daß dadurch die wirtschaftlichen Verhältnisse der Bevölkerung nicht beeinträchtigt werden dürfen, daß also für die der Landwirtschaft entzogenen Flächen, namentlich der Weiden, ein Ersatz zu bieten sei. Es ist wohl nur in seltenen Fällen möglich, diese beiden Forderungen gleichzeitig zu erfüllen, weil es ja in den Wildbachgräben unserer Alpen nicht allzu viele Flächen gibt, die dem Weidebetrieb neu gewonnen werden können, und auch Grundstücke, deren Melioration Ersatz für größere Aufforstungsgebiete bieten könnten. selten zu finden sind. Eine solche Melioration von Weideflächen wäre zudem mit einer Intensivierung des Weidebetriebes verbunden und müßte dadurch, sowie durch das Ausreuten von Stauden und Sträuchern die Bodeneigenschaften und den Wasserabfluß nachteilig beeinflussen und so den Erfolg der Aufforstungen wieder schmälern.

Mit vorstehenden Ausführungen soll der Wert der Aufforstungen für die Besserung der Abflußverhältnisse keineswegs bestritten, sondern nur dargetan werden, daß er beschränkt ist, und die Aufforstungen nicht als ein Allheilmittel gegen die Hochwasserschäden angesehen werden können sowie, daß von ihnen keine ausschlaggebende und namentlich keine rasche Wirkung auf den Wasserabfluß erhofft werden kann.

3. Bewirtschaftung der landwirtschaftlichen Grundstücke.

Die Erhaltung und Festigung der Gebirgsgründe muß sich auch auf den nicht der Holzzucht gewidmeten Boden erstrecken, sei es, daß dieser oberhalb der natürlichen Waldgrenze liegt, sei es, daß er unterhalb dieser Grenze der Landwirtschaft dient.

Wie schon im fünften Abschnitt ausgeführt, schützt und festigt der Ackerbau den Boden weniger als die anderen Kulturarten. Die zum Anbau gelangenden, zum weitaus überwiegenden Teil einjährigen Pflanzen bilden nur schwache Wurzeln, decken den Boden weniger gut und nur bis zur Ernte und sind nicht imstande, Abschwemmungen zu verhindern.

Es ist ja bekannt, daß diese Abschwemmungen den Gebirgsbauern zwingen, alljährlich vor dem Anbau der steilen Äcker die fruchtbare Erde, die abgeschwemmt wurde und sich am unteren Rand der Äcker angesammelt hat, mit schwerer Mühe zum oberen Rand hinaufzuschaffen und dort auszubreiten, um den Ackerboden zu erhalten.

Außer diesen oberflächlichen Abschwemmungen, die durch gewöhnliche Regenfälle verursacht werden, entstehen bei heftigen Platz- und Sturzregen auch oft Runsen, die die steilen Äcker in der Richtung des stärksten Gefälles durchfurchen und den unaufgeschlossenen Mineralboden bloßlegen, und zwar besonders leicht, wenn die Pflugfurchen in der Gefällsrichtung verlaufen. Auf geneigten Hängen sollen daher diese Furchen stets waagrecht angelegt werden.

In manchen Gegenden, wo mangels sanft geneigter Flächen der Ackerbau auch auf steilen Lehnen betrieben werden muß, hilft man dem erwähnten Übelstand durch eine Terrassierung der betreffenden Hänge mittels Mauern wenigstens zum Teil ab.

Die Ackerböden nehmen in der Regel nur oberflächlich, soweit sie durch den Pflug gelockert werden, Wasser auf; der Untergrund ist wegen der dichten Pflugsohle zumeist nicht wasseraufnahmefähig, so daß der Wasserabfluß vorwiegend oberflächlich stattfindet. Für diesen und die Bodenbindung ist der Ackerbau daher wertlos und seine Ausdehnung auf Kosten anderer Kulturarten nicht erwünscht. Es ist also anzustreben, daß er auf jene Flächen beschränkt bleibe, woselbst die sanftere Bodenneigung eine oberflächliche Bodenabschwemmung und Runsenbildung verhindert oder wenigstens wesentlich einschränkt.

Die Wiesen und Weideflächen besitzen eine geschlossene Pflanzennarbe, die sich zum überwiegenden Teil aus mehrjährigen Gräsern und Kräutern zusammensetzt und im Gegensatz zu den Äckern ständig erhalten bleibt. Daher schützt diese Pflanzendecke den Boden sowohl durch die sich alljährlich erneuernden Stengel, Blätter und Zweige als auch durch ein dichtes, ausdauerndes Wurzelgeflecht, das allerdings nicht tief in den Boden eindringt, sondern sich in diesem nur oberflächlich verbreitet. Diese Pflanzendecke besitzt auch ein beträchtliches Retentionsvermögen, das aber nach dem jeweiligen Entwicklungsstand der Vegetation sehr stark schwankt und nach der Heumahd auf ein sehr kleines Maß herabsinkt. Auf den Weideflächen sind die Schwankungen des Retentionsvermögens geringer und wird die Versickerung durch tiefer wurzelnde Sträucher begünstigt. Den großen Nutzen dieser letzteren, der leider zu oft nicht genug gewürdigt wird, hebt E. Hess hervor, welcher die absolute Schonung der hochgelegenen Grasflächen in Wildbachgebieten zwecks Besserung der Bodenverhältnisse fordert (128).

Der Wiesenbau legt natürlich den größten Wert auf die Erzeugung hochwertiger Futtergräser und -kräuter. Es werden daher die Wiesen mit Ausnahme der eine lichte Bestockung mit Lärchen aufweisenden „Lärchwiesen", wie solche in manchen Gebirgsgegenden vorkommen, von Baum- und Strauchwuchs freigehalten und das Aufkommen eines solchen nur an Bachufern, an Besitzgrenzen oder auf bestimmten, als Windschutz dienenden Streifen geduldet.

Je üppiger die Vegetation, desto besser wirkt sie auf den Wasserablauf; Maßnahmen zur Hebung des Ertrages, wie z. B. die Düngung, sind daher vom Standpunkt der Wildbachverbauung aus nur zu begrüßen.

Zu ihrem guten Gedeihen brauchen die Wiesenpflanzen während der Vegetationszeit sehr große Wassermengen, in vielen Gegenden wesentlich mehr, als ihnen durch den Regen zugeführt wird. Der Abgang wird durch eine Bewässerung ersetzt, ohne welche in warmen, niederschlagsarmen Gegenden der Wiesenbau überhaupt ausgeschlossen wäre. Der Bewässerung dient oft ein gut ausgebildetes Bewässerungsnetz, mitunter aber auch nur ein höchst primitiver und nicht in genügender Weise versicherter Graben, ein Holzgerinne u. dgl., die das Wasser einer Quelle oder eines Baches zuleiten. Im Gebirge und an steilen Lehnen sind diese Anlagen häufig der Gefahr von Steinschlägen, Rutschungen usw. ausgesetzt, werden unterbrochen und das an der Bruchstelle austretende Wasser richtet oft bedeutende Schäden an. Sehr oft ist auch für die geeignete Ableitung des überschüssigen Bewässerungswassers nicht vorgesorgt; dasselbe versickert mitunter an Stellen, wo es den Boden aufweichen und Rutschungen auslösen kann. Ähnliches trifft auch für die Abwässer der Brunnen zu. Auf diese Wasserleitungen und deren tadellose Instandhaltung ist daher ein besonderes Augenmerk zu richten. Nicht minder von Wichtigkeit ist es, daß jedes Übermaß der Bewässerung vermieden werde. Viele Blattanbrüche auf steilen Wiesenflächen sind nur infolge übermäßiger Bewässerung oder mangelnder Wasserableitung entstanden. Die Vermeidung und Abstellung dieser Mißbräuche ist sowohl im Interesse des Grundbesitzers selbst als auch in jenem des Bodenschutzes gelegen. Wichtig ist auch die Entwässerung vernäßter Flächen.

Die Gras- und Krautvegetation steigt im Gebirge hoch über die Waldgrenze empor. An die geschlossenen Wälder schließt sich hier zunächst die Kampfzone des Waldes an, in der sich der Wald in Baumgruppen und schließlich in einzelne Bäume auflöst. An die Stelle des Waldes treten Mähder und Weideflächen. Diese Region ist durch eine mit der steigenden Seehöhe immer kürzer werdende Vegetationszeit gekennzeichnet und der Alpwirtschaft gewidmet.

Im Interesse der Bodenbefestigung ist es gelegen, hier die Pflanzennarbe geschlossen zu erhalten, Entblößungen des Bodens nach Möglichkeit zu vermeiden und etwa entstandene sobald als möglich wieder mit Vegetation zu bekleiden.

Auf den Alpflächen kommt dem Windschutz durch Baumgruppen, Waldstreifen u. dgl., ja sogar durch eine richtig verteilte Strauchvegetation große Bedeutung für die Entwicklung der Futtergräser zu. Eine örtliche Bestockung gewährt auch dem Vieh Zuflucht bei starker Hitze und bei Unwetter. Die Wytweiden der Schweiz sind derartige, örtlich bestockte Weiden, auf denen eine zweckentsprechende Verbindung zwischen der Holzzucht und der Almwirtschaft angestrebt wird. Auf ihnen bleibt die Bestockung nicht ständig auf derselben Stelle, sondern wird langsam, aber stetig an eine andere Stelle verlegt, sie schließt den Boden auf und verbessert ihn. Das Einwandern von Bäumen in eine verhagerte Weide sollte mit Rücksicht auf die zu erwartende Bodenbesserung nicht verhindert, sondern vielmehr als natürlicher Kulturwechsel begünstigt werden (152).

Der Pflanzenbestand der Alpweiden setzt sich zum überwiegenden Teile aus Arten zusammen, die sich nicht durch Samen, sondern auf vegetativem Weg fortpflanzen. Durch das Abweiden werden die Pflanzen ihrer Assimilationsorgane beraubt und diese müssen sich aus den Reservestoffen, die in den Wurzeln angesammelt sind, neu bilden. Diese Reservestoffe werden in kurzer Zeit aufgezehrt, wenn den Pflanzen nicht Zeit gelassen wird, sie durch die Tätigkeit der neu gebildeten Triebe und Blätter zu ersetzen. Aus diesem Grund ist eine übermäßig starke Beweidung äußerst schädlich und empfiehlt es sich, keine größere Anzahl von Weidevieh aufzutreiben, als ausreichende Nahrung finden kann. Es ist auch sehr wichtig, daß der Auftrieb des Viehes erst erfolgt, nachdem die Vegetation sich schon weit genug entwickelt hat.

Der oben angeführte Grund macht auch einen entsprechenden Weidewechsel und die vorübergehende, abwechselnde Inschonunglegung einzelner Teile der Fläche nötig.

Sehr nachteilig wirkt der Tritt des schweren Viehes auf durch Regen erweichten Lehmboden. In regenreichen Gegenden kommt es vor, daß durch das Weidevieh nicht nur horizontale Wege quer über die Alpflächen ausgetreten werden, sondern diese Wege vertiefen sich allmählich zu Gräben, in denen sich Wasser sammelt, und die bei starker Beweidung immer tiefer einschneiden. Es gibt Almen, auf denen ein großer Teil der Fläche von derartigen Furchen durchzogen ist, die mühsam wieder eingeebnet und neu berast werden müssen.

Solche Bodenverwundungen können vermieden werden, wenn das Vieh bei anhaltend schlechtem Wetter in den Alpstallungen gefüttert wird. Zu diesem Zweck soll auf den Alpen alljährlich im Herbst ein nach der Viehzahl zu bemessender Heuvorrat zurückgelassen werden, der auf den von der Beweidung ausgeschlossenen, gepflegten Alpwiesen gewonnen wurde.

Das Kleinvieh — Schafe und Ziegen — schaden weniger durch den Tritt als durch das Verbeißen etwa aufkommender Holzpflanzen und durch ein Ausrupfen schlecht bewurzelter Pflanzen, also eine wesentliche Schwächung der Pflanzennarbe. Auch diese Schäden machen sich besonders stark geltend, wenn zu viel Vieh aufgetrieben wird.

Die Almen unserer Gebirgsländer befinden sich großenteils nicht im besten Zustande. Das früher übliche „Almputzen" zur Pflege der Alpe ist in letzter Zeit häufig unterblieben. Wenn auch in den letzten Jahrzehnten in Österreich Alpschutzgesetze zur Förderung der Alpwirtschaft erlassen und erfolgreiche Bestrebungen zur Besserung dieser Verhältnisse unternommen wurden, so sind doch heute noch viele Almen sehr verwildert, mit Heidel-, Preißelbeer- und Alpenrosensträuchern u. dgl. bestockt, mit Stei nen übersät und werfen nur einen geringen Ertrag ab. Dieser Umstand löste das Bestreben der Alpwirte aus, die Weideflächen auf Kosten des Waldes zu vergrößern. Der Zweck, dem Vieh ausrei-

Abb. 173. Verödete Alpe, Oberinntal.

chendes Futter zu bieten, kann aber viel besser als durch eine Vergrößerung der Weideflächen durch eine Verbesserung der Alpen erreicht werden. Eine solche kann umfassen die Erbauung von entsprechenden Stallungen, die Herstellung von Einfriedungen, Wasserleitungen und Viehtränken, die Aufschließung des Gebietes durch Wege, die Verbesserung der Grasnarbe und die Aufstellung von Wirtschaftsplänen für den Betrieb usw. Diese Verbesserungen bewirken eine Verdichtung und Festigung der Gras-

Abb. 174. Geschlossener Waldmantel am Fuße der Felswände. Aufnahme Ing. Mutschlechner.

narbe, sie sind daher auch im Interesse der Erhaltung der Gebirgsgründe und einer geregelten Wasserwirtschaft gelegen, und dies um so mehr, als sie nicht allein dem Bestreben, den Wald auf Kosten der Alpen zurückzudrängen, die Spitze abbrechen, sondern mitunter auch die Möglichkeit bieten, die Weide auf Flächen auszuschließen, die hiefür nicht geeignet sind, und diese wieder in Wald umzuwandeln, ja vielleicht auch die durch Mißbräuche herabgedrückte Waldgrenze allmählich wieder hinaufzurücken.

Im Interesse einer geregelten Wasserwirtschaft ist es auch gelegen, daß nicht allein für eine entsprechende Beaufsichtigung der Alpbetriebe und die Einhaltung der aufgestellten Wirtschaftspläne gesorgt wird, damit die beklagten Übelstände nicht neuerdings einreißen, sondern auch eine Überwachung der anderen landwirtschaftlichen Betriebe zur Hintanhaltung der Schädigung von öffentlichen Interessen platzgreift.

Weiter benützte Quellen: 8, 21, 22, 36, 57, 72, 152, 177, 217, 228, 238, 240.

Neunter Abschnitt.

Die Erhaltung der Verbauungen.

Damit eine Verbauungsanlage dauernd ihrem Zweck dienen könne, darf sie nach ihrer Vollendung nicht sich selbst überlassen, sondern muß sorgfältig instand gehalten werden. Mangelhaft erhaltene Bauten sind oft schlechter als das Fehlen von solchen und bilden mitunter eine große Gefahr für die Liegenschaften am Unterlauf des betreffenden Gewässers. Der Erhaltung der Verbauungen kommt daher eine außerordentlich große Bedeutung zu.

Leider läßt die Instandhaltung der Wildbachverbauungen oft viel zu wünschen übrig, wenn sie den Interessenten unmittelbar überbunden ist. Diese besitzen meist weder das nötige Verständnis noch die Mittel zur Ausführung. Es liegt daher, wie sich schon oft gezeigt hat, die Gefahr nahe, daß kleine Schäden vernachlässigt werden und sich rasch vergrößern, und daß dann ihre Behebung einen bedeutenden Aufwand erfordert, der von den nominell Erhaltungspflichtigen nicht getragen werden kann. In diesen Fällen muß der Aufwand, wenn man die Bauten nicht zugrunde gehen lassen will, doch wieder zum großen Teil aus öffentlichen Mitteln bestritten werden.

Es ist deshalb die Organisierung des Erhaltungsdienstes dringend geboten (240). Wenn die reichliche Zuwendung öffentlicher Mittel zur Ausführung von Verbauungen begründet ist, so ist es auch die Unterstützung der künftigen Bauerhaltung, und wenn die Wichtigkeit der Verbauung ihre Ausführung durch staatliche Organe begründet, so ist es auch geboten, daß diese Organe den Erhaltungsdienst besorgen, und zwar sollen am besten jene Stellen, denen die Bauherstellung übertragen war, auch die Erhaltung und Überwachung übernehmen.

Zu diesem Zweck brauchen sie das entsprechende Personal an Ingenieuren, Aufsehern und Arbeitern und müssen auch über die erforderlichen Mittel zur Durchführung der normalen Erhaltungsarbeiten jederzeit verfügen können, um mit deren Sicherstellung nicht kostbare Zeit zu verlieren. Es soll daher schon bei der Finanzierung jedes Unternehmens ein kleiner eiserner Erhaltungsfonds gebildet und festgestellt werden, nach welchem Schlüssel die jährlichen Erhaltungskosten von den Beitragspflichtigen aufzubringen sind. Wenn Arbeiten notwendig werden, die den Rahmen der schon bei der Planung von Verbauungen anzuschätzenden normalen Erhaltungskosten überschreiten, wäre das Erfordernis besonders aufzubringen.

Von größter Wichtigkeit ist ferner die dauernde sorgfältige Überwachung der Verbauungsanlagen. Diese sollen nicht allein im Frühjahr nach der Schneeschmelze, sondern auch nach jedem Hochwasser und starkem Niederschlag eingehend besichtigt werden, um nicht nur etwa entstandene Bauschäden, sondern auch Unregelmäßigkeiten im Wasserlauf, Bachverwerfungen, Abrutschungen u. dgl. baldigst aufzufinden und notwendig gewordene Vorkehrungen ohne Zeitverlust treffen zu können.

Wo es möglich ist, sollen die Wasserläufe auch während des Hochwassers beobachtet werden, namentlich ist das Augenmerk darauf zu richten, daß der Bachlauf nicht verlegt werde. Durch Verklausung von Wildholz an Brücken und ähnlichen Objekten können Verwilderungen verursacht und es können diese Bauwerke selbst in Gefahr gebracht werden. Dies macht die Bestellung eines verläßlichen Aufsehers für jeden Wasserlauf nötig, der über alle seine einschlägigen Wahrnehmungen stets ungesäumt an das mit der Instandhaltung betraute Amt zu berichten hätte und befugt sein müßte, bei Gefahr im Verzuge die notwendigsten provisorischen Sicherungsarbeiten unter gleichzeitiger Anzeige einzuleiten.

Zu Lokalaufsehern werden am besten Waldaufseher, Feldhüter, Fluß- oder Straßenaufseher bestellt, deren anderweitiger Dienst sie in das betreffende Gebiet führt. Das genannte Amt müßte einen Ingenieur oder Hilfsbeamten damit betrauen, die Meldungen der Aufseher zu überprüfen, die nötigen Maßnahmen anzuordnen und zu leiten.

Diesen Organen wäre auch die Aufsicht über die Lawinenverbauungen zu übertragen, deren Erhaltung sinngemäß in ähnlicher Weise geregelt werden sollte.

Die Aufsicht hat sich auch auf die Wasserbenutzungsanlagen und auf die Bewirtschaftung der Forste und der landwirtschaftlichen Grundstücke im Sammelgebiet des Wildbaches und die Hintanhaltung jeder dem Verbauungszweck und den Abflußverhältnissen abträglichen Benutzung und Bewirtschaftung zu erstrekken. Die Wege sind mit den nötigen Auskehren zu versehen und diese instand zu halten.

Zur Ausführung der Arbeiten sollte eine kleine Anzahl geschulter Arbeiter ständig zur Verfügung stehen. Sie wäre nach Bedarf in die verschiedenen Arbeitsfelder zu entsenden und, soweit nötig, durch fallweise anzuwerbende Arbeiter zu verstärken.

Solche Maßnahmen ermöglichen es, dem Weitergreifen entstandener Schäden vorzubeugen; sie lohnen sich reichlich und können nicht warm genug empfohlen werden.

Je solider die Anlagen erstellt und je vollständiger sie sind, desto leichter sind sie zu erhalten. Dies ist schon bei der Bauausführung zu berücksichtigen. Auch die Wege, die zwecks Zugänglichmachung der Baustellen, allenfalls auch Baracken, die zur Unterbringung der Arbeiter und des Personals gelegentlich der Verbauung erbaut werden müssen, sollen so hergestellt werden, daß sie für die Erhaltung dienen können.

Die Beaufsichtigung und Erhaltung der Bauten wird wesentlich erleichtert durch genaue Ausführungspläne mit Angaben über die wichtigsten Abmessungen der kleinen und den Auf- und Querrissen der größeren Werke. Solche Pläne sind sowohl den Erhaltungspflichtigen als auch den mit der Erhaltung betrauten Organen auszufolgen und nach Bedarf zu ergänzen; den Aufsehern ist wenigstens ein Lageplan der ganzen Verbauungsanlage und ein Verzeichnis aller Bauten zur Verfügung zu stellen.

Bei der Erhaltung der Bauten ist das Augenmerk zu richten auf den Bauzustand der Werke, namentlich ihrer Krone und Fundamente, der Vorfeld- und Sturzbettsicherungen und der Schalenbauten. Auch auf etwa auftretende Druckerscheinungen an den Werken und sonstige Beschädigungen, auf das Funktionieren der Entwässerungsanlagen usw.

Besondere Achtsamkeit ist ferner der etwaigen Bildung von Kolken und Bacheintiefungen, die die Fundamente der Bauten bloßlegen und ihren Bestand gefährden könnten, zuzuwenden. Kolke können mitunter durch Ausfüllen mit großen Steinen oder durch Einbettung von Drahtschottergefäßen oder stark beschwerten Rauhbäumen beseitigt und unschädlich gemacht werden. Bei starken Vertiefungen wird man aber zur Einziehung neuer Grundschwellen schreiten müssen.

An Steinbauten fehlende, zerdrückte oder vermorschte Steine sind sobald als möglich zu ersetzen. Die Verwitterung setzt in erster Linie an den Kanten der Steine ein, was sich besonders bei Trokkenmauerwerk geltend macht. Durch sorgfältiges Verfugen der betreffenden Mauerpartien kann deren Verwitterung verzögert werden.

Durch Lehnendruck entstandene Schäden an Sperren treten mitunter in der ersten Zeit nach deren Vollendung auf, ohne sich später zu vergrößern. Bei kleinen Schäden genügt meistens eine sorgfältige Ausfüllung der entstandenen Sprünge und die Auswechslung etwa zerdrückter Steine. Tritt eine Beruhigung der Lehne nicht ein, und schreiten die Druckbeschädigungen weiter, so ist zu erwägen, ob ihnen durch eine größere Sohlenhebung, durch eine Entwässerung der druckhaften Lehnen oder durch sonstige

Arbeiten eine Schranke zu setzen ist oder ob der Neubau des beschädigten Werksteiles genügt.

Von großer Wichtigkeit ist der Zustand des Holzes bei den Quer- und Längsbauten. Sehr häufig sind Stämme, die äußerlich noch gesund erscheinen, im Inneren schon stark vermorscht. Durch Anschlagen mit einem Hammer läßt sich aus dem Ton ein Schluß auf den Zustand des Holzes ziehen, im Zweifelsfall kann man sich durch Anbohren von demselben überzeugen. Stets ganz unter Wasser befindliches Holz vermorscht nicht, sondern ist von sehr langer Dauer. Deshalb erhalten sich auch die ständig vom Wasser überronnenen Konstruktionshölzer viel länger frisch als solche, bei denen dies nicht zutrifft. Hölzerne Längsbauten und die Flügelstämme von Querbauten, Holzbauten auf Lehnen u. dgl. sind rasch vergänglich.

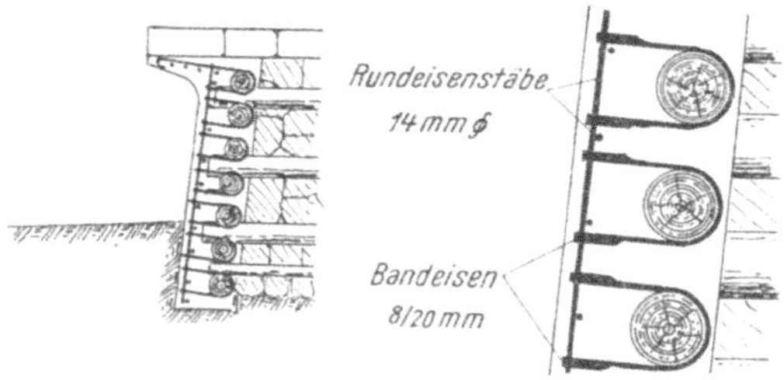

Abb. 175. Verkleidung der Holzsperren mit Eisenbetonwänden.

Um Holzsperren von Haus aus der Vermorschung soweit als möglich zu entziehen, empfiehlt es sich, die seitlich der Abflußsektion gelegenen Teile der Stirnwand mit Material, am besten Lehm, soweit als möglich zu verschütten.

Die Holzbauten bieten der Erhaltung sehr schwierige Aufgaben; sehr häufig wird nichts anderes übrig bleiben, als den vermorschten Teil abzutragen und neu zu erbauen oder vor dem schadhaften Werk ein neues zu errichten. Hiebei ist es mitunter möglich, den im Verlandungsraum von Sperren angesammelten Kies und Sand zur Ausführung von Betonbauten zu verwenden. Bei Holzsperren weist die mittlere Partie, soweit die Abflußsektion reicht, noch gutes, widerstandsfähiges Holz auf, wenn die Flügel und Einbindungen schon stark vermorscht sind. Solche Werke lassen sich bei ausreichender Bachbreite mitunter sichern, wenn man seitlich der Abflußsektion, an den noch widerstandsfähigen Teil der Stirnwand anschließend, gemauerte oder betonierte Herdmauern errichtet, sie oberhalb der Sperre trichterförmig an die Berglehne anschließt, sie hinterfüllt und die Sperreneinbindungen vollständig mit Material verschüttet.

Eine andere Art der Sicherung, bzw. Erhaltung der Holzsperren ist ihre Verkleidung mit Betonwänden oder mit schwachen Eisenbetonwänden (Abb. 175). Dies setzt aber voraus, daß die Holzsperren noch soweit intakt sind, daß sie den ganzen Wasser- und Materialdruck aufnehmen können. Da nach der Verkleidung das ganze Holzwerk stets unter Wasser, bzw. in feuchter Erde liegt, bleibt es lange Zeit widerstandsfähig. Ober Wasser befindliche Holzflügel sind abzutragen und durch Stein- oder Betonflügel zu ersetzen. Diese Konstruktion erfordert eine entsprechende Verbindung zwischen der alten und neuen Sperrenwand, also eine gute Verankerung der letzteren an der ersteren. Die Anker, am besten aus Flacheisen, müssen die Wandbäume umfassen und einbetoniert werden, die talseitige Betonwand wird mit einem quadratischen Gitter aus Rundeisen armiert, das an den Ankern befestigt ist.

Die Verankerung erfordert ein teilweises Herausnehmen der Steinfüllung, das schwierig ist und mitunter nur eine mangelhafte Umhüllung der Anker ermöglicht, so daß diese verrosten. Es wurde daher zuweilen das Rundeisengitter mit starken Eisennägeln an den Längsbäumen befestigt. Die Krone dieser Werke

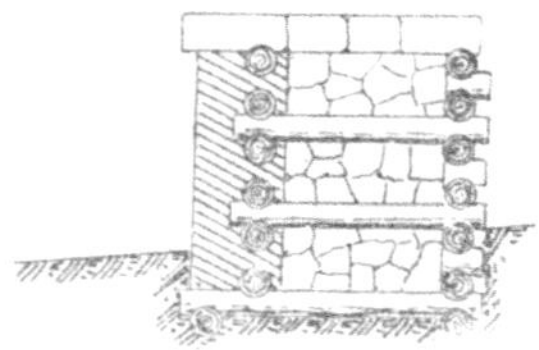

Abb. 176. Holzsperre mit vorgesetzter Betonwand.

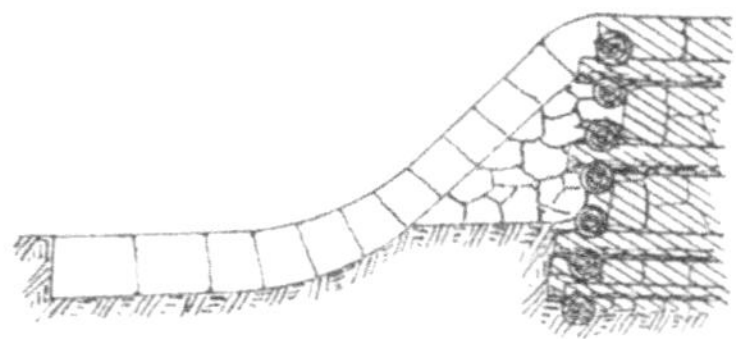

Abb. 177. Verkleidung von Holzsperren mittels Pflasterung.

wird mit Stein abgedeckt und erhält eine Wassernase zum Schutz gegen die Abschleifung der Stirnwand.

Man kann auf die Vermorschung der Holzwerke schon beim Bau der Steinkastensperren Bedacht nehmen und ihnen von Haus aus eine schwache Betonwand vorsetzen, die nach Abb. 176 die Bäume der talseitigen Stirnwand umgreift. Eine andere Art der Versicherung solcher Holzsperren zeigt Abb. 177; sie kam am L a n g b a t h b a c h in Oberösterreich zur Ausführung und besteht im Hinaufziehen des Vorpflasters bis zur Sperrenkrone, so daß das Holzwerk vollständig verkleidet wird und ständig unter Wasser bleibt.

Abb. 178 zeigt die Sicherung einer 9 m hohen Holzsperre im S t e i n e b a c h bei D o r n b i r n. Diese Sperre wurde im Jahre 1888 von der Stadtgemeinde mit der Firma F. M. Hämmerle erbaut. Der Bau wurde in Trockenmauerwerk begonnen; als dieses eine Höhe von 3 m über der Bachsohle erreicht hatte, ging knapp hinter der Baustelle eine Rutschung ab und es gelangte eine große Materialmenge ins Bachbett, dieses hoch auffüllend. Um diese Geschiebemenge tunlichst rasch zu binden und ihren Abtrieb zu verhindern, wurde auf dem Mauersockel der Sperre ein 6 m hoher Steinkastenbau aufgesetzt. Dieser ist nun innerhalb von drei Jahrzehnten durch Vermorschung und Abschleifung der Hölzer baufällig geworden. Um einen Sperrenbruch. der namentlich mi Rücksicht auf die nahen Industrieanlagen äußerst verhängnisvo hätte werden müssen, zu verhüten, erwies sich ein Ersatz, bzw. ein Sicherung der Sperre als notwendig.

Da die Abtragung des Holzbaues und der Neubau der Sperr auf dem alten Mauersockel mit Rücksicht auf ein allenfalls eintre tendes Hochwasser zu gefährlich erschien. wurde vor die alt

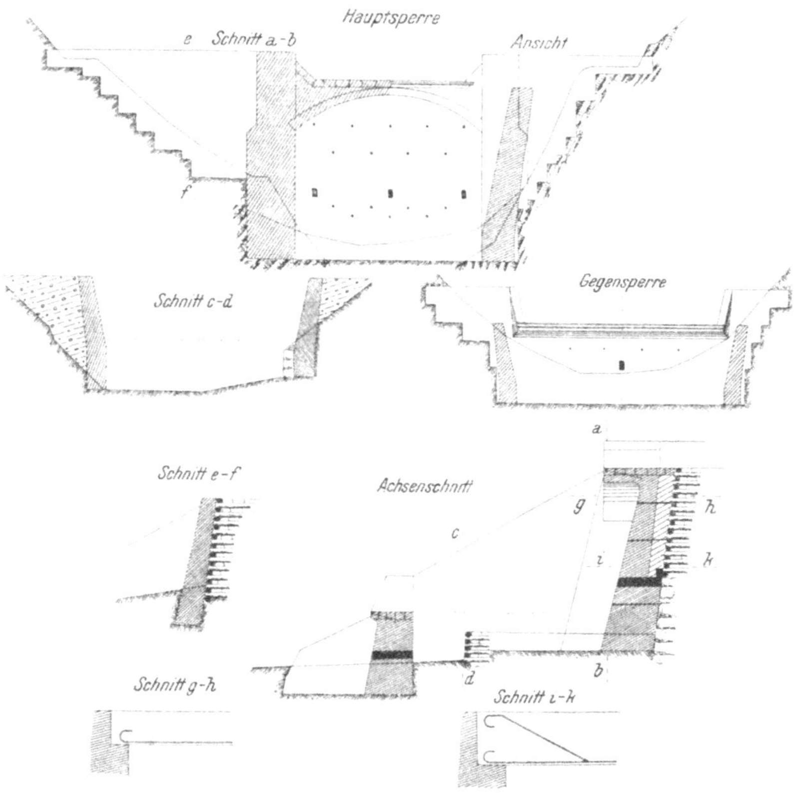

Abb. 178. Umbau der Steinebachsperre bei Dornbirn, Vorarlberg.

Sperre eine neue Stauwand in Eisenbeton vorgesetzt. Sie überträg den Wasserdruck auf gemauerte Widerlager. verkleidet den Holz aufbau auf seine volle Höhe und ruht auf einem Stampfbeton sockel in der Höhe des alten Mauerwerkes.

Die Eisenbetonwand wurde als ein auf zwei Stützen frei auf liegender Träger auf den vollen Wasserdruck bei 1 m Überdruck sektionsweise berechnet. Für den Stampfbetonsockel hingegen wurden nur 10% des Wasserdruckes als wirksam angenommen weil das alte Mauerwerk sich in gutem Zustand befindet, auch bisher den Wasserdruck aufgenommen hat und mit dem neuen Mauerwerk in gute Verbindung gebracht werden konnte, zu welchem Zweck die Stirnwand aufgerauht und die Fugen gut gereinigt wurden. Es kann deshalb der Wasserdruck höchstens auf einen kleinen Teil des neuen Mauerwerkes wirksam werden. Außerdem wurden hinter der neuen Stauwand Entwässerungsschlitze eingebaut, die mittels dreier größerer und mehrerer kleiner Dolen ins Freie münden und auch den Wasserdruck vermindern. Der Raum

Abb. 179. Vollendete Eisenbetonsperre im Steinebach.

zwischen der geraden Eisenbetonwand und der gekrümmten alten Sperrenwand ist mit Füllbeton ausgemauert, was bei der Berechnung unberücksichtigt blieb.

Um die neue Stirnwand vor Abschleifung zu schützen und den Wasserabsturz vom Fuß der Sperre zu entfernen, wurde vor der Krone ein waagrechtes Pflastergerinne angebracht, das von einem zwischen den seitlichen Widerlagern eingespannten Stützgewölbe getragen wird. Gegen Auskolkung wurde die Sperre durch eine Gegensperre geschützt, deren Krone jene der alten Vorsperre um 1 m überragt. Die Überfallskanten der Haupt- und der Gegensperre sind mit gut verankerten alten Eisenbahnschienen armiert (Abb. 179).

Der Erhaltungsdienst hat sich auch zu erstrecken auf die Pflege der Rinnsale. Diese umfaßt deren Reinhaltung, die Ausräumung der den Wasserlauf verlegenden Ablagerungen, das Ausziehen von Wildholz und Steinen und deren Anlegung an die Ufer, die Entfernung sturzgefährlicher Randstämme, das Aushacken von Sträuchern, die sich im Bereich des Bachbettes oder im Pflaster angesiedelt haben, die Reinhaltung der Seitenrunsen und, wenn nötig, das Ausputzen derselben.

In trocken gemauerten Schalen und sonstigen Pflasterungen siedeln sich sehr oft Erlen an, die den Wasserlauf hindern und beim Erstarken auch die Pflasterung in Unordnung bringen können. Es ist notwendig, sie zu entfernen, und zwar ist das Aushacken in kurzen Zwischenräumen zu wiederholen, um die Wurzeln zum Absterben zu bringen.

Es ist auch darauf zu achten, daß bei Steinbruchbetrieben, Straßen-, Eisenbahn-, Stollen- und anderen Bauten anfallendes Aushubmaterial nicht ins Bachbett geworfen oder so abgelagert werde, daß es leicht in dasselbe gelangen kann. Auch muß verhütet werden, daß Sand, Schotter oder Steine an hiefür nicht geeigneten Stellen des Bachbettes gewonnen werden.

Berasungen sind nach Bedarf zu mähen, erforderlichen Falles frei von Buschwerk zu halten und nachzubessern. Bebuschungen sollen öfters gestummelt und, wo nötig, ergänzt werden. Bei nicht berasten, bebuschten, steilen Abbrüchen sind die beim Stummeln anfallenden Äste zur Bodenbindung hinter die Stöcke anzulegen. Aufforstungen sind, wenn nötig, nachzubessern, allenfalls zu durchreisern und zu durchforsten.

Zehnter Abschnitt.

Verhütung von Hochwasserschäden.

Nach allen größeren Hochwasserkatastrophen wird über die entstandenen Schäden Klage geführt und darauf verwiesen, daß sich diese Schäden, wenn auch nicht ganz verhüten, so doch durch vorbeugende Maßnahmen wenigstens hätten einschränken lassen. Und dies trifft auch zu.

Schon im Jahre 1778 hat der Professor an der Innsbrucker Universität Dr. Franz von Zallinger in seinem Büchlein „Von den Überschwemmungen“ Maßnahmen vorgeschlagen, um solche Schäden in Hinkunft einzuschränken, und der Gouverneur von Tirol, Wenzel Graf Sauer, hat im Jahre 1788 in einem Aufruf an die Bevölkerung solche Maßnahmen empfohlen. Ähnliche Vorschläge wurden später von technischer Seite in den verschiedenen Ländern wiederholt gemacht. So hat Prof. Halter (109) Leitsätze zur Verhütung von Hochwasserschäden aufgestellt. Sie erstrecken sich sowohl auf die Konstruktion, Wirkung und Erhaltung der Schutzbauten als auch auf die Abgrenzung des Gefährdungsgebietes, den Wehr- und Rettungsdienst, die Schadenverhütung und die Hochwasservorhersage. Als Aufgaben des Hochwasserschutzes bezeichnet er: 1. die Verhütung von Ansiedlungen im Gefahrenbereich der Wasserläufe, 2. bauliche Vorkehrungen zum Hochwasserschutz und 3. die Schadloshaltung der Geschädigten aus öffentlichen Mitteln. Leider blieben alle diese Vorschläge ohne durchgreifenden Erfolg.

Die umfangreichen Wasserschäden, die sich häufig wiederholen, große Werte vernichten, Menschenleben gefährden und die Aufwendung bedeutender Mittel zur Wiederherstellung eines erträglichen Zustandes an den Gewässern erfordern, rechtfertigen es jedenfalls, der Schadenvorbeugung ein erhöhtes Augenmerk zuzuwenden und eine strenge Wasserpolizei einzuführen. Die bezüglichen Maßnahmen haben sich zu erstrecken sowohl auf die Pflege der Gewässer als auch auf die Verhütung sonstiger Übelstände und die Abstellung derselben und endlich auf zweckmäßige Wehrarbeiten während der Hochwasserkatastrophen.

Die erste Gruppe von Maßnahmen umfaßt, abgesehen von den erforderlichen Schutzmaßnahmen, die Erhaltung bestehender Schutzbauten, Wehren, Trift- und sonstiger Wasserbenützungsanlagen, sowie der Brücken in gutem und ihrem Zwecke entsprechendem Zustand, die Abwendung der diesen Objekten etwa drohenden Gefahren und die Sorge dafür, daß allenfalls fortgerissene Teile solcher Bauten nicht anderweitig Schaden verursachen können. Hieher gehört auch die Sorge für eine ausreichende Weite und Höhe der Durchflußprofile von Brücken, Wehren und sonstigen Einbauten, so daß sie keine Stauungen veranlassen können. Brücken werden bei Hochwasser mitunter durch anprallende Baumstämme gefährdet, allenfalls auch abgeschoben. Um dies zu vermeiden, sind sie, wenn eine derartige Gefahr vorliegt, wenn möglich, abzuziehen; zuweilen erweist sich das Beschweren der Fahrbahn hölzerner Brücken mit Schotter, Steinen oder Erde als zweckmäßig.

Die Pflege der Gewässer hat sich auch zu erstrecken auf ihre Reinhaltung von allen den Wasserlauf verwerfenden Ansammlungen, von Wildholz, Steinen und Schutt, nötigen Falles auf deren Entfernung, wie dies im vorhergehenden Abschnitt ausgeführt wurde. Das Augenmerk ist auch zu richten auf die Freihaltung der Gerinne von starkem Strauch- und Baumwuchs und anderen Hindernissen für den Wasserabfluß.

In gleicher Weise wie in den verbauten Wildbächen ist auch in den unverbauten Rinnsalen die Gewinnung von Steinen, Schotter und Sand an jenen Stellen hintanzuhalten, wo sie den Wasserlauf ungünstig beeinflussen könnte. Namentlich die Gewinnung von Findlingssteinen in beweglichen, unterwühlungsfähigen Bachbetten ist sehr bedenklich, weil sie eine starke Vertiefung des Baches zur Folge haben und Anlaß zu erhöhter Geschiebeführung geben kann.

Die Ablagerung von Holz im Bereich des Hochwassers und an Stellen, wo es bei Elementarfällen durch Rutschungen oder Lawinen leicht ins Bachbett gelangen kann, ist unbedingt zu verhindern. Ist eine solche Ablagerung in engen Gräben unvermeidlich, so sind für sie entsprechend gesicherte, hochwasserfreie Überbrückungen herzustellen. Sehr häufig stehen Sägemühlen an den

Ufern der Bäche und sind in deren Nähe oft große Mengen von Sagholz derart aufgespeichert, daß sie von unvermutet eintretenden größeren Hochwässern leicht entführt werden können. Es liegt nicht allein im Interesse des betreffenden Besitzers, sondern auch in jenem der Öffentlichkeit, diesen Übelständen vorzubeugen.

Sehr zweckmäßig sind ferner Vorschriften, daß alle Bauführungen an Gewässern von einer behördlichen Bewilligung abhängig gemacht werden, die zu versagen ist, wenn die betreffenden Gebäude den Abfluß des Hochwassers hindern oder durch dieses selbst gefährdet werden könnten. Jede Beschädigung oder Zerstörung solcher Objekte bringt nicht allein dem Besitzer Schaden, sondern kann auch Anderen Schaden verursachen und ist ein Verlust an Volksvermögen. Die Öffentlichkeit ist deshalb daran interessiert, daß Bauten an gefährdeten Stellen nicht ausgeführt werden. Unter Umständen empfiehlt es sich, von Hochwasser, Abrutschungen u. dgl. bedrohte Gebiete mit einem Bauverbot zu belegen. Ein solches hätte sich nicht allein auf den Bau von Häusern und ähnlichen Gebäuden, sondern auch auf andere Herstellungen, die den Wasserlauf stauen oder ablenken können, wie z. B. Einfriedungsmauern, zu erstrecken.

Da derartige Gebäude Ursache von weiteren Wasserschäden und Verwilderungen sein können, ist allenfalls auch eine Niederlegung solcher Bauten zur Freilegung der Hochwasserprofile gerechtfertigt.

Um eine entsprechende Pflege der Gewässer sicherzustellen, ist eine strenge wasserpolizeiliche Aufsicht notwendig und, wenn nicht schon vorhanden, zu organisieren. Zu derselben sind die obengenannten Aufsichtsorgane heranzuziehen. Verschärfte forst- und wasserpolizeiliche Vorschriften sind für jene Bäche zu erlassen, die den Charakter von Wildbächen besitzen. Die unter diese Bestimmung fallenden Wasserläufe sind zu bezeichnen und kundzumachen, wie dies beispielsweise für einige Länder Österreichs schon vor Jahrzehnten gesetzlich vorgeschrieben wurde.

Zum Zwecke einer erleichterten Beaufsichtigung der Gewässer ist für die Zugänglichkeit der Ufer wenigstens insoweit vorzusorgen, daß die Aufseher und etwa aufgebotene Hilfsmannschaft jederzeit Zutritt haben.

In die zweite Gruppe der Maßnahmen gehören die Erhaltung und Schonung der Wälder im Einzugsgebiet der Wildbäche sowie an jenen Stellen, wo sie das Entstehen von Wasserrissen, Bodenabschwemmungen und die Geschiebebildung sowie das Abbrechen von Lawinen hintanhalten sollen. Diese Maßnahmen, die großenteils schon in den vorerwähnten Schriften beantragt wurden, haben sich auch zu erstrecken auf die Einschränkung der Schlägerungen auf ein unschädliches Maß und eine unschädliche Form und auf die Vermeidung von Bodenverwundungen bei der Schlägerung und Holzbringung, ferner auf die sonstige Pflege der Wälder und die Hintanhaltung ihrer Schädigung nach den im achten Abschnitt dargelegten Grundzügen und endlich auf die Waldverjüngung.

Die Beaufsichtigung hat sich aber in Wildbachgebieten nicht allein auf die Forste, sondern auch auf die landwirtschaftlichen Kulturgründe zu erstrecken, wobei namentlich die Umwandlung von Wiesen und Weiden in Äcker an steilen, rutschgefährlichen Hängen zu verhindern ist; eine solche Kulturumwandlung ist auf jene Örtlichkeiten zu beschränken, wo sie ohne Gefahr und Nachteil durchgeführt werden kann. Es ist ferner den Bewässerungsanlagen, ihrer Bedienung und Erhaltung das Augenmerk zuzuwenden und sind vorgefundene Mißbräuche abzustellen.

Zu den vorbeugenden Maßnahmen gehört auch eine vorsichtige Entwässerung jener Stellen, woselbst die fortschreitende Vernässung die Gefahr von Abrutschungen mit sich bringen kann. und die Sorge für die unschädliche Ableitung des Abwassers von Brunnen u. dgl.

Viele Wasserschäden ließen sich auch verhüten oder mindestens wesentlich einschränken durch rechtzeitig einsetzende Wehrarbeiten. Diese haben zur Voraussetzung, daß sowohl die nötige Mannschaft als auch die erforderlichen Geräte zur Verfügung stehen. Zu diesem Zwecke empfiehlt sich die Bildung von Wasserwehren in allen durch Wasserschäden bedrohten Gemeinden, wie solche z. B. in mehreren Orten Vorarlbergs bestehen. Diese Wehren könnten nach Art der Feuerwehren organisiert und ausgerüstet und müßten entsprechend geschult werden. In kleinen Ortschaften wird sich die Aufstellung einer eigenen Wasserwehr wohl meist als unnötig erweisen, wenn ihr Dienst der Feuerwehr übertragen werden kann oder eine technische Nothilfe organisiert ist.

Die Ausrüstung der Wehren hätte sich sowohl auf Werkzeuge und Geräte als auf Materialien, wie Klammern, Nägel, Seile, Draht, Drahtgeflechte, Sprengmittel u. dgl. und auf Beleuchtungsgeräte und -mittel, zu erstrecken.

Die hier kurz besprochenen Maßnahmen wären jedenfalls geeignet, in vielen Fällen eine wesentliche Einschränkung der Hochwasserschäden herbeizuführen und bedeutende Teile unseres Volksvermögens vor Vernichtung zu bewahren.

Zweiter Teil.

Lawinenverbauung.

Zu den verderblichsten Äußerungen der Naturkräfte im Gebirge zählen die Lawinen: sie werfen und brechen starke Bäume, reißen Gassen in die Wälder, verwüsten Kulturgründe, verschütten und zerstören Häuser, unterbrechen elektrische Freileitungen und den Verkehr auf Straßen und Eisenbahnen, stören den Betrieb von Wasserkraftanlagen und der weiße Tod hält alljährlich reiche Ernte. Zu diesen unmittelbaren Schäden kommt noch eine Reihe von mittelbaren: die Lawinen stoßen mitunter bis auf die Sohle der tief gelegenen Haupttäler herab und verdrängen und stauen dort Bäche und Flüsse. So wurde z. B. am 20. März 1878 die Koppentraun im Salzkammergut um 27 m gestaut und sogar der Inn im Engadin wurde z. B. im Jahre 1876 bei Zernez verlegt (49, 50). Wenn die so gestauten Wassermassen auch zumeist allmählich wieder abgeflossen sind, so sind doch wiederholt auch verderbliche Durchbrüche solcher Stauriegel zu beklagen gewesen. Infolge eines solchen wurde beispielsweise im Jahre 1808 das Dorf Untervaz in Graubünden vermurt, und 1944 der Bahnkörper im Gesäuse auf 120 m Länge zerstört, was eine dreimonatliche Verkehrsunterbrechung zur Folge hatte. Lawinenstürze in Seen oder Stauweiher können gewaltige Wellen erzeugen, die die natürlichen Stauriegel oder künstlichen Abschlußwerke durchbrechen und katastrophale Hochfluten zur Folge haben. Als Beispiele seien die Lawinenstürze in den See von Nervaux erwähnt, dessen Ausbrüche 1852 und 1871 die Rhôneebene oberhalb des Genfersees verheerten. Zu den indirekten Lawinenschäden zählen weiter die Schaffung von Angriffsflächen für den Wind durch die in den Wald gerissenen Lawinengassen und der ungünstige Einfluß der Waldvernichtung und der Bodenverwundung auf den Wasserabfluß und die Geschiebeerzeugung.

Um die Lawinenkunde haben sich die bei der Verbauung praktisch tätigen Forstmänner und Ingenieure große Verdienste erworben, allen voran der eidgenössische Oberforstinspektor Johann Coaz, der vor 80 Jahren der systematischen Verbauung der Schweizer Wildbäche die Bahn gebrochen hat. Doch erst die deutschen Forscher E. Oertel, besonders aber W. Paulcke und W. Welzenbach haben durch jahrzehntelang fortgesetzte

Schneeuntersuchungen und Lawinenforschungen die Grundlage geschaffen für ein zutreffenderes Urteil über die Lawinenbildung. Fortgesetzt und weiter ausgebaut wurden diese Forschungen von der unter dem Vorsitz des eidgen. Oberforstinspektors M. Petitmermet im Jahre 1931 gebildeten Schweizerischen Schnee- und Lawinenforschungskommission, welcher Vertreter mehrerer wissenschaftlicher Institute der Technischen Hochschule in Zürich, des physikalisch-meteorologischen Observatoriums in Davos und der Forstbehörde angehören. Ihren Zwecken dient ein auf dem Weißfluhjoch oberhalb Davos in 2668 m Seehöhe errichtetes und mit allen erforderlichen Geräten ausgestattetes Laboratorium (279).

Die Schneeuntersuchungen haben namentlich den Unterschied zwischen dem Erddruck und dem Schneedruck klar erwiesen, der durch die stetig fortschreitende plastische Verformung des Schnees bedingt ist.

Hauptsächlich von Prof. Paulcke rührt auch die einschlägige Nomenklatur her, die von mehreren Stellen übernommen wurde und im nachstehenden angewendet wird. Sie stimmt im allgemeinen auch mit den in der Schweiz üblichen Bezeichnungen überein.

Der Schnee, seine Veränderungen und seine Bewegung.

Maßgebend für die Lawinenbildung sind außer der Geländebeschaffenheit und den Witterungsverhältnissen die Menge, Beschaffenheit und Schichtung des Schnees.

Der Schnee fällt schon in verschiedenen Formen und ändert seine Beschaffenheit während des Lagerns und bei seiner Verfrachtung durch den Wind. Dies drückt sich u. a. in der Verschiedenheit seiner Dichte und Porosität aus.

Schneeart	Spez. Gewicht	Porosität %
Wildschnee	0,01 —0,03	99—96
Frischer Pulverschnee	0,05 —0,065	95—93
Graupeln	0,128	86
Gesetzter Schnee und Schwimmschnee	0,2 —0,3	78—67
Windbrettschnee	0,28 —0,35	70—62
Trockener Firnschnee	0,4 —0,55	56—40
Nasser Firnschnee	0,6 —0,8	35—13
Eis	0,917	

Der aus sperrigen Kristallen bestehende Pulverschnee ist trokken und lufthaltig, er ballt sich nicht, haftet nicht, gerät leicht in Bewegung und zerstäubt bei dieser. In besonders hohem Maße trifft dies zu für den flaumartigen Wildschnee, der bei Windstille und Temperaturen unter —10° C fällt. Graupeln sind weiche, runde, ebenfalls sehr bewegliche Körnchen, die bei Nebel und nur in verhältnismäßig geringer Menge fallen. Feuchter Neuschnee fällt in mehr oder minder großen Flocken bei Temperaturen um den Nullpunkt; er ballt sich und haftet. Geringe Durchfeuchtung erhöht die Widerstandskraft des Schnees, starke verringert sie.

Trockener Lockerschnee wird vom Wind in die Höhe gewirbelt und als Triebschnee weiter verfrachtet, wobei er über den Bergkämmen oft prächtige Windfahnen (in der Schweiz Guxe genannt) bildet. Er lagert sich im Windschatten ab, bildet an der Leeseite steiler Grate und an Plateaurändern überhängende Wächten (Gwächten) und darunter oft mächtige Ablagerungen, die sich nach abwärts keilförmig verjüngen, daher die Hangneigung vergrößern und sehr lawinengefährlich sind. Man nennt sie Wächtenkeil, Gegenböschung oder Hangausgleich.

Da die sperrigen Kristalle bei der Verfrachtung zerschlagen werden, lagert sich der Schnee im Windschatten dichter ab; er führt dann die Bezeichnung Packschnee und bildet sogenannte Schneeschilde, die leicht zerbrechen und im Sturz zerstäuben.

Feuchter Wind kann den Schnee nicht aufwirbeln, sondern preßt ihn fest und es entstehen auf Luvhängen unter Mitwirkung der Verfirnung aus Preßschnee bestehende Schneebretter, die sich nur durch etwas größere Festigkeit von den Schilden unterscheiden. Bei Belastung oder durch Anschneiden zerbrechen sie in Schollen, gleiten ab und zerstäuben ebenfalls im Sturz. Die Oberfläche des Preßschnees bildet eine, Windharsch genannte, harte und spröde Kruste. Aus ihr kann starker Wind Schliffkehlen ausnagen, so daß sich schuppenartige Vorsprünge bilden, was dieser Schneeart die Bezeichnung Schuppenschnee verschafft hat. Durch Anhäufung des Triebschnees an Hindernissen entstehen Schneedünen; sie sind luvseits etwa 1 : 10, leeseits etwas steiler geböscht. Die Schneeverfrachtung ist von größter Bedeutung für die Lawinenbildung.

Der abgelagerte Schnee erleidet infolge der Wirkung der Schwerkraft, der Sonnenbestrahlung, der Bodenwärme, von Regen und Wind stetig Veränderungen. Er setzt sich, die unteren Schichten werden zusammengedrückt, er wird fester, grobkörniger und geht durch Umkristallisierung mit der Zeit in Firnschnee über. Wenn der oberflächliche Schnee bei Tag schmilzt und bei Nacht wieder gefriert, so bildet sich eine glatte, vereiste Kruste, der Schmelzharsch, allenfalls eine schwache, durchsichtige Eisschichte, ein Firnspiegel. Durch Ablagerung von Neuschnee über solchen glatten Flächen entsteht eine ausgesprochene Schichtung, welche die Lawinenbildung begünstigt, da trockener Neuschnee dort nur schwachen Halt findet. Weil diese Schichten das absikkernde Schmelzwasser nicht durchlassen, können sich in der Schneedecke Wasserstockwerke oder -horizonte bilden (Abb. 180).

Während der kalten Jahreszeit ist die Schneetemperatur an der Oberfläche der Schneedecke am niedrigsten, steigt gegen die Tiefe allmählich an und erreicht bei genügender Schneehöhe am Boden einen Wert, der in der Regel zwischen + 0,5 und — 0,5° C schwankt. Selbst wenn vor dem Schneefall der Boden tief gefroren war, stellt sich allmählich diese Temperatur ein. Es entsteht infolgedessen Wasserdampf, der feinkörnige Schnee kristallisiert um und es bilden sich sowohl über dem Boden als über Harschflächen größere, meist becherförmige Kristalle, Schwimmschnee

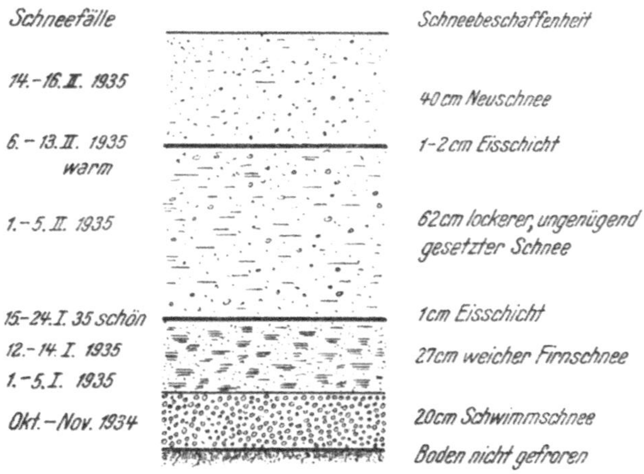

Abb. 180. Schichtung der Schneedecke, Schneeprofil Crap la Pala (2000 m) am 20. 2. 1935. Aufnahme E. Hess.

oder Tiefenreif genannt. Sie sind sehr locker gelagert, unter sich im trockenen Zustand zusammenhanglos, fließen aus Öffnungen aus wie grober Sand und bilden eine lockere Rollschicht, auf der darüberlagernder Schnee leicht in Bewegung gerät. Diese größeren Kristalle nehmen weniger Raum ein als der feinkörnige Schnee, so daß sich unter der biegungssteifen Harschfläche Hohlräume bilden und Spannungen entstehen, deren Auslösung oft Lawinenabbrüche zur Folge hat. Durch Druck oder infolge Durchfeuchtung kann sich der Schwimmschnee wieder festigen.

Der Schnee nimmt bis zu 40 Volum- oder 75 Gewichtsprozent Wasser auf, ohne es abfließen zu lassen; bei weiterer Wasserzufuhr wird er faul (in der Schweiz Schläsmenschnee genannt) und nimmt eine breiartige Beschaffenheit an (280).

Die Schneemengen sind nach Örtlichkeit und Jahren sehr verschieden. Während selbst in den höheren Lagen der Alpen die Schneehöhen an vielen Orten 1 m nur selten übersteigen, wurden z. B. in Stuben am Arlberg wiederholt mehr als 4 m und in den dortigen Hochlagen 6 — 7 m gemessen. In Mulden häufen sich infolge von Verwehungen Schneemengen in einer Höhe von vielen Metern an. Schneeschübe stauen sich zu mächtigen Wülsten auf, und Wächten erreichen häufig eine Stärke von 20 m und darüber.

Zur Beurteilung der Lawinengefahr ist die Untersuchung der Schneedecke entweder durch Bloßlegen eines Querschnittes oder ihre Abtastung mit Schneesonden und die Aufnahme von Rammprofilen geeignet (189, Abb. 181). Bei dieser wird der Widerstand

Abb. 181. Freigelegtes Schneeprofil. Aufnahme E. Hess.

gemessen, den die verschiedenen Schichten dem Einrammen einer Sonde entgegensetzen, und so die Schneeschichtung erforscht. Diese Untersuchung kann nur unter günstigen Verhältnissen vorgenommen werden, da sie sonst mit großen Gefahren für die Arbeiter verbunden wäre.

Selbst während sich die Schneedecke in scheinbarer Ruhe befindet, treten in ihr Bewegungen auf; gleichzeitig mit der Setzung des Schnees verschiebt er sich langsam hangabwärts, wobei die oberen Schichten den unteren voreilen. Die bei diesem Kriechen gemessenen Geschwindigkeiten schwanken zwischen wenigen μ und 60 mm in der Stunde. So gering diese Geschwindigkeit ist, kann die Bewegung doch starke Wirkungen ausüben: sie kann den Boden tief aufreißen, Bäume umlegen, Felsblöcke aus dem Boden reißen, Mauern brechen, ja ganze Gebäude verschieben (127). Auf den Kriechdruck ist auch der säbelförmige Wuchs der an steilen Lehnen wachsenden Lärchen zurückzuführen.

Infolge des Kriechens entstehen Spannungen in der Schneedecke und Risse, durch welche Regenwasser eindringen und das Abgleiten verursachen kann.

Wenn die innere Festigkeit des Schnees entweder wegen seiner Lockerheit und des mangelnden Haftvermögens, wie bei Wild- und Pulverschnee, oder infolge Durchnässung stark abnimmt oder wenn seine Reibung auf der Unterlage zu gering wird, so gerät er in rasche Bewegung und fährt als Lawine zu Tal.

Gefährliche Gleitflächen sind außer den Harschflächen gleichmäßig geneigte, glatte Steilhänge, glatter Fels (Gletscherschliffe, Harnische, Schichtflächen u. dgl.), steile Rasenhänge, namentlich vernäßte oder nicht gemähte, auf denen sich Halme stets hangabwärts umlegen u. dgl. Besonders gefährlich werden diese Hänge dann, wenn ihnen lockerer Schnee, wie Wild-, Pulver- oder Schwimmschnee, aufruht.

Die obere Grenze der Hangneigung, die das Abbrechen einer Lawine ausschließt, beträgt im allgemeinen $22^0 = 40\,\%$, doch lösen sich Lawinen unter Umständen auch von wesentlich sanfter geneigten Hängen, selbst noch bei einer Neigung von $11^0 = 19\,\%$ sind Lawinenabbrüche beobachtet worden. Je steiler der Hang, desto größer ist die Abbruchgefahr, doch bleibt der Schnee auf Hängen, deren Neigung $52-53^0$ $(128-133\,\%)$ übersteigt, im allgemeinen nicht mehr in größeren Mengen liegen, sondern gleitet in kleinen Partien, sohin in ungefährlicher Weise, ab (226).

Für die Lawinenbildung noch wichtiger als die Witterung, die Steilheit und Glätte der Unterlage sind die Menge, Beschaffenheit und Schichtung des Schnees.

Unmittelbar ausgelöst werden die Lawinen durch Schneeschmelze und Regen, durch das Abbrechen von Wächten, durch Steinschlag und sonstige Belastung, durch das Anschneiden von Schneelagen, sei es, daß Bergsteiger, Skifahrer oder Wild die Lawine abtreten, sei es, daß Lawinen den Fuß eines Schneehanges angreifen und sogenannte Nachlawinen auslösen, ferner durch das Zusammenbrechen von Hohlräumen in der Schneedecke, durch das Auslösen von Spannungen in dieser, durch Erschütterungen, die von Erdbeben, Sprengungen, Eisenbahnzügen oder Lawinenstürzen in der Nachbarschaft herrühren können, durch Erschütterungen der Luft, durch Windstöße, Donner, Schüsse u. dgl., ja sogar das Glockenläuten und selbst Rufe sollen schon Lawinenstürze verursacht haben (50, 80), desgleichen rasche Temperaturänderungen sowohl nach auf- wie nach abwärts (127). Derlei geringfügige Ursachen lösen aber wohl nur reife Lawinen aus, die sich sonst vielleicht etwas später spontan gelöst hätten.

Die Bewegung des Schnees ist anfänglich ein Rieseln oder Gleiten, das je nach der Schneebeschaffenheit und der Lawinenbahn in ein Fließen, Rutschen, Wälzen, Rollen oder Stürzen übergeht. Nasser Schnee bewegt sich ähnlich einem Murgang auf dem Boden bei nicht zu steiler Bahn mit nicht übermäßiger Geschwindigkeit weiter. Trockener Schnee zerstäubt sehr rasch in der Luft, ja er kann sich vollkommen in Wolken auflösen. Die Geschwindigkeit bleibt dann ebenfalls in mäßigen Grenzen. Bei stärkerem Gefälle und, wenn der Schnee zu zähe ist, um ganz zu zerstäuben, aber doch zu locker, um sich als ganze Masse zu bewegen, so erfolgt der Sturz teils in der Luft, teils auf dem Boden und es erreicht die Geschwindigkeit dann ein außerordentlich hohes Maß (335). Sie übersteigt dann häufig die höchste je bei Orkanen gemessene (54 m/sek); 75—100 m/sek wurden wiederholt festgestellt und Oechslin berichtet, daß in Belmetan (Erstfeld in der Schweiz) am 25. Februar 1932 eine Geschwindigkeit von 125 m/sek gemessen worden sei (221). Ein Bild von der Geschwindigkeit und Kraft der Lawinen gibt die Tatsache, daß am Walenstätter Berg im Kanton St. Gallen im April 1917 ein von der Lawine mitgerissenes, etwa 12 cm starkes Buchenstammstück eine rund 50 cm starke Fichte glatt durchbohrt hat (311).

Infolge ihrer hohen Geschwindigkeit sind diese Windlawinen nicht an bestimmte Bahnen gebunden, sie lassen sich nicht ablenken und erreichen oft Stellen, die als vollkommen lawinensicher galten. Ihnen geht ein orkanartiger Luftstrom voraus, der noch an Orten, die vom Ende der Schneeablagerung weit entfernt sind, gewaltige Schäden anrichten kann.

Eine vollkommen befriedigende Erklärung für diese Erscheinung und die Stärke des auftretenden Luftdruckes wurde bisher nicht gegeben; vermutlich spielt die Elastizität der Luft hierbei eine große Rolle.

Folgende Beispiele mögen die Gewalt des Luftdruckes aufzeigen: Nach Mitteilung des Hofrates Henrich wurde beim verheerenden Lawinensturz am 10. Jänner 1907 in Mittelberg in Vorarlberg am unteren Ende des Lawinenganges ein Haus, dessen gegen den Berghang gerichtete Haustür offen stand, von innen heraus wie durch eine Explosion zerstört, während das Nachbarhaus, dessen Türen und Fensterläden geschlossen waren, unversehrt blieb (122), und Imhof berichtet, daß der Luftdruck einer am 29. Februar 1908 bei Goppenstein an der Lötschbergbahn niedergegangenen Lawine alle Menschen, deren Gesicht ihr zugewendet war, durch Lungenzerreißung getötet habe, während die anderen, soweit sie nicht erschlagen wurden, am Leben blieben (147).

Im Gegensatz zu den Windlawinen halten die Grundlawinen bestimmte, durch das Gelände vorgezeichnete Bahnen ein. Auch sie können Talböden übersetzen und an der jenseitigen Lehne anbranden; häufig zerteilen sie sich aber auf dem flachen Gelände in mehrere Arme, die allmählich zur Ruhe kommen. Die Grundlawinen glätten ihre Bahn, was den Sturz etwa nachfolgender beschleunigt.

In vielen Zügen gehen die Lawinen nur einmal, in anderen mehrmals im Jahre ab, in wieder anderen nur in wesentlich längeren, mitunter viele Jahrzehnte umfassenden Zeiträumen beim Zusammentreffen besonders ungünstiger Umstände.

Der bekannte Lawinenfachmann M. Zdarsky unterscheidet achtzehn verschiedene Arten von Lawinen (343), die sich aber — abgesehen von den Gletscherlawinen — in zwei Gruppen, die Trocken- und die Naß- und Feuchtschneelawinen, zusammenfassen lassen.

Die Gletscherlawinen entstehen durch das Abbrechen des vorrückenden Gletschers über einem Steilrand und ereignen sich zum Glücke nur selten in Gebieten, wo sie Schaden anrichten können. Sie sind unverbaubar und können daher außer Betracht bleiben.

Sowohl die Trocken- wie auch die Naß- und Feuchtschneelawinen können sich aus frisch gefallenem oder aus Altschnee bilden. Eine scharfe Trennung zwischen beiden Gruppen ist nicht möglich, vielmehr gibt es häufig Mischlawinen aus Trocken- und Feuchtschnee, wenn Schnee einer Art auf seiner Bahn solchen anderer Art mitreißt.

Eine andere, in der Schweiz übliche Einteilung unterscheidet zwischen Schneebrett- und Lockerschneelawinen (127). Zu den ersteren zählen auch die Packschneelawinen. Sie brechen in großer Breite blitzartig in scharfkantigen Schollen auf einer ausgesprochenen Gleitfläche ab. Die Lockerschneelawinen hingegen besitzen meist schmale Anbruchstellen, haben keine ausgesprochene Gleitfläche und keine scharfen Grenzen und verbreitern sich auf ihrer Bahn durch Mitreißen weiterer Schneemassen. Sie bilden sich aus lockerem Neuschnee oder aus durchweichtem Altschnee.

Der Rauminhalt der Lawinen wechselt je nach der Größe der Abbruchfläche und der Schneehöhe in weiten Grenzen von einigen Hundert bis etwa 200 000 m^3, ja bei außergewöhnlich großen Lawinen hat er auch schon das Maß von 2 000 000 m^3 weit überschritten.

Je nach der Lawinenart lagert sich der Schnee in verschiedenen Formen ab: als mehr oder minder dicht gelagertes Pulver oder als kompakte Masse, als Gerölle, in Knollen oder Schollen.

Schutzvorkehrungen.

Der Gebirgsbewohner, dem die Lawinengefahr ja seit je bekannt ist, meidet mit seinen Siedlungen tunlichst die gefährdeten Stellen. Wo dies nicht möglich ist, sucht er die Gebäude dadurch zu schützen, daß er sie an Felsköpfe u. dgl. anlehnt oder sie so weit in den Hang hineinrückt, daß die Dachfläche in diesen übergeht, und der Lawine kein Angriffspunkt mehr geboten wird. Wo dies zu große Abgrabungen erfordern würde, wird mitunter nur der gemauerte Stall zum Schutz des Viehes in den Boden eingebaut, während man die ihm aufgesetzte hölzerne Scheune der Lawine preisgibt: Die Gebäude werden mit ihrer Schmalseite dem Berg zugekehrt und in Zeilenform so angeordnet, daß eines das andere deckt. Im Badeort Barèges in den Pyrenäen erbaute man zerlegbare Holzhäuser, die alljährlich abgetragen und im Frühjahr neu aufgestellt wurden (231). In manchen Gegenden legte man auch unterirdische Fluchtkeller an, in denen die Leute bei Lawinengefahr Schutz suchen.

Beim Bau von Straßen und Eisenbahnen weicht man Lawinenstrichen nach Möglichkeit aus, unterfährt sie allenfalls in überwölbten Einschnitten oder Tunnels oder leitet die Lawine mittels Schutzdächern oder Galerien über die Verkehrswege hinüber und entzieht diese so der Gefahr. Wo die Vermeidung der Lawinenzüge zu einer ungünstigen Trace geführt hätte, hat man öfter außer der Hauptstraße eine zweite, nur für Schlitten geeignete Straße in sicherem Gelände erbaut, die nur im Winter benützt wird, während welcher Zeit die Hauptstraße gesperrt bleibt.

Schon in früheren Zeiten suchte man, so z. B. am Brenner, den Verkehr auf lawinengefährdeten Straßenstrecken dadurch zu sichern, daß man trachtete, durch Böllerschüsse die drohenden Lawinen während der Zeit einer Verkehrssperre zu lösen. Im ersten Weltkriege löste man Lawinen durch Beschuß mit Granaten und Minenwerfern, bevor die Truppe einen Lawinenzug passieren mußte, und in jüngster Zeit schalten z. B. die Bernina- und Parsennbahn auf solche Weise die Gefahr für den Zugsverkehr aus. Im Winter 1943 — 44 wurden systematische Versuche über das Abschießen von Lawinen auch an der Großglockner-Hochalpenstraße, an der Arlberg- und Flexenstraße und am Nebelhorn im Allgäu durchgeführt und Erfahrungen hierüber gesammelt. Die künstliche Lösung von Lawinen kann unter Umständen auch durch Zuleitung von Wasser, durch Belastung, Unterschneidung oder Lostreten u. dgl. erfolgen, wobei aber größte Vorsicht geboten ist.

Erwähnenswert ist endlich auch der auf gefährdeten Eisenbahnstrecken, wie Chur—Davos, Arlberg, Gesäuse usw. eingerichtete Beobachtungs- und Warndienst, um den Verkehr bei Vorliegen besonderer Gefahr einzustellen.

Die Mittel zur Bekämpfung der Lawinengefahr lassen sich in zwei Gruppen einteilen, nämlich in solche zum unmittelbaren Schutz gefährdeter Objekte und in solche zur Verhinderung der Lawinenabbrüche.

A. Unmittelbare Schutzbauten.

Das älteste Mittel, um freistehende Gebäude zu schützen, sind die sogenannten Spaltecken (auch Ebenhöch, Abwurf, Pfeil usw. genannt). Sie haben entweder die Form eines mit der Schneide hangaufwärts gekehrten Keiles oder ähneln einer liegenden dreiseitigen Pyramide mit lotrechter Grundfläche, hangaufwärts gekehrter, stumpfer Spitze und abgerundeter Oberkante. Die die Grundfläche bildende Abschlußmauer wird möglichst nahe an das zu schützende Gebäude gerückt und soll dieses seitlich und, wenn möglich, auch in der Höhe überragen. Die Spaltecken werden entweder gemauert, aus Steinen geschlichtet oder aus abgepflasterten Erdkörpern gebildet. Ihre Oberfläche wird allenfalls überdeckt und berast. Sie stellen ein seit Jahrhunderten bewährtes Mittel zum Schutz einzeln stehender Gebäude dar, das keinen großen Aufwand erfordert und daher auch für geringwertige Alphütten u. dgl. oder für Freileitungsmaste dienen kann.

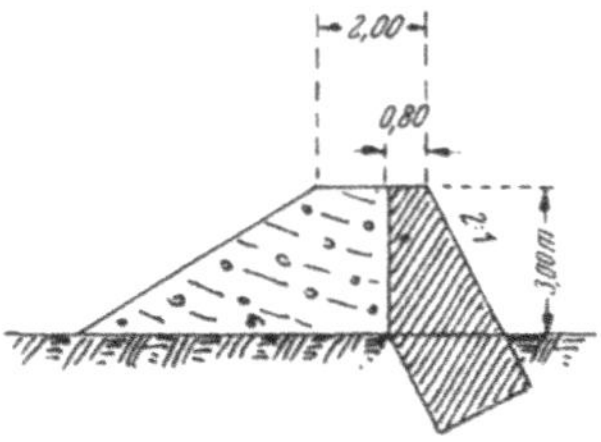

Abb. 182. Leitwerk zum Schutze einer Tunnelmündung der Arlbergbahn.

Mitunter werden auch Schutzmauern bergseits von Gebäuden errichtet und derart hinterfüllt, daß die Lawine über das zu schützende Objekt hinübergeleitet wird.

Schon im Mittelalter sollen ferner Leitwerke erbaut worden sein, um Lawinen von bedrohten Objekten abzulenken und in eine ungefährliche Richtung zu leiten. Sie werden als Dämme (Abb. 182), Mauern oder hölzerne Wände, allenfalls auch mit eisernen Stützen, erstellt, müssen an ihrer Innenseite steil gehalten werden und dürfen mit der Lawinenbahn nur einen spitzen Winkel einschließen, da sie sonst leicht übersprungen werden. Dieser Winkel soll nach Hess 20^0 nicht übersteigen. Die Werkshöhe ist nach der Größe der zu erwartenden Lawine zu bemessen und die Bahn, in die die Lawine abgelenkt werden soll, von Hindernissen freizumachen. Im Lechtal wurde die Wurzel eines Leitwerkes zwecks leichterer Ablenkung der Lawine mit gutem Erfolg pflugscharförmig gestaltet. was sich nach Ansicht des Oberbaurates Jungel auch für den Kopf von Spaltecken empfehlen würde.

Falls Schneeablagerungen diese Leitwerke unwirksam zu machen drohen, kann man ihnen Hilfsleitwerke aus Schnee vorsetzen. ein Hilfsmittel, zu dem die österreichische Bundesbahn am Arlberg wiederholt gegriffen hat.

Zwecks leichterer Ablenkung der Lawinen kann man die Schneemassen durch in die Bahn eingeschaltete Teilungswerke teilen.

Ein solcher Lawinenteiler wurde z. B. vom Amt für Wildbachverbauung in Innsbruck auf der Schellebergalpe im Zillertal in Form eines gemauerten Keiles erbaut, dessen aufgehende Höhe 5,5 m beträgt. An ihn schließt sich beiderseits je ein 30 m langer Damm an, der mit der Lawinenbahn einen Winkel von 35° einschließt. Dieser Teiler (Abb. 183) steht in rund

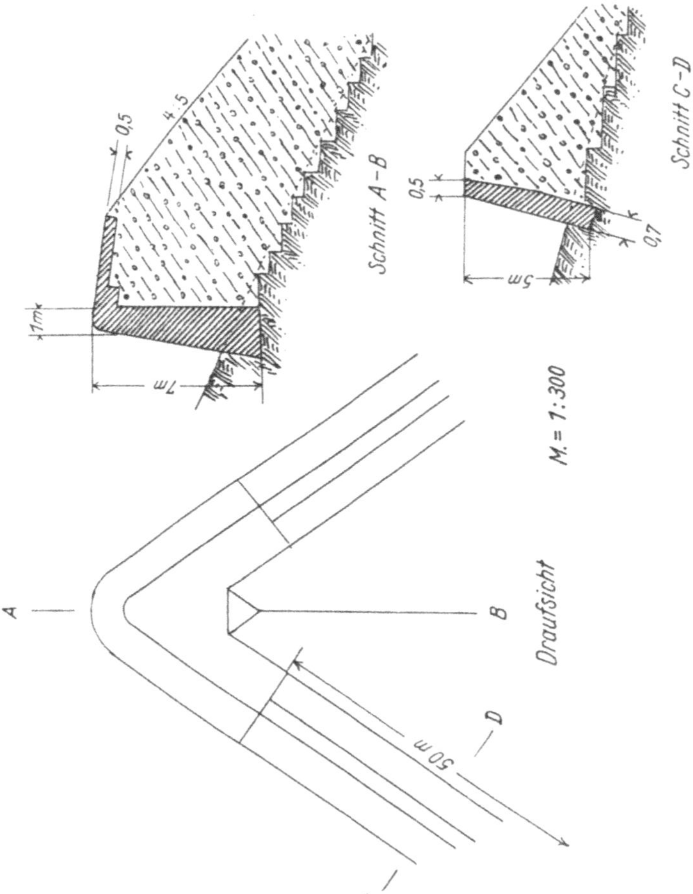

Abb. 183. Lawinenteiler zum Schutze der Schellebergalpe im Zillertal.

1800 m Seehöhe auf einem Rücken, der die Lawine seit Menschengedenken in zwei Ströme geteilt hatte, jedoch am 3. Februar 1935 durch eine besonders große Lawine übersprungen wurde. Diese vernichtete den darunter liegenden schmalen Bannwaldstreifen und 37 Gebäude der Schellebergalpe, welche, da unentbehrlich, an der alten Stelle wieder erbaut werden mußten und daher dringend eines Schutzes bedurften (3).

Zur Geschwindigkeits- und Kraftminderung der Lawinen werden mitunter auch Lawinenbrecher in Form von Mauerkeilen, gegeneinander versetzt, in die Bahn der Lawinen eingebaut, um diese zu teilen und zu wiederholten Richtungsänderungen zu zwingen, in der Hoffnung, dadurch ihre Bahn zu verkürzen.

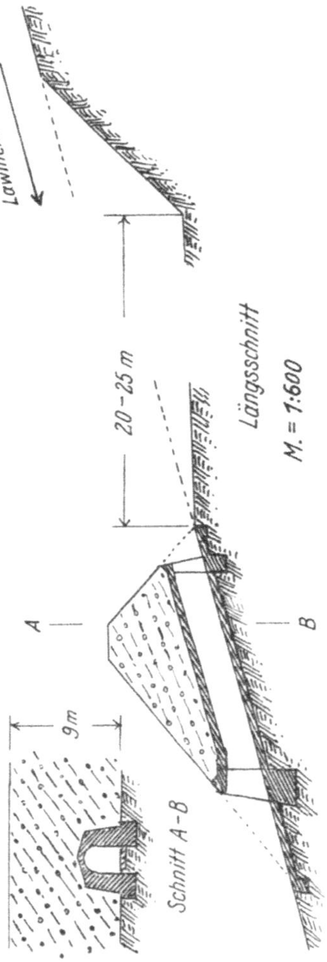

Abb. 184. Fallboden mit Fangdamm zum Schutze von Mühlau bei Innsbruck.

Um die Lawine zur Ablagerung oberhalb der zu schützenden Liegenschaften zu zwingen, können Fallböden dienen. Es sind dies in die Lawinenbahn eingeschaltete Auffangbecken, die an der Talseite durch Dämme oder Mauern abgeschlossen werden, in denen Durchlässe für den Wasserabfluß anzubringen sind (Abb. 184). Der Fassungsraum dieser Fallböden ist aber beschränkt und kann allenfalls bereits durch kleine Lawinen ganz oder zum Teil angefüllt sein, bevor eine große abgeht. Aussicht auf Erfolg bieten Fallböden nur dann, wenn sie die zu erwartende Lawine zu fassen vermögen. Gegen Windlawinen sind sie überhaupt unwirksam.

Unter entsprechenden Verhältnissen genügt auch die Errichtung einer Fangmauer allein ohne Aushub eines Beckens oder eine Talsperre. So hat die 1849 erbaute Schutzmauer (Abb. 185) das Dorf Stuben am Arlberg, welches früher wiederholt beschädigt worden war, seither vor Schaden bewahrt.

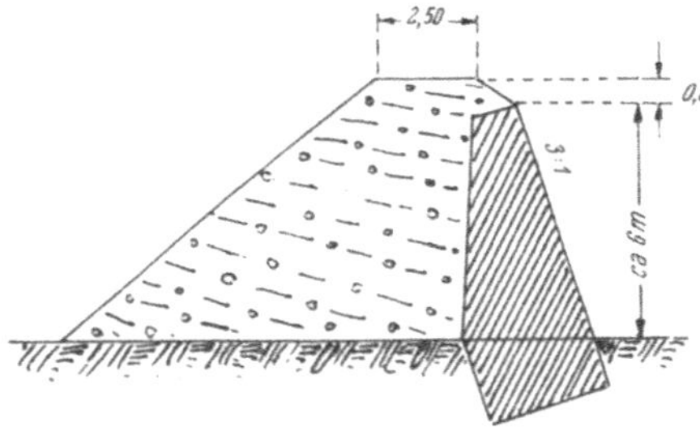

Abb. 185. Fangmauer zum Schutze des Dorfes Stuben am Arlberg.

Um die übermäßige Ausbreitung der Lawinen auf ihrem Ablagerungsgebiet zu hindern und dort befindliche Objekte zu schützen, genügen unter Umständen entsprechend angeordnete Dämme.

B. Maßnahmen zur Verhinderung des Lawinenabbrechens.

Schon in alten Zeiten erkannte man, daß der Wald den besten Schutz gegen das Losbrechen von Lawinen bildet, ja daß er imstande ist, Schneeschübe und kleine Lawinen aufzufangen. Der Wald verhindert Verwehungen, begünstigt die gleichmäßige Ablagerung des Schnees, hält einen bedeutenden Teil desselben auf den Baumkronen zurück, wo er teilweise verdunstet; die Schneedecke verharscht selten und findet an den Baumstämmen, dem Unterwuchs usw. eine kräftige Stütze.

Schon vor Jahrhunderten wurden Wälder zu Schutzzwecken in Bann gelegt und in den Bannbriefen oft jede Holzschlägerung verboten. Soweit aber nicht auch die Ziegenweide und die Streugewinnung eingestellt wurden, hatte dies zur Folge, daß die Bestände sich nicht verjüngten, überständig wurden, sich allmählich lichteten, ihre Widerstandskraft einbüßten und nun unter großen Schwierigkeiten künstlich verjüngt werden müssen (50, 127).

Die Wirkung des Waldes ist naturgemäß verschieden, je nach seiner Beschaffenheit. Am besten schützt ein ungleichaltriger Bestand, während ein schütterer Altbestand ohne Jungwuchs nicht verhindern kann, daß trockener Pulverschnee zwischen den Stämmen ins Rutschen gerät.

Alpenerlen- und Legföhrenbestände üben eine Wirkung nur aus, solange sie nicht völlig eingeschneit und mit Schnee überdeckt sind. Schwerer und feuchter Schnee hängt sich an die Nadeln und Zweige an und drückt diese bald zu Boden, während Wild- und Pulverschnee an ihnen, namentlich bei Wind, weniger leicht haften bleibt, sondern zu Boden fällt. Schon vor Jahrzehnten wurden stellenweise an steilen Hängen schmale, waagrechte Durchhaue in Legföhrenbestände eingelegt, um die Gefahr von Lawinenabbrüchen zu verringern (49). Bei geringer Schneehöhe wirken diese Streifen zweifellos günstig, weil sie die gleichmäßige Hangneigung unterbrechen. Sie büßen jedoch diese Wirkung wenigstens zum größten Teil ein, sobald die Legföhren vollständig eingeschneit sind, wozu es keiner großen Schneemenge bedarf. Die meisten dieser Durchhaue wurden jedoch nicht zum genannten Zweck angelegt, sondern um Brennholz für die benachbarten Almen oder um Material für die Latschenölerzeugung zu gewinnen, wobei diese Art der Schlagführung vorgeschrieben wurde, um nicht durch Kahlschläge die Lawinengefahr zu vergrößern. Daß überhaupt die Nutzung der dem Lawinenschutz dienenden Wälder nur in vorsichtigster Weise erfolgen darf und der Waldpflege und -verjüngung ein besonderes Augenmerk zuzuwenden ist, sei nachdrücklichst betont.

Abb. 186. Stützwirkung von Bäumen auf die Schneedecke.

Zur Verringerung der Lawinengefahr ist die **Aufforstung** der innerhalb der Waldzone und oberhalb dieser liegenden **Abbruchflächen** bis zur natürlichen Waldgrenze trotz der ihr entgegenstehenden Schwierigkeiten anzustreben. Allerdings ist auf eine Wirkung der Aufforstungen erst nach langen Jahrzehnten zu rechnen. Erst nachdem die jungen Bäume eine Höhe von mehreren Metern erreicht, und die Kulturen sich geschlossen haben, ist die Abbruchgefahr gebannt.

Bezüglich der Aufforstungen wird im übrigen auf den achten Abschnitt verwiesen.

Die Stützwirkung der Waldbäume (Abb. 186) auf den Schnee trachtet man durch Verpfählungen nachzuahmen. Diese werden meist in unterbrochenen, 4 bis 10 m langen, waagrechten Reihen, die sich schachbrettartig decken, erstellt. Der Reihenabstand beträgt je nach den Verhältnissen meist 1 bis 3 m, der Pfahlabstand 0,3 bis 0,5 m, bzw., wenn Pulverschnee zurückgehalten werden soll, 0,2 bis 0,3 m. Die Pfähle sollen 10 bis 15 cm stark, 1.5

bis 2,0 m lang sein, mindestens zur Hälfte in den Boden getrieben und, wenn nötig, mit Steinen festgekeilt werden. Für seichtgründige Böden eignen sich Verpfählungen daher nicht.

Zur Verstärkung können die Pfähle verankert oder verflochten werden, oder es kann nahe den Pfahlköpfen eine nach rückwärts verankerte Querschwelle angebracht werden. Auch die Verbindung der Pfähle durch Draht wird empfohlen, doch sind diese dann nicht in waagrechten Reihen, sondern in Form eines Pfeiles anzuordnen, dessen hangaufwärts gekehrte Spitze aus einer pyramidenförmigen Gruppe von drei Pfählen zu bilden ist, deren Köpfe durch einen Bolzen oder einen Ring

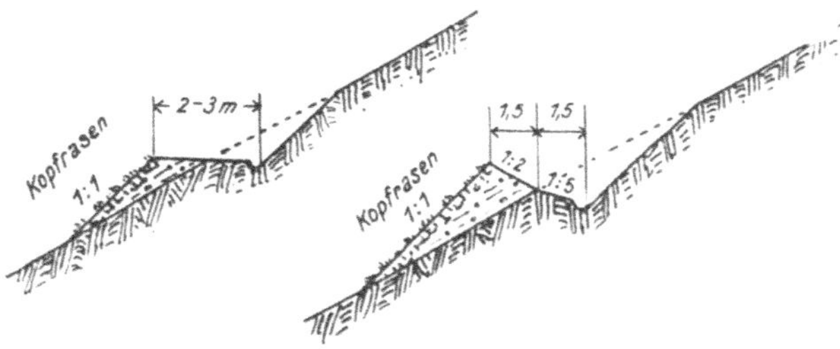

Abb. 187. Erdterrassen.

miteinander verbunden werden. Auf Felshängen wurden auch schon eiserne Palisaden erstellt, doch haben sich diese nicht bewährt (231).

Die Verpfählungen sind nur für geringe Schneelagen wirksam, bei hohen können sie das Abbrechen von Oberlawinen nicht verhindern.

Von den Mitteln zur Unterbrechung der gleichmäßigen Hangneigung ist die Herstellung von 6 bis 8 m langen, waagrechten Stückgräben das älteste. Solche Gräben wurden in Oberwallis schon vor mehr als 200 Jahren erstellt. Heute ist man von ihnen ziemlich abgekommen, da sie, selbst wenn der Aushub dammartig aufgeworfen wird, wenig wirksam sind, große Erhaltungskosten verursachen und bei gestörtem Wasserabfluß Bodenaufweichungen und Abrutschungen zur Folge haben können. Ein anderes Hilfsmittel ist die Herstellung von Bermen und Erdterrassen durch Anschneiden des Hanges und Anschüttung des Aushubes auf der Talseite (Abb. 187). Die Breite der Bermen beträgt gewöhnlich 0,5 bis 1,0 m, jene der Terrassen 1,5 bis 3,0 m. Sie werden ebenfalls, gegeneinander versetzt, in unterbrochenen, waagrechten Reihen angelegt. Ihre Oberfläche ist in der Regel waagrecht oder leicht gegen den Hang geneigt und erhält zur Wasserableitung zweckmäßig ein schwaches Längsgefälle von etwa 3 bis 5% von der Mitte aus. Will man das Wasser sicherer ableiten, so kann man der Oberfläche auch eine leichte Neigung gegen die Talseite geben.

Die Anschüttungs- und Anschnittflächen sind, wenn möglich, mit Rasenplaggen zu befestigen oder sonstwie zu begrünen.

Die Wirkung der Terrassen kann durch Einschlagen von Pfählen, und zwar im gewachsenen Boden, nicht in die Anschüttung, erhöht werden, bleibt aber trotzdem auf geringe Schneemengen beschränkt.

Das Anschneiden steiler Hänge kann zum Nachbrechen der Böschungen und zu Rutschungen Anlaß geben, ist daher in lockerem

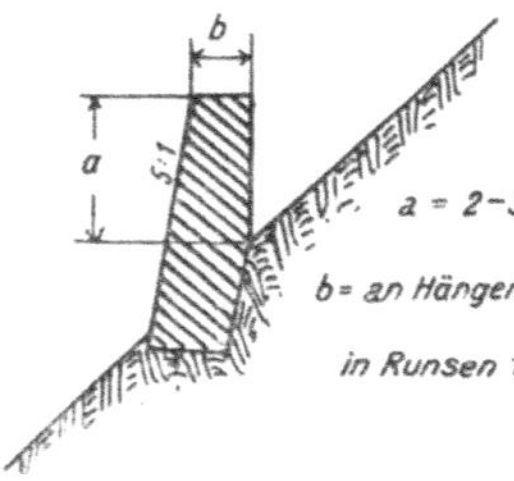

Abb. 188. Freistehende Stützmauer.

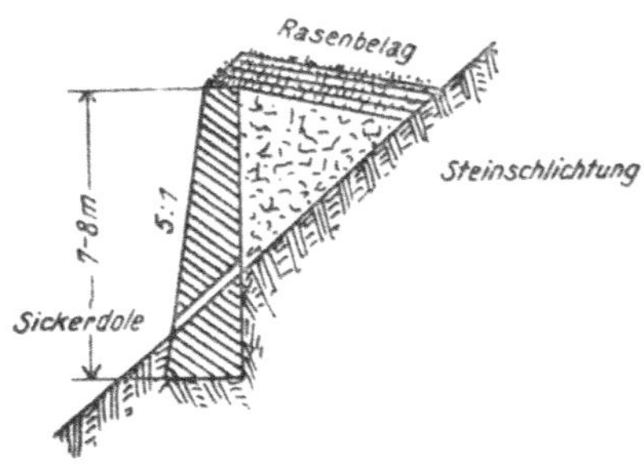

Abb. 189. Hinterfüllte und mit Rasenziegeln erhöhte Stützmauer.

Boden nicht unbedenklich und kann umfangreiche Erhaltungsarbeiten nötig machen. Bei felsigen Hängen fallen diese Bedenken weg.

Bermen werden mitunter auch hinter Querwerken angelegt, um den Schneedruck auf diese abzuschwächen. Demselben Zweck dienen Grundrechen, bestehend aus gut verankerten Altschienenstücken, die in waagrechten Reihen und in Abständen von etwa 2,5 m lotrecht in Fels oder Betonsockel eingelassen werden und 0,7 bis 1,0 m über dem Boden emporragen; sie werden durch zwei Reihen waagrechter Altschienen miteinander verbunden (235).

Das wichtigste Mittel zur Verhinderung von Lawinenabbrüchen sind Stützmauern (Abb. 188), die aus der Hangfläche emporragen. Wirksam ist ihre aufgehende Höhe an der Bergseite. Sie werden ebenfalls meist in unterbrochenen, waagrechten Reihen erstellt und stehen entweder frei oder werden hinterfüllt. In der Regel werden sie trocken gemauert, ausnahmsweise, namentlich für freistehende Ecken, kommt auch Zement- oder Betonmauerwerk zur Anwendung. Für diesen Zweck ist das Mauerwerk besonders sorgfältig auszuführen und auf gutes Waschen des Sandes, Schotters und der Steine zu achten. Bei allen Stützmauern sind gute Fundierung und ausreichende Entwässerung der Fundamente sehr wichtig.

Die am Arlberg ausgeführten Mauern erhielten bei 2 bis 3 m wirksamer Höhe und einem talseitigen Anzug von $^1/_5$ eine Kronenstärke von 0,8 bis 1,0 m an Hängen, bzw. von 1,0 bis 1,5 m in Runsen. Imhof gibt für die Bemessung der Kronenstärke b hinterfüllter Mauern bei einem Anzug von $^1/_5$ und der Höhe h die Formel an: $b = 0{,}4 + \frac{h}{10}$ in Metern (147).

Allenfalls können die Mauern durch Anschlichten von Rasenziegeln um ein Geringes erhöht und dadurch gegen Steinschlag ge-

Abb. 190. Mauerterrasse. Aufnahme E. Hess.

schützt werden (Abb. 189). Bei Steinknappheit behilft man sich mit Mischmauerwerk, bestehend aus wechselnden Scharen von Steinen und Rasenziegeln. Diese Mauern erhalten ein Steinfundament und einen Anzug von $^1/_3$ bis $^1/_4$, und es ist jede Schar sofort mit Erde zu hinterfüllen und diese festzustampfen (127).

Auch Drahtschotterbehälter können zur Erbauung solcher Stützwerke verwendet werden.

Die ersten in der Schweiz erstellten Stützmauern erhielten eine wirksame Höhe von 1 m; diese erwies sich aber bald als zu gering, und in der Folge ging man zu immer größeren Höhen über, in besonders schneereichen Gegenden bis zu solchen von 6 bis 7 m. Diese Mauern werden, um sie vor Beschädigungen zu schützen, mit Steinen hinterbeugt oder mit Erde hinterfüllt. Hierdurch entstehen außerordentlich wirksame Mauerterrassen, für deren gute Entwässerung durch ein schwaches Längsgefälle oder durch

Sickerdolen zu sorgen ist. Sich ergebende Lehnenanschnitte sind, wenn möglich, mit Rasenplaggen zu begrünen (Abb. 190).

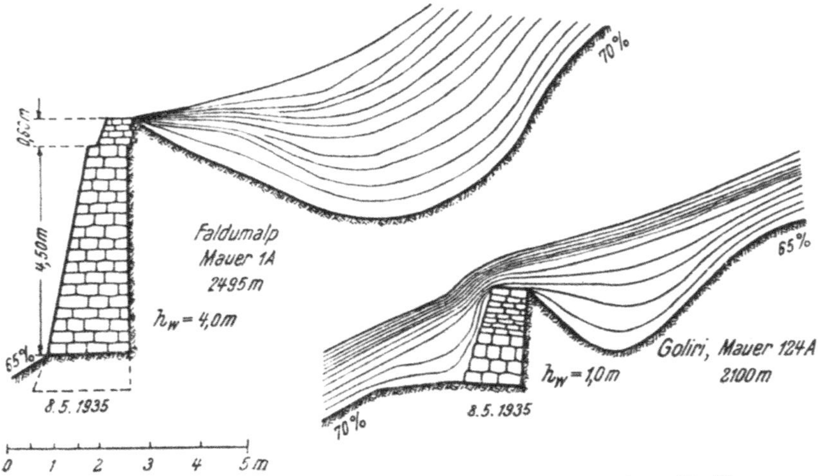

Abb. 191. Schichtenweise Neuschneeablagerungen. Aufnahme E. Hess.

Aus den gemachten Beobachtungen ist zu schließen, daß in Reihen angeordnete, gegeneinander versetzte, kurze Mauerstücke,

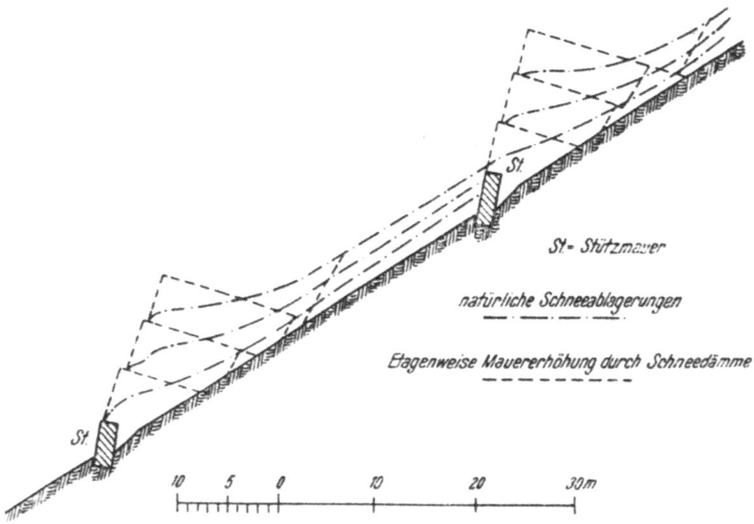

Abb. 192. Schneedämme.

allenfalls auch Mauerpfeiler, auf kompakten Schnee besser wirken als durchgehende Stützmauern. Allerdings unterliegen solche

Mauerstücke und Pfeiler einer besonders starken Inanspruchnahme. Auf Lockerschnee üben sie nur eine sehr geringe Wirkung.

Selbst breite Mauerterrassen und hohe Stützmauern können durch gehäufte Schneefälle, Verwehungen und Schneeschübe unwirksam werden (Abb. 191). In solchen Fällen schritt die österreichische Staatsbahnverwaltung am Arlberg dazu, die Stützmauern mittels aus Schnee gestochener Würfel zu erhöhen. Diese Schneedämme frieren zusammen und bilden im Verein mit der festgestampften Schneehinterfüllung feste Widerstände. Auf solche Weise wurden die Mauern allmählich und mit gutem Erfolg erhöht, in einzelnen Fällen um 15 m (Abb. 192). Leider ist dieses Hilfsmittel nur dort anwendbar, wo die Baustellen im Winter zugänglich sind, und wo für den in Rede stehenden Zweck zur geeigneten Zeit die nötigen Arbeiter und für diese entsprechende Unterkünfte zur Verfügung stehen, was nur selten zutrifft.

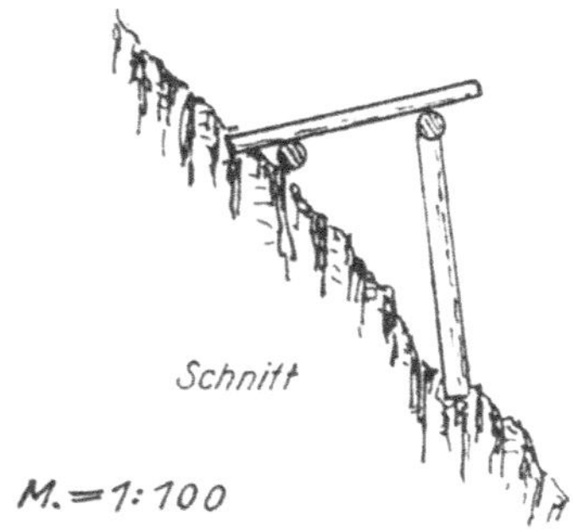

Abb. 193. Hölzerne Schneebrücke.

Schneebrücken (Abb. 193) werden hauptsächlich in Runsen oder Gräben, aber auch freistehend an Hängen erbaut. Eine in die Lehnen eingelassene oder auf Säulen ruhende und nach Bedarf

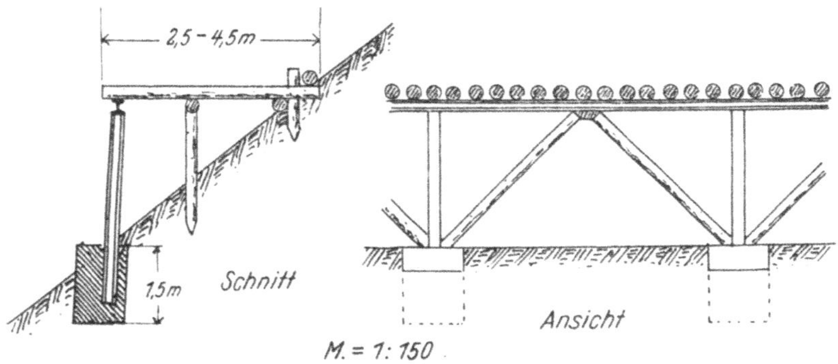

Abb. 194. Schneebrücke mit eisernen Ständern und Längsträgern.

verstärkte hölzerne oder eiserne Querschwelle trägt (Abb. 194) das luftseitige Ende der Bedielungsprügel, deren hangseitiges Ende in den Boden eingelassen oder gleichfalls auf eine Querschwelle gelagert wird. Die etwa 15 bis 20 cm starken und ebensoweit voneinander abstehenden Dielhölzer erhalten eine schwache Neigung gegen den Hang. Die hölzernen Brücken unterliegen einer raschen

Vermorschung. Um diesen Übelstand zu vermeiden, wurden zur Stütze der Dielhölzer wichtiger Schneebrücken in felsigen Gräben mitunter diese überspannende Gewölbebogen errichtet (Abb. 195).

Die Schneebrücken halten unter günstigen Verhältnissen nicht allein große Schneemengen zurück, sondern brechen auch die Gewalt abgehender, nicht zu mächtiger Lawinen und bewirken eine Abdrängung des sie begleitenden Luftstromes, die den unterhalb stehenden Bauten zum Vorteil gereicht.

Abb. 195. Gewölbte Schneebrücke zum Schutze der Arlbergbahn. Aufnahme Ing. Pollaczek.

Als Schneefänge (Abb. 196) bezeichnet man am Arlberg aus waagrechten Querriegeln gebildete, durchlässige Wände, deren 3 bis 4 m voneinander abstehende Ständer aus einfachen oder doppelten, gut verankerten Altschienen oder Walzträgern bestehen, als Schneerechen hingegen ähnliche Bauten mit lotrechten, an Querriegeln befestigten Rechenstäben. Ihre Höhe beträgt 2,5 bis 3 m.

Eine besonders schwere Type ist der 4,2 m hohe Schucan-Schneerechen, bei dem die Ständer und Querriegel aus Altschienen gebildet sind. Das große Gewicht der langen Schienen beschränkt ihre Verwendung auf Baustellen, die durch Aufzüge oder sonstwie leicht erreichbar sind.

Drahtschneerechen (Abb. 197) unterscheiden sich von den vorgenannten Typen dadurch, daß die lotrechten Rechenstäbe statt an Querriegeln an Drahtseilen befestigt sind, die an Ort und Stelle

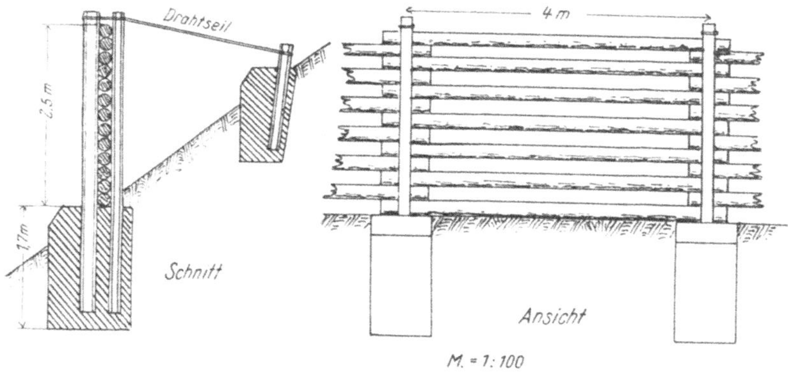

Abb. 196. Schneefang.

aus dreizehn bis siebzehn Drähten von 5 mm Stärke zusammengedreht werden. Diese Bauten müssen besonders in der Längsrichtung gut verankert werden.

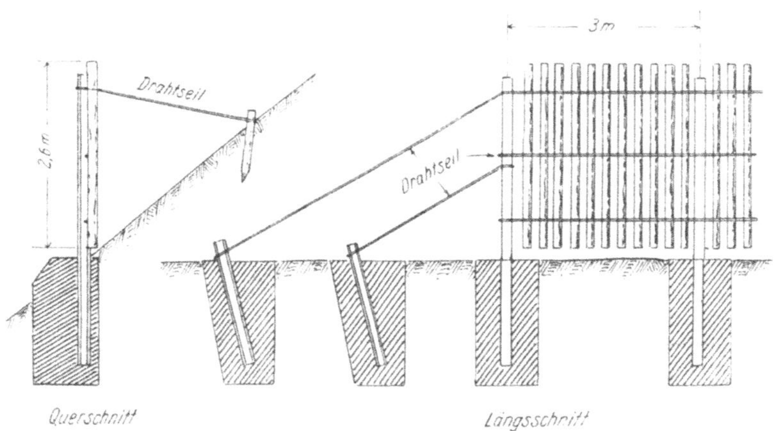

Abb. 197. Drahtschneerechen.

An Stelle der Rechenstäbe können Drahtnetze mit 3 bis 10 cm Maschenweite zwischen die Ständer, die bei diesen Schneegittern oder Schneenetzen (Abb. 198) in Abständen von 2,5 bis 3 m aufzustellen sind, eingespannt werden. Der Neigung dieser Netze zur Sackbildung kann durch Anbringung lotrechter Stäbe entgegengearbeitet werden. Diese Bauten besitzen nur eine verhältnismäßig geringe Widerstandskraft, müssen daher näher aneinander gerückt werden und haben mehrfach gut gewirkt. Sie lassen die Sonnenstrahlen durch, was an sonnigen Hängen das allmähliche Abtauen der sich stauenden Schneemengen begünstigt.

Bei allen diesen vier Bautypen bilden die Verankerungen den schwachen Punkt. Der Kriechdruck des Schnees biegt sie durch und kann sie aus dem Boden reißen. Diese Bauten erfordern einen verhältnismäßig hohen Erhaltungsaufwand und sind daher, obschon sie sich im allgemeinen bewährt haben, auf jene Stellen zu beschränken, woselbst Steine nicht oder nur mit unverhältnismäßig hohen Kosten zu beschaffen sind.

Sowohl die Mauern als die Terrassen, Schneefänge, -rechen und -gitter unterbrechen die Schneedecke auf mehr oder minder lange Strecken und hindern die gleichmäßige Ablagerung des Schnees.

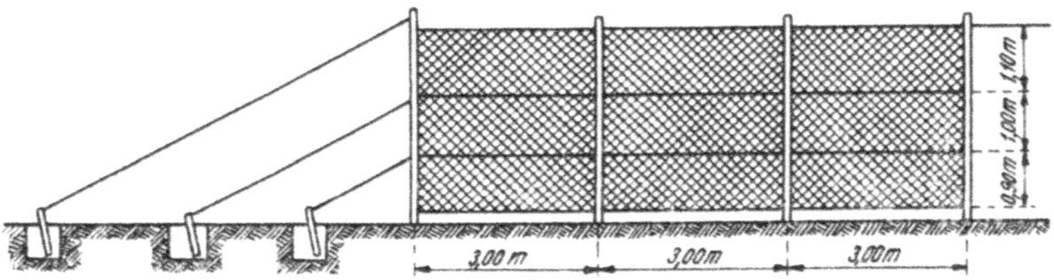

Abb. 198. Schneenetz.

was ihre Wirkung beeinträchtigt. Die Schweiz. Schnee- und Lawinenforschungskommission ließ daher versuchsweise Einzelwerke in der Form von durchlässigen Stützkörpern erstellen (32, 280), die gleich den Waldbäumen den gleitenden Schnee stauen sollen. Die Beobachtungen zeigen, daß die Schneedecke um diese Stützkörper herum infolge der Zugfestigkeit des Schnees sowohl Druck- als Zugzonen aufweist, daß diese Werke daher stärker beansprucht werden und auf kompakten Schnee besser wirken als durchlaufende Wände, auf die, solange sie nicht tief verschneit sind, nur an den freistehenden Enden außer dem Druck auch ein Zug wirkt. Diese Stützkörper bestehen aus dreifüßigen hölzernen oder eisernen Bockgestellen (Abb. 199). Die zwei oberen Träger sind auf Betonsockeln gelenkig gelagert, laufen oben zusammen und werden durch eine Strebe abgestützt. An die Böcke lehnt sich eine aus halben Rundhölzern gebildete, 3 m hohe und 2 m breite Druckplatte in Form eines Rostes, dessen Zwischenräume die gleichmäßige Ablagerung des Schnees ermöglichen sollen. Die Druckplatte schließt mit dem Hange einen Winkel von 90 bis 100°, mit der Strebe einen solchen von 45° ein. Zur Stütze der Druckplatte können auch Mauerpfeiler dienen (Abb. 200).

Auf sehr steilen Hängen, auf denen die Abstützung durch eine Strebe nicht möglich ist, wird der Kopf der beiden bergseitigen Träger mittels eines Drahtseiles verankert; allenfalls können auch mehrere, in der Fallrichtung angeordnete Druckplatten mittels eines gemeinsamen Kabels verankert werden. Dies ist aber teurer und hat weiter den Nachteil, daß sich das Drahtseil bei starker Kälte verkürzt, was den Druck auf die Platte wesentlich vergrößert.

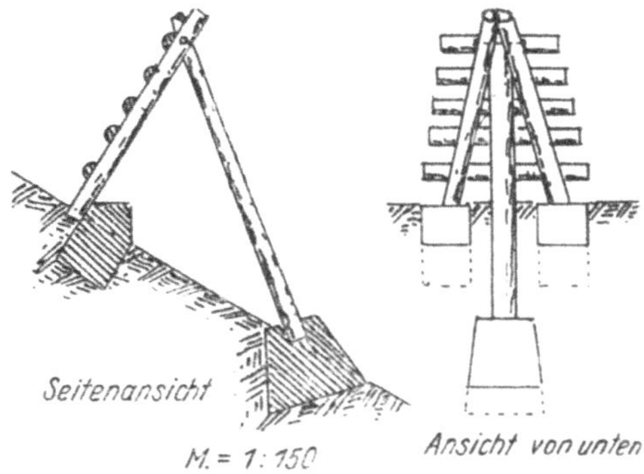

Abb. 199. Stützkörper mit Holzbock.

Diese Stützkörper werden, gegeneinander versetzt, in mehreren Reihen angeordnet, sind leichter ans Gelände anzupassen als Mauern, teilen die Schneemasse in schmale Streifen und gestatten eine bessere Ausnützung der Festigkeit des Baumaterials. Der auf die Druckplatten wirkende Druck ist nach Messungen drei- bis viermal so groß als der theoretisch berechnete Druck auf einen gleich breiten Streifen einer durchgehenden Wand. Er verursacht mitunter eine Quetschung der Rosthölzer an den freien Enden.

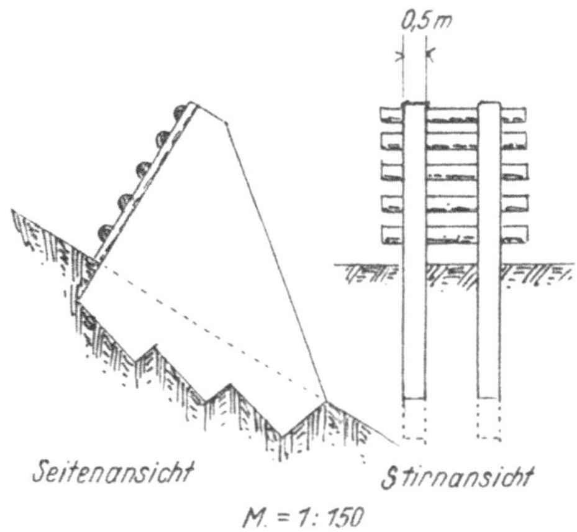

Abb. 200. Stützkörper mit Mauerpfeilern.

Diese Stützkörper, deren Form und Abmessungen sich nach den Verhältnissen zu richten haben, haben sich an manchen Orten bereits bewährt. wirken aber auf kohäsionslosen Schnee minder gut als durchgehende Mauern und werden daher auch keineswegs als Allheilmittel empfohlen.

Manche Lawinen entstehen durch das Abbrechen von überhängenden Wächten, die im Sturz die auf den anschließenden Steilhängen liegenden Schneemassen mit sich reißen. Diese Möglichkeit wird ausgeschaltet, wenn man die Wächtenbildung durch die Erbauung von Sturmbrechern (in der Schweiz Gwächtenmauern genannt) verhindert. Als Beispiel eines solchen Baues sei die von der forsttechnischen Abteilung für Wildbachverbauung, Sektion Linz, in den Jahren 1897 und 1898 auf dem von der Schmittenhöhe bei Zell am See nach Norden streichenden Kamm in etwa 1900 m Seehöhe erbaute Mauerdamm (Abb. 201) erwähnt. Er ist 419 m lang, 2,5 bis 3,0 m hoch und steht 12 bis 15 m vom Steilabfall entfernt am Rande einer sanft gegen Westen abfallenden Hochfläche. Der Boden auf seiner Leeseite wurde abgegraben und dadurch ein ebener Geländestreifen geschaffen, auf dem sich der Schnee ablagert, ohne eine Wächte vorzubauen. Zur Abhaltung der die gleichmäßige Ablagerung störenden Seitenwinde wurden auf dieser Berme fünfzehn Sporne normal zum Damm erbaut (229, 230).

Dieser Bau verhindert dort die Wächtenbildung gleich wie in der Schweiz errichtete ähnliche Dämme. Ebenso wirken in die

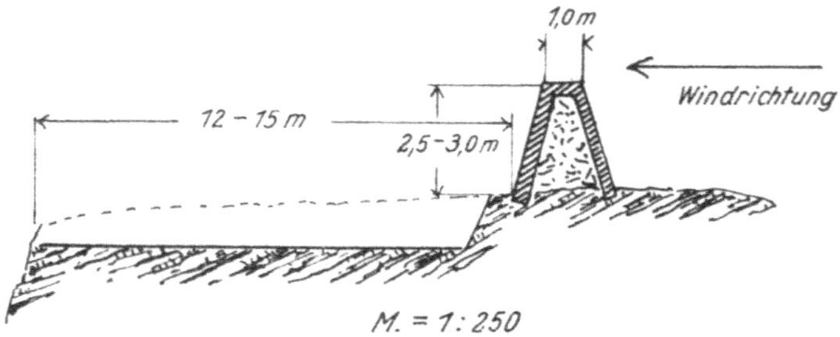

Abb. 201. Sturmbrecher auf der Schmittenhöhe bei Zell am See, Salzburg.

Luft hinausragende Brettertafeln, die am Steilrande angebracht werden und den Schnee in die Höhe wirbeln. Diese Bauten lassen aber die gefährliche Anhäufung des Triebschnees auf dem Leehange unbeeinflußt. Eine solche kann nach den Vorschlägen von Paulcke und Sprecher durch eine Anzahl hintereinandergestellter Sturmbrecher, die das Abtreiben des Schnees von den Luvhängen hintanhalten, verhindert werden (127, 335).

Eine derartige Luvverbauung wurde vor einigen Jahren auf Saflisch im Simplongebiet mit fachwerkartig angeordneten, grobmaschigen Drahtgitterwänden ausgeführt und zeitigte gute Erfolge. An diesen Sturmbrechern lagert sich der Schnee an der Luvseite in einer etwa acht- bis zehnfüßigen, im Windschatten in einer etwas steileren Böschung ab.

Im Gebiet des Trachtbaches bei Brienz im Kanton Bern lösten sich Lawinen infolge der Durchnässung des Bodens mit Quell- und Sickerwässern. Die Abfangung und Ausleitung derselben hatte den gewünschten Erfolg (50).

Zu erwähnen sind endlich noch die Vorschläge, die Schneeablagerungen im Abbruchgebiet in der Hangrichtung zu teilen.

Sie gehen von der Beobachtung aus, daß die an einer Stelle einsetzende Gleitbewegung des Schnees infolge seiner Zugfestigkeit weit um sich greifen und riesige Schneemengen mit sich reißen kann (127). Erstmals wurde ein solcher Vorschlag im Jahre 1876 von Viollet le Duc gemacht, der diese Teilung durch Mauerkeile bewirken wollte. Ähnliche Vorschläge machten später Marti und Saldarelli, doch begegneten sie Widersprüchen und es ist nicht bekannt, ob sie mit Erfolg verwirklicht wurden. Dies trifft auch zu für den Vorschlag von Sprecher, die Schneeablagerungen durch in der Hangrichtung zu grabende Schlitze zu teilen. Eine solche Arbeit würde natürlich die größte Vorsicht erfordern, um die Arbeiter nicht zu gefährden, und dürfte wohl nur unter besonders günstigen Verhältnissen mit Erfolg durchführbar sein.

Anfänglich wurden die Lawinenverbauungen dem Gelände nach Gutdünken angepaßt. Später wurden auf Grund von Erfahrungen und Überlegungen verschiedene Regeln hiefür aufgestellt. Demontzey empfiehlt z. B., die Summe der Terrassenflächen einem Sechstel der Abbruchflächen gleich zu machen. Nach demselben Gesichtspunkt bemessen Jourdan-Laforte und Campell den Abstand der Bauten, und zwar führt Ersterer den horizontalen Abstandsfaktor $f_h = \frac{B}{b}$ ein (Abb. 202), den er je nach den Verhältnissen zwischen neun und zwölf ansetzt, während Campell nach dem Einbauprozent rechnet und dasselbe nach dem Hanggefälle wie folgt abstuft:

Gefälle	60 — 70,	70 — 80,	80 — 90,	90 — 100,	100 — 120 %
E % =	13,6	15,5	16,7	20,0	21,1

Obige Vorschrift von Demontzey entspricht also einem Einbauprozent von 16,7, jene von Jourdan-Laforte einem solchen von 11,1 bis 8,3 %.

Fankhauser (76) führt hingegen den vertikalen Abstandsfaktor $f_v = \frac{B}{h}$ ein, der zwischen 2,0 und 7,1 gewählt werden soll, während Imhof den Höhenabstand nach der empirischen Formel $h \leqq 12\,d$ bzw., wenn zwischen den Mauern noch eine Erdterrasse eingeschaltet wird, mit $h \leqq 18\,d$ berechnet wissen will.

Hess bemerkt richtig, daß diese Berechnungen die Schneehöhe unberücksichtigt lassen, obschon sie von größter Wichtigkeit ist, und empfiehlt eine sorgfältige Beobachtung der ausgeführten Bauten im Winter und ihre rechtzeitige Ergänzung, falls sich eine solche als notwendig erweist.

Den Schneedruck P auf eine Mauer berechnet Pollak, ähnlich wie auch andere Ingenieure, unter der Annahme, daß die zwischen ihr und der nächstoberen Mauer liegende Schneemenge als Ganzes einen Druck ausübe, nach der Formel:

$$P = H \cdot B \cdot \gamma_s (\sin \alpha - f \cos \alpha)$$

(234). Hierin bedeuten H die lotrechte Schneehöhe, B den Horizontalabstand der Mauern, γ_s das Gewicht von 1 m^3 Schnee, α den Neigungswinkel des Hanges und f den Reibungsbeiwert. Diesen letzteren berechnet er an einem Beispiele aus der ermittelten Lawinengeschwindigkeit auf 0,62, was einem Reibungswinkel von 32° entspricht. Aus dem Druck und dem Mauergewicht läßt sich dann der zulässige Mauerabstand berechnen. Da Lawinen aber noch an Hängen mit viel sanfterer Neigung abgehen, sind der Reibungswinkel und der Reibungsbeiwert in Wirklichkeit weit niedriger; sie sind von der Schneebeschaffenheit abhängig, und der letztere wird meist mit 0,5 angenommen, er kann aber bis auf 0,02 herabsinken. Auch die sonstigen Annahmen treffen nicht zu, so daß diese Rechnungsmethode kein richtiges Ergebnis liefert.

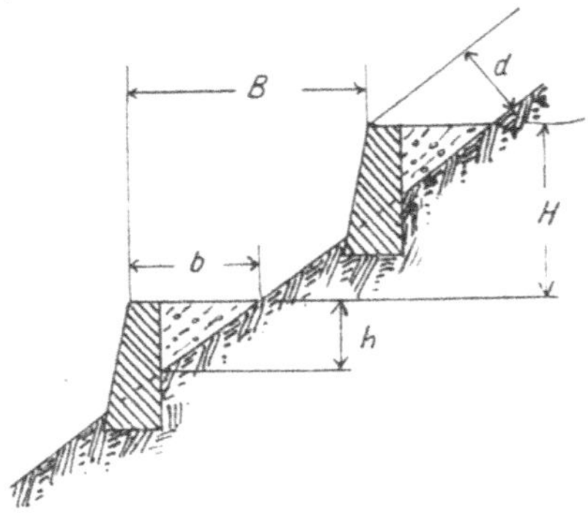

Abb. 202. Bemessung des Werksabstandes.

M o u g i n verweist zwar auf die Unzuverlässigkeit derartiger Berechnungen, weil sich die Dichte und die innere Festigkeit des Schnees stark ändern und uns nicht bekannt sind, will aber doch Anhaltspunkte zur Beurteilung des gegenseitigen Mauerabstandes geben. Er geht hiebei von der Annahme aus, daß sich eine Lawine dann bilden könne, wenn der auf dem Hang liegende Schnee imstande ist, den auf der Terrasse, bzw. über der durch die Mauerkrone gedachten Waagrechten lagernden Schnee wegzuschieben. Aber auch diese Annahme trifft nicht zu und ebensowenig ist die von W e l z e n b a c h vorgeschlagene Berechnung nach der R e b h a n n schen Methode der Erddruckberechnung als richtig anzusehen, weil ganz andere Kräfte als beim Erddruck auftreten.

Ihre Erforschung zählt zu jenen Aufgaben, die sich die Schweiz. Schnee- und Lawinenforschungskommission gestellt hat. Diese hat durch sorgfältige Beobachtung der Veränderungen der Schneedecke und der Schneebewegungen, durch Scherversuche und Messungen des Schneedruckes und -zuges grundlegende Unterschiede der Mechanik von Schnee und Erde festgestellt und das Ergebnis in einer ausführlichen Schrift „Der Schnee und seine Metamorphose“ (280) veröffentlicht. Diese Beobachtungen liegen auch der Schrift von R. H a e f e l i „Erdbaumechanische Probleme im Lichte der Schneeforschung“ zugrunde (104).

Die stetig fortschreitende, bruchlose Verformung, die der Schnee durch die dauernd auf ihn wirkenden Kräfte erleidet, beruht auf Zusammendrückung, Dehnungen und Schiebungen, von denen namentlich die letztere für die langsame Kriechbewegung, das Entstehen kritischer Spannungen in der Schneedecke und die Lawinenbildung von größter Bedeutung sind.

In welch weiten Grenzen der Schneedruck schwankt, geht aus folgenden Angaben hervor: der Druck auf eine 1 m^2 messende Druckplatte betrug beispielsweise am 4. Dezember 1936 am Beginn der Messung bei 1,8 m Schneehöhe 0, stieg binnen 98 Stunden, während denen die Schneehöhe auf 1,72 m zurückgegangen war. auf 291 kg, sank bis zum 6. Jänner auf 183 kg, stieg nach neuerlichen Schneefällen wieder an und erreichte Mitte Mai bei 3,28 m Schneehöhe sein Höchstmaß von 1850 kg. Bei sonst übereinstimmenden Verhältnissen, d. h. bei gleicher Hangneigung, gleicher Reibungszahl für die Bodenoberfläche. gleicher Höhe und gleichem Raumgewicht des Schnees ist der Schneedruck von den mechanischen Eigenschaften der Schneedecke abhängig und steigt mit deren Zähigkeit. Die Zerreißfestigkeit der Schneeproben schwankte zwischen 10 und 123 kg/dm^2, die Druckfestigkeit zwischen 14 und 160 kg und der Kohäsionswert zwischen 0,2 und über 200 kg/dm^2. Auch die Reibungszahl schwankt sehr stark und ebenso die bei einer Zugkraft von 5,6 kg/dm^2 gemessene Dehnung.

In dem in der erstangeführten Druckschrift enthaltenen Aufsatz „Schneemechanik mit Hinweisen auf die Erdbaumechanik“ wertet Dipl.-Ing. R. H a e f e l i die Ergebnisse der Druckmessungen aus. Demselben ist kurz folgendes zu entnehmen: Der Schneedruck setzt sich zusammen aus dem statischen und dem Kriechdruck: $S = S_s + S_k$. Die einwandfreie Berechnung des ersteren ist nach dem derzeitigen Stand der Schneeforschung nicht möglich, doch bleibt er stets unter einem Grenzwert, für den, bezogen auf eine senkrecht zum Hang stehende Druckplatte, die Formel gilt: $S_s < \gamma_s \frac{H^2}{2} \cos^3 \Psi$. In derselben bedeuten γ_s das Gewicht von 1 m^3 Schnee, H die lotrechte Schneehöhe und Ψ den Neigungswinkel des Hanges.

Beim Kriechdruck sind zwei Fälle zu unterscheiden, je nachdem die Scherfestigkeit im Inneren der Schneedecke und zwischen Boden und Schnee a) größer, b) kleiner ist als die zur direkten Übertragung des Eigengewichtes in lotrechter Richtung erforderlichen spezifischen Reibungskräfte. Auf eine lotrechte Wand, die nicht vollkommen eingeschneit ist, wirkt nur die oberhalb befindliche Druckzone, auf einen der vorerwähnten Stützkörper außer dieser auch die hangabwärts anschließende, wesentlich größere Zugzone. H a e f e l i hat nun unter Zugrundelegung einiger

Voraussetzungen Formeln zur Berechnung des Kriechdruckes für die sich ergebenden vier Fälle aufgestellt und führt auch Zahlenbeispiele durch. Diese Formeln setzen aber die Messung der an der Oberfläche und am Grunde der Schneedecke eingetretenen Verschiebungen und die experimentelle Ermittlung der Breite der Zugzone voraus. Sie werden daher zur Veranschlagung des auftretenden Druckes, also für die Projektierung, erst dann benützbar, wenn für die Verschiebungen und die Zugzonenbreite praktisch verwendbare Werte ermittelt sein werden. Den Rechnungsbeispielen liegen außer obigen Voraussetzungen folgende Annahmen zugrunde: lotrechte Schneehöhe 3 m, Hangneigung 30°, die ebene Stützwand steht senkrecht zum Hang, Schneegewicht 350 kg/m^3, Verschiebung des Schnees auf dem Boden 5, an der Oberfläche 10 mm im Tag, Breite der Zugzone 6 m. Der Schneedruck auf dem laufenden Meter einer durchgehenden Wand wurde für den Fall a) auf 1,03, für den Fall b) auf 9,1 t berechnet, jener auf einen einzelnen 1 m breiten Stützkörper für den Fall a) auf 26,4, für den Fall b) auf 32,8 t. Hiebei blieb der statische Druck in der Annahme unberücksichtigt, daß er auf der Zug- und Druckseite in gleicher Größe, aber im entgegengesetzten Sinne wirke, was eine gleiche Schneehöhe auf beiden Seiten voraussetzt.

Aus diesen Ausführungen geht hervor, daß bestimmte Regeln für eine einwandfreie statische Berechnung der Lawinenverbauungen heute noch nicht aufgestellt werden können.

Vor der Planung einer Lawinenverbauung müssen die Verhältnisse im Anbruchgebiet sorgfältig erhoben, und es muß der Zustand desselben, und zwar bei hoher Schneelage, erforscht und seine Ausdehnung festgestellt werden. Hiebei sind jene Stellen zu ermitteln, die für das Entstehen der Lawinen besonders gefährlich sind.

Entscheidend für die Lawinenverbauung sind:

1. die Art, Wichtigkeit, der Wert und die Abmessungen bzw. Ausdehnung der zu schützenden Objekte;

2. die Art der Lawinen, gegen die man sich schützen will, ihr größter Rauminhalt und die Höhe der Schneelage im Abbruchgebiet, mit denen unter den ungünstigsten Verhältnissen zu rechnen ist, ferner die Ursache des Lawinenabbruches;

3. die Neigung, Exposition und Seehöhe der Anbruchsfläche, die Geländebeschaffenheit und die Vegetationsverhältnisse dortselbst, im Lawinenzug und im Ablagerungsgebiet, endlich die Eigentums- und Rechtsverhältnisse, welche durch die Bauten berührt werden;

4. die Baustoffe, die an Ort und Stelle zur Verfügung stehen oder mit erschwinglichen Kosten zu beschaffen sind;

5. endlich kann die zur Ausführung verfügbare Zeit unter Umständen eine Rolle spielen.

Auf Grund dieser Erhebungen ist dann zu entscheiden, ob man sich auf Maßnahmen zum unmittelbaren Schutz der bedrohten Objekte beschränken kann oder ob eine Verbauung des Anbruchgebietes notwendig (Abb. 202) und durchführbar ist oder eine Verbindung beider, und welche Maßnahmen hiefür in Betracht zu ziehen sind, oder ob es möglich und vorzuziehen ist, die Gefahr durch

Abb. 203. Lawinenverbauung im Benediktentobel zum Schutze der Arlbergbahn. Aufnahme Ing. Pollaczek.

künstliches Lösen von Lawinen zu bannen. Zum Schutz der Verkehrswege erweist sich oft der Bau von Galerien und Schutzdächern oder die Trassenverlegung in einen Tunnel als zweckmässiger als die Verbauung des Anbruchgebietes, die allerdings auch anderen Liegenschaften zugute kommen kann. Auch die Verlegung der gefährdeten Objekte aus dem Lawinenbereich ist unter Umständen einer Verbauung vorzuziehen.

Alle Bauten, die Bodenwiderstände schaffen, verlieren ihre Wirksamkeit ganz oder zum Teil, wenn sie vollkommen eingeschneit sind und nicht mehr über den Schnee emporragen, bzw.

wenn die Terrassen und Vertiefungen hinter den Werken mit Schnee angefüllt sind und das Hanggefälle nicht mehr brechen. Verharscht dann die Oberfläche des Schnees, so kann der sich darüber ablagernde Neuschnee leicht ins Rutschen geraten und als Oberlawine abgehen.

Bei geringen Schneehöhen ist das Abbrechen von Lawinen verhältnismäßig leicht zu verhindern, je mächtiger die Schneelage aber wird, desto höhere Bauten sind zu diesem Zweck erforderlich. Da Vertiefungen und Mulden durch den Schnee angefüllt, vorragende Rücken und Kanten hingegen minder tief verschneit oder gar vom Winde freigeblasen werden, müssen Bauten in Mulden und Gräben höher und kräftiger gehalten werden als solche auf Geländevorsprüngen, und sind Bauten, die aus der Lehne emporragen, wirksamer als in diese eingeschnittene. Bei der Unberechenbarkeit der Schneehöhe ist eine Sicherheit für die Wirkung der Bauten in sehr schneereichen Gegenden schwer zu erzielen. Immerhin halten sie wenigstens die tieferen Schneeschichten fest, verhindern ihr Abgleiten vom Boden und schränken die Größe der Lawinen ein.

Eine unzureichende Verbauung vermag das Abgehen von Lawinen, die sowohl die zu schützenden Objekte als auch die bereits ausgeführten Werke beschädigen können, nicht zu verhindern. Grundsätzlich muß die Verbauung des Abbruchgebietes sehr sorgfältig ausgeführt werden und bis zu dessen oberstem Rand reichen; sie ist oben zu beginnen und hangabwärts fortzusetzen. Hess empfiehlt, langsam zu bauen, um die Wirkung der erstellten Werke beurteilen zu können, und warnt vor einem überstürzten Vorgehen, betont aber, daß die hergestellten Bauten sorgfältig beobachtet und nach Bedarf durch Mauererhöhungen u. dgl. oder Einschaltung von Zwischenwerken rechtzeitig vervollständigt werden müssen.

Auf eine gründliche Verbauung ist daher größter Wert zu legen. Immerhin sind Verhältnisse denkbar, unter denen das Abgehen kleiner Oberlawinen keinen oder höchstens geringen Schaden verursacht. In diesem Falle ist ein minder intensiver Weitverbau zulässig im Gegensatz zum Engverbau, der allen Abbrüchen vorbeugen soll (234).

Es haben sich keineswegs alle bisher ausgeführten Verbauungen bewährt und auf einen durchschlagenden Erfolg kann man nur dann sicher zählen, wenn es gelungen ist, das Anbruchgebiet zu bewalden, in allen anderen Fällen nur dann, wenn die Verbauung auf die ungünstigsten Verhältnisse berechnet ist. Die Schneeverhältnisse wechseln von Jahr zu Jahr in weiten Grenzen; Jahre mit normalen Schneemengen gestatten kein Urteil darüber, ob eine Verbauung auch unter abnormalen Verhältnissen ihre Aufgabe zu erfüllen vermag, und selbst bei der gleichen Schneehöhe kann die verschiedene Schneebeschaffenheit das eine Mal eine hohe Gefahr bedingen, das andere Mal eine solche völlig ausschließen.

Von größter Wichtigkeit ist auch die sorgfältige und peinlich genaue Erhaltung der Verbauungen. Sie hat zu umfassen: das Nachkeilen der Trockenmauern, die Instandsetzung der Schneebrücken, Schneefänge, -rechen und -gitter, der Terrassen, Verpfählungen und sonstigen Werke, die Ausbesserung der Abzugsgräben und Sickerdolen, die Ausebnung von Materialnachbrüchen, das Nachfüllen der Anschüttungen, die Nachbesserungen der Forstkulturen und Rasenabdeckungen und das Abmähen des Rasens. Namentlich darf auch nicht versäumt werden, im Falle der Notwendigkeit die Verbauungen rechtzeitig zu ergänzen.

Die Verhältnisse im Hochgebirge bedingen für die Lawinenverbauung einen großen Bau- und Erhaltungsaufwand, und bei besonders ungünstigen Geländeverhältnissen ist trotz großer Aufwendungen eine Sicherheit vor Lawinen nicht zu erzielen.

Umfangreiche Verbauungen können nur dort ausgeführt werden, wo es sich um den Schutz größerer Siedlungen, besonders wertvoller Objekte oder wichtiger Verkehrswege handelt. Um so wichtiger ist es, alles zu vermeiden, was die Lawinengefahr vergrößern könnte, in welcher Beziehung namentlich der Schutz und die Pflege des Waldes von größter Wichtigkeit sind.

Quellennachweis.

Abkürzungen.

ABZ. .... Allgemeine Bauzeitung, Wien.
CfF. .... Centralblatt für das gesamte Forstwesen, Wien.
DF. .... Der deutsche Forstwirt.
DWW. .... Deutsche Wasserwirtschaft, Berlin.
FHZ. .... Forst- und holzwirtschaftliche Zeitung, Wien.
MBD. .... Österreichische Monatsschrift für den öffentlichen Baudienst.
WBD. .... Österreichische Wochenschrift für den öffentlichen Baudienst.
MDÖAV. .... Mitteilungen des Deutschen und Österreichischen Alpenvereins.
ZDÖAV. .... Zeitschrift des Deutschen und Österreichischen Alpenvereins.
ZÖAV. .... Zeitschrift des Österreichischen Alpenvereins.
SBZ. .... Schweizerische Bauzeitung.
SWW. .... Schweizerische Wasserwirtschaft.
SZF. .... Schweizerische Zeitschrift für Forstwesen.
VfF. .... Österreichische Vierteljahrsschrift für Forstwesen.
ZVW. .... Zeitschrift des Verbandes der österreichischen Wildbachverbauungsingenieure (internes Organ).
WW. .... Die Wasserwirtschaft, Wien.
WWT. .... Wasserwirtschaft und Technik, Wien.
Wk und Ww. .... Wasserkraft und Wasserwirtschaft, München.
WÖIAV. .... Wochenschrift des österreichischen Ingenieur- und Architektenvereins.
ZÖIAV. .... Zeitschrift des österreichischen Ingenieur- und Architektenvereins.

1. Abel, O.: Einige Worte über das Entstehen der Ferschbachmure, Verhandlungen der Geolog. Reichsanstalt, Wien. H. 11/12. 1899. — 2. Abteilung für Wildbachverbauung, Sektion Graz: Bericht über Dichtungsmittel und Härtemittel des Betons. ZVW., H. 11. 1931. — 3. Abteilung für Wildbachverbauung. Sektion Innsbruck: Projekte und Berichte. — 4. Abteilung für Wildbachverbauung, Sektion Linz: Berichte und Pläne. — 5. Abteilung für Wildbachverbauung, Sektion Salzburg: Berichte und Pläne. — 6. Ackerbauministerium, Wien: Die Wildbachverbauung in den Jahren 1883—1894. Wien. 1895. — 7. A. F. M.: Die Moore und die Wasserwirtschaft. Wk und Ww., 1938, H. 1/2. — 8. Aichinger, E.: Vegetationskunde der Karawanken. Jena: G. Fischer. 1933. — 9. Albisetti, C.: La Sistemazione dei Torrenti, Festschrift zum 50jährigen Bestehen der Eidgen. Inspektion für Forstwesen, Jagd und Fischerei, 1876—1926. Bern. 1926; — 10. —: Entwässerung im Dienste der Forstwirtschaft. SZF., H. 1. 1938. — 11. Anderlind: Ein Beitrag zur Geschichte der Horizontalgräben; Allgem. Forst- und Jagdztg. 1902. Besprechung in WBD. 1903. — 12. Andreocci, A.: Besondere Arten von Wildbachverbauungen im Passeyertale des Magistrato alle Acque Italiano. Wk und Ww., H. 4/5. 1931; — 13. —: Eisenbetonkästen für Wildbachverbauungen. Wk und Ww., H. 23. 1931. — 14. Angerholzer, F.: Über die Länge des Vorfeldes bei Querwerken in

Wildbächen. CfF., H. 11. 1913; — 15. —: Grundschwellen in Eisenbeton. WBD., H. 21. 1914. — 16. Anonym: Eine neuartige Energievernichtungsanlage. Wk und Ww., H. 7. 1927; — 17. —: Bewaldung und Hagelgefahr. CfF., H. 6. 1900; — 18. —: Landwirtschaftliche Zwischennutzung als forstliche Kulturmaßnahme. DF., H. 3. 1945. — 19. Armani, A.: Über die Bewegung des Wassers in gestaffelten Gerinnen. ZÖIAV. 1894.

20. Badura, G.: Grundsätzliches über den Wassertransport des Holzes in natürlichen Gerinnen. Hauska: Das forstliche Bauingenieurwesen, Bd. II, Wassertransportanlagen. Wien: C. Gerolds Sohn. 1936. — 21. Balsiger: Die landwirtschaftlichen Zwischennutzungen und ihr Einfluß auf den Waldboden. SZF. 1907. — 22. Barbey: Alpverbesserungen und Wytweiden im Jura (Auszug). SZF. 1907. — 23. Baretti: Il Lago del Rutor. Bollettino del Club Alpino Italiano, 1880. — 24. Bartosek, G.: Höchste und mittlere Niederschlagsmaxima im Donaugebiet. WBD., H. 18/19. 1914. — 25. Baumann, J.: Die industrielle Auswertung der Tiroler Wasserkräfte. Innsbrucker Nachrichten vom 13. VII. 1921. — 26. Berenger: Über die Zweckdienlichkeit der Sickergräben. CfF. 1883. — 27. Berger: Überfallsformeln. Wk und Ww. 1931. — 28. Bierbaumer, A. und Siegl, M.: Lawinen- und Steinschlagsgefahren und die Mittel zu ihrer Bekämpfung. ABZ. 1915; — 29. —: Sicherung des Eisenbahnbetriebes gegen Lawinengefahr. Organ für die Fortschritte des Eisenbahnwesens, H. 17. 1925. — 30. Blaas, J.: Über Terrainbewegungen bei Bruck und Imming im vorderen Zillertal. Verhandl. der Geolog. Reichsanstalt, Wien. H. 7/8. 1936. — 31. Bleich-Melan: Taschenbuch für Ingenieure. Berlin-Wien: J. Springer. 1926. — 32. Blumer, E.: Neuartige Lawinenverbauungen. SZF., H. 6. 1942. — 33. Bote für Tirol und Vorarlberg, 1821. — 34. Brandl, L.: Die Wiener Donauhafenfrage. ZÖIAV., H. 50—52. 1923. — 35. Braun, G.: Über Bodenbewegungen. Jahresber. der Geolog. Gesellschaft in Greifswald, 1907/1908. — 36. Braun-Blanquet: Pflanzensoziologie. Berlin: J. Springer, 1928. — 37. Breitenlohner, J.: Wie Murbrüche entstehen, was sie anrichten und wie man sie bändigt. Wien. 1883; — 38. —: Die meteorologischen Radialstationen zur Lösung der Waldklimafrage. CfF., H. 3. 1893; — 39. —: Die horizontalen Sickergräben im Hochgebirge. CfF., H. 2. 1883; — 40. —: Die Funktion der horizontalen Sickergräben. CfF., H. 3. 1883. — 41. Buchholz, E.: Der Wald als Klimafaktor in der russischen Ebene. Zeitschr. für Weltforstwirtschaft, Bd. VIII, H. 7. 1941. — 42. Burger, H.: Einfluß des Waldes auf den Stand der Gewässer. Mitteilung der Schweiz. Anstalt für das forstl. Versuchswesen, Bd. XVIII, H. 2, Zürich, 1934, und Bd. XXIII, H. 1, 1943; — 43. —: Physikalische Eigenschaften von Wald- und Freilandböden. Mitteilungen der Schweiz. Anstalt für das forstl. Versuchswesen, Bd. XV, H. 1, 1929, und Bd. XX, H. 1; — 44. —: Wald und Wasserhaushalt. SZF., 1929; — 45. —: Einfluß des Waldes auf den Wasserabfluß bei Landregen. SZF., 1929; — 46. —: Einfluß des Waldes auf den Wasserabfluß. Vortrag in Chur am 10. I. 1930.

47. C.: Anschwellen des Hochwassers bei Wind. CfF., H. 9/10. 1921. — 48. Casagrande, L.: Zur Entwässerung feinkörniger Böden DWW., H. 11. 1941. — 49. Coaz, J.: Die Lawinen der Schweizer Alpen. Bern. 1888; — 50. —: Statistik und Verbau der Lawinen in den Schweizer Alpen. Bern. 1910. — 51. Culman: Untersuchung der schweizerischen Wildbäche. Zürich. 1864.

52. Dalgas, Ch.: Der Einfluß der Anpflanzungen auf die Niederschlagsverhältnisse (Auszug). DWW., H. 1. 1943. — 53. Dalla Torre, K. W.: Tirol, Vorarlberg und Liechtenstein. Junks Naturführer. Berlin: W. Junk. 1913. — 54. Demontzey, P.: Studien über die Wiederbewaldung und Berasung der Gebirge. Aus dem Französischen übersetzt von A. v. Seckendorff. Wien: C. Gerolds Sohn. 1880. — 55. Derron, E.: Über Vorausberechnung der Hochwasserabflußmengen. S.-A. aus „Straße und Verkehr". H. 18/19. 1938. — 56. Deuerling, Ph.: Erfahrungen auf dem Gebiete der Wildbachverbauung in Bayern. DWW., H. 12. 1928. — 57. Dietrich: Die Nebennutzungen. Lorey-Weber: Handbuch der Forstwissenschaft, 4. Aufl., Bd. II. Tübingen: H. Laupp.

1925. — 58. Donat: Die Wirkung der Dränungen. DWW., H. 8. 1936. — 59. Duhm, J.: Der Flußbau. Wien: G. Fromme und Co. 1946. — 60. Duile, J.: Über Verbauung der Wildbäche in Gebirgsländern. Innsbruck: Wagner. 1826.

61. Ebermayer, E.: Einfluß der Wälder auf die Luftfeuchtigkeit, auf das Sickerwasser, auf das Grundwasser und auf die Ergiebigkeit der Quellen. Stuttgart: F. Enke. 1900. — 62. Eckert: C. E. Ney: Der Wald und die Quellen. VfF., H. 1. 1895. — 63. E. H.: Über den Einfluß des Waldes auf die Ergiebigkeit und Nachhaltigkeit der Quellen. CfF. 1899. — 64. Ehrenberger, R.: Eine neue Geschwindigkeitsformel für künstliche Gerinne mit starker Neigung und Berechnung der Selbstbelüftung des Wassers. SWW., H. 28/29. 1930; — 65. — : Kolksicherer Sturzboden von Pfletschinger-Läufer. WW., H. 17. 1930. — 66. Eidgen. Amt für Wasserwirtschaft: Mitteilung 4: Bettbildung, Geschiebe- und Schwebstofführung (Auszug). SBZ., Bd. 115, H. 4. 1940. — 67. Eidgen. Inspektion für Forstwesen, Jagd und Fischerei, Bern. Schriftliche Mitteilungen. 1945/46. — 68. Eidgen. Oberbauinspektorat: Die Wildbachverbauung in der Schweiz, Bd. 1 und 2. Bern. 1890 und 1892; und: Die Wildbachverbauung und Flußkorrektion in der Schweiz, Bd. 3. 1914. — 69. Engler, A.: Zur Waldklimafrage. Auszug aus einem Vortrag in der geographischen Gesellschaft in Zürich. SZF., H. 2 und 3. 1900; — 70. — : Über Verbau und Aufforstung von Lawinenzügen. CfF., H. 3 u. 4. 1907; — 71. — : Untersuchungen über den Einfluß des Waldes auf den Stand der Gewässer. Mitteilungen der Schweiz. Anstalt für das forstl. Versuchswesen, Bd. XII. Zürich. 1919. — 72. Erhart, J.: Forstlich-biologische Eigenschaften jener Laubbäume und Sträucher, welche in unserem Verbauungsgebiet vorkommen und dort für die Bodenbindung von Bedeutung sind. VZW., H. 9. 1929. — 73. Ertl, O.: Der mittlere jährliche Gang des Wasserhaushaltes eines Gebirgsflusses. DWW., H. 2. 1940.

74. F., Dr. v.: Die Hochwasserkatastrophe am Rhein im November und Dezember 1882 von M. Honsell. Besprechung CfF., H. 2. 1884. — 75. Fankhauser, F.: Wald und Wildbäche. Referat für den landwirtschaftl. Kongreß Wien. SZF., 1907; — 76. — : Bestimmung des Abstandes der Einbauten beim Lawinenverbau. SZF., H. 1. 1912; — 77. — : Über Drahtetter. SZF., H. 7. 1909. — 78. Felber, V.: Neues Verfahren zur Berechnung der Hochwassermenge aus den Niederschlägen. DWW., H. 2 u. 3. 1939. — 79. Finsterwalder, S.: Der Vernagtferner. Wissenschaftl. Ergänzungshefte zur ZDÖAV. 1897. — 80. Flaig, W.: Lawinen! Leipzig: F. A. Brockhaus. 1935. — 81. Forchheimer, Ph.: Über den Höchstwasserdurchfluß im südlichen Teil von Europa. WBD., H. 1. 1916; — 82. — : Der Wolkenbruch im Grazer Hügelland am 16. Juli 1913. Sitzungsbericht der Akademie der Wissenschaften, Wien. Naturwissenschaftl. Klasse, Bd. 122, 2a. Wien. 1913. — 83. Der österreichische Forstkongreß. CfF., H. 4. 1893. — 84. Förster, G.: Das forstliche Transportwesen. Wien: M. Perles. 1885. — 85. Fraenkel, W.: Ein interessantes meteorologisches Phänomen. Die Umschau in Wissenschaft und Technik, H. 49. 1932. — 86. Francé, R. H.: Ewiger Wald. 6. Aufl. Leipzig: R. Eckşteins Nachf. 1930. — 87. Frauenfelder, E.: Strömender oder schießender Abfluß? SBZ, Bd. 84. 1924. — 88. Frech, F.: Über Muren. ZDÖAV. 1898. — 89. Friedrich, W.: Das Märzhochwasser 1930 im südlichen Frankreich. DWW., H. 8. 1932. — 90. Fritsch, J.: Das Rheindelta im Bodensee. Seegrundaufnahme vom Jahre 1941. S.-A. aus dem Jahresbericht für 1942 der gemeinsamen Rheinkommission. Bregenz. 1943.

91. Gams, H.: Die Wahl der zur künstlichen Berasung und Bebuschung von Bachbetten, Schutthängen und Straßenböschungen geeigneten Pflanzen des Alpengebietes. Als Manuskript für Wildbach- und Lawinenverbauungsämter vervielfältigt 1939; — 92. — : Die natürliche und künstliche Begrünung von Fels- und Schutthängen in den Hochlagen. Forschungsarbeiten aus dem Straßenwesen, H. 25. 1940 (Auszug in DWW., H. 6. 1940); — 93. — : Die ökolog. und biozönotischen Voraussetzungen der Lebendverbauung. S.-A. aus Forschungsdienst, Organ

der deutschen Landwirtschaftswissenschaft, Bd. 12, H. 4. 1941. — 94. Generalinspektor für das Deutsche Straßenwesen: Die lebende Verbauung. Archiv für Wasserwirtschaft, H. 72, 1943, und zwar Becker, Dr.-Ing.: „Die Pflanze als Baustoff", und Frank, F. und Czermak, H.: „Anleitung für die lebende Verbauung im Fluß- und Straßenbau." — 95. Gentilini: Stramazzi con cresta a pianta obliqua ed a zigzag. L' Energia Elettrica, H. 10. 1941. — 96. Gletschersees, Ableitung eines: MDÖAV. 1904. — 97. Graebe: Bericht über die 5. Jahresversammlung deutscher Forstmänner zu Eisenach. Berlin. 1877. — 98. Gruner, H. E.: Studien über die Geschiebebewegung in den Gewässern. WW. 1929; — 99. — : Studien über die Wasserbewegung an Wehren. SBZ., Bd. 74, H. 20. 1919. — 100. Güntschl, E.: Kulturtechnischer Wasserbau in Italien auf Grund der Gesetzgebung Mussolinis. Die Umschau in Wissenschaft und Technik. 1933. — 101. Guse: Die russischen Untersuchungen über den Einfluß des Waldes auf den Grundwasserstand. CfF., H. 7. 1907. — 102. Guttenberg, A.: Über Waldmißhandlung in unseren Alpenländern. ZDÖAV. 1898.

103. Haefeli, R.: Über die Tätigkeit der Station Weißfluhjoch der Schweiz. Schnee- und Lawinenforschungskommission. SBZ., Bd. 113, H. 25. 1939; — 104. — : Erdbaumechanische Probleme im Lichte der Schneeforschung. Mittlg. Nr. 7 aus der Versuchsanstalt für Wasserbau der Eidgen. Techn. Hochschule in Zürich. Zürich und Leipzig: Leemann und Co. 1944. — 105. Haeuser, J.: Kurze, starke Regenfälle in Bayern, ihre Ergiebigkeit, Dauer, Intensität und Ausdehnung. Abhandl. der Bayr. Landesstelle für Gewässerkunde. München. 1919; — 106. — : Die Niederschlagsverhältnisse in Bayern und in den angrenzenden Staaten. Veröffentl. der Bayr. Landesstelle für Gewässerkunde. München. 1930; — 107. — : Ein Wolkenbruch von außergewöhnlicher Stärke über München und Umgebung am 29. VII. 1929. Wk und Ww., H. 18. 1930. — 108. Haiden, A.: Über Berechnung der Murstromdurchflußmengen. ZVW., H. 5. 1927. — 109. Halter, R.: Hochwasserkatastrophen. WW., H. 12. 1928. — 110. Hann, J.: Die meteorologischen Ursachen der letzten Hochwässer auf der Südseite der Alpen. MDÖAV., H. 21. 1885. — 111. Härtel, O.: Die Wildbach- und Lawinenverbauung. Handbuch der Forstwissenschaft von Lorey-Weber. 4. Aufl., Bd. II. Tübingen: H. Laupp. 1925; — 112. — und P. Winter: Wildbach- und Lawinenverbauung, Bd. V, von Hauska: Das forstliche Bauingenieurwesen. Wien: C. Gerolds Sohn. 1934. — 113. Hartmann, F.: Eine zeitgemäße Betrachtung über den Getreidezwischenbau im Walde. DF., H. 6 u. 7. 1945; — 114. — : Der Waldgetreidebau als zusätzliche Ernährungsquelle. FHZ., H. 3/4. 1946. — 115. Hauska, L.: Die Verwendung von Drahtschotterbehältern zu Flußregulierungen und Uferschutzbauten. CfF., H. 7/8. 1916. — 116. Hautum, F.: Lebende Verbauung. Bericht über die Tagung des Ödlandsausschusses des Forschungsdienstes der Landbauwissenschaften am 9. und 10. Juni 1941 in Admont, Stmk. DWW., Landwirtschaftlicher Wasserbau, H. 7 1941. — 117. Heim, A.: Handbuch der Gletscherkunde. Stuttgart: Engelhorn. 1885; — 118. — : Geologie der Schweiz, 2 Bd. Leipzig: Tauchnitz. 1919—1922. — 119. Hellmann, G.: Die Niederschläge in den norddeutschen Stromgebieten. Berlin: D. Reimer. 1906. — 120. Henne, A.: Die Lawinenverbauung Schiahorn-Dorfberg in Davos. Veröffentl. Nr. 1 über Lawinenverbauungen der Eidgen. Inspektion für Forstwesen, Jagd und Fischerei. Bern. 1925. — 121. Henrich, J.: Die Verbauung des Schesatobels in Vorarlberg. SZF. 1924; — 122. — : Briefliche Mitteilungen. — 123. Henry: Einfluß des Waldes auf den unterirdischen Wasserstand der Ebene und auf die Ergiebigkeit und Nachhaltigkeit der Quellen. Besprechung in VfF., H. 3/4. 1899. — 124. Herbst, A.: Die Ergebnisse der Expertise über die Regulierungsarbeiten an der unteren Traun. ABZ., H. 4. 1900. — 125. Hess, E.: Le sol et la Forêt. Mitteil. der Eidgen. Anstalt für das forstl. Versuchswesen, Bd. XV, H. 1. 1929; — 126. — : Neue Wege im Aufforstungswesen. S.-A. aus Beiheft Nr. 15 der Zeitschriften des Schweiz. Forstvereines. Bern: Büchler und Co. 1936; — 127. — : Erfahrun-

gen über Lawinenverbauungen. Nr. 4 der Veröffentlichungen der Eidgen. Inspektion für Forstwesen, Jagd und Fischerei über Lawinenverbauungen. Bern. 1936; — 128. —: Die Wirkung des Graswuchses in Einzugsgebieten von Wildbächen. S.-A. aus SZF., Nr. 4/5. 1942. — 129. Hess, H.: Die Gletscher. Braunschweig: F. Vieweg und Sohn. 1904. — 130. Hofbauer, R.: Ein Mittel zur Bekämpfung der Wirbelbewegung und Kolkbildung unterhalb der Stauwehre. ZÖIAV. 1915; — 131. —: Eine neue Formel zur Ermittlung der größten Hochwassermenge. WBD., H. 3. 1916. — 132. Höfer v. Heimhalt, H.: Betonschutz. Die Bauwissenschaft, H. 1. 1947. — 133. Hoffmann, L.: S-förmige Grundschwellen in geschlossenen Gerinnen. Verbandsnachrichten der Ingenieure der Wildbachverbauung Österreichs, H. 3. 1936. — 134. Hofmann, A.: Neue Anschauungen über den Einfluß des Waldes auf den Abflußvorgang der Wasserläufe. VfF., H. 1. 1913; — 135. —: La sistemazione idraulico-forestale dei Bacini Montani. Turin. 1936. — 136. Höhnel, Ph.: Über das Wasserbedürfnis der Wälder. CfF., H. 8/9. 1884. — 137. Hoppe, E.: Regenmessungen unter Baumkronen. Mitt. aus dem forstl. Versuchswesen Österreichs, H. 21, und CfF., H. 3. 1902. — 138. Horatiis, A. de: Istituzioni di Idronomia Montana. Florenz: M. Ricci. 1930. — 139. Hörmann, B.: Die Sanddornbeere. München: Verlag der Pflanzenwerke. 1941. — 140. Huber, A.: Die Messungsergebnisse, betreffend das Hochwasser 1897 in Reichenberg. WBD., H. 8. 1900. — 141. Huber, Betriebsleiter des Innsbrucker städt. Sillwerkes: Mündliche Mitteilungen. — 142. Hug, J.: Ein Beitrag zur Abklärung der Beziehungen zwischen Waldbestand und Grundwasserbildung. SWW., H. 5. 1923. — 143. Hy.: Die Versickerung (Infiltration) von athmosphärischen Niederschlägen in den Untergrund. WBD. 1903. — 144. Hydrographisches Zentralbüro Wien: Grundsätzliche Bestimmungen für die Durchführung hydrometrischer Erhebungen. WBD., H. 11. 1896; — 145. —: Die Hochwasserkatastrophe vom Juli 1903 in Schlesien. WBD., H. 48. 1903; — 146. —: Charakteristische Niederschlagswerte der österreichischen Flußgebiete. WBD., H. 50. 1913.

147. Imhof, H.: Die Lawinenverbauungen der Berner Alpenbahn Bern—Lötschberg—Simplon. ZÖIAV., H. 51 und 52. 1912. — 148. Indri, E.: Misure sulla velocità dell' acqua in alvei a forte scabrezza. L' Acqua, H. 9. 1942. — 149. Innerebner, K.: Über die neuesten Erfahrungen auf dem Gebiete der Wasserkraftgewinnung vom Standpunkte des Bauingenieurwesens. Wk und Ww., H. 22. 1924. — 150. Iszkowski, R.: Beitrag zur Ermittlung der Niedrigst-, Normal- und Höchstwassermengen auf Grund charakteristischer Merkmale des Flußgebietes. ZÖIAV. 1888. — 151. Jakuschoff, P.: Die Schwebstoffführung der Flüsse in Theorie und Praxis. WW., H. 11. 1932. — 152. Jugoviz, R.: Wald und Weide in den Alpen. Wien: W. Frick. 1908.

153. Kayser, E.: Abriß der Geologie von Brinkmann R. Stuttgart: F. Enke. 1940. — 154. Keller, E.: Lebende Verbauung. WWT., H. 1/2. 1937; — 155. —: Kampf dem Bergschutt. DWW., H. 12. 1938; — 156. —: Wildbachverbauung und Flußregulierung nach den Gesetzen der Natur. DWW.. H. 6. 1938; — 157. —: Lebende Verbauung im Flußbau. CfF., H. 7 und 8. 64. Jhrg. — 158. Keutner, Chr.: Die Verwendung von Drahtnetzkörpern im Wasserbau. Mitt. des Forschungsinstitutes für Wasserbau und Wasserkraft, H. 4. München: Oldenbourg. 1935. — 159. Kirwald, E.: Grundzüge der forstlichen Wasserhaushaltstechnik. Neudamm. Neumann. 1944; — 160. —: Forstliche Wasserhaushaltstechnik in gefährdeten Mittelgebirgslagen. S.-A. aus dem Tharandter forstlichen Jahrbuch, Bd. 93. H. 9/10; — 161. —: Forstliche Wasserhaushaltstechnik und Raumordnung. CfF., H. 10. 1940. — 162. Klunzinger und Oelwein: Die Regulierung der Abflußverhältnisse des Traunsees bei Gmunden. ABZ., H. 3. 1900. — 163. Knepper, R.: Die Drahtschotterbauweise. ZVW., H. 4. 1926. — 164. Koch, G. A.: Die Ursachen der Hochwasserkatastrophe in den Südalpen. ZDÖAV. 1883; — 165. —: Ein kalbender Gletscher in den Ostalpen. Mitt. der geographischen Gesellschaft Wien,

Bd. 35, 1892; — 166. Geologisches Gutachten und forsttechnische Abteilung für Wildbachverbauung, Sektion Linz, Berichte und Pläne. — 167. Über Murbrüche in Tirol. Jahrbuch der geologischen Reichsanstalt Wien. 1875. — 168. Koehnen, W.: Der Stand der Verfahren zur Bestimmung der Bodenfeuchtigkeit vom gewässerkundlichen Gesichtspunkte. DWW., H. 12. 1941. — 169. Kolkerscheinungen an der Wilsonstaumauer am Tennesseeflusse. Wk und Ww., H. 20. 1927. — 170. Kopezky, R.: Über die nicht meßbaren Niederschläge und die Waldklimafrage. VfF., H. 3/4. 1899; — 171. —: Wald und Niederschläge. CfF., H. 5/6. 1899. — 172. Kozeny, J.: Sind Wasserwalzen Energie-Vernichter? WW., H. 11. 1932. — 173. Krapf, Ph.: Die Geschichte des Rheins zwischen Bodensee und Ragaz. S.-A. aus den Schriften des Vereins für Geschichte des Bodensees, II. XXX. 1901. — 174. Kraus: Entwässerungsarbeiten in den Kesseltälern von Krain. WÖIAV. 1888. — 175. Kreuter, F.: Die Weißlahn bei Brixen. ZÖIAV. 1899; — 176. —: Der Flußbau. III. Teil. Bd. 6 des Handbuches der Ingenieurwissenschaften. Leipzig: Engelmann. 1921. — 177. Künkele, Th.: Der Hochgebirgswald. ZDÖAV. 1910. — Kuron, H.: Bodenerosion und Forstwirtschaft. DF., Bd. 25, H. 103/4 und 105/6. 1943. — 179. Kürsteiner, L.: Das neue Elektrizitätswerk der Stadt Chur. SBZ., Bd. 69, H. 1. 1917.

180. Landesanstalt für Moorwirtschaft in Bayern: Erwiderung auf einen Aufsatz von Prof. Süssenguth in „Natur und Kultur" 1933, X. und 1934, IV. DWW., H. 1/2. 1938. — 181. Landeskommission für die Regulierung der Gewässer in Tirol: Denkschrift über die Ausführung der bautechnischen Arbeiten für die Regulierung der Gewässer in Tirol. 1892. — 182. Landolt, E.: Die Bäche, Schneelawinen und Steinschläge und die Mittel zur Verminderung der Schädigung durch dieselben. Zürich: O. Füßli und Co. 1887. — 183. Lanser, O.: Vortrag im Bund der Deutschen Technik. Innsbruck, 16. XII. 1942. — 184. Lauda, E.: Der Gewitterregen vom 1. August 1896 in Niederösterreich. MBD., H. 9. 1896; — 185. —: Der Wolkenbruch vom 8. und 9. November 1896 in Süddalmatien. MBD., H. 2. 1897; — 186. —: Die Hochwasserkatastrophe des Jahres 1899 im Donaugebiete. Wien. 1900. — 187. Lauscher, F.: Neue klimatische Normalwerte für Österreich. V. Beiheft zu Jhrg. 1932 der Jahrb. der Zentralanstalt für Meteorologie und Geodynamik, Wien, 1938, und briefliche Mitteilungen. — 188. Lauterburg, R.: Anleitung zur Berechnung der Quell- und Stromabflußmengen aus der Regenmenge, der Größe und Beschaffenheit der Quell- und Flußgebiete. ABZ., H. 2—4. 1887. — 189. Lawinen, die Gefahr für Skifahrer. Herausgegeben von der geotechnischen Kommission der naturforschenden Gesellschaft. Zürich: Aschmann und Scheller. 1940. — 190. Leibundgut: Korrektionsarbeiten im Einzugsgebiet des Rivo Pontaiva in Carnia. SZF., H. 10—11. 1934. — 191. Liczewski: Der Plan einer großräumigen Wasserwirtschaft im oberen und mittleren Odergebiet. DWW., Landwirtschaftlicher Wasserbau, H. 6. 1942. — 192. Liechti, E.: Neue Schutzwaldungen im Kanton Freiburg. SZF., H. 1 und 2. 1907. — 193. Lorenz, F.: Der südliche Donausteilrand zwischen Fischamend und Deutsch-Altenburg. WBD., H. 48. 1903; — 194. —: Das modernisierte Schemelwehr. MBD., H. 6. 1920; — 195. —: Die Autenheimersche Formel für die sekundliche Abflußmenge aus trapezförmiger Abflußsektion. ZVW., H. 5. 1927; — 196. —: Die stereometrische Längenermittlung fließender Gewässer. WW., H. 1—6. 1932. — 197. Lorenz, H.: Die Einwirkung des Waldes auf Klima und Witterung. Besprechung in VfF., H. 2/3. 1900; — 198. —: Der Einsatz biologischer Erkenntnisse beim Bauen. DWW., H. 8. 1938. — 199. Ludin, A.: Sind Wasserwalzen Energie-Verzehrer? WW., H. 23. 1932. — 200. Lürzer, F.: Die forstlich-biologischen und landschaftsgestaltenden Aufgaben der Wildbach- und Lawinenverbauung. Manuskript Tamsweg. 1942; — 201. —: Naturnahe Wildbachverbauung. DWW., H. 1. 1943. — 202. Lütschg, O.: Hydrologische Studien der Schweiz. Landeshydrographie im oberen Rhônegebiet. SBZ., Bd. 65. 1915.

203. M a s i, A.: Sul consolidamento dei terreni franosi con riferimento ai casi più caratteristici. Annali Lavori Publici, Bd. 78, H. 6. 1940. — 204. M a - t a k i e w i c z, M.: Eine neue Formel zur Geschwindigkeitsberechnung. ZÖIAV., H. 17/18. 1932. — 205. M a y r, F.: Der Gletscherausbruch im Martelltale und der Klausenbau am Zufallboden. MBD. 1895. — 206. M a y r, R.: Das steirische Ennstal. ZDAV. 1942. — 207. M a z e l E. und F e y r e r, W.: Die Senkung des Wasserspiegels des Punkvaflusses und der unterirdischen Gewässer im Gebiete der Macocha. WW. 1929. — 208. M e l l i, E.: Die Dimensionierung der städtischen Kanäle. SBZ., Bd. 84, H. 12. 1924. — 209. M e r z : Der Alpwald. Besprechung in SZF., H. 12. 1914. — 210. M e y e r, A. F.: Wald und Wasser. Wk und Ww., H. 3. 1941. — 211. M e y e r - P e t e r, E.: Neue Berechnungsmethoden auf dem Gebiete der Hydraulik. SBZ., Bd. 84, H. 1/2. 1924; — 212. —, F a v r e, H. und M ü l l e r, R.: Beitrag zur Berechnung der Geschiebeführung und Normalprofilbreite in Gebirgsflüssen. SBZ., Bd. 105. 1935. — 213. M o m b e r : Die zweite Weltkraftkonferenz. Wk und Ww., H. 16—22. 1930. — 214. M o u g i n, M. P.: La Restauration des Alpes. Paris. 1931. — 215. M ü h l h o f e r, L.: Untersuchungen über die Schwebstoff- und Geschiebeführung des Inn nächst Kirchbichl in Tirol. WW., H. 1—6. 1933. — 216. M ü l l e r, R.: Theoretische Grundlagen der Fluß- und Wildbachverbauung. Mitt. Nr. 4 aus der Versuchsanstalt für Wasserbau an der Eidgen. Techn. Hochschule in Zürich. Zürich: Gebr. Leemann und Co. 1943. — 217. M u - s c h i k, A.: Pflanzen im Dienste der Wildbachverbauung. ZVW., H. 9. 1929.

218. Neue Freie Presse vom 10. Mai 1927, Abendblatt. — 219. N e u m a y r, M.: Über Bergstürze. ZDÖAV. 1889. — 220. N e u n e r, K.: Der Ausbau der Gesäusestrecke in Steiermark. Mitt. des steierm. Ingenieur- und Architektenvereines. F. 3. 1935.

221. O e c h s l i n, M.: Lawinengeschwindigkeit und Lawinenluftdruck. SZF., H. 6. 1938. — 222. O m l i n, W.: Exkursionsbericht über die forstliche Studienreise vom 14. —19. Juli 1930. SZF., H. 2. 1931. — 223. O t t o, W.: Starkregen in den Nordtiroler Alpen. Inauguraldissertation. Würzburg: K. Triltsch. 1935.

224. P a t e n t b e r i c h t, Kolkabwehrtafel von Huber und Lutz, Zürich, ZÖIAV. H. 33/34. 1931. — 225. P a u l : Die Regulierung und Einwölbung des Wienflusses. ABZ. 1903. — 226. P a u l c k e, W.: Praktische Schnee- und Lawinenkunde. Berlin: J. Springer. 1938; — 227. — : Gefahrenbuch des Bergsteigers und Skiläufers. Berlin. 1942. — 228. P i l l i c h o d y : Über Erhaltung der Bodenkraft der Wytweiden. SZF. 1907. — 229. P o k o r n y, A.: Die Schneelawinenverbauung im Schmittenbach bei Zell am See. CfF., H. 2. 1900; — 230. — : Über Verbauung der Schneelawinen mit Anführung zweier bereits ausgeführter und in ihrer Bauweise verschiedener Lawinenverbauungen in Österreich. WBD. 1901. — 231. P o l l a k, V.: Schutzbauten in den Hochpyrenäen in Wort und Bild. ZÖIAV., H. 20. 1892; — 232. — : Studien über die Ermittlung der Intensität der größten Niederschläge, ihre Ausbreitung und ihre Beziehung zu den Gewittern. MBD., H. 4. 1896; — 233. — : Zur Wald- und Wasserfrage. Österr. Forst- und Jagdzeitung, Nr. 27. 1903; — 234. — : Erfahrungen im Lawinenverbau in Österreich. Wien: Deuticke. 1906. — 235. P u r t s c h e r, W.: Bericht über die Erfahrungen bei der Lawinenverbauung der Österr. Bundesbahn am Arlberg. Manuskript. 1946. — 236. P u t i c k, W.: Die Katavotrons von Planina in Krain. WÖIAV. 1889.

237. r: Über Regenmessungen in der Schweiz. SBZ., Bd. 72. 1918. — 238. R a m a n n, E.: Bodenkunde, 3. Aufl. Berlin: J. Springer. 1911. — 239. R a m s e r, E.: Rutschverbauungen. SBZ., Bd. 113, H. 24. 1939. — 240. Referate zum landwirtschaftlichen Kongreß, Wien, 1907, und zwar M o o s : „Mittel zur Verbesserung der Alpenweide", P a n t z : „Die Ursachen der Aufsaugung von Alpenweiden und die Mittel zu ihrer Abhilfe", K. G o e t h e : „Alpenweide und Alpenwald", K. P o s c h : „Alpenwirtschaftspolitik", K. D a n z e r und A. P o k o r n y : „Die Organisierung des Wildbachverbauungsdienstes und die Frage der Erhaltung ausgeführter Wildbachverbauungen". — 241. Regenmeß-

station Altausseer Salzberg: Angaben über Niederschlagsbeobachtungen. — 242. Regenmeßstation Vorderer Langbathsee: Angaben über Regenmengen. — 243. Regenmeßstation Traunsteinfuß bei Gmunden: Angaben über Regenmengen. — 244. Rehbock, Th.: Brückenstau und Walzenbildung. Der Bauingenieur. 1921; — 245. —: Die Bekämpfung der Sohlenauskolkung durch Zahnschwellen. Karlsruhe. 1925; — 246. —: Die Verhütung schädlicher Kolke bei Sturzbetten. Der Bauingenieur. H. 4/5. 1928. — 247. Reichsforstwirtschaftsrat: Die Wohlfahrtswirkungen des Waldes. Vorträge und Aussprache auf der 9. Vollversammlung. Mitt. des Forstwirtschaftsrates, H. 34. Berlin. 1932. — 248. Reindl, C.: Höchstabfluß aus italienischen Gewässern. Wk und Ww., Jhrg. 35, H. 4. 1940. — 249. Reyer, E.: Bewegungen in losen Massen. Jb. der geolog. Reichsanstalt Wien. 1881. — 250. Richter, E.: Hilfsmittel gegen Ausbrüche von Eisseen. MDÖAV., Nr. 24. 1889; — 251. —: Geschichte der Schwankungen der Alpengletscher. ZDÖAV. 1891. — 252. Riedel, J.: Die Waldfrage auf dem internat. Schiffahrtskongreß in Mailand. CfF., H. 7. 1908; — 253. —: Über den Bau der Wasserstube am Agglsboden bei Sterzing in Tirol. Wien. 1881. — 254. Riediger, K.: Die Theorie der Kolkbildung und deren Verwendung zur Berechnung der Fundierungstiefe von Wasserbauten in Gebirgsflüssen und Wildbächen. Wien: C. Gerolds Sohn. 1920. — 255. Rittmeyer, R.: Einiges zur Wald- und Wasserfrage. CfF., H. 3. 1893. — 256. Ritzberger, F.: Chemische Schäden am Betonmauerwerk und ihre Verhütung. Verbandsnachrichten der Ingenieure der Wildbachverbauung Österreichs, H. 8. 1937. — 257. R. K.: Einfluß der Wälder auf Niederschläge und Luftfeuchtigkeit. Carinthia. 1877. — 258. Rosche, A.: Niederschlag und Abfluß des Queißgebietes im Zeitraum 1926—1935. DWW., Landwirtschaftlicher Wasserbau, H. 4. 1939. — 259. Roth. H.: Besprechung der hydrologischen Studien. SBZ., Bd. 68. 1916.

260. Salis. F.: Das Hochwasser des Jahres 1868. Jb. des Schweizer Alpenklubs, V. Bd. 1868/69. — 261. Scala, A.: Karsthydrographie und Vertikalentwässerung mit Anführung einiger besonderer Fälle. WBD. 1914. — 262. Schädelin, W.: Der Wald unserer Heimat. Zürich: Rotapfelverlag. 1941. — 263. Schaffernak, F.: Neue Anschauungen über den Einfluß des Waldes auf die Wasserstandsverhältnisse der Gewässer. WBD., H. 22. 1912. — 264. Schaubach, A.: Die Deutschen Alpen, V. Aufl., 5. Bd. Jena: F. Frommen. 1865—71. — 265. Scheck: Kalender für Straßen-, Wasserbau- und Kulturingenieure. Wiesbaden: I. F. Bergmann. 1902. — 266. Schindler, A.: Die Wildbach- und Flußverbauung nach den Gesetzen der Natur. Zürich: Hofer und Burger. 1888. — 267. Das Schindlersche System für Wasserverbauungen. VfF., H. 3/4. 1898. — 268. Schlag. W.: Über die Ursachen der Hochwasserkatastrophe vom 1. Juni 1921 in den Bezirken St. Pölten und Lilienfeld, Niederösterreich. CfF. 1921. — 269. Schoenfeldt: Deutsche Wasserwirtschaft und Landwirtschaft. Deutsche Technik, H. 12. 1934. Auszug in Wk und Ww., H. 1. 1935. — 270. Schoklitsch, A.: Die Hochwasserkatastrophe in Graz am 16. Juli 1913. ZÖIAV., H. 27. 1914; — 271. —: Berechnung des Ergusses über ein Wehr. Wk und Ww., H. 8. 1930; — 272. —: Kolkbildung unter Überfallstrahlen. WW., H. 24. 1932; — 273. —: Über Energievernichtung durch Walzen. WW. 1932; — 274. —: Der Wasserbau. Wien: J. Springer. 1930; — 275. —: Stauraumverlandung und Kolkabwehr. Wien: J. Springer. 1935. — 276. Schönenberger: Aufforstungen im Gebiete der Nolla. SZF. 1907. — 277. Schroeter: Pflanzenleben der Alpen. Zürich. 1908. — 278. Schütz, K. und Wackernig, R.: Die Gailregulierung in Kärnten. WWT., H. 28—30. 1936. — 279. Schweiz. Schnee- und Lawinenforschungskommission: Zur Eröffnung des Eidgen. Institutes für Schnee- und Lawinenforschung am 15. April 1943. Bern; — 280. —: Der Schnee und seine Metamorphose. Beiträge zur Geologie der Schweiz. Geotechn. Serie, Hydrologie, Lief. 3. Bern: Kümmerly und Frey. 1939. — 281. Schweiz. Wasserwirtschaftsverband: Eingabe an das Eidgen. Departement des Innern über Staubecken als Hochwasserschutz. SWW.,

H. 5. 1923. — 282. Seckendorff, A.: Verbauung der Wildbäche, Aufforstung und Berasung der Gebirgsgründe. Wien: W. Frick. 1884. — 283. Siegl, M.: Die Arlbergbahn. Vorgeschichte, Bau und erste Zeit des Betriebes. S.-A. aus der Beilage „Feierabend“ des Vorarlberger Volksblattes. 1934. — 284. Singer, J.: Über Rauhreif und Duftbruch im Erzgebirge. CfF., H. 5/6. 1916. — 285. Singer, M.: Fliessende Hänge. ZÖIAV. 1902. — 286. Soldan: Theoretisches und Praktisches über Geschwindigkeitsformeln der Wasserläufe. Wk und Ww., H. 17. 1930. — 287. Sonklar, C.: Von den Überschwemmungen. Wien: A. Hartleben. 1883. — 288. Specht, A.: Die größten Regenfälle in Bayern 1899 und 1901 und deren Benützung zur Berechnung der größten Hochwassermengen. Veröffentlichungen des kgl. bayr. hydrotechn. Büros. — 289. St.: Kolkerscheinungen bei unbefestigter Flußsohle an der Calderwoodsperre. SBZ., Bd. 96, H. 3. 1930. — 290. Staffler, J.: Das deutsche Tirol und Vorarlberg. Innsbruck. 1847. — 291. Die Staumauer als Hochwasserschutz am Oberlauf der Albigna. SBZ., Bd. 94, H. 7. 1929. — 292. Steiger, A.: Eidgen. Oberbauinspektor, briefliche Mitteilungen. — 293. Stellwag-Carion, F.: Eignungsprüfung bei Steckhölzern. CfF., H. 10. 1930. — 294. Stiny. J.: Berasung und Bebuschung des Ödlandes im Gebirge. Graz: Selbstverlag. 1908; — 295. —: Die Ursachen der vorjährigen Vermurungen im Zillertal. Mitt. der geolog. Gesellschaft Wien, II. 1909; — 296. —: Die Muren. Innsbruck: 1910; — 297. —: Versuche über Schwemmkegelbildung. Geolog. Rundschau, Bd. VIII. 1917; — 298. —: Technische Geologie, 2. Aufl. Stuttgart: F. Enke. 1922; — 299. —: Technische Gesteinskunde, 2. Aufl. Wien: J. Springer. 1929; — 300. —: Die geologischen Grundlagen der Verbauung der Geschiebeherde. Wien: J. Springer. 1931; — 301. —: Bodenabschwemmung, eine Weltgefahr. S.-A. aus der Wiener landwirtschaftlichen Zeitung; — 302. —: Die Begrünung sehr hoch gelegener Anbruchsflächen der Wildbacheinzugsgebiete. S.-A. aus der Wiener allgem. Forst- und Jagdzeitung, H. 12 und 14. 1935. — 303. Strele, G.: Die Wildbäche und ihre Verbauung. ZDÖIAV. 1899; — 304. —: Die Verbauung des Rohrleitengrabens und des Murbruches am Gahberg bei Weyregg am Attersee. WBD., H. 37. 1901; — 305. —: Über Geschiebestausperren. SBZ., Bd. 93. 1929: — 306. —: Die Geschiebequellen der Bäche und Flüsse. SBZ., Bd. 100, H. 18 und 19. 1932, und Zschr. für Geologie und Bauwesen. 1932; — 307. —: Über die Gewinnung des Latschenkieferöles. CfF., H. 5/6. 1941. — 308. Strickler, A.: Beitrag zur Frage der Geschwindigkeitsformeln und Rauhigkeitszahlen für Ströme, Kanäle und geschlossene Leitungen. SBZ., Bd. 83, H. 23. 1924. — 309. Stur, D.: Eine Exkursion in die Umgebung von St. Cassian. Jb. der Geol. Reichsanstalt Wien. 1868.

310. Tamino, B.: Die Tätigkeit auf dem Gebiete des landwirtschaftlichen Wasserbaues in Dalmatien, 1896—1902. WBD. 1903. — 311. Tanner, Hch.: Lawinen im Kanton St. Gallen. S.-A. aus „Der St. Gallner Bauer“, F. 6 und 7. 1930. — 312. Tiefenbacher, L.: Die Rutschungen, ihre Ursachen, Wirkungen und Behebung. Wien. 1880; — 313. —: Der Wald und seine Beziehungen zu Rutschungen. Wien. 1881; — 314. —: Die Ermittlung der Durchflußprofile mit besonderer Berücksichtigung der Gebirgs- und Wildbäche. Wien. 1888. — 315. Toula, F. R.: Über Wildbachverheerungen und die Mittel, ihnen vorzubeugen. Wien: Verein zur Verbreitung wissenschaftlicher Kenntnisse. 1892. — 316. Tschermak, L.: Die Waldstreunutzung in Österreich. Vereinsnachrichten des österr. Reichsforstvereines, H. 8. 1927. — 317. Türk: Die hydrographische Gestaltung Badens. Wk und Ww., H. 17. 1930.

318. Verhandlungsschrift der Jubiläums-Wanderversammlung des österr. Reichsforstvereines in Aussee am 21. September 1902. VfF., H. 4. 1902. — 319. IV. Versammlung des internationalen Verbandes der forstl. Versuchsanstalten in Mariabrunn, 30. August bis 5. September 1903. CfF., H. 11. 1903. — 320. V. Versammlung des intern. Verbandes der forstl. Versuchsanstalten in Württemberg, 1906. CfF., H. 1 bis 3, 1907. — 321. Versell und Schmid: Bericht über die Wildbachverbauungen im bündnerischen Rhein-

gebiete. Chur. 1928. — 322. Voit, W.: Größtabflußmengen bei Sturzregen und ihre Abhängigkeit von der Gewitterrichtung. ZÖIAV., H. 21—26. 1931.

323. W.: Sind die Moore Wasserregulatoren und soll deshalb der Anbau und Abbau der Moore in Gebirgsländern unterbleiben? WBD., H. 41. 1903. — 324. Wallmann, K.: Die Seen der Alpen. ZÖAV. 1868. — 325. Wang, F.: Grundriß der Wildbachverbauung, 2 Teile. Leipzig: S. Hirzel, 1901 und 1903; — 326. —: Ermittlung der Durchflußprofile. VfF. 1898; — 327. —: Die Gesetze der Bewegung des Wassers und des Geschiebes. VfF. 1895, 1896 und 1897; — 328. —: Die Ermittlung der Wasserabflußmengen. VfF. 1895; — 329. —: Über Wertschätzung der Wildbachverbauung. WBD., H. 11. 1915. — 330. Weber-Ebenhof, A.: Der Gebirgswasserbau im alpinen Etschbecken. Wien: Spielhagen und Schurich. 1892. — 331. Wehrmann, A.: Geschwindigkeitsverteilung und Abfluß in Wildwässern bei Niederwasser und kleinen Mittelwasserständen. S.-A. aus Wk und Ww., H. 5, 7 und 9. 1931; — 332. —: Geschwindigkeitsverteilung und Abfluß in Wildwässern. ZVW., H. 11. 1931; — 333. —: Kritische Untersuchung der Lorenzschen Geschwindigkeitsformel. ZVW., H. 11. 1931. — 334. Weinzierl, Th.: Die Anbaumengen der wichtigsten Klee- und Grassamen. Wien. 1902. — 335. Welzenbach, W.: Untersuchungen über die Stratigraphie der Schneeablagerungen und die Mechanik der Schneebewegungen mit Schlußfolgerungen auf die Methoden der Verbauung. Innsbruck. 1930. — 336. Willomitzer, A.: Etwas über die Verwendung von Stelcon-Panzerbeton. Vereinsnachrichten der Ingenieure der Wildbachverbauung Österreichs, H. 2. 1936. — 337. Wlissidis: Über die Einwirkung des Waldes auf das Klima. CfF., H. 3/4. 1918. — 338. Wolf: Zusammensetzung und Verlauf der Reibungswiderstände des fließenden Wassers. Wk und Ww., H. 17. 1930. — 339. Wolkenbruchkatastrophe in der Innerschweiz. WWT., 1. Jhrg., H. 8—10. 1934. — 340. Der wolkenbruchartige Regen vom 21. Juli 1902. ZÖIAV. 1902.

341. Zallinger, F.: Von den Überschwemmungen in Tirol. Innsbruck. 1779. — 342. Zarboch, A.: Die Tauschwandbauweise. Manuskript. — 343. Zdarsky, M.: Beiträge zur Lawinenkunde. Herausgegeben vom Alpenskiverein Wien. Wien: ABZ-Verlag. 1929. — 344. Zorn, J.: Die Spiegelabsenkung des Kratersees von Kloët. ZÖIAV. 1927. — 345. Zschokke, R.: Mitt. in der Schweiz. Bauzeitung, Bd. 71. H. 16. 1918.

Sachverzeichnis.

GPSR Compliance

The European Union's (EU) General Product Safety Regulation (GPSR) is a set of rules that requires consumer products to be safe and our obligations to ensure this.

If you have any concerns about our products, you can contact us on ProductSafety@springernature.com

In case Publisher is established outside the EU, the EU authorized representative is:

Springer Nature Customer Service Center GmbH
Europaplatz 3
69115 Heidelberg, Germany

Batch number: 10704711

Printed by Printforce, the Netherlands